区域战略环境评价和绿色发展战略研究

——以包头市为例

傅泽强　黄　哲　邬　娜　等　编著

中国环境出版集团·北京

图书在版编目（CIP）数据

区域战略环境评价和绿色发展战略研究：以包头市为例/傅泽强等编著. —北京：中国环境出版集团，2023.5

ISBN 978-7-5111-5530-6

Ⅰ. ①区… Ⅱ. ①傅… Ⅲ. ①战略环境评价—研究—包头 Ⅳ. ①X821.226.3

中国国家版本馆 CIP 数据核字（2023）第 098287 号

出 版 人 武德凯
策划编辑 周 煜
责任编辑 王宇洲
封面设计 岳 帅

出版发行 中国环境出版集团
（100062 北京市东城区广渠门内大街 16 号）
网 址：http：//www.cesp.com.cn
电子邮箱：bjgl@cesp.com.cn
联系电话：010-67112765（编辑管理部）
发行热线：010-67125803，010-67113405（传真）

印 刷 北京建宏印刷有限公司
经 销 各地新华书店
版 次 2023 年 5 月第 1 版
印 次 2023 年 5 月第 1 次印刷
开 本 787×1092 1/16
印 张 22.5
字 数 460 千字
定 价 98.00 元

《区域战略环境评价和绿色发展战略研究：以包头市为例》

编 委 会

前　言

战略环境评价（Strategic Environmental Assessment，SEA）是对政府部门的战略性决策行为及其可供选择方案的环境影响和效应进行系统性和综合性评价的过程，为政府政策、规划、计划的制订和实施提供环境影响评价上的技术支持，是实施区域可持续发展战略的有效工具和手段。开展战略环境评价是全面提升环境与发展综合决策水平，探索建立和完善现代化环境治理体系的有效途径，有利于从源头上减轻经济社会发展对资源、环境和生态的压力和影响，从根本上改善生态环境质量，补齐生态文明建设的生态环境短板，夯实区域可持续发展的生态环境基础，推动区域经济社会绿色、高质量、可持续发展。

习近平总书记在考察内蒙古时指出，内蒙古的生态状况如何，不仅关系全区各族群众生存和发展，也关系华北、东北、西北乃至全国生态安全。把内蒙古建成我国北方重要的生态安全屏障。在参加第十三届全国人民代表大会二次会议内蒙古代表团审议时，习近平总书记强调，保持加强生态文明建设的战略定力，探索以生态优先、绿色发展为导向的高质量发展新路子，加大生态系统保护力度，打好污染防治攻坚战，守护好祖国北疆这道亮丽风景线。

包头市地处内蒙古自治区中西部，呼包鄂经济圈、呼包鄂榆城市群和呼包银经济带的中心地带，坐落在黄河几字弯顶端；北部与蒙古国接壤，东部、南部、西部分别与内蒙古自治区乌兰察布市、呼和浩特市、鄂尔多斯市和巴彦淖尔市比邻；位于东经 109º15′～110º26′，北纬 40º15′～42º43′，总面积为 27 768 km^2。

包头市是我国西部地区重要的老工业城市，长期以来形成了以重化工业为主导的产业结构和发展模式，经济社会发展与生态环境不平衡、不协调、不可持续的矛盾较为突出。随着人口和经济持续增长，工业化和城镇化进程加快，资源约束趋紧、生态环境压力增大的双重困境愈加严峻，区域发展的可持续性面临巨大压力和挑战。

为深入贯彻党的十九大精神和“绿水青山就是金山银山”理念，加快落实习近平总书记考察内蒙古时的重要讲话精神和内蒙古自治区发展战略总体部署，推进资源型地区经济转型，探索绿色发展新道路，破解包头市经济社会可持续发展面临的突出矛盾和重大资源环境问题，提供更多优质生态产品，满足人民群众对优美生态环境的需要，包头市委、市政府依据《内蒙古自治区人民政府办公厅关于印发〈内蒙古自治区国民经济和社会发展第十三个五年规划纲要战略环评工作方案〉的通知》(内政办发〔2017〕36号)，组织开展《包头市国民经济和社会发展第十三个五年规划纲要》战略环境评价工作，并制定中长期绿色发展战略框架。

本书分上下两篇共10章，其中上篇分为6章，下篇分为4章。上篇为生态环境影响综合评价，包括：评价总则，区域发展战略解读与分析，区域经济社会发展趋势分析，资源与生态环境演变趋势分析，生态环境影响预测评价，资源、环境和生态承载力评估等；下篇为中长期绿色发展战略，包括：“三线一单”总体方案、产业生态转型发展战略与对策、生态环境保护总体战略与对策、绿色发展保障措施等。

本书是团队合作、集体共撰之作，在撰写过程中得到了包头市生态环境局等单位及同行专家的大力支持、指导，在此一并致谢。本书可供从事生态环境保护相关领域研究和管理的工作人员阅读参考。

作者

2021年2月21日于北京

目　录

上篇　生态环境影响综合评价

下 篇 中长期绿色发展战略

上　篇

生态环境影响综合评价

第1章 评价总则

1.1 目的和意义

战略环境评价是落实《“十三五”环境影响评价改革实施方案》的重要举措，也是推动战略环境评价参与区域综合决策、探索建立和完善现代环境治理体系的有效途径。开展战略环境评价，能够全面提升包头市环境与发展综合决策水平，加快转变发展方式，推动产业结构绿色转型升级，探寻绿色和高质量发展道路，为建设“创新创业、美丽宜居、幸福平安”包头提供宏观战略指引。

一是开展战略环境评价，系统分析和科学评判包头市历史、现状存在及未来可能面临的重大资源环境问题，以及资源和环境对经济社会发展的支撑能力和制约程度，有利于摸清资源环境底数，明确资源环境短板，探究破解资源环境约束的总体方略。

二是开展战略环境评价，在系统解析包头市资源、环境和生态承载能力的基础上，明晰经济和人口增长的“顶板”和“底线”约束边界，制定以“三线一单”（生态保护红线、资源利用上线、环境质量底线，生态环境准入清单）为核心的生态环境综合管控方案，完善环境与发展综合决策机制，有利于从“决策源头”消除或减缓经济社会发展对资源、环境和生态系统的压力和影响。

三是开展战略环境评价，有利于统筹经济发展与资源、环境和生态承载能力，探索包头市绿色转型发展路径与策略，加快转变发展方式，推动产业结构升级，探寻工业围城破解之道，明晰中长期生态环境保护战略重点和任务，为全面改善生态环境质量，全面有效防控环境风险，全面筑牢北方生态安全屏障基础提供指引。

1.2 评价对象、范围和时限

1.2.1 评价对象

区域发展战略是指在对一定区域范围内经济、社会、资源、生态环境发展状况及其相互关系进行综合评估的基础上，对区域发展战略指导思想、定位和目标、重点领域任务以及必须采取的对策做出的总筹划和总决策，具有全局性、战略性、长远性的特点。

国民经济和社会发展五年规划是一个地区未来五年经济和社会发展战略的重要载体和纲领性文件。本书以《包头市国民经济和社会发展第十三个五年规划纲要》（以下简称《规划纲要》）为主要评价对象，同时将相关专项规划纳入评价范围。

1.2.2 评价范围

本书战略环境评价的范围包括稀土高新技术产业开发区、昆都仑区（简称昆区）、青山区、东河区、九原区、石拐区、土默特右旗（简称土右旗）、固阳县和达尔罕茂明安联合旗（简称达茂旗；含白云鄂博矿区，简称白云矿区），总面积为 27 768 km^2。

以中心城区（含稀土高新技术产业开发区、昆都仑区、青山区、东河区、九原区等市五区）和石拐区为重点评价区域。

1.2.3 评价时限

以 2017 年为评价基准年，分近期（2020 年）和远期（2035 年）两个时段。其中，近期设定规划情景和调整情景两个评价情景方案，为重点评价时段；远期设定评价展望期一个评价情景方案。

近期：到 2020 年，为重点评价时段。主要基于与《规划纲要》的时限保持一致和与国家、自治区近期发展目标保持一致。

远期：到 2035 年，为评价展望期。主要基于：一是与国家远期发展战略目标保持一致，为包头市长远发展提供宏观决策建议。党的十九大报告提出，在全面建成小康社会的基础上，再奋斗十五年，基本实现社会主义现代化。二是体现战略环境评价的前瞻性、长远性和战略性。

1.3 评价工作目标与重点内容

1.3.1 评价工作目标

以习近平生态文明思想为指导，以推动绿色低碳高质量发展为主线，依据国家、地方相关法律法规和政策文件、规划文件，系统分析包头市资源、生态、环境承载能力，综合论证经济社会发展战略定位和目标、产业结构和规模、生产力布局的环境合理性，制定以生态保护红线为国土空间开发控制边界、以资源能源和生态承载力为约束顶板、以环境质量为控制底线、以生态环境准入清单（“三线一单”）为载体的生态环境综合调控方案，提出中长期经济和资源环境协调发展总体战略与对策。

1.3.2 评价重点内容

（1）区域发展战略方案解读与分析

深入解读包头市发展战略定位、目标及重点任务，从宏观政策角度分析和评估《规划纲要》与国家、自治区战略部署的符合性，诊断《规划纲要》与区域生态环境保护目标的冲突和矛盾。

（2）生态、资源和环境“三线”界定

综合评估资源、环境、生态本底条件及演变趋势，划定生态保护红线，确定水资源、能源和土地资源利用上线，设定基于环境质量的主要污染物排放总量控制目标。

（3）生态环境准入清单编制

系统梳理包头市及各行政区现状和规划发展产业状况，综合评估区域资源环境承载力状况，在国家、自治区产业政策、环境法规、行业准入等框架下，基于“三线”约束条件从严提出产业发展管控要求，编制生态环境准入清单。

（4）国土空间环境管控方案设计

依据不同区域自然资源条件、生态环境和经济社会发展状况，将包头市国土空间划分为生态空间、农业空间、城镇空间，针对不同国土空间单元制定差别化环境管控对策和措施。

（5）中长期绿色发展优化调控策略

基于资源、环境和生态综合承载力评估，针对《规划纲要》实施中已然存在及后期发展中可能面临的主要问题，统筹考虑人口、经济、资源和环境各要素之间的相互作用关系，提出促进包头市绿色和高质量发展的优化调控策略。

1.4 评价情景方案设计

1.4.1 设计思路

在人类活动的干扰和作用下，资源、生态和环境系统的结构状态和功能发生变化，反过来对人类活动产生约束效应。因此，人类需要通过对自身活动的强度、方式、范围进行有效调控，进而减轻或消除生态环境对人类活动的约束效应和负面影响，才能实现人与自然和谐，经济社会与资源、生态和环境保护协调、可持续发展。

区域发展战略方案实施过程及其所依托的资源、生态和环境条件处于动态变化之中，具有极大的不确定性，有必要采用情景分析方法进行综合评价。本书基于包头市经济社会发展和资源、生态环境系统演变趋势分析，根据评价期限设定近期和远期评价情景方案，其中，近期评价情景方案包括规划情景方案和调整情景方案（图 1-1）。

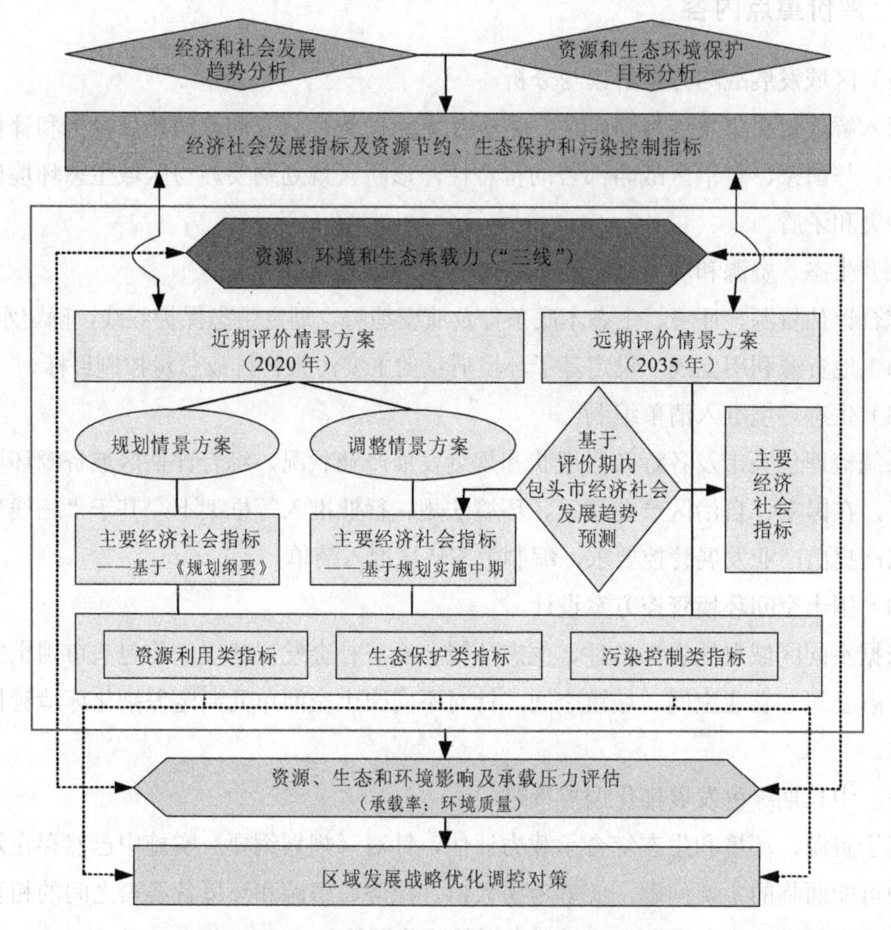

图 1-1 战略环境评价情景方案设计思路

1.4.2 近期情景方案

（1）规划情景方案

主要经济社会指标引自《规划纲要》。

资源利用、生态保护和污染控制等控制性指标引自包头市相关规划及研究报告等。

1）主要经济指标

①地区生产总值

依据《规划纲要》，到 2020 年，包头市 GDP 突破 5 000 亿元，年均增长率约为 8.0%。

②工业产值

按照《包头市“十三五”工业发展规划》：到 2020 年，包头市全部工业增加值达到

2 400 亿元，年均增长率为 8.3%，占 GDP 比重为 43%。各工业基地情况如下。

- 稀土新材料基地：稀土产业年均增长 20%以上。
- 新型冶金基地：优质钢、特种钢比重达到 95%。铝产能力争达到 500 万 t，电解铝就地加工转化率 85%以上。
- 清洁能源输出基地：风电装机规模达到 1 000 万 kW、太阳能发电装机规模达到 500 万 kW。
- 现代装备制造基地：装备制造业增加值年均增长 12%，达到 2 800 亿元，占自治区的 60%以上。
- 新型煤化工基地：烯烃产能达到 340 万 t、煤制乙二醇 60 万 t、煤制天然气 200 亿 m^3、电石乙炔多联产制乙烯达到 140 万 t、煤制高端润滑油 100 万 t、煤制无烟柴油 200 万 t。
- 绿色农畜产品精深加工基地：农畜产品加工转化率达 70%。

③农业产值

到 2020 年，设施蔬菜和马铃薯种植面积分别达到 35 万亩（1 亩≈667 m^2）、150 万亩，羊存栏 600 万只、出栏 1 000 万只，奶牛存栏 17 万头、鲜奶产量 135 万 t。第一产业增加值预计达到 120 亿元。

④产业结构

依据《规划纲要》，到 2020 年，包头市三次产业结构由 2015 年的 2.8∶48.5∶48.7 调整为 2.5∶44.5∶53.0。

2）人口和城镇化

①人口规模

根据《包头市区域卫生规划（2017—2020 年）》，到 2020 年，全市常住人口总数达到约 310 万人，年均增长率约为 1.85%。

②城镇化水平

根据《规划纲要》，到 2020 年，包头市城镇化率达到 85%。

（2）调整情景方案

以《规划纲要》中期评估结果为依据，以 2017 年为基准年预测到 2020 年包头市主要经济社会指标。

参照国家、自治区有关生态文明建设总体要求，结合国家生态市县、环保模范城市等创建指标，筛选确定评价期末包头市资源利用、生态保护和污染控制等控制性指标。

1）主要经济指标

①地区生产总值

2016 年、2017 年及 2018 年上半年，全市 GDP 年增长率分别达到 7.6%、5.5%及 5.5%，

总体呈下降趋势，年均降低率约为 13.0%。

根据《规划纲要》中期评估结果，以 2017 年为基准，预测到 2020 年全市 GDP 年均增长率达到 6.40%，GDP 达到 3 310 亿元。

②三次产业结构

第一产业产值。2017 年，全市粮食产量达到 106.4 万 t，蔬菜产量达到 97.7 万 t，牲畜存栏 263.0 万头（只），黄芪、高粱特色种植示范基地 22 个，改良配种肉羊 216 万只。“菜薯肉乳”四大产业占农牧业比重达到 70%。“三品一标”农畜产品数量达到 330 个。规模以上农牧业产业化龙头企业达到 166 家，实现销售收入近 75 亿元。绿色农畜产品加工转化率达到 65%。

根据《规划纲要》中期评估结果，结合近 10 多年第一产业增长趋势，预测到 2020 年包头市第一产业增加值达到 90 亿元，占 GDP 比重为 2.7%。

第二产业产值。2017 年，全市优质钢、特种钢比重达到 90%，电解铝就地加工转化率达 80%，稀土原材料就地转化率达 85%，战略性新兴产业增加值占 GDP 比重达到 7%。建筑业企业达到 473 家，增加值年均增长 5.8%。

根据《规划纲要》中期评估结果，结合“十二五”期间第二产业增长趋势，预测到 2020 年全市第二产业增加值达到 1 400 亿元，占 GDP 比重为 42.3%。其中，工业增加值占比按 90%计算，达到 1 250 亿元，占 GDP 比重为 37.8%。建筑业增加值占第二产业增加值 10.0%左右，达到 150 亿元。

第三产业产值。根据《规划纲要》中期评估结果，2016 年、2017 年及 2018 年上半年第三产业增加值占 GDP 比重分别为 56.5%、55.7%及 54.7%，年均 55%以上。

据此预测，到 2020 年全市第三产业增加值达到 1 820 亿元，占 GDP 的比重为 55.0%。

根据以上三次产业增加值预测结果，到 2020 年三次产业结构由 2017 年的 3.2∶41.1∶55.7 调整为 2.7∶42.3∶55.0。

2）人口和城镇化

①人口规模

2016 年、2017 年，包头市常住人口分别达到 285.8 万人、287.8 万人，分别比 2015 年增长 1.0%、1.7%。

根据《规划纲要》中期评估结果，并结合包头市历年常住人口总数变化趋势，到 2020 年，全市常住人口总数达到 310 万人，年均增长率约为 1.85%。

②城镇化水平

根据《规划纲要》中期评估结果，2016 年、2017 年常住人口城镇化率分别达到 82.97%、83.28%，年均增长 0.30 个百分点。

预测到 2020 年，包头市城镇化进程放缓，城镇化率将达到 84.0%。

1.4.3 远期情景方案

从宏观上评判国内外发展形势，在系统评估包头市经济、社会和资源、生态、环境复合系统发展演变趋势的基础上，采用趋势外推法分析预测到 2035 年包头市主要经济社会指标。

参照国家、自治区有关生态文明建设总体要求，结合国家生态文明示范区建设等指标要求，筛选确定评价期末包头市资源利用、生态保护和污染控制等控制性指标。

（1）主要经济指标

①经济增长

以 2017 年为基准，到 2035 年 GDP 年均增长率预期保持在 6%左右，经济总量将突破 7 850 亿元。

②产业结构

根据三次产业产值增长趋势，参照《内蒙古自治区国民经济和社会发展第十三个五年规划纲要战略环境评价报告》预测结果，到 2035 年，包头市第一产业增加值预计达到 150 亿元；第二产业增加值预计达到 3 000 亿元，其中工业增加值按占第二产业增加值的 90%计算，达到 2 700 亿元，占 GDP 的 35%左右；第三产业增加值预计达到 4 700 亿元。三次产业结构调整为 2.0∶38.0∶60.0。

（2）人口及城镇化率

①人口增长

“十二五”前期，包头市常住人口总规模持续增长，年均增长率持续下降。1991—2000 年，常住人口年均增长率为 2.1%，2001—2010 年，常住人口年均增长率下降到 1.5%。“十二五”期间，常住人口年均增长率进一步下降到 1.3%，常住人口总数由 2010 年的 265.61 万人增长到 2015 年的 282.93 万人（图 1-2）。

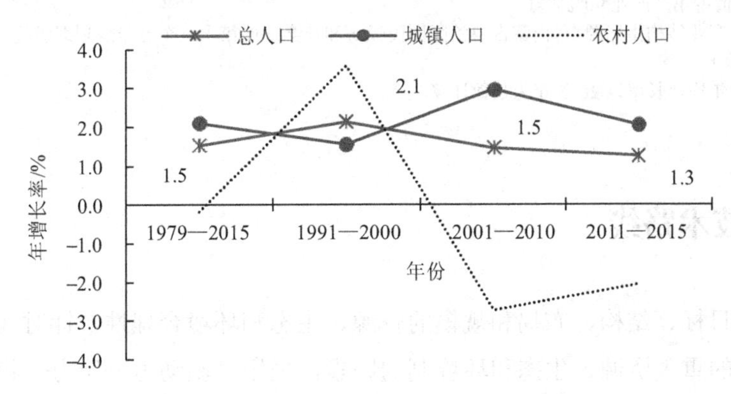

图 1-2 包头市不同时段人口年增长率

据此预测，到 2035 年，包头市常住人口将保持低速、持续、平稳增长态势，人口数量年均增长率预期保持在 1.0%左右，全市常住人口总数将达到 350 万人。

②城镇化率

从城镇化率指标看，包头市城镇化水平一直处于较高水平，2005 年以来常住人口城镇化率持续大于 70%。“十二五”以来，包头市城镇化进入缓慢发展阶段，常住人口城镇化率由 2010 年的 79.5%提高到 2015 年的 82.65%，城镇化率年均提高约 0.6 个百分点。2016 年、2017 年，常住人口城镇化率分别达到 82.97%、83.28%，与 2015 年相比，城镇化率年均提高 0.3 个百分点。

到 2035 年，包头市城镇化率和城镇化质量同步发展，常住人口城镇化率预期将逐步达到并稳定保持在 90.0%。

包头市战略环境评价情景方案中经济社会发展指标如表 1-1 所示。

表 1-1 包头市战略环境评价情景方案——经济社会发展指标

战略要素	指标名称		单位	基准年（2017 年）	近期情景方案（2020 年）		远期发展情景（2035 年）
					规划情景	调整情景	
经济增长	GDP	总量	亿元	2 753	5 000	3 310	7 850
		年均增长率	%	—	8.0	6.4	6.0
	工业	总量	亿元	1 018[①]	2 400	1 250	2 700
		年均增长率	%	—	8.3	7.1	5.6
	产业结构[②]		%	3.2：41.1：55.7	2.5：44.5：53.0	2.7：42.3：55.0	2.0：38.0：60.0
社会发展	人口	年均增长率	%	0.86[③]	1.85	1.85	1.0
		总数	万人	287.8	310	310	350
	城镇化率		%	83.3	85.0	84.0	90.0

注：①按工业增加值占第二产业 90%估算。

②2035 年三次产业结构指标源自《内蒙古自治区国民经济和社会发展第十三个五年规划纲要战略环境评价报告》（征求意见稿）。

③2017 年人口年均增长率以 2015 年为基数计算。

1.5 评价技术路线

围绕规划目标、结构、布局和规模的资源、生态和环境合理性，针对《规划纲要》实施可能面临的重大资源、生态和环境制约因素，采用“驱动力—压力—状态—影响—响应”评价思路，按照“区域战略方案解读与情景设计→发展基础和支撑条件分析→资源生态环境影响预测和承载力评估→‘三线一单’生态环境综合管控方案→经济社会与资源环境协调发展总体战略与对策→绿色发展保障机制与政策”的步骤开展战略环境评价工作（图1-3）。

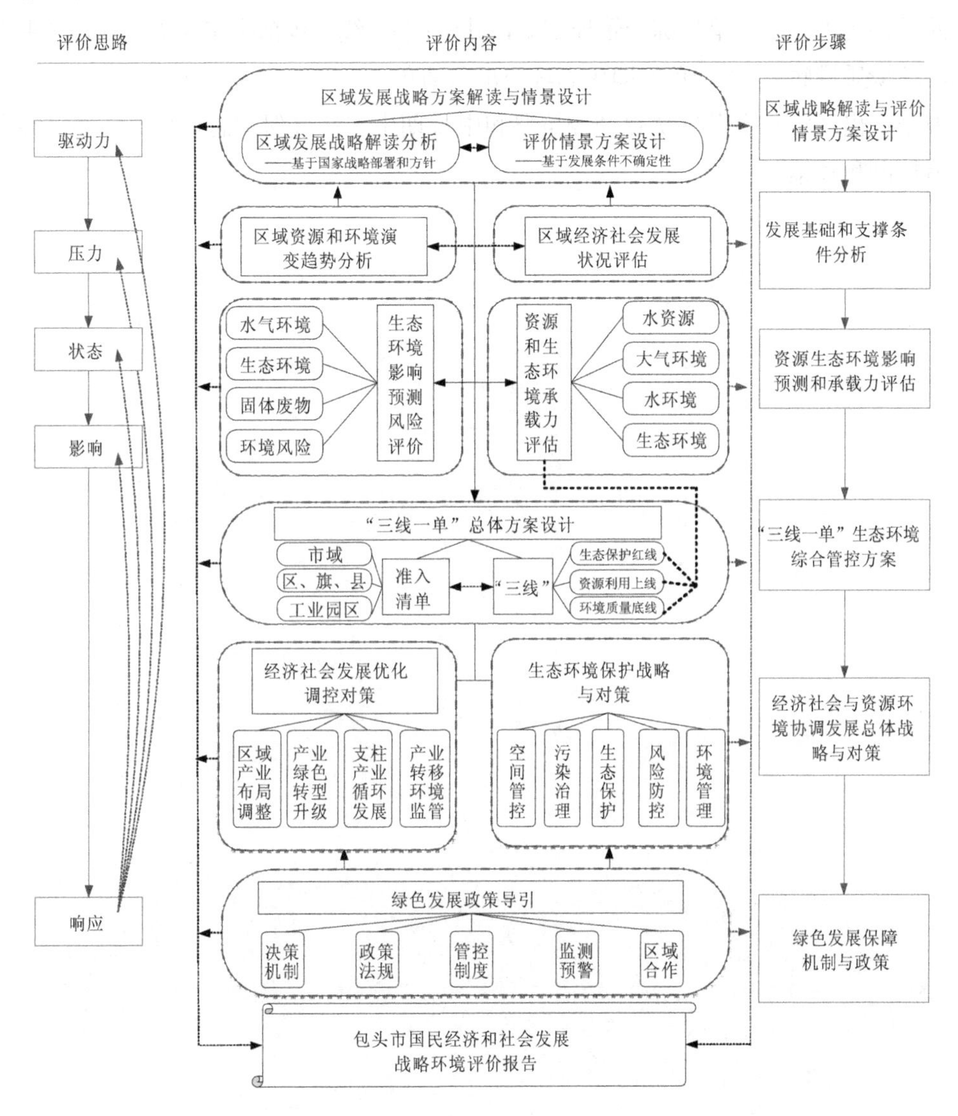

图1-3 评价思路、内容与步骤

一是解读包头市经济社会发展战略的内涵、思路和重点任务，从宏观政策层面综合论证和评估包头市经济社会发展战略定位和目标、经济规模、产业结构、产业布局、基础设施建设等方面的生态适宜性、环境合理性、资源可持续性。

二是分析包头市经济社会发展的资源环境基础支撑条件，诊断和识别当前存在及未来发展可能面临的资源环境短板因素。分析经济社会发展现状和趋势，设计战略环境评价情景方案。

三是预测评价区域发展战略实施可能产生的环境压力和影响，综合评估区域发展的资源和环境承载能力。

四是制定“三线一单”综合管控方案，其中：“三线”包括生态保护红线、资源利用上线、环境质量底线；“一单”即生态环境准入清单。

五是提出经济社会发展优化调控策略和中长期生态环境保护总体战略，制定绿色发展保障机制和政策。

第 2 章　区域发展战略解读与分析

2.1　区域发展战略方案概述

2.1.1　指导思想、目标与定位

（1）指导思想

包头市全面贯彻中共中央、自治区党委、包头市委重大决策部署，深入落实习近平总书记系列重要讲话精神，坚持“四个全面”战略布局，坚持“创新、协调、绿色、开放、共享”发展理念，以提高发展质量和效益为中心，加快形成引领经济发展新常态的体制机制和发展方式，统筹推进经济建设、政治建设、文化建设、社会建设、生态文明建设，保持在内蒙古率先发展优势，全面建成更高质量的小康社会，为实现“第二个百年”目标奠定坚实基础。

（2）发展目标

包头市经济保持中高速增长，增长速度高于全国和全区平均水平；地区生产总值年均增长 8%左右，到 2020 年突破 5 000 亿元，经济总量在西部地区保持领先，进入全国地级城市前列。

产业进入中高端，第三产业比重达到 53%，战略性新兴产业增加值占 GDP 比重达到 10%，多元发展多极支撑竞争力较强的现代产业体系基本形成。三次产业结构调整为 2.5∶44.5∶53.0。

城镇化率达到 85%左右。

（3）战略定位

①产业定位

发挥资源优势、市场竞争优势和产业基础优势，围绕提高资源就地转化率、精深加工度和产品市场竞争力，在更高层次上推动优势产业发展，努力把包头建设成为稀土新材料基地、新型冶金基地、清洁能源输出基地、现代装备制造基地、新型煤化工基地、绿色农畜产品精深加工基地。

②区域定位

立足地缘优势、交通优势和服务能力基础，围绕增强服务功能、辐射带动能力和影响力，在更高水平上推动区域性中心城市建设，努力把包头建设成为区域性创新创业中心、区域性物流中心、区域性新型产融结合中心、区域性消费中心、区域性文化旅游中心。

③功能定位

切实履行保障国家生态安全重大责任，履行保障祖国北疆安宁的重大使命，努力把包头建设成为北方重要的生态安全屏障和祖国北疆安全稳定屏障。

④开放定位

充分利用中蒙俄经济走廊节点城市和呼包鄂经济圈向北开放最近口岸优势，积极融入国家“一带一路”倡议，努力把包头打造成为自治区向北、向西开放的战略支点。

2.1.2 产业发展

（1）第一产业

加快农村牧区改革创新，优化“三带、六区”发展格局，深入实施“南菜北薯，乳肉并举”战略，推动农牧业信息化和第一产业、第二产业、第三产业融合发展，促进四大主导产业转型升级，以打造绿色农畜产品加工基地为重点，以绿色、优质、品牌、诚信、安全为核心，运用现代经营理念、先进科技手段和组织形式，提升农牧业规模化、产业化、标准化、机械化水平，加快构建现代农牧业体系，全面建设“高、精、强”现代农牧业。

到 2020 年，设施蔬菜和马铃薯种植面积分别达到 35 万亩、150 万亩，羊存栏 600 万只、出栏 1 000 万只，奶牛存栏 17 万头、鲜奶产量 135 万 t。

（2）工业

坚定不移地走新型工业化道路，以园区、企业创新发展为主线，引导要素资源合理流动，改变单纯规模扩张发展模式，加快建设稀土新材料基地、新型冶金基地、清洁能源输出基地、现代装备制造基地、新型煤化工基地、绿色农畜产品精深加工基地等六大产业基地，提高产业综合竞争力。

①稀土新材料基地

实施“稀土+”发展战略，依托国家稀土产业转型升级试点建设，推进转型升级、综合平衡利用和产业链延伸工程。到 2020 年，稀土产业总产值年均增长 20%以上，总产值达到 320 亿元。

②新型冶金基地

加快冶金产业结构调整，促进钢铁和铝、镁、铜等有色金属生产精深加工。到 2020 年，冶金产业总产值达到 2 300 亿元；优质钢、特种钢比重达到 95%；铝产能力争达到 500 万 t，电解铝就地加工转化率 85%以上。

③清洁能源输出基地

重点打造“一个枢纽”“三个基地”，建成“生产绿色、输送便捷、应用智能、辐射国际”的北方新能源之都，奠定包头在国家能源战略与国际能源合作中的重要地位。到 2020 年，能源产业总产值达到 700 亿元；风电装机规模达到 1 000 万 kW、太阳能发电装机规模达到 500 万 kW。

④现代装备制造基地

依托内蒙古一机集团、内蒙古北方重工业集团等传统装备制造基础，支持现有大型装备制造企业数字化机床改造，推进信息技术、先进制造技术、管理技术的应用，采用高新技术和先进适用技术改造提升传统装备制造产业。

到 2020 年，装备制造业增加值年均增长 12%，达到 2 800 亿元以上，占自治区比重的 60%以上。

⑤新型煤化工基地

按照“产业园区化、装置大型化、产品多元化、生产柔性化”的原则，引导发展煤化工相关产业及深加工产品，推动煤化工规模化、集约化、高端化发展，提高能源资源型产业核心竞争力和市场占有率。

到 2020 年，煤化工产业总产值达到 550 亿元；烯烃产能达到 340 万 t、煤制乙二醇 60 万 t、煤制天然气 200 亿 m^3、电石乙炔多联产制乙烯达到 140 万 t、煤制高端润滑油 100 万 t、煤制无烟柴油 200 万 t。

⑥绿色农畜产品精深加工基地

依托四大主导产业，形成一批产业关联度大、精深加工能力强、规模集约水平高、辐射带动面广的农牧业产业化示范基地。到 2020 年，农畜产品加工业总产值达到 400 亿元，农畜产品加工转化率达到 70%。

（3）第三产业

坚持生产性服务业与生活性服务业并重、现代服务业与传统服务业并举，推进服务业向集群、特色、高端、品牌方向发展，构建与现代制造业相融合、与现代农牧业相配套、与新型城镇化进程相协调、与保障和改善民生相适应的服务业发展新格局。

到 2020 年，全市服务业增加值占 GDP 比重达到 53%。

2.1.3　生产力空间布局

打破行政区划界限，科学规划、合理布局产业项目、发展特色经济，加快形成优势互补、错位发展、内外互动的区域发展格局。

（1）工业布局

①东铝

依托铝业园区，充分向下延伸产业链，发展铝深加工产业集群、铝下游关联产业集群。

②西钢

依托金属深加工园区，逐步形成钢材生产—深加工—钢材应用的完整产业链，在终端产品上形成突破。

③南高

依托稀土高新区，集中力量发展稀土新材料和开发新技术应用产品，打造具有世界影响力的中国“稀土之都”，加强科技成果转化，努力开发一批具有自主知识产权的新产品、新技术。

④北装

依托装备制造园区，扶持、引进和发展一批主导产品优势突出、品牌效益明显的龙头企业和大型企业集团。

⑤两翼煤化工

依托九原、土右工业园区，推动烯烃产品向下游延伸，构建烯烃后加工产业链，形成循环产业体系。

⑥山北新能源

依托山北地区丰富的风能、太阳能资源，打造清洁能源输出基地。

（2）服务业布局

①一核

一核指一个城市服务业核心区，以昆都仑区、青山区、东河区、九原区和稀土高新区范围为重点。

②三区

三区指三个服务集聚区，以萨拉齐（美岱召）、百灵庙、金山镇为重点。

③三带

三带指三个生态区域带，以大青山以北植被、大青山南坡绿化、沿黄河湿地保护三大生态区域为重点。

（3）农业布局

①南部现代农牧业发展带

南部现代农牧业发展带集中在土右旗等山南地区，重点发展粮食、蔬菜、肉羊、奶牛业和休闲农业，划分为现代农牧业集聚区、蔬菜产业集聚区、休闲农业集聚区和高效设施农业观光区4个区。

②中部旱作节水农业发展带

中部旱作节水农业发展带集中在达茂旗农区和固阳县，重点发展马铃薯产业，适度发展特色产业，建设马铃薯产业核心区。

③北部草原畜牧业发展带

北部草原畜牧业发展带集中在达茂旗北部草原，规划建设草原生态畜牧业示范区，强化草原生态保护，发展草原现代畜牧业。

2.1.4 生态文明建设

草原植被覆盖度和森林覆盖率持续提高，湿地资源得到有效恢复和保护，主要生态系统步入良性循环。能源资源开发利用效率大幅提升，主要污染物排放总量显著减少，环境质量明显改善。生产方式和生活方式绿色低碳水平上升，建成国家绿色低碳循环发展先行区。主体功能区布局基本形成，生态系统稳定性增强，生态安全屏障进一步巩固。

（1）节约高效利用资源

坚持节约优先，树立节约、集约的资源利用观，大力推动资源利用方式转变。到2020 年，万元 GDP 用水量达到 25.9 m^3，万元 GDP 能耗及新增建设用地规模等指标达到国家和自治区要求。

①强化约束性管理

落实国家能源和水资源消耗、建设用地总量和强度双控行动。实施最严格的能源消耗管理制度、水资源管理制度、耕地保护制度，推进城镇节水改造和海绵城市建设。严格控制农村牧区集体建设用地规模。

②培育绿色生产消费理念

倡导绿色生活方式，在生产、流通、仓储、消费各环节落实全面节约的理念。

（2）推动低碳循环发展

按照减量化、再利用、资源化的原则，加快建立循环型工业、农牧业、服务业体系，提高全社会资源利用率。到 2020 年，单位 GDP 二氧化碳排放量达到国家和自治区要求。

①深入推进节能减排

加快淘汰落后产能，优先发展公共交通，推广节能与新能源交通运输装备，鼓励绿色出行。提高建筑节能标准，推进碳排放权交易体系建设。

②大力发展循环经济

依托创建国家循环经济示范市和建设铝业园区国家“城市矿产”示范基地，完善再生资源回收体系，提高固体废物利用水平。

（3）强化环境综合整治

以提高环境质量为核心，实行最严格的环境保护制度，形成政府、企业、公众共治的环境治理体系，建设国家环保模范城市。到2020年，二氧化硫、氮氧化物、化学需氧量、氨氮等主要污染物排放量，空气质量、地表水水质等指标达到国家和自治区要求。

①大气污染防治

重点实施燃煤电厂“超低排放”改造工程、包钢烧结稳定达标排放改造工程，居民燃煤散烧的清洁能源替代和集中供热改造，外五区城关镇燃煤锅炉综合整治。

②水污染防治

重点实施东河东、万水泉、九原污水处理厂提标扩建及配套管网工程，昆都仑河、四道沙河、二道沙河、东河河道生态化改造工程，铝业、土右、金山、石拐等工业园区污水处理厂新建、扩建及配套管网工程。

③工业固体废物处置利用

重点实施包钢尾矿库闭库生态改造、包钢绿色矿山建设、铝业园区国家城市矿产示范基地建设，城市生活污水处理厂污泥、城市餐厨垃圾资源化综合利用。

④工业场地恢复治理

重点实施韩庆坝铬渣污染场地，原包头铜厂冶炼车间砷污染场地，原一化场地，原四化、二化昆仑石化区片场地，原华业特钢场地等污染调查评估及修复治理。

⑤环保体制机制建设

建立覆盖所有固定污染源的企业排放许可制，发挥环境影响评价源头控制作用，实行行业差别化准入政策，建立生态环境损害责任终身追究制度和生态环境损害赔偿制度，开展自然资源资产离任审计。

（4）加强生态保护修复

坚持以保护优先、自然恢复为主，深入实施重大生态保护和修复工程，筑牢我国北方重要生态安全屏障。森林覆盖率达到18.3%。

①开展国土绿化行动

加大生态建设力度，实施国家林业重点工程，巩固公路铁路沿线环境综合治理及重点区域绿化成果，推进大青山南坡生态环境综合整治，继续开展重点区域绿化，完善国土绿化管理体制和政策机制。

②严格保护基本草原

坚持全面禁牧政策不动摇，实施新一轮草原生态保护补助奖励机制。加大退牧还草力度，健全草原生态监测监理体系。

③强化生态环境保护

科学划定生态保护红线，将主要资源环境要素控制在红线范围内。加强大青山生态治理，加强动植物保护，加强森林防火和林业有害生态防治，实施湿地恢复工程，完成黄河湿地公园建设。

2.1.5　交通等基础设施建设

（1）交通设施

公路：加快包头环城通道、沿黄通道、旅游通道、出口通道建设，实现外环通高速，内环、旗县通一级，县乡通二级，乡乡通三级，所有行政村通柏油路，完善综合客货运枢纽。到 2020 年，新增公路里程 1 100 km，实现公路总里程达到 8 000 km。

铁路：推动呼市至包头至银川、满都拉至包头至西安至海口高速铁路建设，形成中西部地区高铁枢纽。推动包头至鄂尔多斯城际铁路和巴音花至满都拉、陶思浩至准格尔铁路加快建设，改造包头环城铁路、包头至白云、包头至石拐铁路，完善铁路运输网络。形成东接京津冀、西连银兰乌、北通蒙俄欧、南至海南的铁路枢纽格局。到 2020 年，新增铁路运营里程 334 km，实现铁路总里程达到 904 km。

航空：推动包头机场升级为国际机场，建设达茂、石拐、固阳、九原、高新区、土右等通用机场和国际口岸机场。

加快城市轨道交通建设，完善城市公交体系。

建成集公路、铁路、民航、城市公交于一体的立体综合交通枢纽。

（2）能源设施

重点推进千万千瓦级现代大型风电基地、采煤沉陷区先进技术光伏示范基地、清洁能源就地消纳基地、太阳能热发电示范基地、白彦花煤田煤电基地等建设，配套建设包头至江西（吉安）特高压电力外送通道，实施新一轮城镇配电网和农村电网升级改造工程。建设天然气管道陕京四线包头支线工程，建设覆盖城区和旗县区重点城镇的天然气管网。

（3）水利设施

实施敕勒川、塔令宫水库、五当召、塔布河等水利工程；推进镫口、美岱、团结等节水灌溉项目，推进包头至满都拉输供水项目、农村牧区饮水安全等工程，以及黄河二期堤防加固、中小河流治理等河段治理工程。

（4）信息设施

加快云计算数据中心建设，推进光纤到户、无线上网、“宽带乡村”工程。

2.1.6　开放合作

包头市顺应经济一体化趋势，更加主动地实施对外开放战略，完善对外开放新布局，构建对外开放新体制，发展更高层次的开放型经济。

（1）“丝绸之路”经济带

落实中央“一带一路”倡议，打造丝绸之路经济带重要节点，推进蒙西自贸区建设。

落实自治区参与“丝绸之路”经济带建设方案，加强满都拉口岸基础设施建设，推进口岸跨境铁路公路建设。参与“中俄蒙经济走廊”建设，培育外向型产业集群。探索建设稀土、钢铁和装备制造等产业保税物流中心，打造综合型保税区。建成国家指定肉类进口口岸。提高引进外资质量，重点引进高端装备、先进技术、管理经验等。

(2) 区域合作

推进生态环境联防联治，探索建立流域生态保护区与受益区横向生态补偿试点机制。推进产业发展协同协作，创新产业跨区域转移利益共享机制，推动有条件的园区开展共建合作。主动承接北京、天津等地区装备制造、大数据和教育等产业转移，吸引企业设立区域总部、加工基地、研发和营销中心。

推动呼包银榆经济区建设。围绕“六个基地”重点推进优势产业转型升级，围绕“五个中心”重点提升生产性、生活性服务业水平，推动人流、物流、资金流的快速运转，推动建设城际高铁、高速公路、通用机场。

推动呼包鄂协同发展。推动基础设施对接，启动呼包鄂城际高铁建设，构建环呼包鄂 2 小时公路圈和 1 小时快速铁路圈。推动基本公共服务共享，着力实现通信、信息、金融、社保等领域同城化。推动旅游开发合作，建立区域旅游合作联盟，打造区域精品旅游线路。推动生态环境保护，建立生态建设、污染综合治理联防联控体系，形成区域环境协同共建共治共管的局面。

包头市区域发展战略的要点及其主要内容见表 2-1。

表 2-1 包头市区域发展战略的要点及其主要内容

战略要素		战略要点和主要指标
发展理念		——四个全面 • 全面建成小康社会、全面深化改革、全面依法治国、全面从严治党 ——五位一体 • 经济建设、政治建设、文化建设、社会建设、生态文明建设 ——五大发展理念 • 创新、协调、绿色、开放、共享
战略定位	产业定位	——六大产业基地 • 稀土新材料基地、新型冶金基地、清洁能源输出基地、现代装备制造基地、新型煤化工基地、绿色农畜产品精深加工基地
	区域定位	——五大区域中心 • 区域性创新创业中心、区域性物流中心、区域性新型产融结合中心、区域性消费中心、区域性文化旅游中心
	功能定位	——北方重要的生态安全屏障和祖国北疆安全稳定屏障
	开放定位	——自治区向北、向西开放的战略支点

战略要素		战略要点和主要指标
发展规模	经济规模	• 地区生产总值年均增长8%，到2020年突破5 000亿元
	城镇化率	• 常住人口城镇化率达到85%，户籍人口城镇化率达到70%
产业结构	三次产业	• 农牧业现代化加快推进，工业化、信息化融合发展水平进一步提高，服务业对经济增长的贡献不断加大。服务业增加值占GDP比重达到53%。 • 加快壮大新材料、新能源汽车、节能环保等战略性新兴产业，打造新的增长点。战略性新兴产业增加值占GDP比重达到10%
	工业行业	——六大支柱产业 • 稀土新材料基地：稀土产业年均增长20%以上。 • 新型冶金基地：优质钢、特种钢比重达到95%。铝产能力争达到500万t，电解铝就地加工转化率85%以上。 • 清洁能源输出基地：风电装机规模达到1 000万kW、太阳能发电装机规模500万kW。 • 现代装备制造基地：装备制造业增加值年均增长12%，达到2 800亿元，占自治区比重60%以上。 • 新型煤化工基地：烯烃产能达到340万t、煤制乙二醇60万t、煤制天然气200亿m^3、电石乙炔多联产制乙烯达到140万t、煤制高端润滑油100万t、煤制无烟柴油200万t。 • 绿色农畜产品精深加工基地：农畜产品加工转化率达到70%
产业布局	工业	——东铝、西钢、南高、北装、两翼煤化工、山北新能源 • 东铝：依托铝业园区，发展铝深加工产业集群、铝下游关联产业集群。 • 西钢：依托金属深加工园区，逐步形成钢材生产—深加工—钢材应用完整的产业链。 • 南高：依托稀土高新区，集中力量发展稀土新材料和开发新技术应用产品，打造具有世界影响力的中国“稀土之都”。 • 北装：依托装备制造园区，扶持、引进和发展一批主导产品优势突出、品牌效益明显的龙头企业和大型企业集团。 • 两翼煤化工：依托九原、土右工业园区，构建烯烃后加工产业链。 • 山北新能源：依托山北地区丰富的风能、太阳能资源，打造清洁能源输出基地
	农业	——三带六区 • 南部现代农牧业发展带：集中在土右旗等山南地区。 • 中部旱作节水农业发展带：集中在达茂旗农区和固阳县。 • 北部草原畜牧业发展带：集中在达茂旗北部草原
	服务业	——一核、三区、三带 • 一核：指一个城市服务业核心区，以昆都仑区、青山、东河、九原、高新为重点； • 三区：指三个服务集聚区，以萨拉齐（美岱召）、百灵庙、金山镇为重点； • 三带：指三个生态区域带，以大青山以北植被、大青山南坡绿化、沿黄河湿地保护三大生态区域为重点

战略要素		战略要点和主要指标
生态文明建设	主体功能区建设	——引导各类生产要素按照主体功能优化配置，推进人口向城镇集中，工业向园区集中，农牧业向生产条件较好地区集中 ——重点生态功能区实行产业准入负面清单 • 重点开发区：东河区、昆都仑区、青山区、石拐区、九原区、白云矿区； • 限制开发区：土右旗、固阳县、达茂旗； • 禁止开发区：希拉穆仁风景名胜区、五当召国家森林公园等
	低碳循环发展	——节能减碳 • 加快淘汰落后产能，加强高耗能行业和重点企业节能改造和能耗管控； • 控制电力、钢铁、铝业、化工、建材等重点行业碳排放
		——发展循环经济 • 加强钢铁、铝、稀土等废旧资源回收利用； • 提高尾矿、粉煤灰、冶炼渣、煤矸石、富甲板岩等固体废物利用水平； • 加强生活垃圾分类回收和再生资源回收衔接，推进生产系统和生活系统循环链接； • 推进餐厨废弃物资源化综合利用和无害化处理试点城市建设； • 开展循环经济示范行动，推进企业循环式生产、产业循环式组合、园区循环式改造
	资源集约	——落实国家能源和水资源消耗、建设用地总量和强度双控行动 • 万元 GDP 用水量达到 25.9 m^3； • 万元 GDP 能耗达到国家和自治区要求
	生态保护	——开展国土绿化行动 • 实施天然林资源保护、退耕还林还草、京津风沙源治理二期、自然保护区建设等生态工程，开展道路、矿区等重点区域绿化。 ——严格保护基本草原 • 实施禁牧、退牧还草工程，确保基本草原面积不减少、质量不降低、用途不改变。 ——科学划定生态保护红线，将主要资源环境要素控制在红线范围内 ——加强大青山生态治理，加大农牧交错带水土保持力度 • 森林覆盖率达到 18.3%
	环境治理	——深入实施大气污染防治工程，加大水环境治理力度，加强耕地土壤治理和污染场地修复，防治农业面源，开展矿山生态恢复治理 • 全面完成二氧化硫、氮氧化物、化学需氧量、氨氮等主要污染减排约束性目标任务； • $PM_{2.5}$ 浓度下降率、空气质量优良天数比例达到国家、自治区要求； • 好于Ⅲ类水体比例、劣Ⅴ类水样比例达到国家、自治区要求

战略要素		战略要点和主要指标
区域协调与开放合作	区域协同发展	——加快推进土右旗中等城市建设，打造新的经济增长极。推动白云、达茂合并建市，建设对蒙贸易后勤保障基地、风电光电清洁能源输出基地、矿产资源综合开发利用基地 ——加大对固阳县的帮扶力度，积极发展能源、有色金属冶炼加工产业，建设对蒙贸易加工基地 ——推动固阳县、达茂旗、白云矿区合作共建基础设施、产业园区和重大工程；中心城区部分产业优先向山北地区转移
	区域产业合作	——加快融入环渤海经济区 • 承接北京、天津等地区装备制造、大数据和教育等产业转移； • 推进生态环境联防联治，建立流域生态保护区与受益区横向生态补偿试点机制。 ——推动呼包银榆经济区建设 • 加强城市群间产业分工协作，推进优势产业转型升级； • 加强环保领域合作。 ——推进呼包鄂协同发展 • 推动产业集聚整合，建立产业联动机制，实行统一的区域发展产业政策，形成生产要素互补、上下游产业配套的布局； • 推动生态环境保护，建立生态建设、污染综合治理联防联控体系，形成区域环境协同共建共治共管的局面
	丝绸之路经济带建设	——基础设施建设 • 推进满都拉口岸铁路、公路等基础设施建设； • 构建贯通欧亚、通疆达海、安全畅通的航空国际大通道； • 推动中蒙俄、中蒙欧跨境经济合作区和自贸区建设。 ——开放合作工程 • 参与中俄蒙经济走廊建设； • 加快满都拉风情小镇建设； • 推进包头中欧装备制造园建设

2.2 区域发展战略决策综合分析

2.2.1 发展理念

发展理念是指导发展行动的先导，从根本上决定着发展的成效乃至成败。“创新、协调、绿色、开放、共享”五大发展理念是关于发展的新理念，是全面建成小康社会的新理念，致力于破解发展难题、增强发展动力、厚植发展优势，提升发展质量。

《规划纲要》全面贯彻党的十八大，十八届三中、四中、五中全会精神和中共中央、自治区党委、包头市委重大决策部署，深入落实习近平总书记系列重要讲话精神，坚持

“四个全面”战略布局和“五位一体”总体布局，以“五大发展”理念谋篇布局，在产业发展、资源节约、生态建设、环境保护、开放合作、民生保障等领域提出了新任务、做出了新部署、绘制了新蓝图。《规划纲要》强调以创新为发展的第一动力，加快科技和产业创新，以创新推进传统产业新型化、新兴产业规模化、支柱产业多元化，构建产业新体系；以协调为持续健康发展的内在要求，坚持城乡一体、区域协同，不断拓展发展新空间，构筑发展新格局；坚持走绿色富市、绿色惠民发展道路，强调落实主体功能区规划，加强资源节约、生态保护和环境治理，不断推进绿色低碳循环发展；坚持对内合作、对外开放，更加主动地实施对外开放战略、发展更高层次的开放型经济；突出共享发展，在基本公共服务供给、教育扶贫、社会保障等方面出拳发力，实现全体人民共同迈入全面小康社会。

党的十九大以来，国家提出了坚持以人民为中心的发展思想、建设现代化经济体系、实施乡村振兴战略、推动经济高质量发展、从全面建成小康到社会主义现代化强国等一系列新思想、新目标、新要求，做出了“我国经济已经由高速增长阶段转向高质量发展阶段”的重大科学判断。在2018年全国生态环境保护大会上，习近平总书记强调，必须加快形成节约资源和保护环境的空间格局、产业结构、生产方式、生活方式，加快建立以产业生态化和生态产业化为主体的生态经济体系。为此，《规划纲要》应坚持以人民为中心的发展思想，更加强化“绿色发展”理念，更加突出“高质量发展”主线，进一步明晰发展战略定位，加快转变发展思路，围绕新时期发展战略目标，抓住现阶段主要矛盾，着力解决制约经济发展的突出短板因素和问题，大力推动质量变革、效率变革、动力变革，追求高质量和高效益发展，更好满足人民群众对美好生活的需要，在新的历史起点上实现经济社会和资源环境协调、可持续发展，走生产发展、生活富裕和生态良好的文明发展道路。

2.2.2 经济结构、布局和规模

（1）产业结构

产业结构既是资源转化器，又是污染发生器，与经济增长质量和效益密切相关。推进产业结构优化升级，降低资源和能源密集型产业比重，是实现高质量发展的必然途径和手段。

《规划纲要》坚持以创新为动力，着力推进农牧业现代化、第三产业高端化，大力推进传统产业新型化、新兴产业规模化、支柱产业多元化，加快发展新材料、新能源等战略性新兴产业，到2020年，三次产业结构由2015年的2.7∶48.4∶48.9调整为2.5∶44.5∶53.0。其中，第三产业比重比2015年提高4.1个百分点，第一产业、第二产业比重分别降低0.2个百分点、3.9个百分点；战略性新兴产业增加值占GDP比重达到10%，比2015年提高4个百分点。第二产业中重点发展稀土新材料、新型冶金、清洁能源、现代

装备制造、新型煤化工、绿色农畜产品精深加工等支柱产业。

从总体上看，《规划纲要》确立的六大支柱产业发展定位符合西部大开发“十三五”规划和内蒙古主体功能区、“十三五”规划产业发展要求；三次产业结构在一定程度上得到了优化和调整，逐步趋于合理化和高端化。但是，在工业结构中钢铁、铝、装备制造、电力、稀土和煤化工等资源消耗和污染排放密集型工业行业仍然占据主导地位，长期以来形成的重型化经济结构并未得到根本性改变。受产业结构重型化影响，在节能减排技术进步速率低于规模扩张速率的情况下，产业结构优化的节能减排正效应可能因规模扩张的负效应而抵消，导致资源消耗和污染排放总量增长。

工业行业是资源消耗和污染排放大户，2015 年，包头市工业行业能源消费量占比达 85%；工业行业 SO_2、NO_x 排放量分别占 93%、73%，氨氮排放量占 60%。其中钢铁、铝、装备制造、电力、稀土和煤化工等六大工业行业的 SO_2、NO_x 和烟粉尘排放量占工业污染排放总量约 90%。到 2020 年，全市工业增加值比 2015 年净增约 50%，在能耗强度和污染物排放强度保持在 2015 年水平的条件下，工业行业的能源消耗和污染物排放量将分别新增 50%；只有当万元工业增加值能源消耗量和污染排放量比基准年降低 35%左右时，工业行业的能源消耗和污染排放总量才能控制在基准年水平上。按照《包头市工业发展“十三五”规划》，到 2020 年万元工业增加值能耗、水耗分别达到 1.3 tce[①]、14 m^3，分别比 2015 年降低 17.8%、8.3%，万元工业增加值能耗和水耗降低率远未达到 35%。

因此，在推进三次产业结构调整的同时，应加大工业行业结构调整，加快淘汰落后、低效产能，推动工业行业的节能减排技术进步，特别是要加强冶金、电力、煤化工等重点工业行业的能耗管理和污染排放控制。

（2）生产力布局

资源和生态环境分布客观上存在空间分异性，不同区域具有不同的生态环境功能定位和要求，从而决定了生产力布局的环境合理性和生态适宜性。

在《内蒙古主体功能区规划》中，包头市所辖的东河区、昆都仑区、青山区、九原区、石拐区、白云矿区等 6 个区属于国家级重点开发区域，面积为 3 074.65 km^2；固阳县所辖的金山镇、下湿壕镇、怀朔镇、西斗铺镇，土右旗的萨拉齐镇、沟门镇、海子乡、美岱召镇等 8 个乡镇属于国家级其他重点开发的城镇。包头市功能定位为：全国重要的能源和新型化工基地，农畜产品加工基地，稀土新材料产业基地，北方地区重要的冶金和装备制造业基地；全区重要的科技创新与技术研发基地，战略性新兴产业和现代服务业基地，全区的经济、文化中心。

土右旗属于国家级农产品主产区，其功能定位为国家绿色农产品生产基地，内蒙古自治区建设新农村新牧区的主要区域，建设优质玉米、中筋小麦、番茄、向日葵、蔬菜、

---

① tce：1 吨标准煤当量。

瓜果产业带，优质马铃薯、优质杂粮产业带，以及优质奶牛、肉羊产业带。

固阳县、达茂旗属于阴山北麓草原生态功能区，其功能定位为国家北方生态安全屏障，人与自然和谐相处的示范区，提供生态产品的重要区域。农产品主产区、重点生态功能区——阴山北麓草原生态功能区属于限制开发区域，面积为 7 171.35 km^2。

禁止开发区域包括 6 个自然保护区、1 个风景名胜区、4 个森林公园、1 个国家湿地公园试点、9 个重要饮用水水源保护区，总面积为 3 901.85 km^2，其功能定位为保护自然文化资源遗产的重要区域，珍稀动植物基因资源和水源的保护地，保持生物物种多样性区域。

包头市主体功能区名录见表 2-2。

表 2-2 包头市主体功能区名录 单位：km^2

	重点开发区域		
1	东河区、昆都仑区、青山区、九原区、石拐区、白云鄂博矿区	国家级	2 853.00
	其他重点开发的城镇		
2	固阳县：金山镇、下湿壕镇、怀朔镇、西斗铺镇。 土右旗：萨拉齐镇、沟门镇、海子乡、美岱召镇	其他	221.65
	合计		3 074.65
	限制开发区域		
	农产品主产区		
1	土右旗	国家级	2 254.91
	重点生态功能区——阴山北麓草原生态功能区		
1	达茂旗	国家级	—
2	固阳县	自治区级	4 916.44
	点状开发城镇		
1	白音花镇、满都拉镇、百灵庙镇、达尔汗苏木	达茂旗	—
	合计		7 171.35
	禁止开发区域		
	自然保护区		
1	内蒙古大青山国家级自然保护区（包头辖区）	国家级	1 082.00
2	巴音杭盖自治区级自然保护区	自治区级	496.50
3	南海子湿地自治区级自然保护区	自治区级	16.64
4	梅力更自治区级自然保护区	自治区级	226.67
5	红花敖包自然保护区	旗县级	60.00
6	春坤山自然保护区	旗县级	95.00
	风景名胜区		
1	希拉穆仁风景名胜区	自治区级	710.00

<table>
<tr><td colspan="4">森林公园</td></tr>
<tr><td>1</td><td>内蒙古五当召国家森林公园</td><td>国家级</td><td>18.00</td></tr>
<tr><td>2</td><td>九峰山森林公园</td><td>自治区级</td><td>220.00</td></tr>
<tr><td>3</td><td>昆都仑森林公园</td><td>自治区级</td><td>21.10</td></tr>
<tr><td>4</td><td>阿善森林公园</td><td>自治区级</td><td>56.15</td></tr>
<tr><td colspan="4">重要湿地</td></tr>
<tr><td>1</td><td>内蒙古包头黄河国家湿地公园</td><td>国家湿地公园试点</td><td>124.60</td></tr>
<tr><td colspan="4">重要饮用水水源保护区</td></tr>
<tr><td>1</td><td>包头市黄河昭君坟水源地</td><td>河流</td><td>28.31</td></tr>
<tr><td>2</td><td>包头市黄河画匠营子水源地</td><td>河流</td><td>16.91</td></tr>
<tr><td>3</td><td>包头市黄河磴口水源地</td><td>河流</td><td>18.53</td></tr>
<tr><td>4</td><td>包头市昆都仑水库水源地</td><td>湖库</td><td>616.48</td></tr>
<tr><td>5</td><td>包头市阿尔丁水厂水源地</td><td>地下水</td><td rowspan="5">94.96</td></tr>
<tr><td>6</td><td>包头市昆都仑区清水池水源地</td><td>地下水</td></tr>
<tr><td>7</td><td>包头市青山加压站水源地</td><td>地下水</td></tr>
<tr><td>8</td><td>包头市东河清水池水源地</td><td>地下水</td></tr>
<tr><td>9</td><td>包头市九原供水站水源地</td><td>地下水</td></tr>
<tr><td colspan="3">合计</td><td>3 901.85</td></tr>
</table>

《规划纲要》提出要积极引导现有工业园区和企业实施跨区域重组，不断发展壮大特色产业园区，形成“东铝、西钢、南高、北装、两翼煤化工、山北新能源”工业布局；整合现有服务业优质资源，推动服务业向集群化、特色化、高端化、品牌化发展，实现增长提速、比重提高、水平提升，形成“一核、三区、三带”的现代服务业发展格局；根据农牧业生产现状和自然条件空间差异性，按照“三带六区”的布局稳步发展农牧业，形成“南粮、北牧”“南菜、北薯”的农牧业发展格局。

从总体上看，《规划纲要》确立的生产力布局总体上符合自治区主体功能定位和产业发展总体战略部署要求，有利于发掘本地区资源、市场和产业基础优势，从更高层次、更广空间优化配置资源，推动形成优势互补、错位发展、内外互动的区域发展格局。但是，《规划纲要》确立的工业布局仍然是既有工业布局的延续，“工业围城”的总体格局尚未得到明显改观，且可能进一步锁定和固化。

从现状看，受制于资源空间配置先天不足、行政区划及区域统筹协调难度大等诸多不利因素，包头市业已形成了“工业围城”的格局，中心城区人口和工业高度集聚，城区周边分布 6 个工业园区、7 个火电厂，以占全市 6.8%的土地面积承载着全市 77.9%的人口、80.0%的 GDP 和 72.1%的工业增加值、85%以上的污染负荷。随着工业规模扩张，中心城区的资源和生态环境保护压力可能加剧。

因此，应依据生态功能和资源环境承载力的空间分异性，加快制定和实施产业布局再调整战略规划，适度疏解中心城区生产功能，推动中心城区重化工业有序转移，从根本上破解“工业围城”困局。

（3）经济规模

发展是第一要务，也是提高居民人均收入、增加人民福祉、推进社会进步的物质基础。《规划纲要》提出以提高经济增长质量，实现在自治区率先发展，全面建成更高质量的小康社会为发展目标，经济保持中高速，增长速度高于全国、全区平均水平，地区生产总值年均增长8%左右，到2020年突破5 000亿元，经济总量在全国西部地区保持领先，进入全国地级城市前列。“十三五”期间，包头市GDP年均增长率比全国平均水平高出1.5个百分点，分别比内蒙古自治区、呼和浩特市、鄂尔多斯市高出0.5个百分点。

包头市属于欠发达地区，保持经济持续增长，做大经济总量，有利于缓解发展不充分、不平衡与人民群众日益增长的对美好生活需求之间的矛盾，提高人民福祉水平。但是，在产业结构未实现升级，资源能源效率和污染控制技术未取得明显进步的条件下，经济规模扩张必然导致资源能源消耗、污染排放显著增加，极大削弱可持续发展能力。

按照《规划纲要》，到2020年，包头市单位GDP水耗、能耗分别比2015年降低11.2%、15%。初步测算，在不考虑产业结构升级且资源效率和污染控制保持2015年水平的条件下，到2020年资源消耗和污染排放总量分别增长35%左右。结合国内外经济形势综合判断，包头市“十三五”期间经济增长指标偏高，在全国经济增长整体下行的背景下面临达标困难。同时，可能进一步加剧经济与资源环境之间的矛盾，加大资源环境承载压力。

鉴于此，规划实施后期应综合考虑资源环境承载能力，适度调整经济增长速率和规模指标，同时要强化产业结构转型升级，加强资源能源节约、污染控制和减排，大幅提升资源能源效率，降低污染排放强度，以减轻资源和环境承载压力。

2.2.3 生态文明建设

党的十九大报告指出，生态文明建设功在当代、利在千秋。建设生态文明是中华民族永续发展的千年大计。要牢固树立社会主义生态文明观，推动形成人与自然和谐发展现代化建设新格局。树立和践行“绿水青山就是金山银山”的理念，坚持节约资源和保护环境的基本国策，像对待生命一样对待生态环境，统筹山水林田湖草系统治理，实行最严格的生态环境保护制度，形成绿色发展方式和生活方式，坚定走生产发展、生活富裕、生态良好的文明发展道路，建设美丽中国，为人民创造良好生产生活环境。

《规划纲要》坚定不移走绿色富市、绿色惠民的发展道路，推动形成绿色发展方式和生活方式，创建国家生态文明先行示范区和国家循环经济示范城市，有利于推动包头市生态文明建设迈上新台阶。

（1）资源节约

自然资源是保障区域经济社会持续发展的物质基础和条件，节约资源是我国的基本国策。无序开采开发、粗放低效利用不但导致自然资源浪费和枯竭，强化资源短缺的硬约束，而且也会带来一系列生态破坏和环境污染问题。

《规划纲要》坚持节约资源的基本国策，坚持节约优先方针，树立节约集约的自然资源可持续利用观，把节约集约利用资源摆在更加突出的位置，推动资源利用质量变革、效率变革、动力变革，严格落实国家能源和水资源消耗、建设用地总量和强度双控行动。按照《规划纲要》，到2020年，单位GDP用水量、能耗分别达到25.9 m^3、0.96 tce，分别比2015年降低11%、15%；GDP总量增长约35%，显著大于单位GDP水耗、能耗降低率。据此判断，到2020年全市水资源和能源消耗总量可能将大幅度增长。

因此，规划实施后期应强化执行最严格的能源消耗管理制度、水资源管理制度和耕地保护制度，提高水资源、能源和土地资源节约、集约利用水平，严格控制水资源、能源和土地资源效率、增量。

（2）环境保护

良好的环境质量是建成小康社会和美丽中国的重要组成部分。当前，我国进入中国特色社会主义新时代，随着我国社会主要矛盾转化为人民日益增长的美好生活需求和不平衡不充分的发展之间的矛盾，人民群众对优美生态环境需要已经成为这一矛盾的重要方面，广大人民群众热切期盼加快提高生态环境质量。持续改善生态环境质量，是补齐生态环境突出短板，全面建成小康社会的基本要求。

长期以来，包头市委、市政府高度重视生态环境保护工作，特别是在党的十八大，十八届三中、四中、五中、六中全会召开和修订后的《中华人民共和国环境保护法》颁布实施以来，不断加大环境保护工作力度，全面实施主要污染物总量减排、大气污染综合治理、重点领域污染防治，加强环境执法和基础能力建设，环境质量得到改善。《规划纲要》坚持用制度保护环境，以提高环境质量为核心，立足于生态环境保护工作基础和未来面临的压力和挑战，明确了“十三五”期间环境保护总体目标和任务，提出要进一步健全环境保护体制机制，深入实施水、气、土、固环境综合防治和修复重点工程，到2020年，主要大气、水污染物排放总量减少，空气环境和地表水环境质量明显改善。

从总体上看，《规划纲要》确立的环境保护目标满足国家和自治区生态环境保护要求，可为包头市全面改善和提升生态环境质量，补齐生态环境短板，全面推进生态文明建设提供环境安全基础保障。规划实施后期应不断完善环境保护制度体系、技术体系和管理体系，提高环境治理能力，重点抓好中心城区大气、水和固体废物污染综合治理，着力削减污染存量，严格控制污染增量，确保中心城区环境质量持续改善。

（3）生态安全

构筑以森林和草原为主体、生态系统良性循环、人与自然和谐相处的祖国北方重要生态安全屏障，是贯彻落实党的十八大、十九大精神，改善自治区以及我国华北、西北及东北地区生态环境，保障国土生态安全，建设生态文明，实现经济社会又好又快发展的重要举措、根本保障和必然途径，具有十分重大的现实意义和深远的战略意义。

习近平总书记在考察内蒙古时强调，内蒙古的生态环境状况不仅关系到内蒙古各族群众的生存和发展，也关系到华北、东北、西北乃至全国生态安全状况，要努力把内蒙古建设成为我国北方重要的生态安全屏障。《内蒙古自治区构筑北方重要生态安全屏障规划纲要（2013—2020 年）》提出，要通过全面实施重点生态保护与建设规划，大力推进重大生态工程建设，加强重点区域、流域生态建设和环境保护，构筑起以森林和草原为主体、生态系统良性循环、人与自然和谐相处的祖国北方重要生态安全屏障。

在《全国主体功能区规划》中，内蒙古自治区被确定为国家生态安全战略格局中东北森林带和北方防沙带的主要构成部分，而包头市处于北方防沙带的中心地带，是我国北方重要生态安全屏障的组成部分。《规划纲要》遵循“山水林田湖草”生命共同体理念，坚持保护优先、自然恢复为主的方针，强调要开展国土绿化行动，严格保护基本草原，实施湿地整体保护，划定生态保护红线，深入实施若干重大生态保护和修复工程，基本形成以“北部草原、中部山林、南部农田、沿黄湿地”为主体的生态安全格局，不仅能够确保本地区生态系统完整性和可持续性，而且能够为构筑北方重要生态安全屏障，保障全国生态安全做出重大贡献。

规划实施后期，包头市应按照国家和自治区部署，加快推进生态保护红线划定工作并制定《生态保护红线条例》，构建和完善国土空间管控体系，加强国土空间用途管制，加大重点生态功能区的保护，确保区域生态安全。

2.2.4 基础设施建设

《规划纲要》提出要按照适度超前、合理布局、完善网络、提升质量的要求，推进交通网络、能源、水利基础设施建设，形成建设现代基础设施网络。

基础设施状况是经济社会快速发展的重要基础和支撑条件，也是衡量一个国家或地区发展水平和文明程度的标志。但是，基础设施项目在建设和运营过程中，由于不可避免地改变所在区域的自然生态环境原貌，必然带来一定生态环境负面效应。例如，公路项目在施工期作业过程中取弃土、高填深挖路基、桥涵、隧道，临时占地对土地、植被的破坏以及引起水土流失加剧；在营运期间，线路的阻断对土地利用格局、林业植被、生物量、文物古迹、移民安置产生影响。铁路在建设期间和营运期间产生噪声污染、水土流失、耕地占用以及对动植物生态的影响等。能源基地和通道、水利工程建设等也会带来一系列生态破坏并产生环境影响。

因此，首先，应做好顶层设计，选线选址尽可能避开生态环境敏感地区，严格执行相关环境保护法律法规；其次，要高度重视基础设施规划和建设项目生态环境影响评价，加强基础设施项目建设和运营过程中的环境监管。

2.2.5　开放合作

顺应经济全球化、区域经济一体化趋势，广泛开展对内合作、对外开放是不断拓展发展空间，充分利用两种资源、两个市场，增强持续发展新动能的必然选择。

国家“一带一路”倡议提出，内蒙古要“发挥联通俄蒙的区位优势，建设我国向北开放的重要窗口”，在“中蒙俄经济走廊建设中发挥重要作用”。《西部大开发“十三五”规划》确立了“五横两纵一环”的西部开发总体空间格局，提出要以重要交通走廊和中心城市为依托，着力培育若干带动区域协调协同发展的增长极，构建并明确推进呼包银榆等次级增长区域发展；加快培育重点城市群，引导呼包鄂榆城市群有序发展，打造西部地区经济增长重要引擎；形成以呼和浩特市、包头市、鄂尔多斯市三个大城市为核心，覆盖沿黄河沿交通干线经济带规划区域，与京津冀城市群衔接的西部大开发支点城市群。《内蒙古自治区国民经济和社会发展第十三个五年规划纲要》明确提出，要深化对外开放，把内蒙古自治区建成我国向北开放的重要桥头堡和充满活力的沿边开发开放经济带；深化国内区域合作，不断开创互利共赢的区域合作新格局。

包头市是我国西部地区重要的工业基地，处于内蒙古自治区向北、向西开放的前哨阵地，是国家“一带一路”倡议的重要窗口、西部大开发的重要战略支点。在对外开放方面，《规划纲要》确立了打造“自治区向北、向西开放的战略支点”的开放定位，提出要“加强满都拉口岸基础设施建设”，“推进包头中欧装备制造园建设，深化同德国、意大利等欧洲制造业发达国家合作”，参与“中俄蒙经济走廊”建设。在对内合作方面，《规划纲要》强调要加快融入环渤海经济区，推动呼包银榆经济区建设，推进呼包鄂协同发展，在生产力布局和产业链重构、基础设施建设、市场要素对接、产业分工协作等领域展开全面合作。

综上所述，《规划纲要》确立的对外开放战略符合国家和自治区“一带一路”倡议总体部署要求，有利于充分发挥和彰显自身良好的区位和产业基础优势，推动形成开放型经济新格局，极大提升区域协同发展水平；对内合作有利于全方位融入区域发展战略大局，加快优势产业转型升级，提升包头市在区域经济体中的地位和作用，同时也为构建生态环境保护区域合作新格局奠定良好基础。

未来，包头市实施对外开放、对内合作的过程中，要加强产业准入环境管理，严格实施对承接产业生态环境影响评价和承接地资源环境承载能力评估，着力引进科技含量高、经济效益好、环境友好型的深加工类产业项目，坚决禁止承接与本地产业同质化的资源、能源和污染密集型的前端产业项目，严禁伴随产业转移带来的污染转移。

第3章　区域经济社会发展趋势分析

“十二五”期间，包头市立足于老工业基地的实际，始终把发展作为解决一切问题的根本保证，把建设“五个基地”作为解决经济结构战略性调整的主要途径；立足于第三产业规模偏小的实际，把建设“四个中心”作为解决三次产业协同发展的关键举措；立足于经济增长过度依赖投资驱动的实际，把“一个支点”建设作为解决“三驾马车”均衡拉动的重要抓手。全市经济增长稳中有进，传统产业改造提升不断加快，战略性新兴产业持续壮大，现代农牧业发展迈出了新的步伐，奠定了区位优势突出、交通条件便利、商务成本较低、人力资源富集等经济持续增长的基础性支撑条件，同时又享受国家深入推进西部大开发、扶持边疆民族地区发展等优惠政策，新的经济增长点不断形成，发展后劲明显增强。

3.1　工业化和城镇化判断

3.1.1　工业化进程

工业化通常被定义为工业增加值或第二产业增加值在国民生产总值中的比重和工业就业人数在总就业人数中的比重不断上升的过程。

（1）工业化水平判据

工业化水平一般从工业结构、产业结构、从业结构、人均收入水平、城镇化率等方面进行综合测度。

我国多数研究一般选取人均 GDP、三次产业产值结构、制造业增加值占总商品增加值比重、人口城镇化率、第一产业就业人数占比 5 项指标并给定相应的标志值：采用层次分析法计算各指标权重，在此基础上得出反映工业化进程的综合指数 K，运用经典工业化理论并结合综合指数 K，判断某一国家或地区工业化所处发展阶段（表 3-1～表 3-3）。

表 3-1　工业化不同阶段标志值

基本指标		前工业化阶段（1）	工业化实现阶段			后工业化阶段（5）
			工业化初期（2）	工业化中期（3）	工业化后期（4）	
1.人均GDP（经济发展水平）	（1）1964 年/美元	100～200	200～400	400～800	800～1 500	1 500 以上
	（2）1996 年/美元	620～1 240	1 240～2 480	2 480～4 960	4 960～9 300	9 300 以上
	（3）2000 年/美元	660～1 320	1 320～2 640	2 640～5 280	5 280～9 910	9 910 以上
	（4）2002 年/美元	680～1 360	1 360～2 730	2 730～5 460	5 460～10 200	10 200 以上
	（5）2004 年/美元	720～1 440	1 440～2 880	2 880～5 760	5 760～10 810	10 810 以上
2.三次产业产值结构（产业结构）		A＞I	A＞20%，A＜I	A＜20%，I＞S	A＜10%，I＞S	A＜10%，I＜S
3.制造业增加值占总商品增加值比值（工业结构）		20%以下	20%～40%	40%～50%	50%～60%	60%以上
4.人口城市化率（空间结构）		30%以下	30%～50%	50%～60%	60%～75%	75%以上
5.第一产业就业人数占比（就业结构）		60%以上	45%～60%	30%～45%	10%～30%	10%以下

注：A、I、S 分别指第一产业、第二产业、第三产业的产值占比（%）。

表 3-2　工业化指标权重

指标	人均 GDP	三次产业产值占比	制造业增加值占比	人口城市化率	第一产业就业人数占比
权重/%	36	22	22	12	8

表 3-3　工业化阶段判断标准

发展阶段		综合指数
前工业化阶段		0
工业化初期	前半阶段	$0<K<16.5$
	后半阶段	$16.5\leqslant K<33.0$
工业化中期	前半阶段	$33.0\leqslant K<49.5$
	后半阶段	$49.5\leqslant K<66.0$
工业化后期	前半阶段	$66.0\leqslant K<82.5$
	后半阶段	$82.5\leqslant K<100.0$
后工业化阶段		$K\geqslant 100.0$

注：K 为反映工业化进程的综合指数。

（2）包头市工业化发展阶段

本书选取人均 GDP、三次产业产值结构、制造业增加值占总商品增加值比重、人口城镇化率、第一产业就业人数占比等 5 项指标对包头市工业化进程进行评价（表 3-4）。

表 3-4 包头市工业化进程评价指标

年份	人均 GDP/美元	产业结构/%			制造业产值占比/%	第一产业就业人数占比/%	工业化综合指数 *K*
		第一产业	第二产业	第三产业			
2000	1 345	6.4	53.6	40.0	49.6	23.16	0.850 5
2005	4 270	4.0	52.3	43.7	45.9	24.96	0.856 5
2010	10 519	2.9	51.6	45.5	45.3	14.12	0.908 0
2015	15 978	2.7	48.4	48.9	42.5	13.45	0.919 3

注：GDP 按 2004 年汇率折算。

2000 年以来，包头市人均 GDP 呈快速增长态势，2015 年比 2010 年增长 50%以上，带动了工业化加速发展；三次产业结构趋于优化，第一产业、第三产业产值比重持续增大，第二产业产值比重持续降低；第一产业就业人数比例显著下降。

工业化综合指数计算结果，2000 年以来，包头市工业化综合指数持续增大，由 2000 年的 0.850 5 提高到 2015 年的 0.919 3，提高了 6 个百分点，自 2010 年之后，进入工业化后期的后半阶段，并逐步向后工业化阶段迈进。

3.1.2 城镇化阶段

城镇化是伴随工业化进程的社会经济变化过程，包括农业人口非农化，城市人口规模不断扩张，城市用地不断向郊区扩展，城市数量不断增加，城市社会、经济、技术变革进入乡村。狭义而言，城镇化是城镇人口比例不断上升的过程。

（1）城镇化阶段判据

根据城镇化率指标变化，城镇化进程大致分为 3 个阶段：

①城镇化初期

城镇化率为 10%～30%，城镇化进程缓慢。乡村人口、农业比重较大，农业生产水平低下；工业以简单的资源型和加工型为主，第三产业以农产品和其他日用品销售为主。

②城镇化中期

城镇化率为 30%～70%，城镇化进程加快。随着农业生产效率大幅提高，大量农业剩余劳动力向城市转移，城市人口不断增加。第二产业发展加快，工业化基础逐步建立，综合经济实力明显增强，但工业仍以资源密集型产业为主，随着资本大量注入，技术水平不断提高。第三产业规模扩大，耐用消费品市场逐步建立，休闲、旅游产业兴起，医疗保健体系逐步形成。

③城镇化后期

城镇化率达到 70%～90%，城镇化速度降低。人口增长缓慢，农村剩余劳动力持续减少，城市人口增长减缓。现代工业体系形成，工业技术和管理水平显著提升，基本摆脱了以劳动力投入为主的增长方式，工业剩余劳动力在城市内部调整，为第三产业发展提供了人力条件。

（2）包头市城镇化发展阶段

自改革开放以来，包头市城镇化率一直处于高位。1978—2000 年，包头市城镇化率一直保持在 70%左右，发展进程缓慢。2000—2010 年，包头市城镇化进程进入“快车道”，城镇化率由 68.7%提高到 79.5%，年均提高近 1 个百分点；自 2010 年之后，城镇化进程开始趋缓，城镇化率由 2010 年的 79.5%提高到 2015 年的 82.7%，提高了 3.2 个百分点，年均提高 0.64 个百分点，整体上已进入城镇化发展后期阶段（图 3-1）。

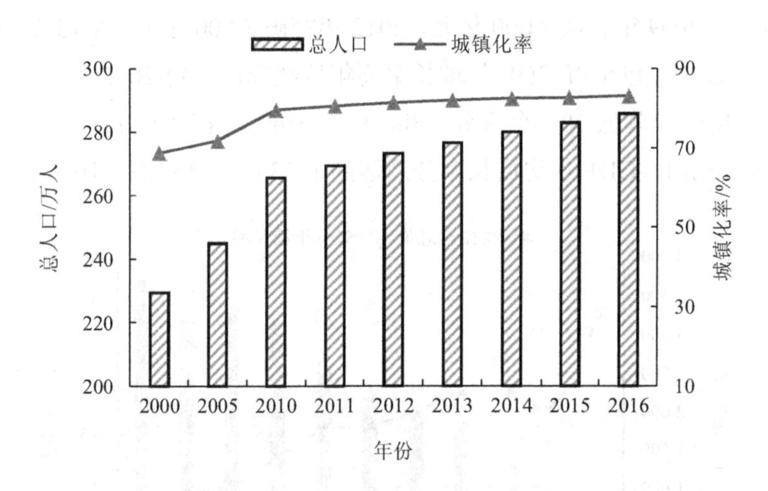

图 3-1　包头市城镇化率变化趋势

总体来看，包头市工业化发展水平相对较高，但由于制造业以传统产业为主，且处于产业链中低端，工业化发展质量有待进一步提升。高质量工业化是与信息化深度融合、促进农业现代化水平提升、与城镇化协调发展的新型工业化。因此，未来包头市在推进工业化进程中要加强工业化与农业现代化、城镇化、信息化的“四化”有机融合，走新型工业化道路，开启高质量工业化进程。

城镇化质量明显滞后于城镇化率，城镇化发展起点高、进程慢、质量低。据《中国经济周刊》与中国社会科学院城市发展与环境研究所联合推出的《中国城镇化质量报告》，2013 年，包头市城镇化率在全国 286 个地级及以上城市的排名中占据第 17 位，但城镇化质量排名仅为第 46 位，城镇化质量明显滞后于城镇化率。因此，未来发展中，包头市应重视城镇化质量与城镇化率同步提高，避免过度城镇化带来的贫富差别增大、环境压力增长等一系列现代“城市病”，走新型城镇化发展道路。

3.2《规划纲要》实施前期回顾分析

3.2.1 经济规模

（1）国民经济稳步持续增长

改革开放以来，包头市委、市政府坚持发展第一要务，不断加快经济社会建设步伐，扩大改革开放成果，全市经济总量迅速扩张，发展速度明显加快，居民收入显著提高，走出了一条老工业基地跨越式发展的新路子，实现了经济社会超常规发展，创造了令人瞩目的“包头模式”。到 2000 年，全市 GDP 突破 250 亿元，2004 年超过 500 亿元，2006 年突破 1 000 亿元，2009 年突破 2 000 亿元，2012 年突破 3 000 亿元，平均 2～3 年翻一番。

自 2005 年以来，包头市 GDP 年增长率逐年持续降低，到 2015 年下降到 8.1%，分别比 2005 年、2010 年降低 20.5 个百分点和 7.9 个百分点。在“十五”“十一五”“十二五”等三个五年规划期内，GDP 年均增长率分别达到了 23.6%、18.3%、10.7%（图 3-2）。

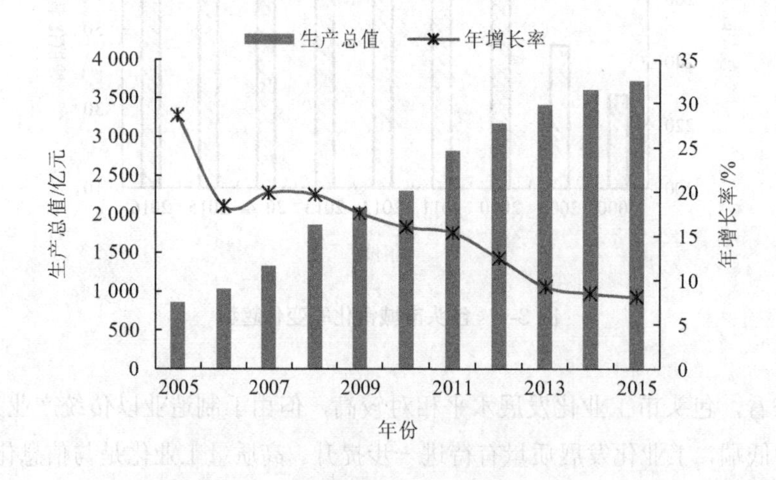

图 3-2 包头市 GDP 年增长率变化趋势

到“十二五”期末，全市 GDP 增至 3 721.93 亿元，经济总量稳居西部城市前 5 位，人均 GDP 超过 2 万美元，高于全国、内蒙古自治区平均水平；一般公共预算收入从 139 亿元增加到 252 亿元，年均增长 12.6%；累计完成固定资产投资 9 826 亿元；累计建成亿元以上重大项目 1 424 个；全市非公经济占比由 60.5%提高到 68%。

从各个时期 GDP 年均增长率变化看，1979—2015 年包头市生产总值年均增长率为

13.4%，高于同期全国平均水平，其中，2001—2010 年，生产总值年均增长率达 20.9%，经历了一个超高速增长时期。进入“十二五”以来，全球经济下行，全国经济发展进入转型升级的调整期，与此同时，包头市生产总值年均增长率也回落到 10.7%。

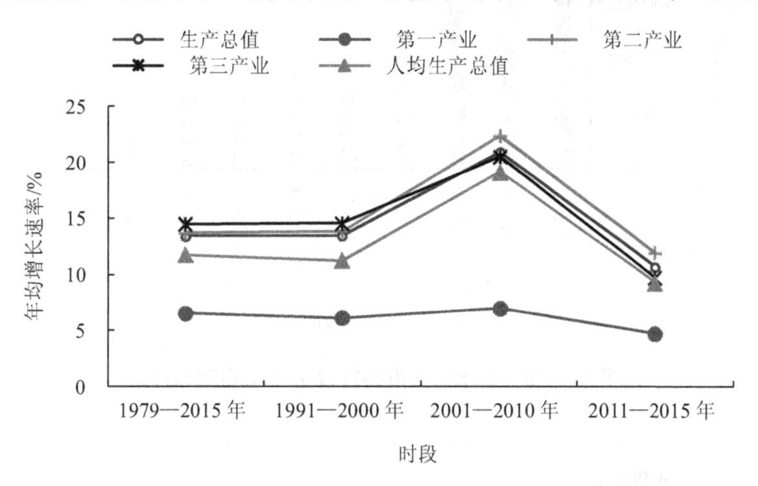

图 3-3　包头市 GDP 及三次产业年均增长速率分析

（2）市域发展不平衡问题突出

以大青山为界，包头市可划分为山南和山北两个片区。山北片区包括固阳县、达茂旗、白云矿区，土地面积总和为 22 738 km²，以草原为主，是包头市重要生态屏障区。山南片区包括昆都仑区、青山区、九原区、东河区、稀土高新区、石拐区、土右旗，土地面积总和为 5 030 km²；山南片区是包头市经济和人口集中分布区，尤以中心城区（包括昆都仑区、青山区、九原区、东河区、稀土高新区）经济、人口密度最大。

从各区县旗人均 GDP 指标看，2015 年石拐区人均 GDP 最高，达到 267 562 元，固阳县最低，仅为 69 636 元，两地相差 2.84 倍（图 3-4）。从全社会居民人均可支配收入指标看，2015 年稀土高新区全社会居民人均可支配收入最高，达到 40 934 元，固阳县最低，为 15 880 元，前者是后者的 2.58 倍。从土地产出率看，昆都仑区为 36 193 万元/km²，达茂旗仅为 120 万元/km²。

2015 年，包头市山南片区的全社会居民人均可支配收入为 35 974 元，单位土地面积 GDP 为 7 252.53 万元/km²，分别是山北片区的 1.76 倍、44.87 倍。其中，中心城区的全社会居民人均可支配收入为 38 165 元，单位土地面积的 GDP 和工业增加值分别为 16 828.35 万元/km²、6 526.44 万元/km²。山南片区以占全市 18.1%的土地面积承载着全市 89.6%的人口、90.8%的 GDP 和 87.5%的工业增加值。中心城区以占全市 6.8%的土地面积承载着全市 70%以上的人口、80.0%左右的 GDP 和 70%以上的工业增加值。各行政区人均可支配收入见图 3-5。

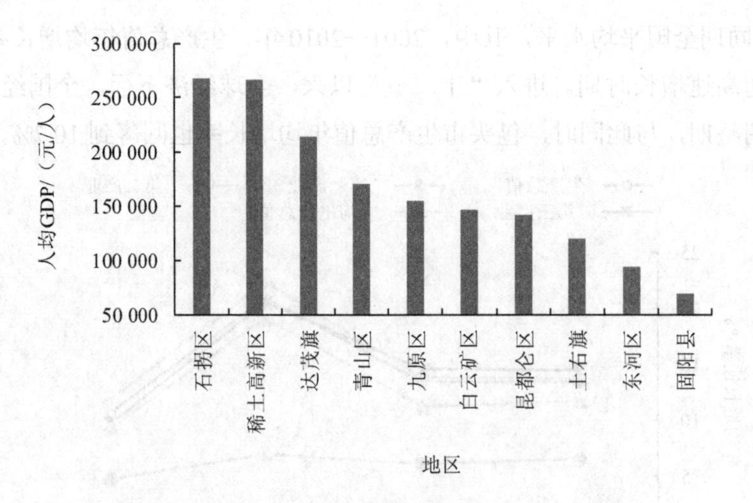

图 3-4 2015 年包头市各行政区人均 GDP 比较

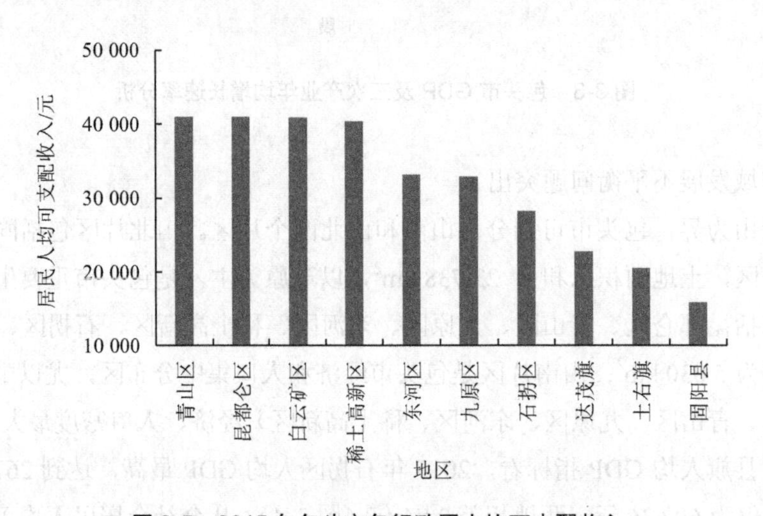

图 3-5 2015 年包头市各行政区人均可支配收入

山北片区气候条件恶劣，干旱少雨，生态环境脆弱，人口稀少，经济发展滞后，人均收入水平远低于山南片区。从总体上看，山北片区是生态屏障区，加强生态建设和保护是重中之重。但从另一个角度看，山北片区国土面积大，开发强度低、潜力大，局部地区（如固阳县所辖的金山镇、下湿壕镇、怀朔镇、西斗铺镇，达茂旗所辖的白音花镇、满都拉镇、百灵庙镇、达尔汗苏木分别属于点状开发城镇）仍可作为未来包头市承接外部和市内产业转移的战略后备国土空间。如此功能区划分，一方面能够带动山北地区经济社会发展，另一方面可以在一定程度上消除区域发展不平衡问题。

2015 年包头市各行政区经济社会指标见表 3-5。

表 3-5　2015 年包头市各行政区经济社会指标

行政区		土地面积/km^2	常住人口/人	GDP/万元	人均 GDP/（元/人）	工业增加值/万元	固定资产投资/万元	一般公共预算收入/万元	居民人均可支配收入/元
山南片区	稀土高新区	116	146 800	3 873 800	266 515	2 145 272	4 168 822	467 618	40 391
	昆都仑区	301	776 600	10 894 200	141 071	4 133 000	4 582 945	444 566	40 934
	东河区	470	545 100	5 105 300	93 986	1 257 200	3 468 105	152 697	33 146
	青山区	280	513 500	8 737 500	170 771	3 194 400	4 343 814	419 466	40 934
	九原区	734	220 800	3 379 900	154 722	1 676 898	1 963 500	187 533	32 899
	石拐区	761	38 600	1 026 100	267 562	837 200	647 089	36 617	28 183
	土右旗	2 368	293 000	3 463 400	119 531	1 814 400	2 526 849	206 689	20 530
小计		5 030	2 534 400	36 480 200	—	15 058 370	21 701 124	1 915 186	—
山北片区	白云矿区	303	27 600	401 700	146 339	294 900	360 000	32 477	40 915
	固阳县	5 025	170 100	1 185 900	69 636	726 770	1 184 687	30 083	15 880
	达茂旗	17 410	97 200	2 087 800	214 133	1 124 100	1 945 778	154 249	22 749
小计		22 738	294 900	3 675 400	—	2 145 770	3 490 465	216 809	—
合计		27 768	2 829 300	40 155 600	—	17 204 140	25 191 589	2 131 995	—

3.2.2　三次产业结构

（1）三次产业协同发展

2000 年以来，包头市不断加快经济结构调整步伐，力促产业转型升级，传统产业改造升级加快，战略性新兴产业不断壮大，第三产业比重持续提高，经济发展已形成三次产业协同发展、二三产业并驾齐驱的格局。

2005—2015 年，包头市第一产业年增长率呈倒“U”形，“十一五”期间呈波动上升趋势，“十二五”期间呈波动下降趋势；到 2015 年，年增长率下降为 3.5%，比 2010 年降低 3.9 个百分点（图 3-6）。第二产业、第三产业年增长率呈持续降低趋势，其中，2015 年第二产业年增长率下降到 8.3%，分别比 2005 年、2010 年降低 22.9 个百分点、10.8 个百分点（图 3-7）；第三产业年增长率降至 8.2%，分别比 2005 年、2010 年降低 19.7 个百分点、4.3 个百分点（图 3-8）。

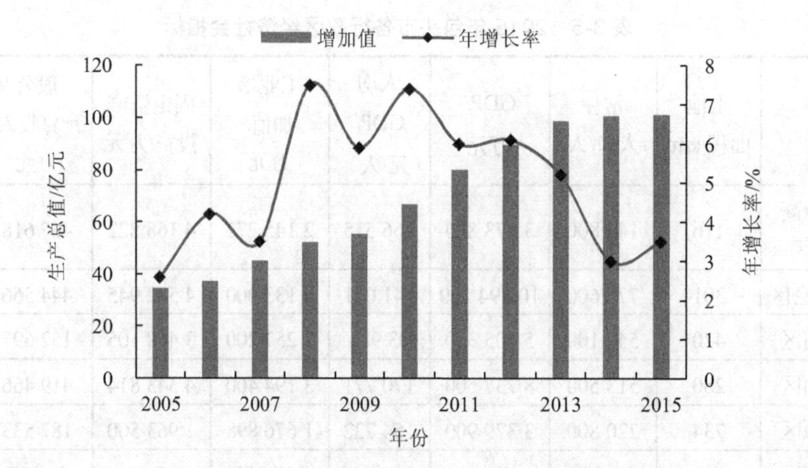

图 3-6　包头市第一产业产值演变趋势

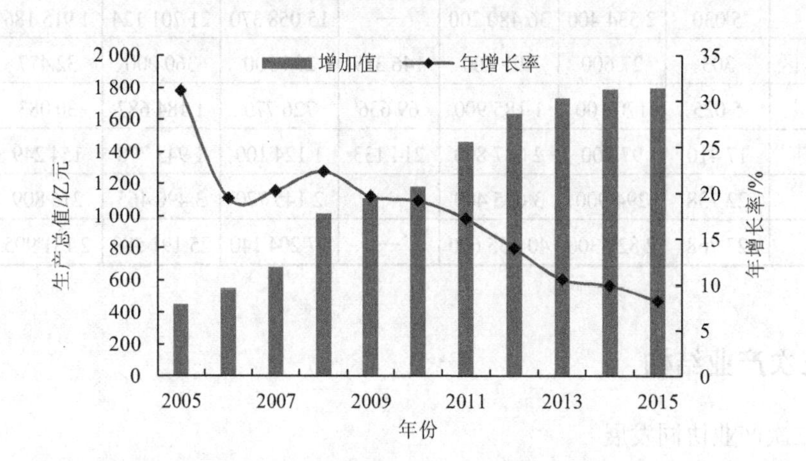

图 3-7　包头市第二产业产值演变趋势

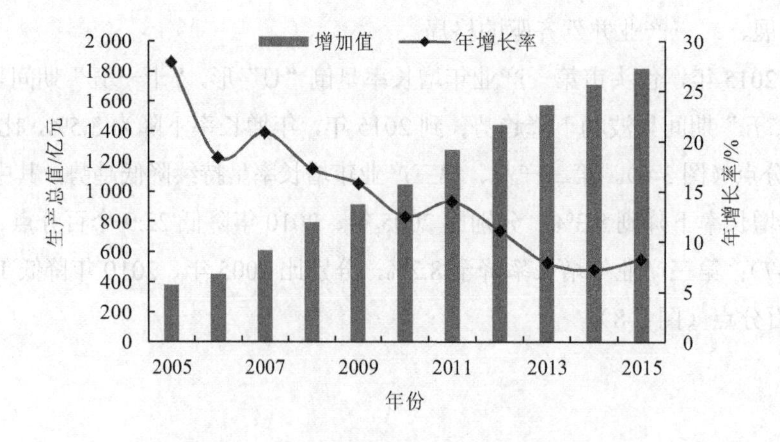

图 3-8　包头市第三产业产值演变趋势

从不同时段三次产业增长率看，2001年之后，三次产业年增长率均呈现为下降趋势，第一产业、第二产业、第三产业年增长率年均下降0.15个百分点、0.70个百分点、0.72个百分点（表3-6）。

表3-6　不同时段包头市三次产业增加值年增长率　单位：%

产业＼时段	1979—2015年	1991—2000年	2001—2010年	2011—2015年
第一产业	6.6	6.2	7.0	4.8
第二产业	13.7	13.9	22.4	11.9
第三产业	14.5	14.6	20.5	9.7

三次产业比例由2010年的2.9∶51.6∶45.5调整为2015年的2.7∶48.4∶48.9，第三产业增加值占生产总值比重首次超过第二产业，三次产业位序调整为“三二一”。冶金、能源等传统产业全面改造升级，战略性新兴产业增加值占规模以上工业比重达到17.5%；“高精强”现代农牧业加快推进（图3-9）。

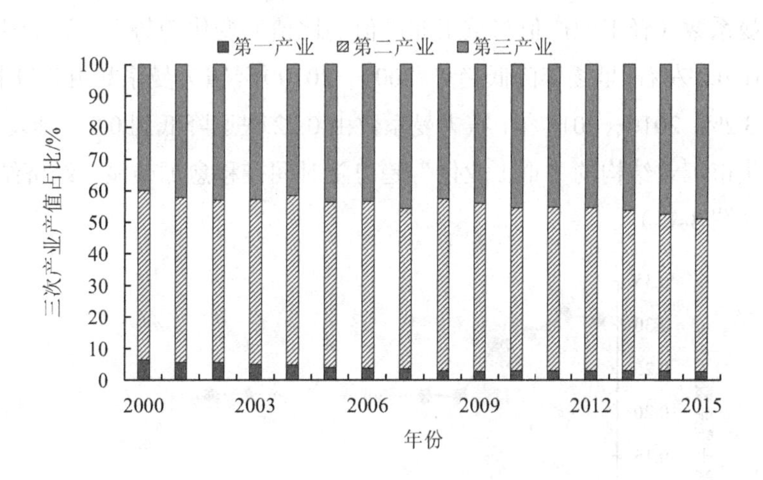

图3-9　包头市三次产业结构变动趋势

（2）产业结构重型化特征显著

包头市是一个以第二产业占主导、以重化工业经济为主体的老工业城市，第二产业特别是工业经济带动了全市国民经济发展和城市建设，但产业结构资源化、重型化、前端化、同质化特征突出，钢铁、铝业、电力等资源、能源和污染密集型产业比重明显偏高，高技术产业和战略新兴产业占比较低，经济发展与环境保护之间的矛盾异常尖锐。

长期以来，包头市走了一条重工业化发展道路，第二产业增加值占比持续处于高位。“十二五”时期之前，全市第二产业增加值占GDP比重始终大于50%；自2014年起，第二产业增加值占比开始低于 50%，2015 年降至 48.4%，低于同期内蒙古自治区平均水平（51.0%），但高于同期全国平均水平（40.5%）。包头市与呼和浩特市（28.0%）、鄂尔多斯市（56.8%）相比，第二产业增加值占比处于中间水平（图 3-10）。

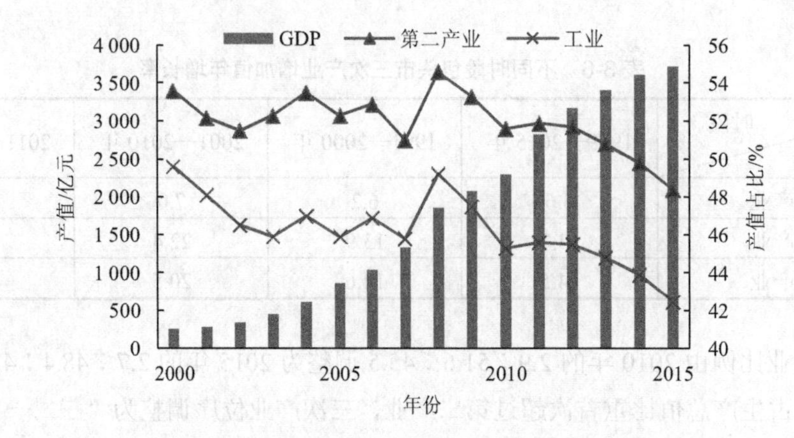

图 3-10 包头市第二产业及工业产值占比变化趋势

从霍夫曼系数（轻工业产值与重工业产值的比值）变化趋势看，评价期内霍夫曼系数基本保持在 0.2 左右，呈逐年降低趋势。2000—2010 年，霍夫曼系数由 0.31 降低到 0.22，年均降低约 3.2%；2010—2015 年，霍夫曼系数由 0.22 快速降低到 0.07，年均降低 26.6%。这表明，包头市工业结构的“重工业化”趋势随时间推移愈加凸显，经济结构重型化特征愈加突出（图 3-11）。

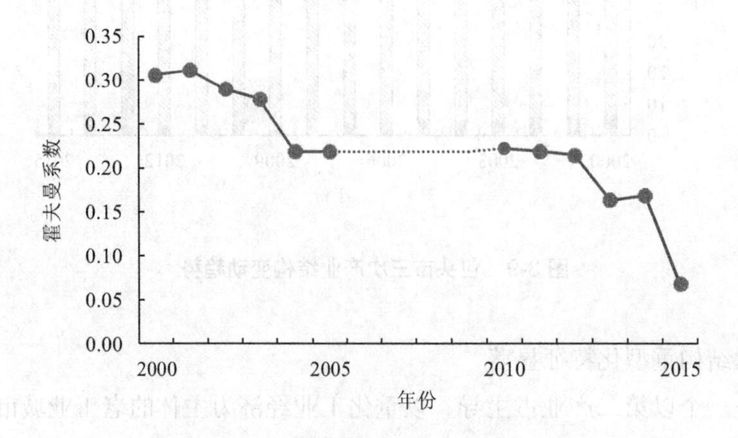

图 3-11 包头市霍夫曼系数变化趋势

环境库兹涅茨曲线模型分析结果显示，当前包头市经济增长与资源、能源消耗和污染物排放之间尚未显现“脱钩”迹象，尚处于向“资源和环境高山”爬坡攀顶阶段（图 3-12）。

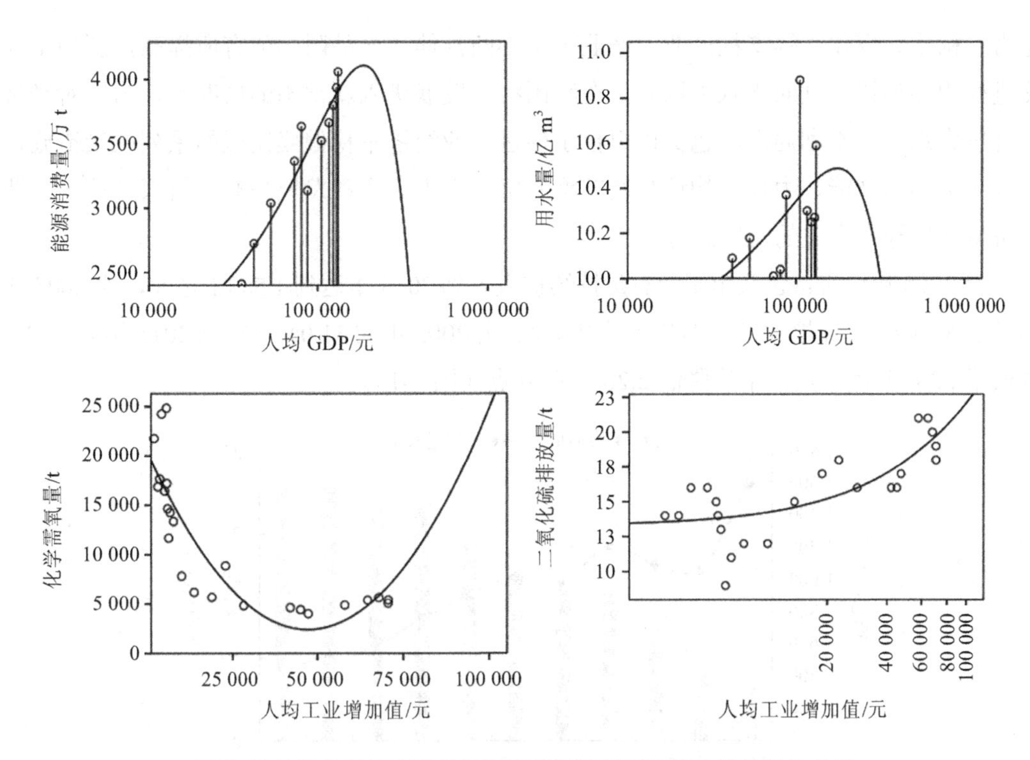

图 3-12　包头市经济增长与资源能源消耗和污染物排放量的关系

3.2.3　工业结构和布局

（1）工业体系日益完备

包头市是内蒙古自治区最大的工业城市，经过多年发展，基本形成了以冶金、电力、稀土、化工、纺织、乳业、重型汽车、工程机械为主导的新型工业体系。

“一五”时期，伴随着包头钢铁集团、内蒙古一机集团、内蒙古北方重工业集团等工业项目的开工建设，包头市的工业发展开始起步。“二五”时期，全市的煤炭、机械、建材、纺织、食品等产业也有较大发展，形成了门类比较齐全的工业体系。20 世纪 60 年代中期到 70 年代，由于包头市处于当时国家“三线”建设的投资重点地区，先后建成投产了一批大中型骨干企业，形成了包头市工业产业结构的基本格局。

改革开放以后，国家及地方对包头市的工业企业加大了投入力度，进行了全面的设备更新和技术改造，包头钢铁 4 号高炉、5 号高炉、重轨及高速线材生产线等一批重点工程先后完成，为全市工业发展注入了新的活力，使得工业经济走上了快速健康发展的轨道；工业门类日益齐全，形成了冶金、机械、电力、化工、建材、纺织、稀土等优势产业；工业生产能力稳步提升，自动化水平也有了长足进步。进入 21 世纪之后，包头市工业从产业结构到产品的升级换代都得到迅速的提升，全市形成了钢铁、铝业、装备制造、电力、稀土、煤化工等支柱产业，产业链条不断延伸，产品附加值有所提高，新型工业化进程明显加快。党的十八大以来，在我国经济发展进入新常态的情况下，为应对经济下行压力加大的不利局面，包头市出台了促进工业经济平稳健康发展的系列政策措施，积极淘汰落后产能，力促结构调整及转型升级，大力培育和发展战略性新兴产业，工业经济呈现出稳中有进的发展态势。

自 2005 年以来，包头市工业总量持续扩大，到 2015 年达到 1 580.1 亿元，比 2005 年增长了 3 倍多;工业增加值年增长率持续降低，由 2005 年的 31.0%下降到 2015 年的 8.4%，降低了 22.6 个百分点，年均降低 2.26 个百分点（图 3-13）。

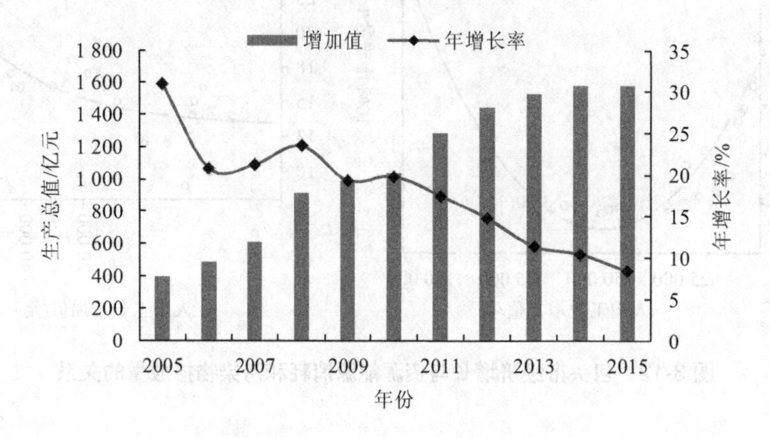

图 3-13 包头市工业产值变化趋势

从不同时段年均增长率看，2001—2010 年包头市工业增加值年均增长率达到评价期内的最高点，为 22.2%。“十二五”期间，工业增加值年均增长 12.5%（图 3-14）。

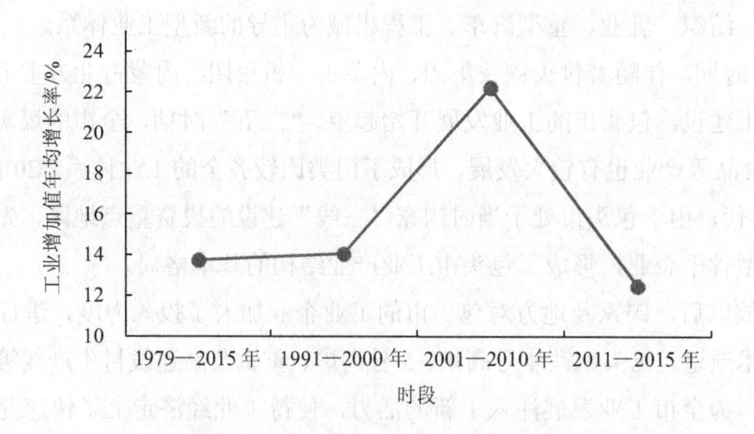

图 3-14 包头市不同时期工业增长率

2015年，全部工业增加值年均增长8.73%，达到1 580.09亿元，工业固定资产投资五年累计完成4 739亿元，为工业经济提供了持续发展动力。钢铁、铝业、装备制造、电力、稀土五大优势产业实现工业增加值664.5亿元，占规模以上工业增加值的57.5%，钢铁、装备制造、铝业等对工业增长的贡献率达44.3%。优质钢、特种钢比例达到80%，电解铝就地加工转化率达到70%；战略性新兴产业实现工业增加值203.6亿元，占规模以上工业增加值的17.6%，比2010年年末提高8.6个百分点。全市外贸进出口总额15.5亿美元，其中出口总额8.88亿美元，占50%以上；区外（国内）到位资金658亿元，同比增长28.1%。

（2）工业围城困局亟待破解

“十五”以来，随着经济社会的高速发展，包头市形成了“东部铝业、西部钢铁+稀土、南部铝业+化工、北部机械、东南西北电厂”的工业围城格局，中心城区成为产业布局的核心区域。

全市规模以上工业企业主要集中分布在9个工业园区，入园企业1 621户。9个工业园区中包括1个国家级高新技术产业开发区，1个国家级“城市矿产”示范基地，3个国家级新型工业化产业示范基地，3个自治区级新型工业化产业示范基地，3个自治区级承接产业转移示范园区，5个工业循环经济试点示范园区。

全市9个重点工业园区规划总面积为708.1 km^2（批准面积为513 km^2），建成面积为210 km^2。其中，6个工业园区分布在中心城区范围内，其规划面积占工业园区规划总面积的71.1%，占工业园区建成区总面积的82.7%。

包头钢铁、包头铝业、希望铝业、包头火电等重点工业污染源集中分布于包头市中心城区及周边，特别是包头钢铁、包头铝业、希望铝业、一电、二电等企业处于中心城区上风向或周边，对中心城区环境空气质量造成巨大压力，直接影响中心城区环境空气质量。此外，中心城区及周边分布7家火电厂，总装机容量达到752万kW；2015年火电行业二氧化硫、氮氧化物排放量分别占市辖区（含石拐区）二氧化硫、氮氧化物排放总量的27.8%、57.1%。尽管火电厂排气筒高度一般在200 m左右，但对局部区域污染物排放贡献仍然较大。

总之，包头市长期以来已形成的工业围城格局，不但加剧了中心城区空气环境压力，而且由于工业园区与居民集聚区临近、交叉分布，城市居民身体健康问题也成为社会关注的焦点。

3.2.4 绿色发展

（1）区域发展绿色转型不断加快

“十二五”期间，包头市不断加快产业绿色转型升级，严格实施资源和能源消耗管理，加大污染减排力度，资源和环境保护水平持续提高，获批为国家节能减排财政政策综合示范城市，入选国家首批工业绿色转型发展试点城市。

全市万元 GDP 能耗、规模以上工业企业万元工业增加值能耗分别由 2010 年的 1.367 3 tce、2.631 tce 下降到 2015 年的 1.063 1 tce、1.581 tce，分别累计下降 24.5%、48.1%。2016 年，万元GDP 能耗、规模以上工业企业万元工业增加值能耗分别进一步降低到 1.037 tce、1.518 tce（图 3-15）。

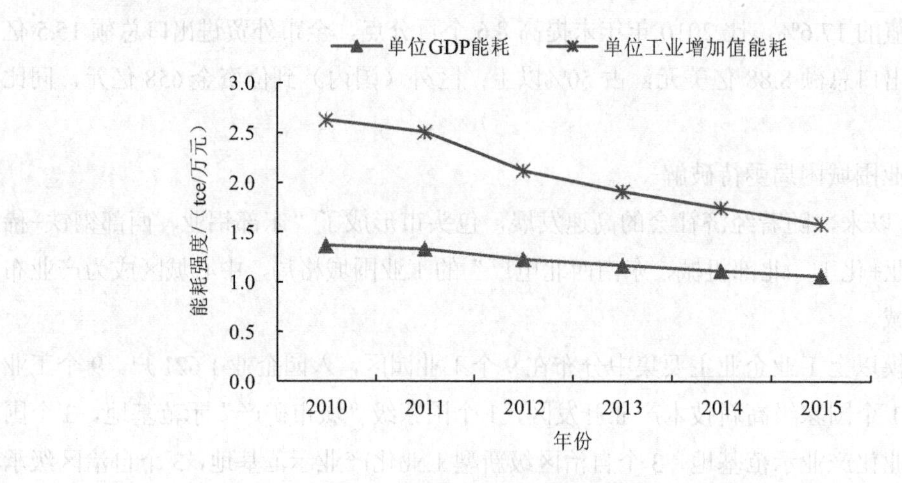

图 3-15 包头市能源消费强度变化趋势

从能源消费弹性系数变化趋势分析看，“十二五”期间，随着节能力度不断加大，包头市能源消费弹性系数总体上呈逐年下降趋势，由 2011 年的 0.81 逐渐下降到 2015 年的 0.38，表明包头市经济增长对能源消耗的依赖性逐年降低（图 3-16）；但是，与同期全国能源消费弹性系数平均水平（0.14）相比，包头市能源消费弹性系数仍然偏高，仍有较大的节能空间和潜力。

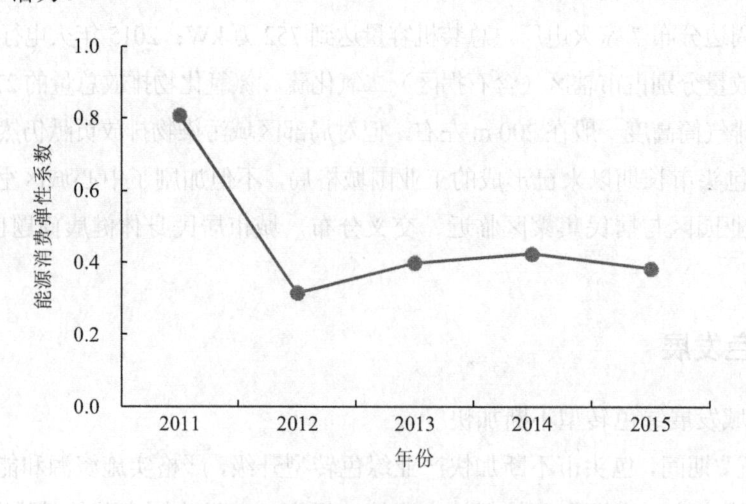

图 3-16 包头市能源消费弹性系数变化趋势

2015 年，全市万元 GDP、万元工业增加值新鲜水用量分别达到 28.46 m^3、15.27 m^3，与 2010 年相比分别下降了 37.1%、30.6%。工业用水重复利用率为 88.9%。

2016 年，全市万元 GDP 用水量为 27.33 m^3，比上年减少 1.13 m^3；万元工业增加值用水量为 14.62 m^3，比上年减少 0.65 m^3。工业用水重复利用率为 88.9%（图 3-17）。

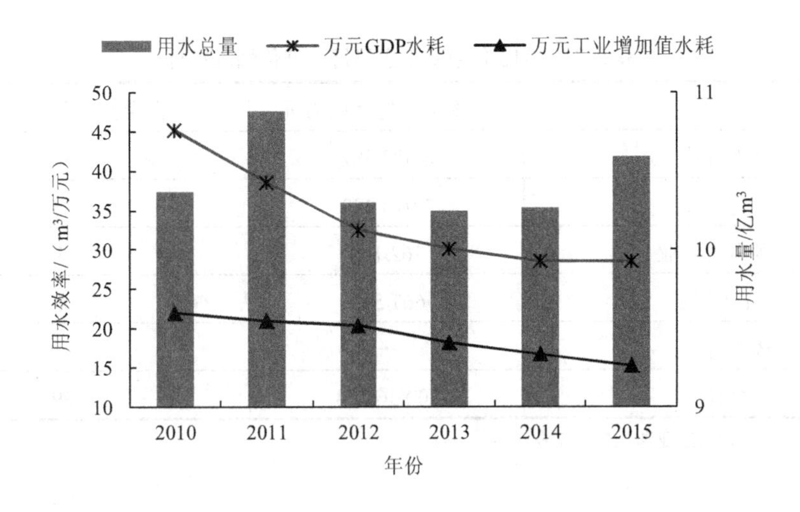

图 3-17　包头市用水效率变化趋势

全市主要水污染物和大气污染物排放强度大幅持续降低。与 2010 年相比，2015 年万元 GDP 化学需氧量、氨氮、二氧化硫、氮氧化物排放量分别下降 80.5%、107.4%、79.5%、83.5%，年均降低率分别为 16.1%、21.5%、15.9%、16.7%（图 3-18）。

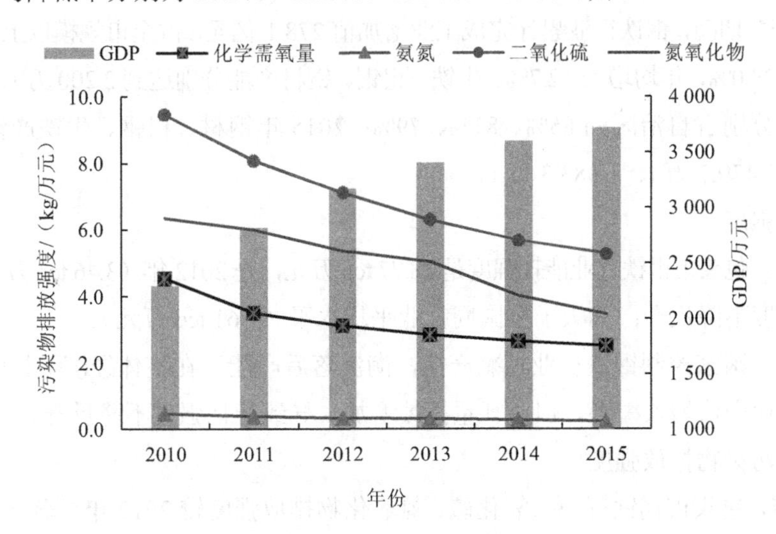

图 3-18　包头市污染物排放强度变化趋势

（2）主导行业生态化水平亟待提升

钢铁、有色、能源电力、煤化工、稀土等五大行业的工业总产值占全市工业总产值近 60%。考虑到钢铁、有色、能源电力、煤化工和稀土行业的能耗、污染物排放量占比较大，故仅对这 5 个行业的生态效率进行评估（表 3-7）。

表 3-7 2015 年包头市主导行业产值情况统计

行业	产值（不变价）/万元	占全部工业产值比/%
钢铁行业	6 487 982	35
有色行业	2 918 433	15
能源电力行业	762 119	5
煤化工行业	667 540	4
稀土行业	—	—
合计	10 836 074	59

注：钢铁、有色行业含采选业和压延加工业。

1）钢铁行业

①行业概况

包头市是我国西部地区首个钢产量超千万吨城市。2015 年，规模以上钢铁企业共计 102 户，规模较大企业有包头钢铁集团、内蒙古亚新隆顺特钢有限公司、明拓集团铬业科技有限公司等。

“十二五”期间，钢铁行业累计完成工业增加值 278.1 亿元，占全市规模以上工业企业工业增加值的 24.0%，年均增长 12.7%。生铁、粗钢、钢材产能分别达到 2 200 万 t、2 300 万 t、2 000 万 t，分别占自治区的 85%、81%、79%；2015 年钢材、粗钢、生铁产量分别达到 1 407 万 t、1 479.7 万 t、1 383.3 万 t。

②能耗强度

2015 年，包头市钢铁行业能耗强度是 28.77 tce/万元，是 2012 年（3.46 tce/万元）的 8.32 倍，能耗强度不降反升；远大于全国同行业平均水平（1.61 tce/万元）。

近几年，国家控制钢铁行业过剩产能，淘汰落后产能，在整体经济下行的背景下，钢铁行业工业产值增长缓慢，但能耗量持续增加，导致能耗强度不降反升。

③大气污染物排放强度

2015 年，包头市钢铁行业二氧化硫、氮氧化物排放强度较 2012 年显著下降，分别下降了 35.05%、82.31%，烟（粉）尘排放强度略有升高。

与全国相比，钢铁行业氮氧化物排放强度低于同行业水平，而二氧化硫、烟（粉）

尘排放强度均高于同行业平均水平。

④工业固体废物综合利用率

2015 年，包头市钢铁行业工业固体废物综合利用水平较 2012 年提升了 35%，远高于全国同行业平均水平（52%）。

2）有色行业

①行业概况

2015 年，包头市现有有色产业规模以上工业企业 70 户，已基本形成铝产业具有一定优势、镁产业初具规模、铜产业不断发展的有色金属产业体系。

铝产业：2015 年，全市规模以上铝业企业 25 户，电解铝产能达到 143 万 t，实现工业增加值 37.1 亿元，同比增长 20.1%。“十二五”期间工业增加值年均增长 14.7%。

镁产业：自 2007 年北镁科技 10 万 t 镁合金项目落地包头，至今已有十几户镁冶炼及镁合金企业，设计产能达到 35 万 t。

铜产业：现有铜矿采选加工企业 5 户，其中，采选企业 3 户，年产能 20 万 t；生产加工企业 2 户。现已形成年产 10 万 t 粗铜，3 万 t 电解铜，2 万 t 铜棒、铜丝，36 万 t 硫酸铜的生产能力。

②能耗强度

2015 年，包头市有色行业能耗强度为 3.50 tce，较 2012 年提高 17.1%，是同期全国同行业平均水平的 5 倍多。

③大气污染物排放强度

2015 年，包头市有色行业二氧化硫排放强度较 2012 年降低 6.6%，而氮氧化物和烟（粉）尘排放强度分别提高 7.4%、234.1%。与同期全国相比，仅烟（粉）尘排放强度低 28.8%，二氧化硫、氮氧化物排放强度分别是全国同行业平均水平的 2.0 倍、3.0 倍多。

④工业固体废物综合利用率

2015 年，包头市有色行业工业固体废物综合利用率达到 99%，较 2012 年提升了 17 个百分点，远高于全国同行业平均水平（32%）。

3）能源电力行业

①行业概况

2015 年，全市规模以上电力行业企业 25 户，其中火力发电企业 7 户，风力发电 12 户，光伏发电 1 户。

全市电力并网总装机 942.5 万 kW，其中火电装机 752 万 kW、风力发电装机 156 万 kW、光伏发电 34.5 万 kW。“十二五”期间电力行业工业增加值年均下降 2.3%，2015 年规模以上电力、热力的生产和供应企业累计实现工业增加值 78.5 亿元。

②能耗强度

2015 年，包头市电力行业能耗强度达到 9.09 tce/万元，较 2012 年升高约 34%，且远大于全国同行业平均水平。

③大气污染物排放强度

2015 年，包头市电力行业二氧化硫、氮氧化物、烟（粉）尘等主要大气污染物排放强度分别比 2012 年下降 47.2%、17.9%、57.4%，但高于同期全国同行业平均水平。

④工业固体废物综合利用率

2015 年，包头市电力行业工业固体废物综合利用率较 2012 年下降 15 个百分点，但比同期全国同行业平均水平高 4 个百分点。

4）煤化工行业

①行业概况

包头市发挥区域煤炭资源优势，煤化工行业得到迅速发展。近几年煤化工行业着力采用先进适用技术，大力发展煤化工下游精深加工产品，形成了以现代煤化工项目示范、下游精细化工、煤焦化循环经济为重点的新型产业体系。

神华包头煤制烯烃项目总投资 170 亿元，是国家“十一五”期间唯一核准的煤制烯烃示范项目，也是国家级煤制烯烃工业示范工程。该项目采用中国科学院大连化学物理研究所研发的自主知识产权日 MTO（甲醇制低碳烯烃）工艺技术，年产 180 万 t 甲醇转 60 万 t 烯烃，包括聚乙烯、聚丙烯各 30 万 t，副产硫黄 2.2 万 t、混合碳四及碳五 12.5 万 t。2013 年，实现工业产值 59.9 亿元，工业增加值 26.8 亿元，占全市规模以上工业增加值的 1.9%。

②能耗强度

2015 年，包头市煤化工行业能耗强度达到 5.39 tce/万元，比 2012 年降低 13.5%；远高于同期全国同行业平均水平，是全国同行业平均水平的 5.4 倍。

③大气污染物排放强度

2015 年，包头市煤化工行业二氧化硫、氮氧化物、烟（粉）尘排放强度分别比 2012 年下降 69.0%、99.4%、73.3%，且比同期全国同行业平均水平低 70.2%、93.2%、17.9%。

④工业固体废物综合利用率

2015 年，包头市煤化工行业工业固体废物综合利用水平较 2012 年略有下降，但比同期全国同行业水平高 35 个百分点。

包头市主导行业生态效率比较分析见表 3-8。

表3-8 包头市主导行业生态效率比较分析

主要指标		行业类别	2012年	2015年	全国平均水平(2015年)
能源消耗	单位工业产值能源消费量/（tce/万元）	钢铁	3.46	28.77	1.61
		有色	2.99	3.50	0.69
		电力	6.78	9.09	0.78
		煤化工	6.23	5.39	0.99
污染排放	单位工业产值二氧化硫排放量/（kg/万元）	钢铁	15.92	10.34	5.06
		有色	12.12	11.32	5.58
		电力	33.61	17.76	3.08
		煤化工	1.26	0.39	1.31
	单位工业产值氮氧化物排放量/（kg/万元）	钢铁	5.71	1.01	6.60
		有色	9.65	10.36	3.32
		电力	26.64	21.88	2.77
		煤化工	9.94	0.06	0.88
	单位工业产值烟（粉）尘排放量/（kg/万元）	钢铁	8.21	8.38	5.90
		有色	2.46	8.22	11.55
		电力	6.58	2.80	0.62
		煤化工	2.06	0.55	0.67
固体废物利用	一般工业固体废物综合利用率/%	钢铁	53	88	52
		有色	82	99	32
		电力	97	82	78
		煤化工	100	93	58

5）稀土行业

①行业概况

包头市是举世闻名的稀土之都，白云鄂博稀土工业储量占中国的81%、世界的38%。

经过40多年的发展，包头市已形成集采、选、冶及深加工应用于一体的产业链条，拥有国内规模最大的稀土科研机构——包头稀土研究院，最大的稀土生产企业——包钢稀土高科股份有限公司，唯一的以稀土冠名的国家级高新区——包头稀土高新技术产业开发区。

2015年，全市稀土企业47户，实现工业增加值137 868万元；已具备25万t稀土精矿、6万t铌精矿、170万t富钪原料、3万t永磁、2万t抛光、1万t储氢的产能。

包头市稀土行业清洁生产指标分析见表3-9。

表 3-9　包头市稀土行业清洁生产指标分析*

指标	2010 年	2015 年	指标等级**			评价
			Ⅰ级	Ⅱ级	Ⅲ级	
单位产品综合能耗/（tce/t）	—	7.20	≤2.8	≤3.1	≤3.5	低于Ⅲ级
工业用水重复利用率/%	97.29	96.74	≥80	≥70	≥50	Ⅰ级
单位产品 COD 产生量/（kg/t）	3.80	3.28	≤25	≤63	>63	Ⅰ级
单位产品氨氮产生量/（g/t）	12 946	10 209	≤100		≤343 910	Ⅲ级
单位产品二氧化硫产生量/（t/t）	0.08	0.23	≤0.45	≤0.50	≤0.53	Ⅰ级
单位产品一般工业固体废物产生量/（t/t）	2.42	1.56	≤0.70	≤0.75	≤0.8	低于Ⅲ级

注：* 选取 5 家重点稀土企业进行评价；

** 数据来源于《稀土冶炼行业清洁生产评价指标体系》中表 1。

②资源能源效率

2015 年，包头市稀土行业单位产品综合能耗为 7.2 tce，远大于《稀土冶炼行业清洁生产评价指标体系》中规定的Ⅲ级基准值。

工业用水重复利用率为 96.74%，比 2010 年略有降低，高于《稀土冶炼行业清洁生产评价指标体系》中规定的Ⅰ级基准值。

③污染物产生强度

2015 年，包头市稀土行业单位产品化学需氧量、氨氮产生量分别为 3.28 t、10.209 t，分别比 2010 年降低 13.7%、21.1%，分别达到《稀土冶炼行业清洁生产评价指标体系》中规定的Ⅰ级、Ⅲ级基准值。单位产品二氧化硫产生量为 0.23 t，满足《稀土冶炼行业清洁生产评价指标体系》中规定的Ⅰ级基准值。

④工业固体废物产生强度

2015 年，包头市稀土行业单位产品一般工业固体废物产生量达到 1.56 t，比 2010 年降低 35.5%，远大于《稀土冶炼行业清洁生产评价指标体系》中规定的Ⅲ级基准值。

（3）主导行业节能减排潜力评估

稀土行业。参照《稀土冶炼行业清洁生产评价指标体系》，对包头市稀土行业的清洁生产水平现状进行评价，行业整体为清洁生产Ⅱ级水平。

到 2020 年，根据包头市支柱行业绿色发展研究报告，稀土产业主要产品规模约为 15 万 t，若稀土行业清洁生产水平达到Ⅰ级，单位产品能耗下降 61%，可实现氨氮产生量减少 169 t，且单位产品的一般固体废物产生量可下降 55%。

电力行业。包头市电力行业（火电）主要集中分布在中心城区，参照《电力行业（燃煤发电企业）清洁生产评价指标体系》对火电行业清洁生产水平进行评价，青山区火电行业为Ⅱ级水平，昆都仑区、九原区、东河区等均为Ⅲ级水平，总体评价为Ⅲ级水平。

根据《包头市支柱行业绿色发展研究报告》，2020 年火电装机控制到 1 600 万 kW，若全市火电行业清洁生产水平都达到Ⅱ级水平，可较 2015 年减少 6 687 t 烟尘排放量，单位发电量二氧化硫排放量下降 35%；若全市火电行业清洁生产水平都达到Ⅰ级水平，可较 2015 年减少 10 143 t 烟尘排放量，减排二氧化硫 1 129 t，单位发电量氮氧化物排放量下降 33%。

钢铁行业。参照《钢铁行业清洁生产评价指标体系》对清洁生产现状水平进行评价，包头市钢铁行业清洁生产水平总体为Ⅱ级，除单位产品氮氧化物排放量、主要产品能耗指标外，主要污染物排放指标和资源综合利用指标基本都达到Ⅰ级水平。

未来，钢铁行业尚需进一步挖掘节能潜力，根据《包头市支柱行业绿色发展研究报告》，2020 年，包头市粗钢生产能力控制到 2 300 万 t，若全市钢铁行业清洁生产水平达到Ⅰ级水平，氮氧化物排放强度由现状的 1.14 kg/t 钢降低到 0.9 kg/t 钢，下降 12%，可减少氮氧化物排放量约 390 t。

有色行业（铝业）。参照《清洁生产标准　电解铝业》（HJ/T 187—2006）对全市铝冶炼行业的清洁生产水平进行评价，铝冶炼行业整体为清洁生产Ⅱ级水平。

根据《包头市支柱行业绿色发展研究报告》，2020 年，电解铝产能控制到 500 万 t 以下，若铝冶炼行业清洁生产水平达到Ⅰ级，原铝直流电耗和综合电耗可下降约 1%，全氟产生量可下降 10%。

煤化工行业。包头市煤化工行业以煤制烯烃为主。当前，煤制烯烃企业的单位产品综合能耗和水耗分别为 5.2 tce/t 产品、27.1 t/t 产品，远高于《煤制烯烃行业规范条件》的准入值（单位产品综合能耗≤3.5 tce/t，单位产品综合水耗≤16 t/t）。

根据《包头市支柱行业绿色发展研究报告》，2020 年煤制烯烃产能控制到 340 万 t，若仍保持现状的能耗水耗水平，2020 年能耗 1 768 万 tce、水耗 9 214 万 t；若到 2020 年达到准入值要求，能耗、水耗分别为 1 190 万 tce、5 440 万 t，可节能 578 万 tce，节水 3 774 万 t；若到 2020 年达到先进值（单位产品综合能耗≤2.5 tce/t，单位产品综合水耗≤12 t/t），可节能 918 万 tce、节水 5 134 万 t。

综上所述，“十二五”期间，包头市区域绿色转型步伐加快、主导行业生态效率水平显著提升，多数行业主要资源消耗和大气污染物排放强度下降显著，但与全国同行业平均水平相比仍有较大差距，仍有较大节能减排空间和潜力。因此，继续加快推进工业行业转型升级，重点推进支柱行业清洁生产技术改造，是包头市全面推进绿色发展的重点任务之一。

3.3 《规划纲要》实施中期现状评估

3.3.1 实施状况分析

（1）区域发展协调性增强

《呼包鄂榆城市群规划》已获国务院批复，并完成了《推动呼包鄂协同发展规划》及实施方案，包茂高速等基础设施互联互通工程开工，推动建立科学仪器、中试基地、国家级实验室、自治区试验中心及“双创”（指大众创业、万众创新）示范基地三市共享平台。加大对山北地区在政策、资金、项目、人才等方面的支持力度，制定了山北地区产业发展整体规划，打造山北经济发展带。

引导园区企业跨区域重组，包头钢铁集团 600 万 t 氧化矿、包头希铝电厂 50 万 t 轻金属材料等一批重大项目向山北地区布局，有序引导主城区产业前端部分向外围转移。

（2）承接产业转移能力增强

抓住京津冀协同发展、疏散北京非首都功能的重大机遇，积极承接产业转移，推动中央企业恳谈会、大数据推介会签约项目落地实施。实施园区振兴计划，园区布局不断优化，管理体制和工作机制进一步健全，基础设施日趋完善，承载能力不断提高。

建设国家级稀土新材料产业园区、大数据产业园、环保产业园区，推动产业转型升级。创建白云飞地经济双创园，发展电子商务、大数据、高新技术等新兴产业。

（3）产业结构得到优化升级

2017 年，三次产业结构由 2015 年的 4.2∶40.7∶55.1 调整为 3.2∶41.1∶55.7，第一产业占比下降 1 个百分点，第三产业占比提高 0.6 个百分点，三次产业结构得到优化。

工业转型升级步伐加快，冶金、稀土、装备制造、能源等主导产业加速向价值链高端发展，优质钢、特种钢比重达到 90%，电解铝就地加工转化率达到 80%，稀土原材料就地转化率达到 85%，稀土功能材料占比达到 51.2%，装备制造业占规上工业增加值的比重达到 13.6%，工业战略性新兴产业增加值占规上工业比重达到 17.1%，包头市成为全国工业绿色转型发展试点城市和国家稀土转型升级试点城市。

服务业蓬勃发展，旅游、商贸、会展等生活性服务业提档升级，向精细化高品质转变。电子商务、现代物流、金融等生产性服务业不断壮大，建成“大家电商社区电子商务 O2O 项目”，年交易额达 1.25 亿元；构建“六园区、三基地”现代物流体系，区域生产性物流中心建设步伐加快；现代金融服务体系日臻完善，已形成集银行、保险、证券、期货等于一体较完备的金融服务体系。截至 2017 年年底，服务业占地区生产总值比重达到 55.7%，较 2015 年提高 0.6 个百分点。

农牧业现代化水平不断提高。实行粮食安全市长负责制，2017 年粮食产量达到 106.4 万 t、蔬菜产量 97.7 万 t，牲畜存栏 263.0 万头只，打造黄芪、高粱特色种植示范基地 22 个，改良配种肉羊 216 万只。“菜肉薯乳”四大产业占农牧业的比重达到 70%，“三品一标”农畜产品数量达到 330 个。2017 年规模以上农牧业产业化龙头企业发展到 166 家，实现销售收入近 75 亿元。加快农畜产品流通追溯体系建设，确定追溯企业 100 个，新建投入品追溯试点 32 个，绿色农畜产品加工转化率达到 65%。

（4）生态文明建设扎实推进

主体功能区建设稳步推进。严格国土空间用途管制，对不同主体功能区产业项目实行差别化准入政策。内蒙古自治区人民政府下发了《关于印发自治区国家重点生态功能区产业准入负面清单（试行）的通知》（内政发〔2018〕11 号），明确了达茂旗、固阳县国家重点生态功能区产业准入负面清单，提出了限制和禁止开发产业类型。

生态保护修复成效明显。天然林资源保护、退耕还林还草、京津风沙源治理二期、自然保护区建设等生态工程稳步推进。推动城市“双修”试点工作，实施了大青山南坡绿化修复、水生态提升综合利用、景观示范街改造建设等重点项目，森林覆盖率由 15.1%提高到 17.6%，草原植被盖度由 29%提高到 32%。把中央、自治区环保督察反馈问题整改作为重要的政治任务，建立了定期调度和信息通报制度，加大督查力度，扎实推动问题整改。实施了大气、水和土壤污染防治行动计划，全市环境空气质量达标天数比例由 2015 年的 68.4%提高到 2017 年的 77.4%。8 个工业园区固体废物渣场建设项目全部开工，其中 3 个基本完工。

资源节约和循环利用水平不断提高。包头市制定了《十三五节能降碳综合工作方案》《节能降耗十项措施》，加强能源消耗总量和强度“双控”工作，在自治区率先开展节能和碳排放权交易试点，入选国家第二批循环经济示范城市、第三批节能减排综合示范城市。启动了智慧能源监管平台建设，实现工业能源消耗的动态监控和数字化管理。全市所有国家级园区和 75%的自治区级园区实施循环化改造。2016 年、2017 年单位 GDP 能耗分别下降 4.92%、4.24%，二氧化碳排放同比分别下降 5.5%、3.9%。

3.3.2 产业转移综合评估

产业转移不仅包括产（企）业在地理位置上的部分或整体迁移，而且包括由于产业自身规模增加或减少所带来的产业产出空间分布变化，体现为产业生产份额在不同地区之间消长的过程或现象。

为观测产业转移及其对产业布局的影响，将包头市全域划分为三大片区：中心城区（含昆都仑区、青山区、东河区、九原区、石拐区、稀土高新区）、山北地区（含固阳县、达茂旗、白云矿区）和土右旗，按 2016 年可比价格计算产业转移量及区位商。

（1）产业转移总体趋势

中心城区是主要的产业转出地，产业转出规模呈减小趋势。以 2016 年可比价格计算，“十二五”前期中心城区转出的工业生产总值为 61 746 万元，“十二五”后期中心城区转出的工业生产总值为 26 443 万元。“十三五”以来，中心城区转出的工业生产总值减少至 9 362 万元。

土右旗是主要的产业转入地，承接的产业转移规模相应减小。2011—2013 年、2013—2015 年、2015—2016 年，转入的工业生产总值分别为 61 198 万元、39 314 万元、8 520 万元。

山北地区在“十二五”期间以产业转出为主，产业转移规模为 12 324 万元；“十三五”以来，开始承接中心城区的产业转移，承接产业转移规模为 842 万元（图 3-19）。

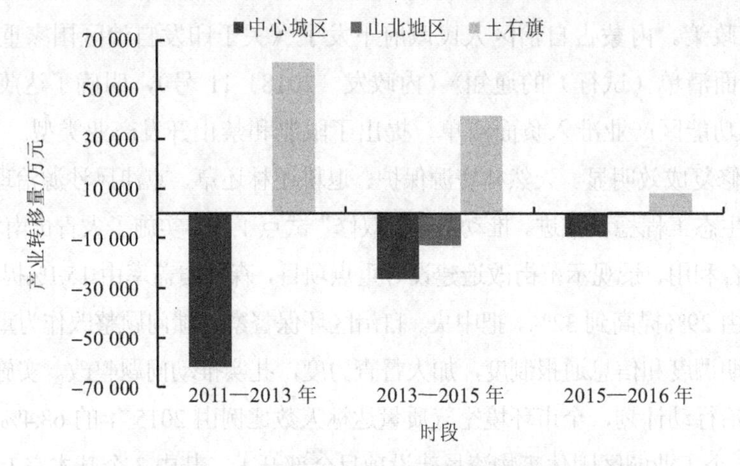

图 3-19 包头市不同时段工业产业转移变化趋势

（2）黑色金属冶炼及压延加工业

2011 年、2015 年、2017 年，中心城区的区位商分别为 1.051、0.814、1.034，山北地区的区位商分别为 0.018、3.574、0.528，表明黑色金属冶炼及压延加工业在“十二五”期间发生了从中心城区向山北地区转移现象，在“十三五”前半期发生回流；山北地区的比较优势逐渐增大，但当前在中心城区仍然占据主导地位（图 3-20）。

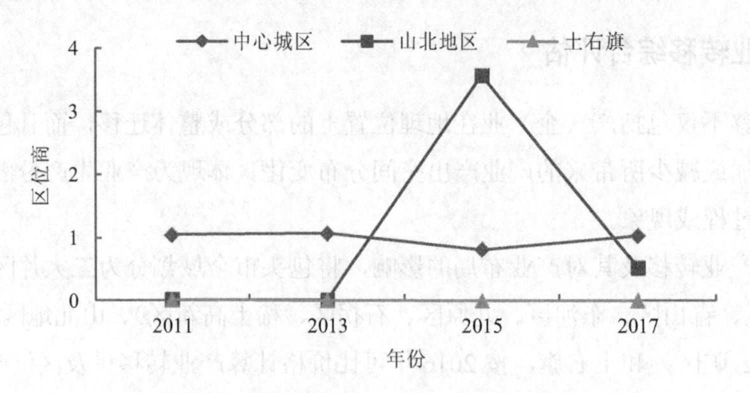

图 3-20 包头市各片区黑色金属冶炼及压延加工业区位商

（3）有色金属冶炼及压延加工业

2011 年、2015 年、2017 年，中心城区的区位商分别为 1.031、1.083、1.054，山北地区的区位商分别为 0.507、0.025、0.090，表明有色金属冶炼及压延加工业在“十二五”期间呈现从山北地区向中心城区聚集的趋势，“十三五”前半期开始呈现出从中心城区向山北地区扩散的趋势（图 3-21）。

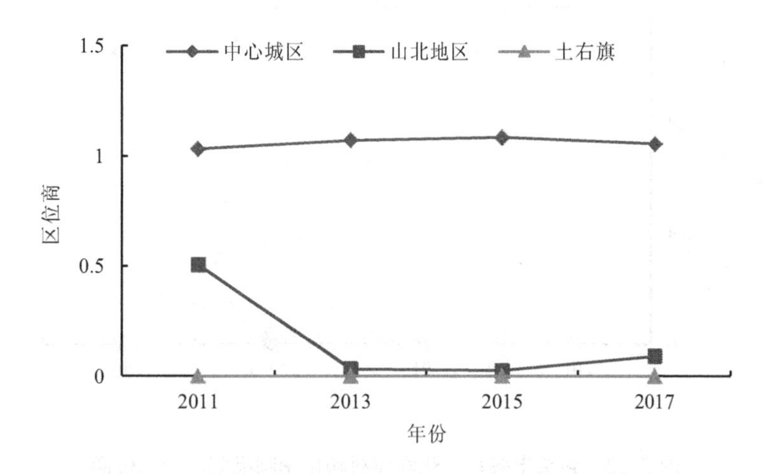

图 3-21　包头市各片区有色金属冶炼及压延加工业区位商

（4）电力、热力生产和供应业

2011 年、2015 年、2017 年，中心城区的区位商分别为 1.018、1.036、0.806，土右旗的区位商分别为 1.187、3.912、18.619，山北地区的区位商分别为 0.489、0.166、0.608，表明电力、热力生产和供应业总体上从中心城区向近远郊地区转移，中心城区的比较优势逐渐减弱，而土右旗逐渐占据主导地位（图 3-22）。

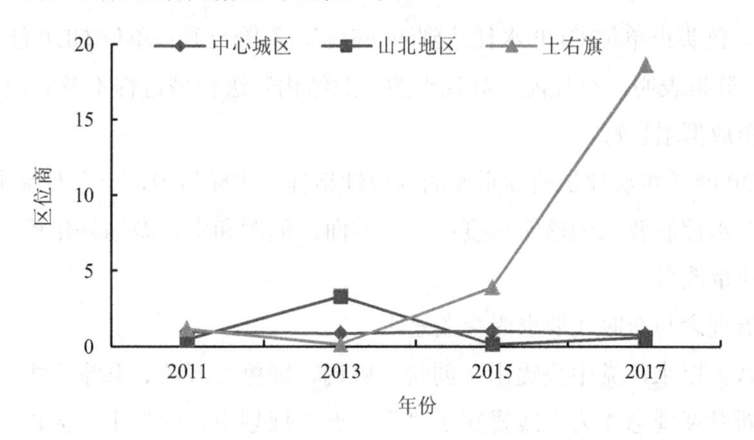

图 3-22　包头市各片区电力、热力生产和供应业区位商

（5）化学原料和化学制品制造业

2013—2017 年，中心城区的区位商从 1.072 下降到 1.056，土右旗从 0 上升到 0.229，表明化学原料和化学制品制造业自 2013 年以来从中心城区向土右旗转移，但在中心城区仍然具有明显的比较优势（图 3-23）。

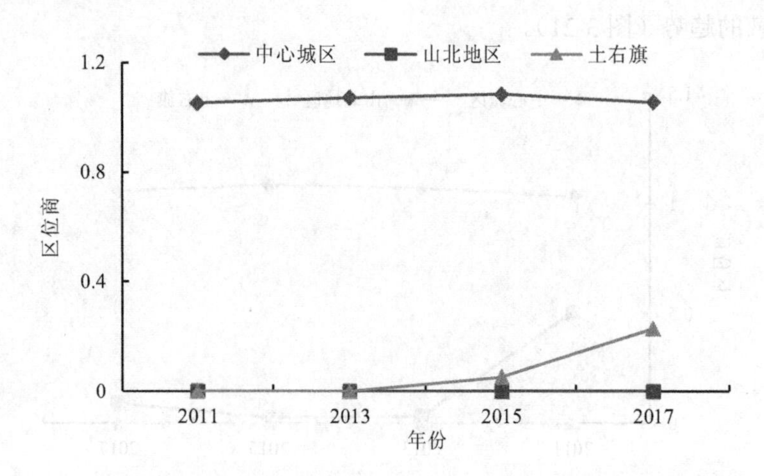

图 3-23 包头市各片区化学原料和化学制品制造业区位商

综上所述，“十二五”以来，包头市工业产业总体上表现为由中心城区向近远郊地区扩散的趋势，近远郊地区比较优势逐渐凸显，尤以电力行业比较优势最为突出；但是，由于支柱产业转移规模较小，中心城区产业集聚优势仍然十分明显，尚未从根本上改变工业围城格局。

3.3.3 规划实施存在的问题及其原因分析

2017 年，包头市单位 GDP 水耗达到 30.66 m^3，不降反升；单位 GDP 能耗比 2015 年降低 9.16%。分析表明，高耗能、高耗水的产业结构升级转型进程不及其规模增长速率，仍然显现出粗放型增长特征。

万元 GDP 能耗和水耗是两项重要的约束性指标，达标与否，一方面影响对国家和自治区节能、节水控制要求的落实程度；另一方面，能源和水资源消耗量增加可能影响大气、水环境质量改善。

（1）发展理念与新时代要求尚存在差距

党的十八大以来，党中央提出了创新、协调、绿色、开放、共享五大新发展理念，并将这五大新发展理念作为主线贯穿于“十三五”规划中。党的十九大以习近平新时代中国特色社会主义思想为指导，对新发展理念做出了具有划时代意义的全方位拓展和高度提升，为中华民族伟大复兴指明了方向。包头市在发展观念和思路等方面仍然存在“有没有、多不多”的现象，区域发展不平衡、不充分问题仍然较为突出。

（2）推动高质量发展和稳增长任务艰巨

包头市传统产业占主导地位，而多数传统产业尚处于产业链中低端，支柱产业链条短、抗市场风险能力低，中高端产品比重小，产品科技含量和附加值不高。钢铁行业高附加值产品产值仅占 20%，稀土产业产值占全国稀土行业产值的 20%左右；新兴产业尚未形成规模；高端装备制造、节能环保、信息服务、医疗健康、文化旅游等产业总体规模小，以知识密集型、技术密集型为核心的现代服务业发展滞后。创新驱动能力不足，高端科技创新领军人才缺乏，自主研发能力低，科技创新成果转化率不高，科技服务中介机构建设滞后。

“十三五”时期以来，包头市的经济增长与国家、内蒙古自治区一致，由高速增长转向中高速增长，地区生产总值、一般公共预算收入、社会消费品零售总额等主要指标增速呈下降趋势。按照《规划纲要》，到 2020 年 GDP 年均增长率 8.0%，达到 5 000 亿元；而 2016 年、2017 年及 2018 年上半年，剔除不可比因素，GDP 年增长率分别达到 7.6%、5.5%、5.5%，年均降低率约为 13.0%。受 2016 年以来停建、缓建、“瘦身”一批政府投资项目，以及经济下行压力、不确定因素依然较多等因素影响，固定资产投资呈逐年下降趋势，2016 年、2017 年和 2018 年上半年分别增长 14.4%、0.1%、–44.3%。作为经济欠发达地区，投资仍是拉动经济增长的主要动力，但近年来带动能力强的大项目、新项目少，特别是单体“冠军”项目还没有引进来，已竣工项目未全部投产达效，后续支撑能力不足，实现经济稳定增长的压力大。

（3）亟待加快工业围城布局调整步伐

为破解长期以来形成的工业围城困局，《规划纲要》对“十三五”期间的产业布局做出了部署，提出要打破行政区划，积极引导现有工业园区和企业实施跨区域重组。但从规划实施中期进展看，工业围城问题尚未得到根本性解决。

“十三五”时期以来，将包头钢铁集团 600 万 t 氧化矿、包头希铝电厂 50 万 t 轻金属材料等一批新上的重大项目布局在了山北地区，但这仅是对产业增量的布局做了调整，而并未对产业存量的布局做出实质性调整。从各地区工业总产值占比看，与 2015 年相比，2016 年尽管中心城区的工业产业向近远郊地区发生了极小规模的转移，中心城区工业总产值占比仅降低了 0.06 个百分点，但尚不足以改变工业围城的总体格局。

3.4 《规划纲要》实施后期形势判断

3.4.1 全球经济复苏面临诸多不确定不稳定因素

从国际看，世界多极化、经济全球化在曲折中前行，单边主义、保护主义愈演愈烈，特别是贸易保护主义日益加剧，不确定性、不稳定因素增多，使得全球经济复苏面临更多变数。但国际形势总体稳定，和平与发展仍是时代主题，全球经济仍将延续复苏态势。

3.4.2 我国处于高质量发展的增长动力转换攻关期

从国内看，当前我国正处于转变发展方式转型、经济结构优化、增长动力转换的攻关期，发展不平衡、不充分问题依然突出，结构调整和转型发展动力不足等问题仍然存在。但经济仍具有许多稳定发展的条件和优势，积极的财政政策和稳健的货币政策将有效扩大内需、加快经济结构调整，深化改革开放将不断激发市场活力，深入推进供给侧结构性改革将更好提升经济发展质量，创新驱动发展战略的实施将释放新的发展动力，“一带一路”将进一步促进区域合作共赢。

党的十九大报告明确提出，从 2020 年到 2035 年，在全面建成小康社会的基础上，再奋斗十五年，基本实现社会主义现代化。到那时，我国经济实力、科技实力将大幅跃升，跻身创新型国家前列；人民平等参与、平等发展权利得到充分保障，法治国家、法治政府、法治社会基本建成，各方面制度更加完善，国家治理体系和治理能力现代化基本实现；社会文明程度达到新的高度，国家文化软实力显著增强，中华文化影响更加广泛深入；人民生活更为宽裕，中等收入群体比例明显提高，城乡区域发展差距和居民生活水平差距显著缩小，基本公共服务均等化基本实现，全体人民共同富裕迈出坚实步伐；现代社会治理格局基本形成，社会充满活力又和谐有序；生态环境根本好转，美丽中国目标基本实现。党的十九大之后出台了一系列政策措施，将进一步释放制度红利，带动经济发展质量和效益不断提高。

3.4.3 内蒙古全区支撑经济高速增长的传统优势减弱

从全区发展趋势看，“十三五”期间，全区将迎来新一轮西部大开发、“一带一路”倡议、京津冀协同发展战略实施等一系列重大的历史和政策机遇，通过参与“丝绸之路经济带”建设、深入推进沿边沿线开发开放，区域发展空间将不断向外拓展，深度融入的开放发展格局将逐步形成。实施呼包鄂城市群协同发展战略，着力打造沿黄河沿交通干线经济带，将建成国家向北开放桥头堡。根据《内蒙古自治区国民经济和社会发展第十三个五年规划纲要》，经济发展综合水平明显提高，到 2020 年 GDP 年均增长率达到 7.5%，比“十二五”调低约 2.5 个百分点，全区经济总量达到 2.5 万亿元，人均 GDP 达到 1.6 万美元。

“十三五”时期以来，全区经济运行总体平稳有序，工业经济向好，外贸内生动力不断增强，经济结构持续优化，新动力、新业态不断涌现。但经济发展的基础仍不牢固，正处于思维变革期、政策调整期和矛盾凸显期共存的非常时期，在新常态下支撑全区经济高速增长的传统优势正在减弱，阻碍供给侧结构性改革的体制机制尚没有取得根本性突破，新旧动能转换效应发挥不明显，经济社会发展仍然面临一系列困难和挑战：发展方式仍然粗放、产业结构低端化和重型化、持续增长动力不足、资源环境约束趋紧等，预计在 2020 年后经济增长速度将出现下降，年均增长水平可能保持在 6%～8%。

3.4.4　包头市面临经济绿色转型和资源环境约束双重困境

《规划纲要》实施后期，包头市经济社会发展将面临较多机遇。实施乡村振兴战略，将引领包头市农牧区发展水平全面提升，加快打破城乡发展不平衡局面。“中国制造 2025”“互联网+”行动计划的深入推进，有助于加快产业转型升级，实现经济跨越式发展。国家实施“一带一路”倡议、京津冀协同发展、西部大开发和新一轮东北振兴战略，有利于包头市积极发挥区位优势、资源优势和产业优势，进一步拓展发展空间。

当前，我国已进入中国特色社会主义新时代，人民日益增长的优美生态环境需要与更多优质生态产品供给不足之间的矛盾成为新时期我国社会主要矛盾新变化的一个重要方面，经济由高速增长阶段进入高质量发展的新阶段；党的十九大明确了到 21 世纪中叶实现建成富强民主文明和谐美丽的社会主义现代化强国的伟大目标和战略部署。国家“一带一路”倡议、京津冀协同发展、优先推进西部大开发、振兴老工业基地战略的深入实施，为包头市充分发挥区位优势，将开放优势转化为发展优势，加速推进产业化进程和产业集中度，提高经济发展的质量和水平提供了机遇。新修订的《中华人民共和国环境保护法》以及《大气污染防治行动计划》《水污染防治行动计划》《土壤污染防治行动计划》的颁布实施，为推进包头市生态环境保护事业既提出了新的发展要求，又提供了广阔的发展空间。

受国内外错综复杂的经济发展宏观形势影响，诸多不确定制约因素难以在短期内根除，特别是人才、资金、技术和创新能力不足，传统产业仍占据主导地位，多数传统产业仍处于全球产业链中低端，支柱产业链条短、抗市场风险能力低，中高端产品比重小，产品科技含量和附加值不高。资源、环境和生态约束日渐趋紧，经济转型升级迟缓，推动高质量发展任务艰巨，稳定经济持续增长面临较大困难。

第 4 章　资源与生态环境演变趋势分析

4.1　资源利用状况

4.1.1　能源

（1）能源消费构成

2010 年以来，包头市能源消费总量持续增长，到 2015 年达到 4 059.28 万 tce，比 2010 年增长 29.5%，年均增长率为 5.3%。

进入“十三五”时期以来，全市能源消费总量总体上仍然呈逐年增长趋势。2016 年、2017 年，全市能源消费总量分别达到 4 154.07 万 tce、4 197.70 万 tce，分别比 2015 年净增 94.79 万 tce、138.42 万 tce，分别增长 2.34%、3.41%（图 4-1）。

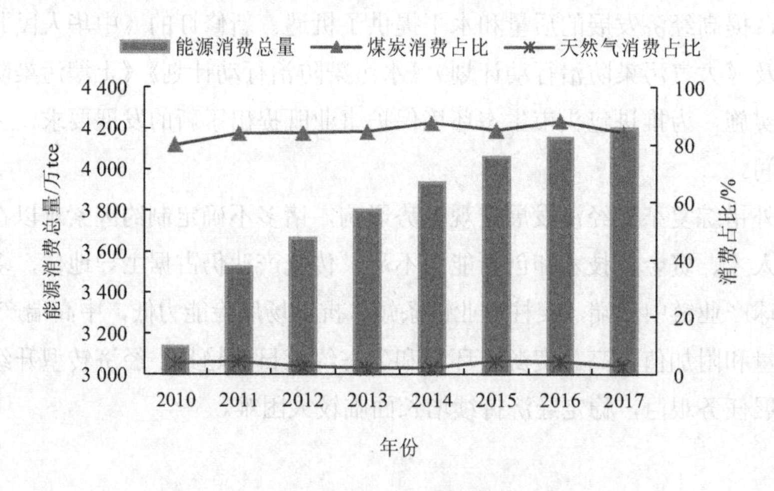

图 4-1　包头市能源消费总量及其构成变化趋势

在包头市能源消费总量中，原煤消费一直占据绝对主导地位，自 2010 年以来，煤炭消费量占比始终保持在 80%以上，到 2016 年上升到 88.15%，比 2015 年增加 3.23 个百分点；2017 年回落到 84.0%。天然气消费占比始终保持在 2%～5%，2017 年降低到 2.92%，比 2015 年降低 1.74 个百分点。

（2）能源消耗强度

能耗强度总体上呈逐年降低趋势。到 2015 年，全市万元 GDP 能耗、万元工业增加值能耗、万元 GDP 电耗分别比 2010 年累计下降 24.48%、48.09%、23.52%，年均降低 4.90%、9.62%、4.70%。

2016—2017 年，全市万元 GDP 能耗、万元工业增加值能耗分别比 2015 年累计下降 9.16%、9.82%；而万元 GDP 电耗不降反升，与 2016 年相比上升 12.01%（图 4-2）。

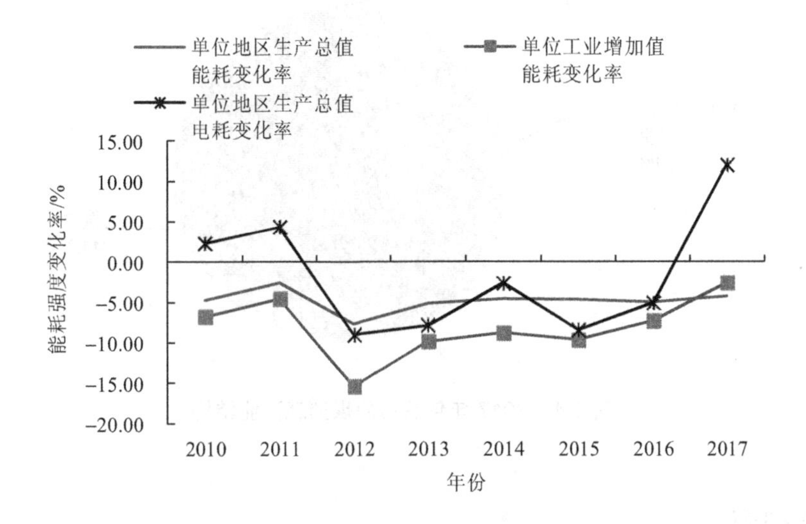

图 4-2　包头市能耗强度降低率变化趋势

（3）能源消费部门和行业结构

2017 年，在全市能源消费中工业生产部门能源消费总量达到 3 535.17 万 tce，占全市能源消费总量的 84.2%。各行业能源消费占比见图 4-3。

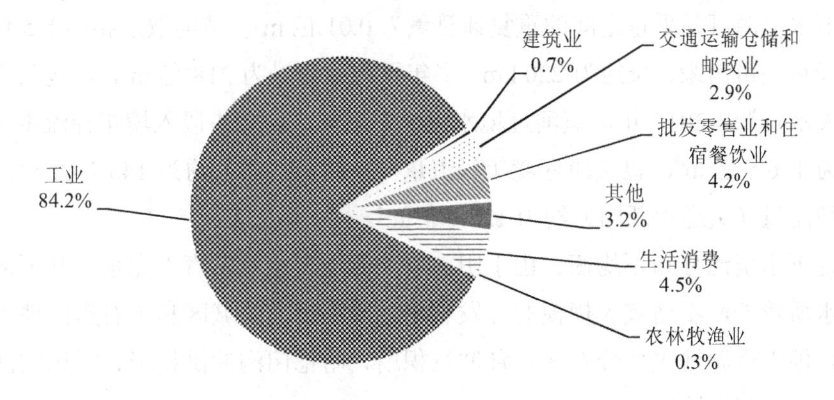

图 4-3　2017 年包头市能源消费行业结构

全市规模以上工业企业原煤消耗总量为 3 388.9 万 t，其中，电力、热力生产和供应业原煤消耗量占比达到 46.54%，制造业原煤消耗量占比为 44.37%。在采掘业中煤炭采选业原煤消费量占比为 86.98%，制造业中有色金属冶炼及压延加工业、黑色金属冶炼及压延加工业、化学原料和化学制品制造业的原煤消费量占比分别为 57.01%、11.11%、31.10%，3 个行业原煤消费总量占比达到 99.23%（图 4-4）。

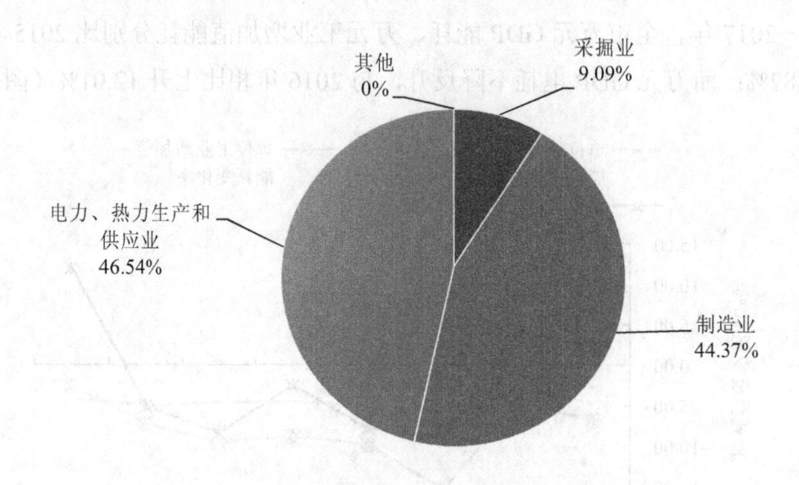

图 4-4 2017 年包头市原煤消耗行业结构

4.1.2 水资源

（1）水资源总量

包头市自产多年平均水资源总量为 7.26 亿 m^3，其中地表水资源量为 2.13 亿 m^3，地下水资源量为 6.13 亿 m^3，重复计算量为 1.00 亿 m^3。水资源可利用总量为 6.14 亿 m^3，其中地表水资源可利用量为 1.03 亿 m^3，地下水资源可开采量为 5.12 亿 m^3，地表水资源可利用量与地下水资源可开采量之间的重复计算量为 0.01 亿 m^3。黄河取水指标 5.5 亿 m^3。

黄河流经包头市南缘，长约为 220 km，多年平均径流量为 218 亿 m^3，是包头市可利用的重要地表水资源。2017 年，黄河过境水量低于上年，内蒙古段入境年径流量（石嘴山断面）约为 196.5 亿 m^3，包头段入境年径流量（三湖河断面）约为 143.7 亿 m^3，内蒙古段出境年径流量（头道拐断面）约为 127.9 亿 m^3。

包头市地下水资源分布不均衡。由于阴山以北的地表水系发育不完全，其下部的承压水量小，水质较差，不适宜大规模的开发利用。阴山以南的城区和土右旗的地下水资源较为丰富，地下水源地主要分布在八拜冲洪积扇、哈德门沟冲洪积扇、阿扇沟冲洪积扇、刘宝密子冲洪积扇等地。

现有蓄水工程中，可蓄水的中小型水库有 12 座，总蓄水库容为 1.43 亿 m^3。目前有供水能力的水库有昆都仑、黄花滩、美岱和阿塔山 4 座中型水库。2017 年，年末和年初蓄水量分别为 616 万 m^3 和 1 271 万 m^3，年末蓄水比年初少 655 万 m^3。

（2）用水量及效率

2010 年以来，包头市用水总量呈波动增长趋势，波动区间为 10 亿～11 亿 m^3。到 2017 年，全市用水总量达到 10.576 5 亿 m^3，比 2010 年净增约 0.2 亿 m^3。地表水源供水量为 62 991 万 m^3，占总供水的 59.6%，其中蓄引水工程供水 1 346 万 m^3，提水工程供水 61 459 万 m^3；地下水源供水量为 37 700 万 m^3，占总供水的 35.6%；再生水供水量为 5 074 万 m^3，占总供水的 4.8%。

全市万元 GDP 用水量总体上呈逐年降低趋势，2015 年比 2010 年降低约 36.9%；到 2017 年，万元 GDP 用水量达到 30.66 m^3，比 2010 年降低 32.2%，但比 2015 年增长 7.6%；万元工业增加值用水量持续降低，到 2017 年达到 14.8 m^3，分别比 2010 年、2015 年降低约 32.7%、3.1%（图 4-5）。

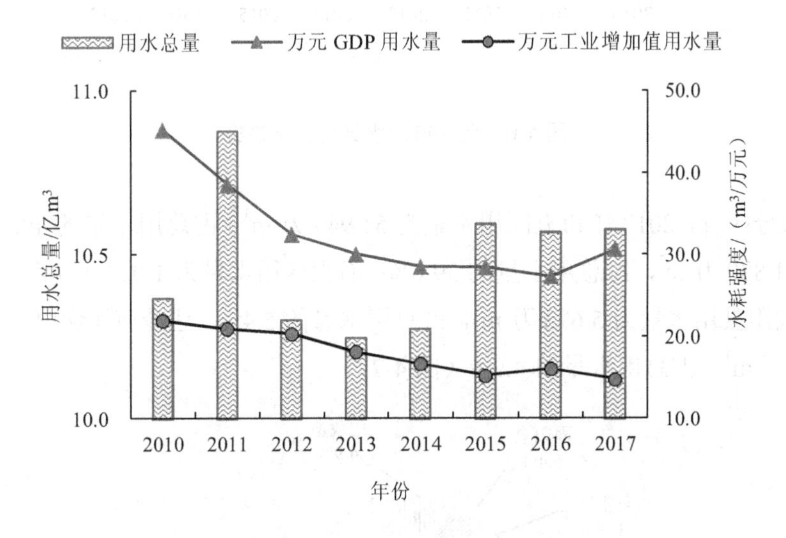

图 4-5　包头市用水量及水耗强度变化趋势

农田亩均灌溉用水量为 239 m^3，比上年减少 4 m^3。城镇综合生活日均用水量 106 L/人，比上年增加 8 L/人；农村生活日均用水量为 58 L/人（不含牲畜用水），比上年减少 9 L/人。

全市农业灌溉配套设施水平相对较低，渠系的配套也相对较差，农业灌溉仍以大水漫灌为主，滴灌、喷灌等高效节水的农业灌溉技术普及率不高，采用滴灌、喷灌等高效节水灌溉技术的面积仅占农业灌溉总面积的 1.5%，农业用水效率亟待提高。

（3）用水结构

从用水领域看，农业用水在各行业中居于首位，2017 年全市农业用水量为 66 397 万 m^3，占总水量的 62.8%，比上年减少 1 443 万 m^3；工业用新水量为 26 615 万 m^3，占总水量的

25.2%，比上年增加 1 034 万 m^3，工业重复用水量为 213 159 万 m^3，总用水量为 239 774 万 m^3；城镇生活、社会综合用水量为 12 753 万 m^3，占总水量的 12.1%，比上年增加 481 万 m^3（图 4-6）。

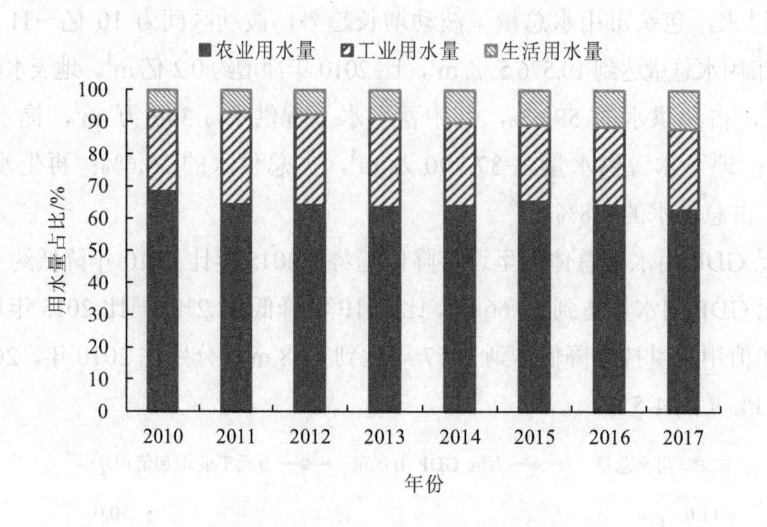

图 4-6　包头市用水结构变化趋势

从行政分区看，2017 年市五区用水量为 51 949 万 m^3，占总用水量的 49.1%；土右旗用水量为 41 880 万 m^3，占总用水量的 39.6%；石拐区用水量为 1 054 万 m^3，占总用水量的 1.0%；固阳县用水量为 5 692 万 m^3，占总用水量的 5.4%；达茂旗（含白云矿区）用水量为 5 190 万 m^3，占总用水量的 4.9%（图 4-7）。

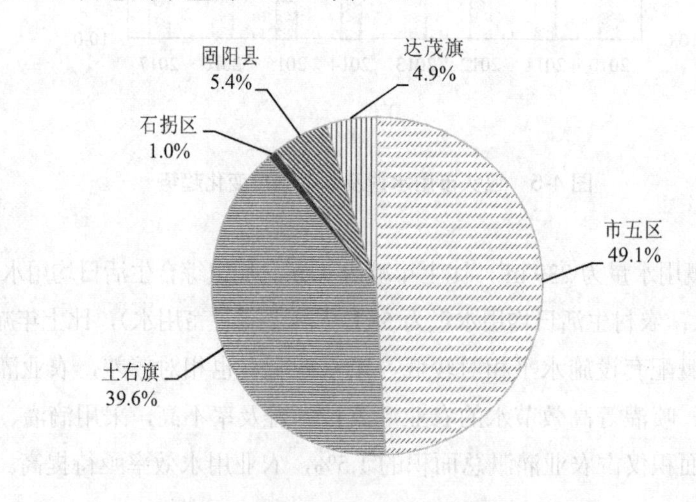

图 4-7　2017 年包头市各行政区用水占比

4.1.3　土地资源

（1）总体状况

全市土地总面积为 27 768 km^2，由北到南呈带状分布。大青山北以牧业为主；中部地区为低山丘陵地区，是以旱作农业为主体的农牧混交型农业格局；大青山前冲洪积平原是近郊、远郊型农业格局；大青山前平原地区（包括九原区、青山区、昆都仑区和东河区）是政治、经济、文化集中的城镇型格局。

（2）耕地

根据包头市历年统计年鉴数据，2011—2016 年，耕地面积呈逐年递减趋势，到 2016 年年末，全市实有耕地面积 4 243.7 km^2，比 2015 年减少 0.17%（表 4-1）。

表 4-1　包头市耕地面积变化趋势

年份	2011	2012	2013	2014	2015	2016
耕地面积/km^2	4 260.4	4 254.8	4 258.5	4 258.0	4 250.9	4 243.7
同比变化率/%	—	−0.13	0.09	−0.01	−0.17	−0.17

（3）建设用地

2016 年，全市建成区面积为 234.68 km^2，其中市区（不包括固阳县、土右旗、达茂旗）的建成区面积为 201.35 km^2，占全市的 85.80%；全市城市现状建设用地面积总计为 228.4 km^2，市区的城市现状建设用地面积总计为 195.79 km^2，占全市的 85.72%。

与 2015 年相比，2016 年全市、市区建成区面积分别增长 2.65%、2.84%（图 4-8）。

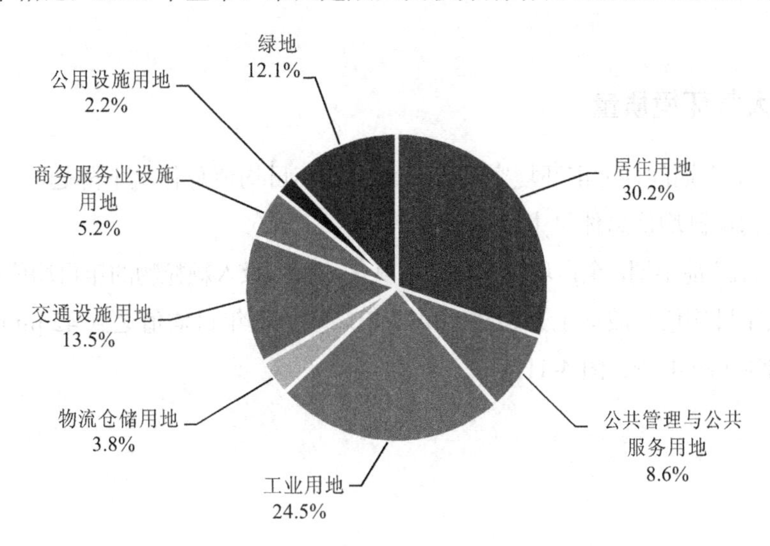

图 4-8　2016 年包头市城市现状建设用地类型分布

（4）土地资源产出率

包头市土地资源产出率持续提高。2016 年，单位城市建设用地面积 GDP 为 16.93 亿元，比 2015 年提高了 3.34%；单位工业用地面积工业增加值为 28.31 亿元，比 2015 年提高了 0.42%（图 4-9）。

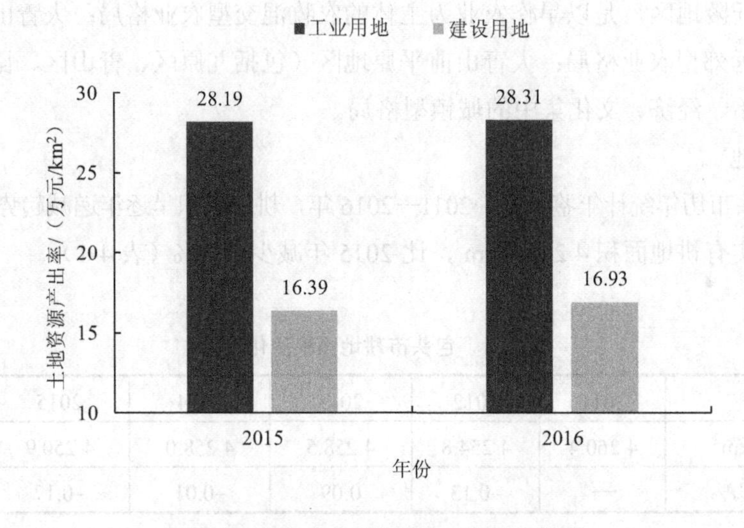

图 4-9　包头市土地资源产出率变化趋势

与全国平均水平相比，包头市每平方千米城市建设用地面积 GDP 比全国平均水平高出 2.84 亿元。

4.2　大气环境

4.2.1　大气环境质量

“十二五”期间，全市环境空气中二氧化硫年日均值总体呈下降趋势，二氧化氮和可吸入颗粒物年日均值总体呈上升趋势。

“十三五”前半期，全市环境空气中二氧化硫和可吸入颗粒物的年日均值均呈下降趋势，二氧化氮年日均值呈波动上升趋势。2017 年二氧化氮年日均值达到 42 μg/m^3，比 2015 年上升 2.44%（图 4-10、图 4-11）。

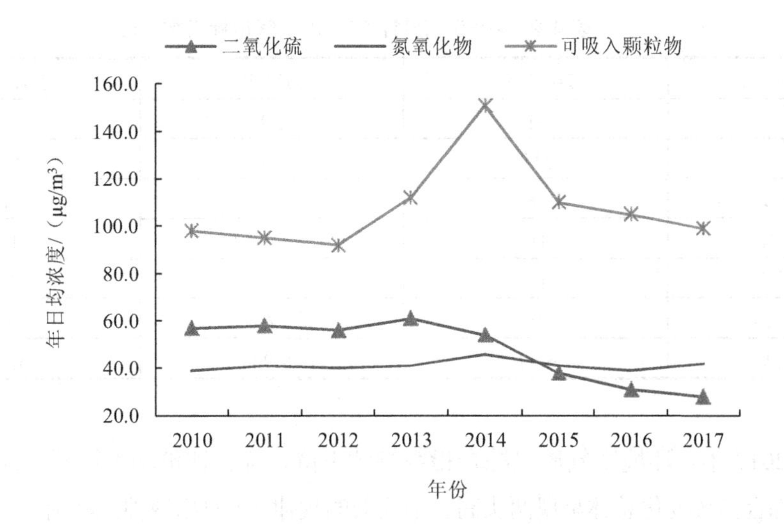

图 4-10　包头市主要大气污染物排放浓度变化趋势

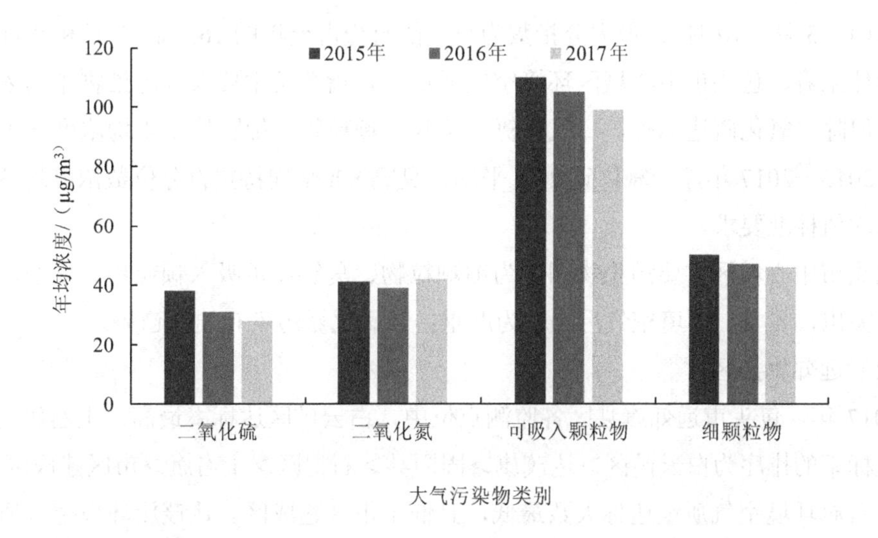

图 4-11　包头市主要大气污染物年均浓度达标分析

（1）中心城区

2017 年，市区建成区环境空气质量达标天数为 277 d，较 2015 年、2016 年分别增加 28 d、8 d，达标率为 75.9%。6 项监测指标中二氧化硫、一氧化碳和臭氧达标；二氧化氮、可吸入颗粒物和细颗粒物不达标（表 4-2）。

表 4-2 2015—2017 年全市空气达标天数比较 单位：d

级别	2015 年	2016 年	2017 年
优	31	39	27
良	218	230	250
轻度污染	86	67	70
中度污染	16	21	13
重度污染	13	7	2
严重污染	0	2	3
综合指数	6.31	5.93	5.91

2015—2017 年，环境空气质量综合指数持续下降，综合评价均不达标。2017 年，城市空气的月综合指数变化总体呈现两头高、中间低的规律（5 月出现独立峰值）。其中，1 月城市空气综合指数最大，8 月城市空气综合指数最小。最大分指数为可吸入颗粒物的月份占全年的 50%（4—6 月、9 月、11 月和 12 月）；最大分指数为细颗粒物的月份占全年的 33.3%（1—3 月、10 月）；最大分指数为臭氧的月份占全年的 16.7%（7 月和 8 月）。

总体来看，包头市中心城区环境空气质量综合指数及主要大气污染物年均浓度逐年下降，但除二氧化硫达标外，二氧化氮、可吸入颗粒物、细颗粒物年均浓度均不达标。此外，2015—2017 年，一氧化碳 24 h 平均、臭氧 8 h 平均特定百分位数浓度均达到国家二级日均值标准要求。

包头市中心城区首要污染物因子为细颗粒物、臭氧和可吸入颗粒物。夏季，臭氧污染比较突出，冬季，环境空气污染较为严重；二氧化氮污染有加重趋势。

（2）远郊旗县区

2017 年，包头市远郊旗县区各监测点位中，白云矿区达标率最高，土右旗达标率最低。达标率的排序为白云矿区＞达茂旗＞固阳县＞石拐区＞土右旗＞市区建成区。

土右旗环境空气质量达标天数最低，且低于市区建成区。达茂旗环境空气质量有效监测天数最低，且低于市区建成区（表 4-3）。

表 4-3 2017 年远郊旗县区各点位空气质量等级天数和达标率 单位：d

监测点位	有效天数	优级天数	良好天数	轻度污染天数	中度污染天数	重度污染天数	严重污染天数	达标率/%
石拐区	355	48	230	67	5	2	3	78.3
白云矿区	363	78	257	19	6	1	2	92.3
达茂旗	315	116	164	30	2	0	3	88.9
土右旗	356	35	241	69	8	0	3	77.5
固阳县	357	44	253	42	11	1	6	83.2
市区建成区	365	27	250	68	11	1	1	75.9

2017 年，包头市远郊旗县区各点位中，石拐区和土右旗 2 个监测点位可吸入颗粒物和臭氧超标，其余 4 项不超标；白云矿区和固阳县 2 个监测点位可吸入颗粒物超标，其余 5 项不超标；达茂旗监测点位 6 项污染物都不超标。综合指数优劣排名：达茂旗、白云矿区、石拐区、固阳县、土右旗，且均优于市区建成区（表 4-4）。

表 4-4　2017 年远郊旗县区各点位六项污染物年均值

项目 点位	二氧化硫	二氧化氮	一氧化碳 24 h 平均第 95 百分位数/（mg/m³）	臭氧日最大 8 h 第 90 百分位数/（μg/m³）	可吸入颗粒物/（μg/m³）	细颗粒物	综合指数	排名
石拐区	24	21	2.2	173	85	28	4.56	3
白云矿区	13	19	1.4	136	82	25	3.78	2
达茂旗	12	10	1.1	152	54	18	2.96	1
土右旗	26	40	2.3	170	74	34	5.10	5
固阳县	23	24	2.1	153	92	34	4.74	4
市区建成区	28	42	2.7	159	93	44	5.77	6

与上年相比，2017 年远郊旗县区各点位达标天数及达标率升降不一，白云矿区和土右旗点位达标天数分别增加 63 d 和 26 d，达标率分别上升 15.9%和 7.1%；石拐区、达茂旗和固阳县点位达标天数分别减少 15 d、9 d 和 7 d，达标率分别下降 7.1%、4.3%和 2.4%（表 4-5）。

表 4-5　远郊旗县区各点位 6 项污染物与上年相比变化情况　　单位：%

监测点位	二氧化硫变化	二氧化氮变化	一氧化碳 24 h 平均第 95 百分位数变化	臭氧日最大 8 h 平均第 90 百分位数变化	可吸入颗粒物变化	细颗粒物变化
石拐区	−11.1	+16.7	−8.3	+9.5	+34.9	+40.0
白云矿区	−82.4	0	−26.3	−2.2	+5.1	+13.6
达茂旗	−50.0	+11.1	−8.3	+16.9	+12.5	−10.0
土右旗	−7.1	+5.3	+4.5	+1.2	−16.9	−2.9
固阳县	−14.8	−7.7	−4.5	+2.0	+37.3	+21.4

由表 4-5 可以看出，石拐区点位二氧化硫和一氧化碳浓度同比下降，其余 4 项污染物浓度全部上升；白云矿区点位二氧化硫、一氧化碳和臭氧浓度同比下降，二氧化氮浓度同比持平，其余 2 项污染物浓度全部上升；达茂旗点位二氧化硫、一氧化碳和细颗粒物浓度同比下降，其余 3 项污染物浓度全部上升；土右旗点位二氧化硫、可吸入颗粒物

和细颗粒物浓度同比下降，其余 3 项污染物浓度全部上升；固阳县点位二氧化硫、二氧化氮和一氧化碳浓度同比下降，其余 3 项污染物浓度全部上升。

（3）农村

“十二五”期间，土右旗 7 个村庄 3 个环境空气监测项目中的二氧化硫日均值全部达到《环境空气质量标准》（GB 3095—1996）中二级日均值标准；二氧化氮和可吸入颗粒物日均值 2012 年有超标现象，二氧化氮最大超标倍数为 1.6 倍，可吸入颗粒物最大超标倍数为 1.7 倍。达茂旗 3 个村庄 3 个环境空气监测项目日均值全部达到《环境空气质量标准》（GB 3095—1996）中Ⅱ级日均值标准，无超标现象。

表 4-6 2012—2015 年包头市各村庄环境空气评价结果

监测项目	土右旗 7 个村庄				达茂旗 3 个村庄			
	浓度/（mg/m^3）	超标率/%	最大超标倍数	超标村庄	浓度/（mg/m^3）	超标率/%	最大超标倍数	超标村庄
二氧化硫	0.005～0.062	0.0	0.0	—	0.018～0.065	0.0	0.0	—
二氧化氮	0.017～0.309	7.1	1.6	土右旗威俊村（2012）	0.001～0.035	0.0	0.0	—
可吸入颗粒物	0.015～0.405	8.2	1.7		0.010～0.131	0.0	0.0	—

按照《内蒙古自治区环境保护厅关于印发〈2017 年内蒙古自治区生态环境监测方案〉的通知》（内环办〔2017〕194 号）要求，2017 年包头市农村环境质量监测村庄为土右旗沙图沟村。

2017 年，沙图沟村环境空气二氧化硫、二氧化氮和可吸入颗粒物 3 个监测项目日均值全部达到二级日均值标准；二氧化硫年均浓度达到二级年均值标准，二氧化氮和可吸入颗粒物年均值超过二级年均值标准（表 4-7）。

表 4-7 沙图沟村环境空气质量年均值统计

项目	年均值/（$\mu g/m^3$）	超标倍数/倍	Ⅱ级标准/（$\mu g/m^3$）
二氧化硫	40	0.0	60
二氧化氮	41	0.03	40
可吸入颗粒物	98	0.4	70

与上年相比，沙图沟村二氧化硫、二氧化氮和可吸入颗粒物日均浓度无明显变化；二氧化硫年均值升高 60.0%，但均达到二级年均值标准；二氧化氮年均值升高 24.2%，由达标变为不达标；可吸入颗粒物升高 30.7%，均不达标。

4.2.2　主要大气污染物排放量

“十二五”期间，包头市二氧化硫、氮氧化物、烟（粉）尘主要来源于工业源，其中二氧化硫、氮氧化物排放量总体上呈下降趋势，烟（粉）尘排放量呈波动增长趋势。

（1）二氧化硫

2015 年，包头市二氧化硫排放总量为 18.96 万 t。其中，工业源二氧化硫排放量为 17.61 万 t，占排放总量的 92.9%；生活源二氧化硫排放量为 1.35 万 t，占排放总量的 7.1%。与 2010 年相比，全市二氧化硫排放总量减少 1.74 万 t，降幅达 8.4%。

2017 年，包头市二氧化硫排放总量为 6.636 万 t，其中，工业源二氧化硫排放量为 4.297 万 t，占排放总量的 64.8%；生活源二氧化硫排放量为 2.339 万 t，占排放总量的 35.2%。

（2）氮氧化物

2015 年全市氮氧化物排放总量为 12.88 万 t，与 2010 年相比减少 1.46 万 t，降幅达 10.2%。其中，工业源氮氧化物排放量为 9.39 万 t，占排放总量的 72.9%；生活源氮氧化物排放量为 0.46 万 t，占排放总量的 3.6%。机动车尾气中氮氧化物排放量为 3.03 万 t，占排放总量的 23.5%。

随着机动车保有量快速增长，机动车氮氧化物排放对大气污染排放负荷的贡献呈增大趋势。2010 年，包头市机动车保有量约为 28.7 万辆，到 2015 年增加到 57.2 万辆，年均增长近 20%。机动车氮氧化物排放量由 2010 年的 31 256 t 减少到 2015 年的 30 273 t，累计下降了 3.1%，但占比由 2010 年 21.8%提高到 2015 年的 23.5%，提高了 1.7 个百分点。2016 年，机动车保有量仍处于上升趋势，达到 65.1 万辆，氮氧化物排放量为 3.0 万 t。

2017 年全市氮氧化物排放总量为 5.28 万 t。其中，工业源氮氧化物排放量为 4.87 万 t，占排放总量的 92.2%；生活源氮氧化物排放量为 0.41 万 t，占排放总量的 7.8%。

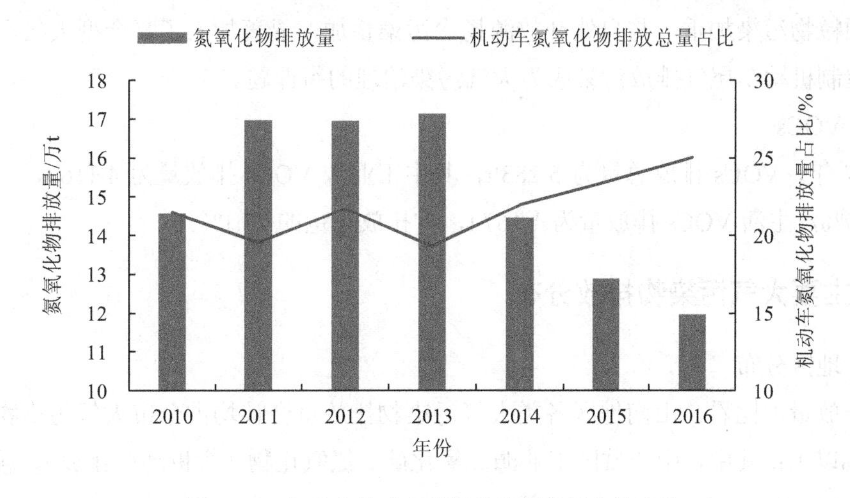

图 4-12　包头市机动车氮氧化物排放量占比变化

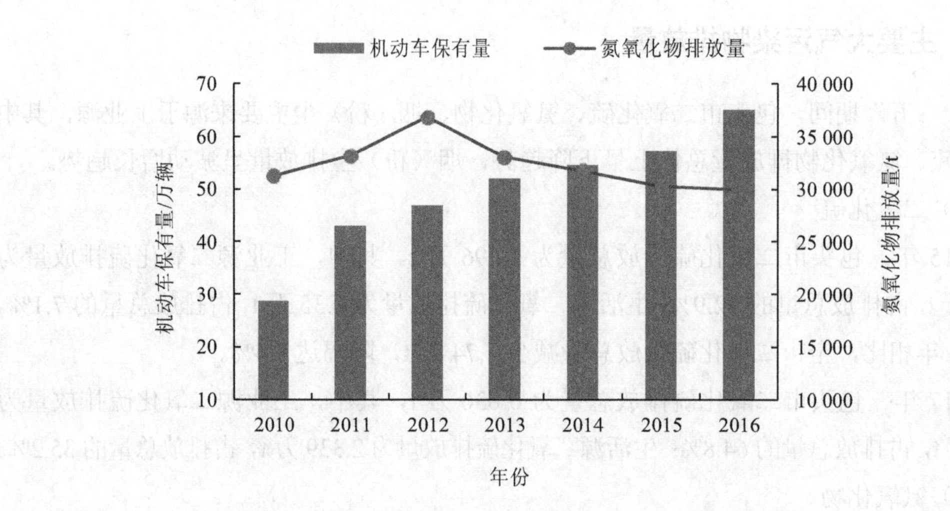

图 4-13 包头市机动车保有量及其氮氧化物排放量

（3）颗粒物

2015 年，颗粒物排放总量为 12.30 万 t，其中，工业颗粒物排放量为 10.42 万 t，占排放总量的 84.7%，生活颗粒物排放量为 1.40 万 t，占排放总量的 11.4%，机动车颗粒物排放量为 0.48 万 t，占排放总量的 3.9%。与 2010 年相比，全市颗粒物排放总量减少 1.57 万 t，降幅达 16.4%。

2017 年，颗粒物排放总量为 7.85 万 t，其中工业颗粒物排放量为 6.31 万 t，占排放总量的 80.4%，生活颗粒物排放量为 1.54 万 t，占排放总量的 19.6%。

根据颗粒物来源解析结果，机动车尾气排放对包头市空气环境中的 PM_{10}、$PM_{2.5}$ 的贡献率均达到 10%以上。随着机动车保有量持续增加，机动车尾气排放量也随之增加，臭氧、细颗粒物污染加重，与自然开放源扬尘污染叠加，显著加大了复合型大气污染治理难度，控制机动车尾气排放污染成为大气污染治理的新课题。

（4）VOCs

2017 年，VOCs 排放总量为 5 283 t，其中工业源 VOCs 排放量为 4 116 t，占排放总量的 77.9%，生活 VOCs 排放量为 1 167 t，占排放总量的 22.1%。

4.2.3 主要大气污染物排放分布

（1）地区分布

从排放量占比看，山南地区各类大气污染物排放量合计均占全市大气污染物排放总量的 90%以上；其中，中心城区工业源二氧化硫、氮氧化物（含机动车排放）、颗粒物分别占 81.8%、89.2%和 98.6%。

从单位面积排放量指标看，市辖区、山北地区（含石拐区）、土右旗单位国土面积废气排放量依次为 4.47 亿 m^3/km^2、0.01 亿 m^3/km^2 和 0.09 亿 m^3/km^2；单位国土面积二氧化硫排放量依次为 62.42 t/km^2、0.64 t/km^2 和 4.82 t/km^2（图 4-14）；单位国土面积氮氧化物排放量依次为 41.49 t/km^2、0.12 t/km^2 和 2.79 t/km^2（图 4-15）；单位国土面积颗粒物排放量依次为 43.56 t/km^2、0.35 t/km^2 和 0.26 t/km^2（图 4-16）。市辖区区域各项大气污染物单位国土面积排放量远高于山北地区和土右旗。土右旗的二氧化硫和氮氧化物单位国土面积排放量高于山北地区，山北地区的颗粒物单位国土面积排放量略高于土右旗。

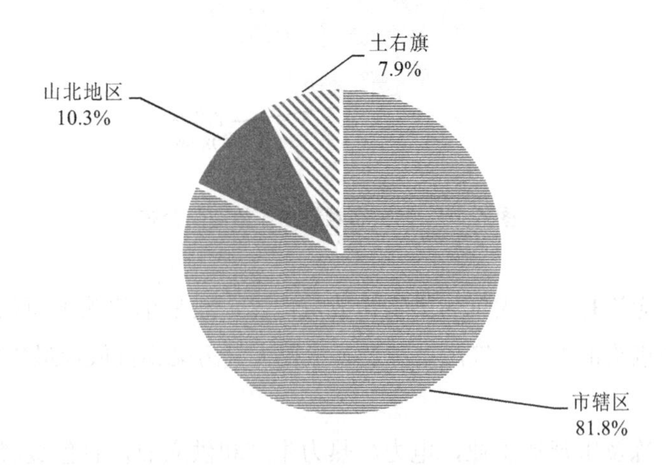

图 4-14　包头市二氧化硫排放空间分布

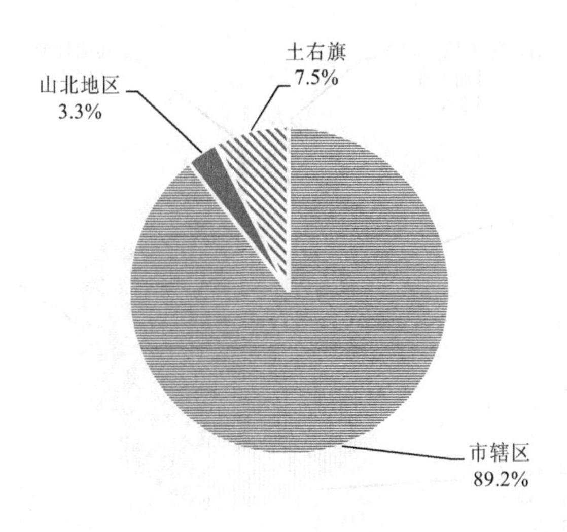

图 4-15　包头市氮氧化物排放空间分布

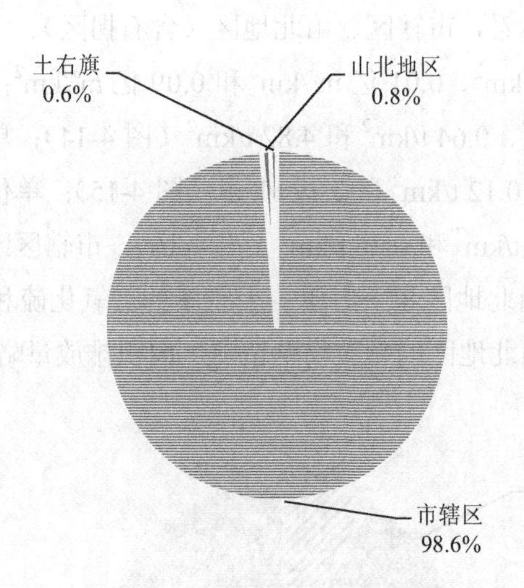

图 4-16　包头市颗粒物排放空间分布

由此可见，无论是主要大气污染物排放量占比，还是单位国土面积大气污染物排放量，中心城区是包头市重点大气污染源及其主要大气污染物排放量最集中区域。

（2）行业分布

黑色金属冶炼及压延加工业，电力、热力生产和供应业，有色金属冶炼及压延加工业，石油加工炼焦和核燃料加工业 4 个行业的主要大气污染物排放量一直居于前列，是包头市工业源大气污染物排放的主要行业（图 4-17～图 4-19）。

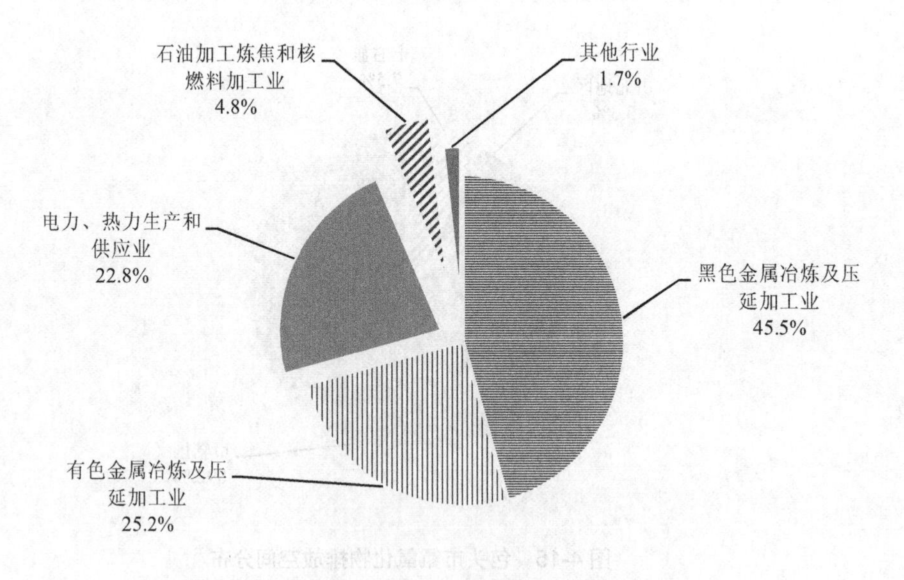

图 4-17　包头市工业源二氧化硫排放行业分布

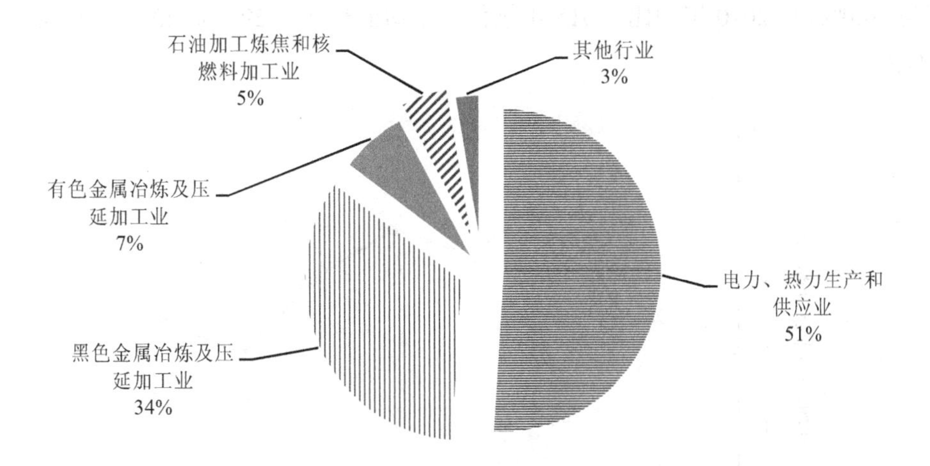

图4-18 包头市工业源氮氧化物排放行业分布

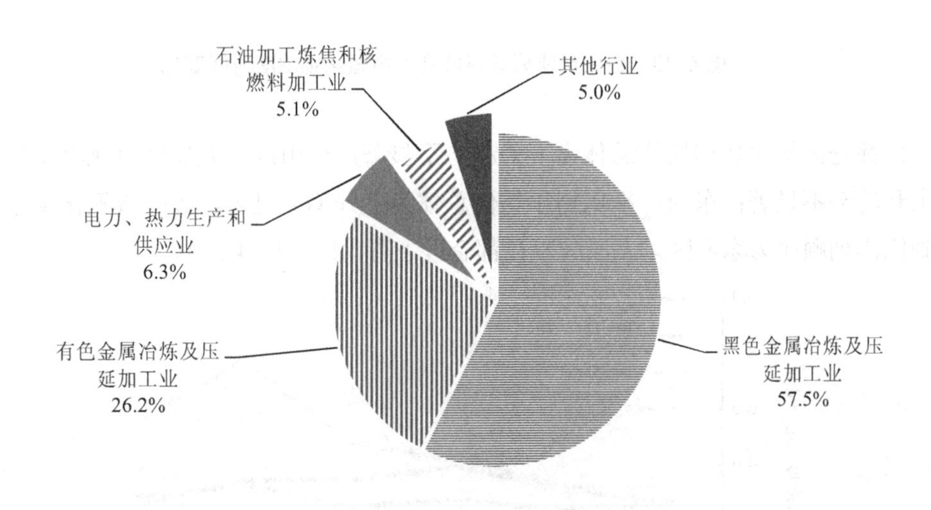

图4-19 包头市工业源颗粒物排放行业分布

4.2.4 特征污染物排放状况

氟化物是包头市特征环境空气污染物，其主要排放源为包头钢铁集团、包头铝业集团和包头希望铝业有限责任公司。

（1）建成区环境空气氟化物

“十二五”期间，包头市建成区环境空气中氟化物年均值在2.49～4.17 μg/（dm^2·d），全部低于标准。

2015年，建成区氟化物年均值为3.09 μg/（dm^2·d），月均值在1.88～4.46 μg/（dm^2·d），超

标率为 14.0%。与 2010 年相比，2015 年氟化物年均值升高了 29.8%，2017 年升高了 3.36%（图 4-20）。

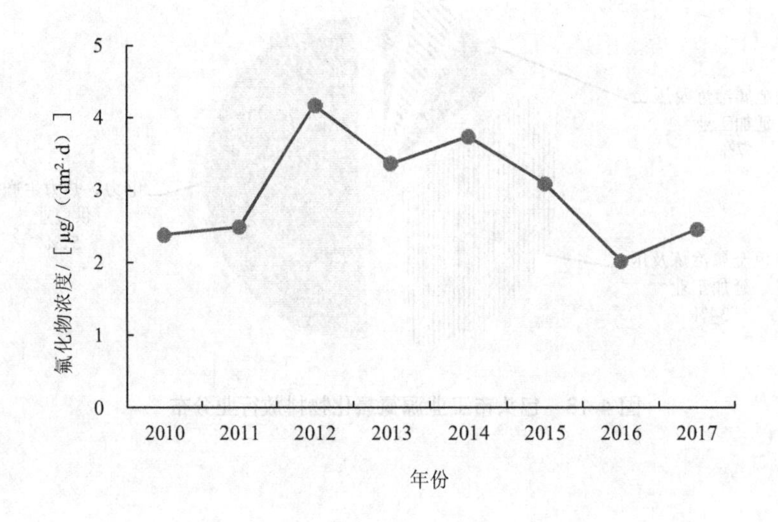

图 4-20 包头市建成区环境空气中氟化物浓度时间变化

昆都仑区氟化物年均值总体为下降趋势不显著；青山区、九原区氟化物年均值总体为上升趋势不显著；东河区氟化物年均值总体为上升趋势显著。各区域氟化物年均值由高到低排列顺序为东河区＞九原区＞昆都仑区＞青山区（图 4-21）。

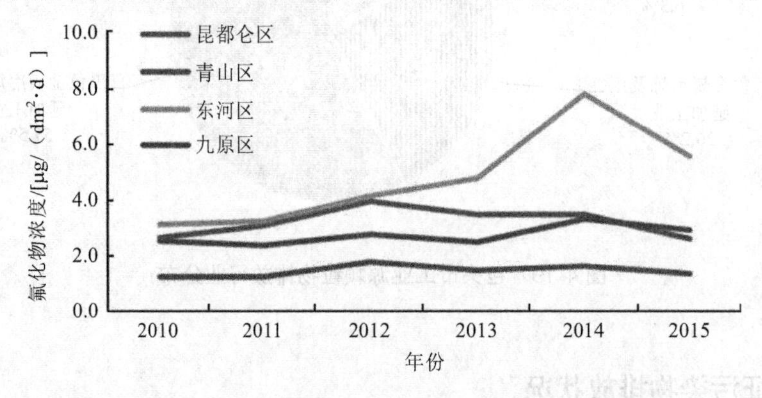

图 4-21 包头市建成区不同行政区氟化物浓度分布变化

（2）重点源周边农牧业区环境空气氟化物

“十二五”期间，包头钢铁、包头铝业、希望铝业周边农牧业区环境空气中氟化物年均值范围分别为 2.55～4.49 μg/（dm^2·d）、12.11～16.64 μg/（dm^2·d）、3.04～4.55 μg/（dm^2·d），最大年均值分别出现在 2014 年、2015 年、2012 年；氟化物月均值超标率分别达到 87.1%、97.1%、69.8%（图 4-22）。

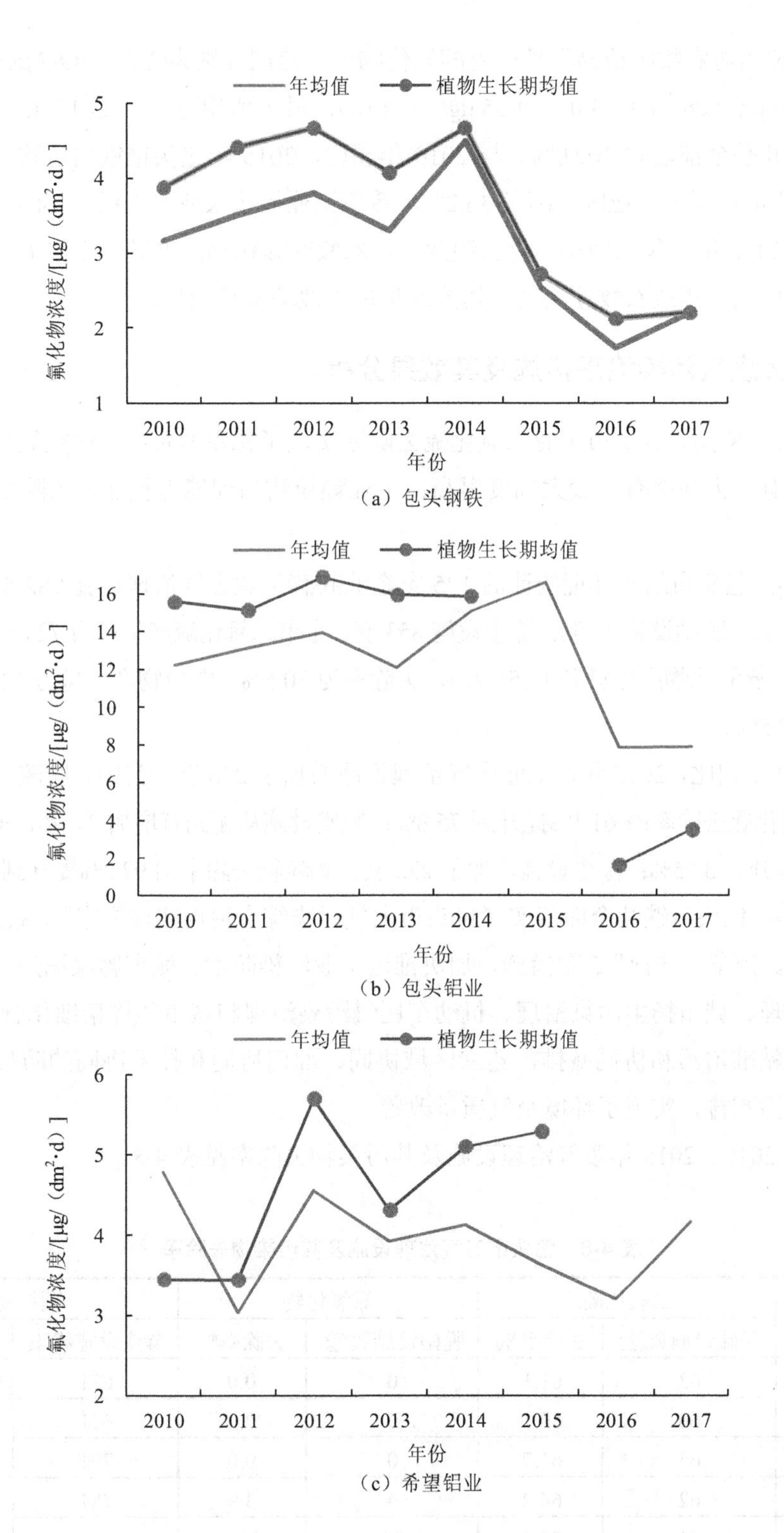

（a）包头钢铁

（b）包头铝业

（c）希望铝业

图 4-22　包头钢铁、包头铝业、希望铝业周边牧区环境空气中氟化物浓度变化

3 个点位周边农牧区植物生长季内的氟化物均值范围分别为 2.73～4.67 μg/（dm^2·d）、15.14～16.92 μg/（dm^2·d）、3.04～4.55 μg/（dm^2·d），最大值均出现在 2012 年；氟化物月均值超标率几乎全部达到 100.0%。与 2010 年相比，2015 年包头钢铁周边牧业区降低了 19.6%，包头铝业周边农业区升高了 36.2%，希望铝业周边农业区降低了 24.1%。

2016—2017 年，包头钢铁、包头铝业周边农牧区氟化物浓度较“十二五”期间有明显改善，希望铝业周边农牧业区氟化物浓度呈现出波动增长趋势。

4.2.5 重大废气污染治理措施及其效果分析

“十二五”期间，包头市工业二氧化硫去除率实现了稳步增长；工业氮氧化物治理设施数从无到有，去除率有了较大幅度提高；工业颗粒物治理能力较强，去除率一直处于 95%以上。

2015 年，包头市纳入环境统计的 125 家企业共有工业废气治理设施 982 套，其中，脱硫设施 75 套，脱硝设施 31 套，除尘设施 853 套。全市二氧化硫产生量为 72.65 万 t，去除率为 75.8%；氮氧化物产生量为 13.51 万 t，去除率为 30.5%；颗粒物产生量为 421.57 万 t，去除率为 97.5%。

与 2010 年相比，2015 年，工业废气治理设施增加了 276 套。其中，脱硫设施增加了 13 套，二氧化硫去除率由 61.1%提升到 75.8%；脱硝设施从无到有增加 31 套，氮氧化物去除率由 0%提升到 30.5%；除尘设施增加了 232 套，颗粒物去除率由 97.8%提升到 98.4%。

2017 年，包头市继续全面落实《包头市大气污染综合治理实施方案》，狠抓“治气、减煤、降尘、控车、严管”5 项措施，加快推进工业污染防治、城市燃煤锅炉整治、城市生活污染治理、城市扬尘污染治理、机动车尾气污染治理和城市环境精细化管理等 6 大工程，推进精准治污和协同减排，建立区域协同、部门协同和技术协同的防控机制，实行全过程治污减排，实现了环境空气质量改善。

包头市 2010—2015 年废气治理设施及其污染物去除率见表 4-8。

表 4-8 包头市废气治理设施及其污染物去除率

年份	二氧化硫		氮氧化物		颗粒物	
	脱硫设施数/套	去除率/%	脱硝设施数/套	去除率/%	除尘设施数/套	去除率/%
2010	62	61.1	0	0.0	621	97.8
2011	60	60.1	0	0.0	621	98.6
2012	65	61.7	0	0.0	791	98.8
2013	62	64.2	4	3.9	781	98.8
2014	63	70.0	24	34.1	810	98.0
2015	75	75.8	31	30.5	853	98.4

4.2.6　主要大气环境问题及其成因分析

包头市主要大气环境问题及其成因分析如下。

一是环境空气质量持续改善形势严峻。由于工业布局和能源结构不合理，工业围城问题突出，污染物排放量大且集中于中心城区周边，造成中心城区可吸入颗粒物、细颗粒物长期远超环境空气质量标准，未来达标形势也十分严峻。

二是不利气象条件对环境空气质量影响显著。冬季静稳天气多，逆温频繁，煤烟型污染特征显著；春季风速大，气候干燥，极易扬尘，导致冬春季以颗粒物为首要污染物的环境空气污染问题突出。

三是机动车保有量增加，尾气污染加重，夏季臭氧污染成为仅次于可吸入颗粒物和细颗粒物的首要污染物。机动车和煤改气等导致氮氧化物排放增加，氮氧化物污染呈加重趋势。

四是氟化物污染一直以来是包头市的特征环境问题。2017 年，包头铝业和希望铝业周边氟化物超标率较高。

4.3　水环境

4.3.1　水环境质量

（1）地表水

黄河干流自西向东流经包头市南部，长约 220 km。其中市区段全长 63 km，设有 3 个监测断面。“十二五”期间，黄河干流包头段除 2011 年和 2013 年水质类别为Ⅲ类水质外，其他年度均为Ⅱ类水质。2016 年，黄河干流包头段水质监测结果年均值符合《地表水环境质量标准》（GB 3838—2002）地表水Ⅱ类标准，水质状况均为优，与上年相比无明显变化。

“十二五”期间，黄河干流包头段 3 个断面氨氮沿程变化趋势波动频率一致，出境磴口断面监测结果高于入境昭君坟断面，3 个断面氨氮浓度值均低于Ⅲ类标准；除 2012 年以外，出境磴口断面化学需氧量监测结果均高于入境昭君坟断面，3 个断面化学需氧量浓度值均低于Ⅱ类标准；高锰酸盐指数沿程变化趋势波动频率一致，3 个断面高锰酸盐指数浓度值均低于Ⅱ类标准。

2015 年，黄河干流包头段 3 个断面中昭君坟断面符合《地表水环境质量标准》地表水Ⅲ类标准，水质状况良好；画匠营子断面和磴口断面达到Ⅱ类水质标准，水质状况优。粪大肠菌群监测水质类别显示昭君坟断面符合Ⅰ类水质标准，画匠营子断面和磴口断面符合Ⅱ类水质标准。

2016—2017 年，黄河干流包头段水质较“十二五”期间有明显提高，监测结果年均值符合《地表水环境质量标准》地表水Ⅱ类标准，水质状况优。粪大肠菌群监测结果年均值符合Ⅰ类水质标准（图 4-23）。

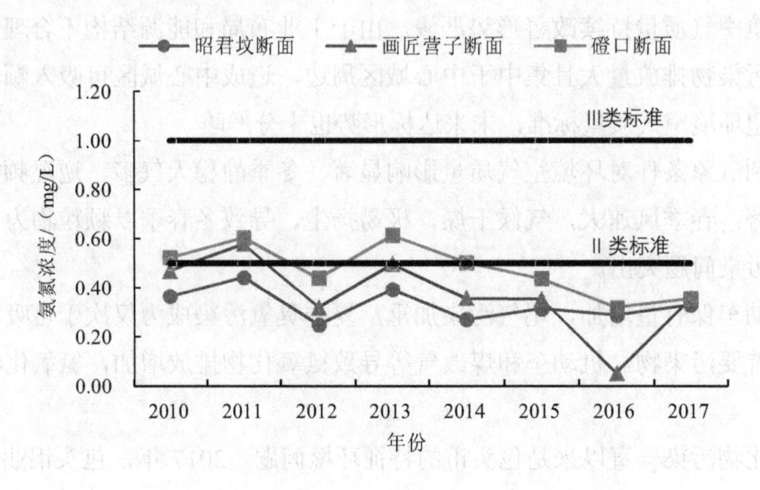

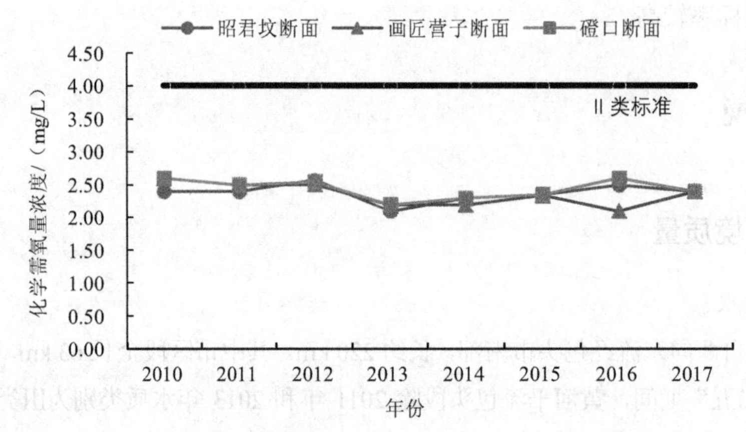

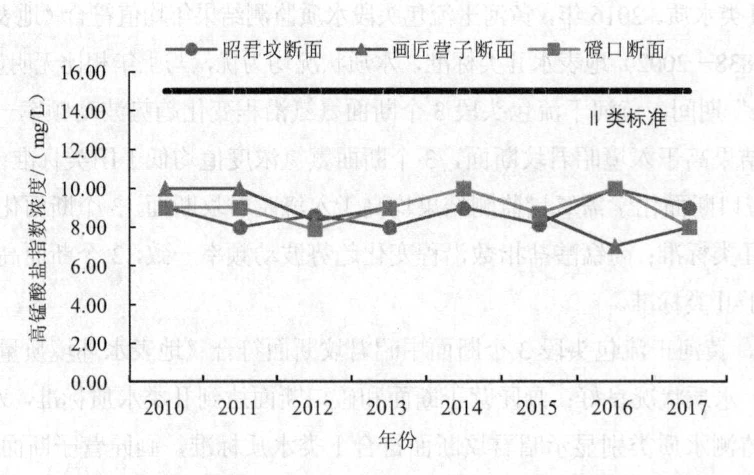

图 4-23 包头市氨氮、化学需氧量、高锰酸盐指数浓度年度变化

2016 年，黄河干流包头段 3 个断面中，昭君坟断面氨氮、化学需氧量、高锰酸盐指数浓度分别为 0.288 mg/L、10 mg/L、2.5 mg/L，画匠营子氨氮、化学需氧量、高锰酸盐指数浓度分别为 0.053 mg/L、7 mg/L、2.1 mg/L，磴口断面氨氮、化学需氧量、高锰酸盐指数浓度分别为 0.319 mg/L、10 mg/L、2.6 mg/L。

2017 年，黄河干流包头段 3 个断面中，昭君坟断面氨氮、化学需氧量、高锰酸盐指数浓度分别为 0.330 mg/L、9 mg/L、2.4 mg/L，画匠营子氨氮、化学需氧量、高锰酸盐指数浓度分别为 0.356 mg/L、8 mg/L、2.4 mg/L，磴口断面氨氮、化学需氧量、高锰酸盐指数浓度分别为 0.356 mg/L、8 mg/L、2.4 mg/L。

（2）地下水

2013 年，内蒙古自治区地质环境监测院包头分院在包头市南部的平原区（包括昆都仑区、青山区、东河区和九原区 4 个区的 1 013.2 km^2 范围）进行了地下水监测，共采集水样 85 个，其中潜水样 52 个，承压水样 33 个。

根据《包头市地下水 2013 年度监测报告》，对照《地下水质量标准》（GB/T 14848—1993）评价结果显示：

①潜水水质较好级别以上区域的面积为 210.08 km^2，占潜水水质监测面积的 20.74%；潜水水质较差及极差区域面积为 803.12 km^2，占潜水水质监测面积的 79.26%。潜水水质超标组分主要有总硬度、溶解性总固体、硫酸盐、氯化物、硝酸盐氮、氟化物等。

②承压水水质较好级别以上区域面积为 462.57 km^2，占承压水水质监测面积的 78.10%，承压水水质较差区及极差区域面积为 129.65 km^2，占承压水水质监测面积的 21.89%；其中，极差区分布于东河区一带，面积约为 27 km^2。承压水水质超标组分有溶解性总固体、总硬度、硝酸盐氮、氯化物、氟化物、砷等。

“十二五”期间，包头市 4 个地下水污染监督性监测点位分别位于青山宾馆、啤酒厂、华资宾馆和伊利公司，一年监测 2 次。2015 年，4 个地下水污染监督性监测点位中，啤酒厂和伊利公司监测点位水质符合《地下水质量标准》（GB/T 14848—1993）III类标准；青山宾馆和华资宾馆监测点水质劣于《地下水质量标准》（GB/T 14848—1993）III类标准，符合IV类水质标准，总大肠菌群全部达到 I 类标准。

（3）饮用水水源地

①建成区集中式饮用水水源地

包头市建成区集中式饮用水水源地共有 9 个，其中，河流型水源地 4 个，分别为黄河包头段昭君坟、画匠营子、磴口 3 个水源地，昆都仑水库水源地；地下水型水源地 5 个，分别为昆都仑区阿尔丁水厂、昆都仑区清水池、青山区加压站、东河区清水池、九原区供水站水源地。

“十二五”期间，除 2011 年黄河包头段 3 个水源地 1—3 月受上游来水影响水质超标外（超标污染物为氨氮），其他月份水质全部达标；建成区其他集中式饮用水水源地的水质全部达标，全市水质达标率平均为 81.5%。2012—2015 年，建成区集中式饮用水水源地水质全部达标，水质达标率为 100.0%。2015 年，全市 4 个河流型水源地 109 项指标全部满足《地表水环境质量标准》Ⅲ类水质标准的要求；5 个地下水型饮用水水源地 39 项指标全部符合《地下水质量标准》（GB/T 14848—1993）Ⅲ类水质标准的要求。

2016—2017 年，建成区集中式饮用水水源地水质无明显变化，水质状况稳定，达标率均为 100.0%。

2016 年，市区 4 个河流型水源地 109 项指标全部满足《地表水环境质量标准》Ⅲ类水质标准的要求；5 个地下水型饮用水水源地 39 项指标全部符合《地下水质量标准》（GB/T 14848—1993）Ⅲ类水质标准的要求。河流型水源地在 80 个特定项目监测结果中，比上年检出项增加了甲醛、硝基苯、硝基氯苯、松节油、滴滴涕 5 项，减少了二甲苯、三氯苯、二硝基苯、钼 4 项。

2017 年，市区 4 个河流型水源地 109 项指标全部满足《地表水环境质量标准》Ⅲ类水质标准的要求；5 个地下水型饮用水水源地 39 项指标全部符合《地下水质量标准》（GB/T 14848—1993）Ⅲ类水质标准的要求。河流型水源地在 80 个特定项目监测结果中，比上年检出项减少了甲醛、四氯苯、硝基苯、硝基氯苯、松节油、滴滴涕和锑 7 项。

②旗县区集中式饮用水水源地

2013—2015 年，旗县区水源地水质达标率分别为 37.5%、50.0%、75.0%。5 个旗县区中仅固阳金山镇和土右旗果园供水站三年水质稳定达标，其他 3 个区年度超标。

2015 年，旗县区 9 个集中式饮用水水源地中达茂旗小林场水源地水井停用，其他 8 个集中式饮用水水源地全部为地下水型水源地，分别为石拐区供水站、白云矿区白音布拉格、白云矿区黑脑包、白云矿区塔林宫、白云矿区艾不盖、固阳县金山镇、达茂旗百灵庙镇、土右旗果园供水站饮用水水源地。本年度白云矿区黑脑包水源地和石拐区水源地超标，超标项目均为总硬度，其余 6 个饮用水水源地水质符合《地下水质量标准》（GB/T 14848—1993）Ⅲ类水质标准的要求。

2016 年上半年，旗县区集中式饮用水水源地水质均符合《地下水环境质量标准》（GB/T 14848—93）Ⅲ类标准，水质达标率为 100.0%。下半年，达茂旗百灵庙镇水源地水质类别为Ⅳ类，超标污染物有亚硝酸盐和氟化物；白云矿区白音布拉格、黑脑包、塔林宫和艾不盖水源地水质类别全部为Ⅳ类，超标污染物都是氟化物。

2017 年上半年，固阳县、土右旗和石拐区集中式饮用水水源地水质均符合《地下水质量标准》（GB/T 14848—1993）Ⅲ类标准，水质达标；白云矿区和达茂旗集中式饮用水水源地水质超标，具体情况如下：达茂旗水源地水质类别为Ⅳ类，超标污染物有亚硝酸盐；白云矿区白音布拉格、黑脑包、塔林宫和艾不盖水源地水质类别全部为Ⅳ类，超标污染物都是氟化物。下半年，达茂旗、土右旗和石拐区水源地水质均符合《地下水质量标准》（GB/T 14848—1993）III类标准，水质达标；白云矿区集中式饮用水水源地水质仍然超标，水质类别全部为IV类，超标污染物都是氟化物；固阳县水质超标，水质类别为IV类，超标污染物为总硬度。

③农村饮用水水源地（地下水）

“十二五”期间，土右旗 7 个村庄饮用水水源地监测结果年度没有达到《地下水质量标准》（GB/T 14848—1993）III类标准要求的村庄有：2012 年，威俊村超标项目为总大肠菌群、亚硝酸盐氮 2 项；2013 年，美岱桥村超标项目为氨氮；2014 年，西湾村、沙图沟村、将军尧村超标项目全部为总大肠菌群；2015 年，火盘村超标项目为总硬度，沙图沟村、美岱召村监测项目全部达到III类标准要求。

2015 年，达茂旗 3 个村庄饮用水水源地监测结果没有达到III类标准要求的村庄为乌克新村，超标项目为氯化物、总硬度、硝酸盐氮 3 项；二楞滩新村、黄花滩新村监测项目全部达到III类标准要求。

2017 年度对沙图沟村地下水饮用水水源在 3 月、5 月、8 月和 10 月共监测了 4 次，采用《地下水质量标准》（GB/T 14848—1993）III类标准及其单项组分评价方法和综合评价方法。

沙图沟村地下水饮用水水源 23 项监测指标全年无超标项，水质均为良好（I 类）。与上年相比，水质类别无变化，综合评价结果为良好，总大肠菌群无变化。

2012—2015 年包头市各村庄饮用水水源地水质评价见表 4-9。

表 4-9　2012—2015 年包头市各村庄饮用水水源地水质评价

<table>
<tr><th>旗县</th><th>年份</th><th colspan="2">监测点位</th><th>水质类别</th><th>综合评价分值 F</th><th>总大肠菌群类别</th><th>超标项目及倍数</th></tr>
<tr><td rowspan="9">土右旗</td><td rowspan="2">2012</td><td rowspan="2">威俊村</td><td>上威俊村地下水</td><td>IV</td><td>2.16（良好）</td><td>IV</td><td>总大肠菌群（5.0 倍）</td></tr>
<tr><td>果园井地下水</td><td>IV</td><td>4.29（较差）</td><td>I</td><td>亚硝酸盐氮（0.05 倍）</td></tr>
<tr><td>2013</td><td colspan="2">美岱桥村</td><td>IV</td><td>4.27（较差）</td><td>I</td><td>氨氮（0.9 倍）</td></tr>
<tr><td rowspan="3">2014</td><td colspan="2">西湾村</td><td>IV</td><td>2.14（良好）</td><td>I</td><td>总大肠菌群（0.3 倍）</td></tr>
<tr><td colspan="2">沙图沟村</td><td>IV</td><td>2.16（良好）</td><td>V</td><td>总大肠菌群（59.3 倍）</td></tr>
<tr><td colspan="2">将军尧村</td><td>IV</td><td>2.26（良好）</td><td>V</td><td>总大肠菌群（63.0 倍）</td></tr>
<tr><td rowspan="3">2015</td><td colspan="2">火盘村</td><td>IV</td><td>4.27（较差）</td><td>I</td><td>总硬度（0.04 倍）</td></tr>
<tr><td colspan="2">沙图沟村</td><td>III</td><td>2.16（良好）</td><td>I</td><td>—</td></tr>
<tr><td colspan="2">美岱召村</td><td>III</td><td>2.26（良好）</td><td>I</td><td>—</td></tr>
<tr><td rowspan="3">达茂旗</td><td rowspan="3">2015</td><td colspan="2">乌克新村</td><td>V</td><td>7.15（较差）</td><td>I</td><td>氯化物（0.02 倍）、总硬度（0.5 倍）、硝酸盐氮（0.7 倍）</td></tr>
<tr><td colspan="2">二楞滩新村</td><td>II</td><td>0.73（优良）</td><td>I</td><td>—</td></tr>
<tr><td colspan="2">黄花滩新村</td><td>III</td><td>2.16（良好）</td><td>I</td><td>—</td></tr>
</table>

4.3.2 主要水污染物排放量

“十二五”期间，全市工业废水和生活污水中化学需氧量、氨氮排放量总体呈下降趋势。2015 年，全市废水中化学需氧量排放量为 30 179.62 t，其中，工业废水中化学需氧量排放量为 5 073.94 t，占 16.8%；生活污水中化学需氧量排放量为 25 105.68 t，占 83.2%。全市废水中氨氮排放量为 7 467.48 t，其中，工业废水中氨氮排放量为 4 342.21 t，占 58.2%；生活污水中氨氮排放量为 3 125.21 t，占 41.8%。

包头钢铁（集团）公司等 4 家国控污染源企业和包头市鹿城水务有限公司等 4 家市辖区的污水处理厂排放废水占全市废水排放总量的 71.6%，废水主要排入昆都仑河、二道沙河和东河三条泄洪河道，其中二道沙河接纳量最高，其次是昆都仑河，东河列第三位（表 4-10）。

表 4-10 2015 年废水及主要污染物去向统计

名称	废水排放量/万 t	化学需氧量/t	氨氮/t	总磷/t	受纳水体
包头钢铁（集团）公司	4 423.80	1 342.47	281.03	23.21	昆都仑河
昆都仑河小计	4 423.80	1 342.47	281.03	23.21	—
神华包头煤化工有限责任公司	145.84	504.01	38.86	0.00	二道沙河
包头东宝生物技术股份有限公司	639.68	278.66	23.22	0.00	二道沙河
包头市北郊水质净化厂	725.44	748.98	38.19	38.18	二道沙河
包头市鹿城水务有限公司	4 717.63	7 330.66	668.38	64.21	二道沙河
二道沙河小计	6 228.59	8 862.31	768.65	102.38	—
内蒙古鹿王羊绒有限公司	34.72	17.75	0.82	3.90	东河
包头市东河东水质净化厂	1 067.63	1 178.95	12.02	12.95	东河
包头市东河西水质净化厂	706.82	1 014.66	634.27	74.67	东河
东河小计	1 809.17	2 211.36	647.11	91.52	—
合计	12 461.56	12 416.14	1 696.79	217.11	—

2016 年，全市废水化学需氧量排放量为 15 162.87 t，其中，工业废水排放量为 1 078.72 t，占 7.1%；生活污水排放量为 14 084.16 t，占 92.9%。全市废水氨氮排放量为 1 105.10 t，其中，工业废水排放量为 82.30 t，占 7.4%；生活污水排放量为 1 022.80 t，占 92.6%。

2017 年，全市废水化学需氧量排放量为 9 029.33 t，其中，工业废水排放量为 1 284.66 t，占 14.2%；生活污水排放量为 7 744.67 t，占 85.8%。全市废水氨氮排放量为 845.61 t，其中，工业废水排放量为 110.89 t，占 13.1%；生活污水排放量为 734.72 t，占 86.9%。

包头东华热电有限公司等 6 家污染源企业和包头市万水泉污水处理厂等 5 家污水处理厂排放废水占全市废水排放总量的 65.3%，废水主要排入昆都仑河、东河、二道沙河、四道沙河 4 条河道（表 4-11）。

表 4-11　2017 年废水及主要污染物去向统计

名称	废水排放量/万 t	化学需氧量/t	氨氮/t	总磷/t	受纳水体
北奔重型汽车集团有限公司	4.400 0	3.984 0	0.017 3	0.007 7	二道沙河
神华包头煤化工有限责任公司	344.479 9	147.719 7	6.176 2	1.400 8	二道沙河
华电内蒙古能源有限公司包头发电分公司	90.721 7	46.679 4	1.428 0	0.000 0	二道沙河
包头市加通污水处理有限责任公司	423.298 0	156.620 3	40.513 9	4.855 2	二道沙河
内蒙古包头钢铁钢联股份有限公司动供总厂	1 398.700 0	377.649 0	16.364 8	4.951 4	二道沙河
包头市万水泉污水处理厂	1 262.640 0	441.924 0	24.836 1	6.060 7	二道沙河
北方联合电力有限责任公司包头第三热电厂	50.926 8	10.185 4	0.629 5	0.000 0	二道沙河
包头市北郊水质净化厂	1 378.450 0	374.662 7	19.160 5	4.824 6	二道沙河
二道沙河小计	4 953.616 4	1 559.424 5	109.126 3	22.100 4	—
包头东华热电有限公司	54.960 5	10.992 1	0.000 0	0.000 0	东河
东河小计	54.960 5	10.992 1	0.000 0	0.000 0	—
包头市金蒙稀土有限责任公司	0.001 2	0.111 2	0.001 4	0.001 5	昆都仑河
昆都仑河小计	0.001 2	0.111 2	0.001 4	0.001 5	—
包头鹿城水务有限公司	5 017.300 0	1 495.155 4	125.432 5	10.034 6	四道沙河
四道沙河小计	5 017.300 0	1 495.155 4	125.432 5	10.034 6	—
总计	10 025.878 1	3 065.683 2	234.560 1	32.136 5	—

由表 4-10 和表 4-11 可知，2015—2017 年，四道沙河接纳废水排放量最高，其次是二道沙河、东河，昆都仑河接纳废水排放量最少。二道沙河接纳化学需氧量、总磷排放量最高，其次是四道沙河、东河和昆都仑河。四道沙河接纳氨氮排放量最高，其次是二道沙河。

从污染物排放量上分析，包头鹿城水务有限公司污染物排放入河量最多，化学需氧量、氨氮和总磷的污染物产生量均最多，分别占总排污量的 49%、53%和 31%。包头市万水泉污水处理厂、包头市北郊水质净化厂和内蒙古包头钢铁钢联股份有限公司的污染物排放量较大。

由图 4-24 可知，排入二道沙河和四道沙河中的污染物占比构成基本一致，主要污染物为化学需氧量，汇入东河的污染物仅为化学需氧量，汇入昆都仑河的主要污染物为化学需氧量。

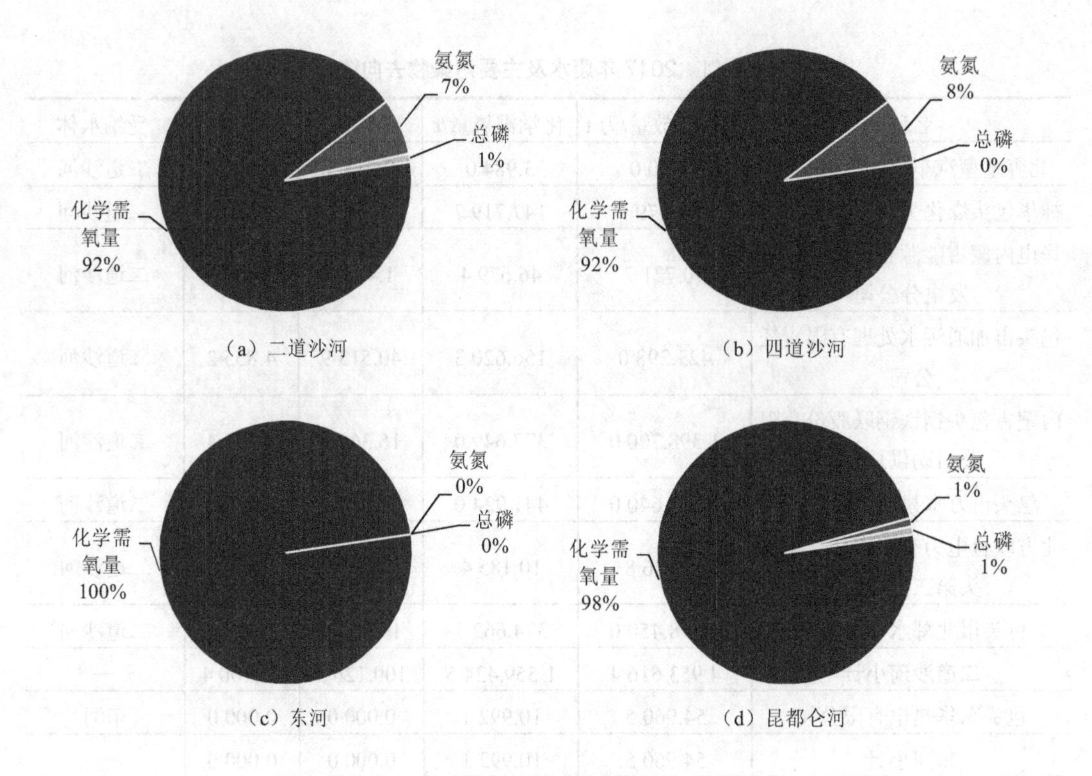

图 4-24 四条河流中不同水环境污染物占比

4.3.3 主要水污染物排放分布

（1）污染源分布

2015 年，125 家环境统计企业中有 68 家分布在市辖区（包括昆都仑区、青山区、东河区、九原区和稀土高新区），50 家分布在山北地区（包括达茂旗、固阳县、白云矿区和石拐区），7 家分布在土右旗，分别占统计企业的 54.4%、40.0%和 5.6%。

（2）地区分布

包头市水污染物排放量主要集中在山南地区，化学需氧量和氨氮排放量分别占全市排放总量的 89.5%、85.9%。中心城区排放负荷最大，化学需氧量和氨氮排放量分别占 79.4%、80.5%（图 4-25、图 4-26）。

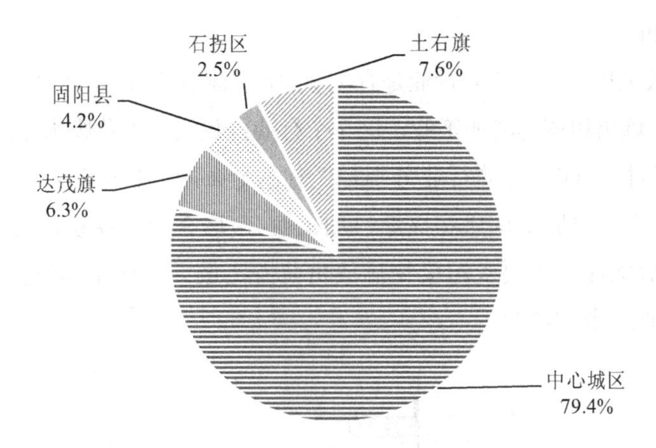

图 4-25　包头市化学需氧量排放量地区分布

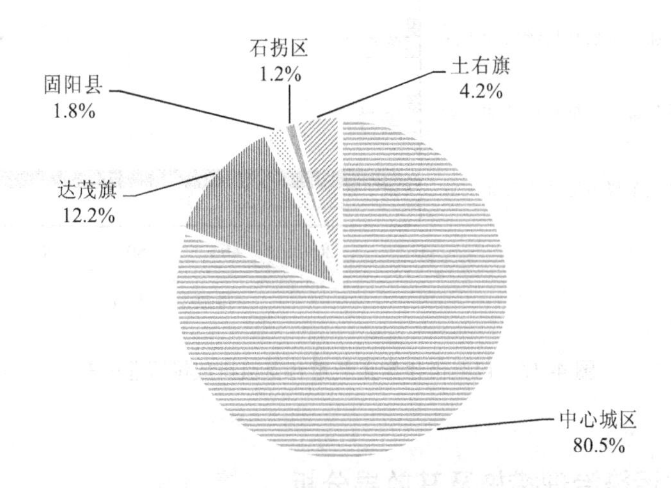

图 4-26　包头市氨氮排放量地区分布

从单位国土面积主要水污染物排放量指标看，市辖区区域工业源、生活源废水各项污染物单位国土面积排放强度远高于山北地区和土右旗。山北地区工业废水和各项污染物及单位国土面积排放强度略高于土右旗（表 4-12）。

表 4-12　2015 年包头市工业废水污染强度统计　单位：kg/km^2

区域	主要污染源		污染物排放强度		
	数量/个	比例/%	工业废水	化学需氧量	氨氮
市辖区	68	54.40	3 901.34	2 535.99	1 921.52
山北	50	40.00	9.78	9.84	29.27
土右旗	7	5.60	3.59	9.17	0.67

（3）行业分布

工业废水排放量排名前三位的行业是有色金属冶炼和压延加工业、黑色金属冶炼和压延加工业、石油加工炼焦和核燃料加工业，这 3 个行业占包头市工业废水排放量的 84.3%。

等标污染负荷排名前三位的行业分别是“有色金属冶炼和压延加工业”“黑色金属冶炼和压延加工业”“石油加工炼焦和核燃料加工业”，这 3 个行业累计污染负荷达 93.8%。其中，有色冶金冶炼行业主要水污染物排放负荷占比最大，化学需氧量、氨氮排放量分别占 49.0%、93.4%（图 4-27）。

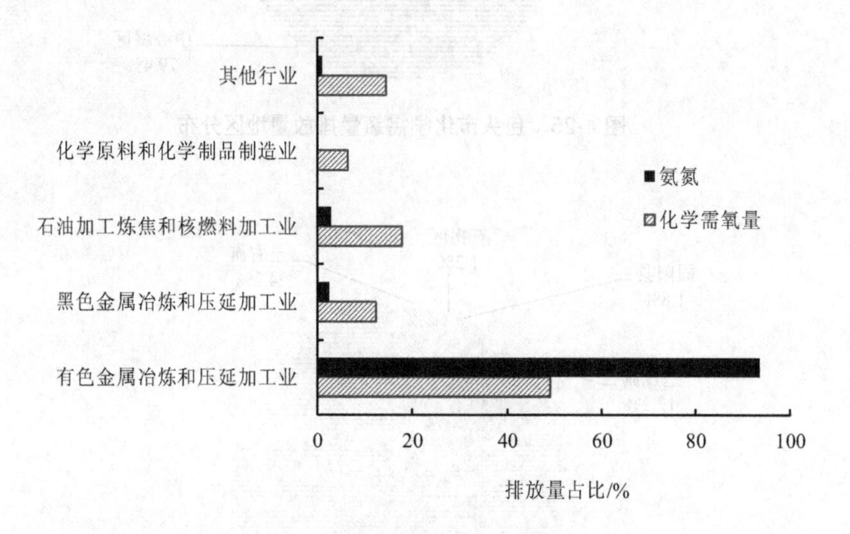

图 4-27 包头市化学需氧量和氨氮排放量行业分布

4.3.4 重大水污染治理措施及其效果分析

“十二五”期间，包头市工业废水治理项目有 12 个，投入治理资金约 20 亿元，其中有工业污染防治项目 2 个、城镇污水处理厂及配套设施项目 9 个和区域水环境综合整治项目 1 个。“十二五”期间全市废水治理设施套数逐年上升（表 4-13）。

表 4-13 “十二五”期间全市工业废水治理情况统计

指标	2011 年	2012 年	2013 年	2014 年	2015 年
废水治理设施/套	95	109	102	114	120
废水治理能力/（万 t/d）	247.31	304.60	298.27	316.34	186.84
运行费用/万元	34 364.20	38 805.00	34 011.00	37 749.50	27 372.90
化学需氧量去除量/t	37 108.65	30 694.54	27 007.99	36 484.39	31 131.87
氨氮去除量/t	8 425.36	20 127.50	18 662.49	12 927.75	12 738.60

截至 2015 年，市辖区在用的 6 座污水处理厂日设计处理能力达到 35.00 万 t，实际处理量为 9 147.45 万 t，化学需氧量去除量为 30 326.18 t，氨氮去除量为 3 713.52 t（表 4-14）。

表 4-14　2015 年市辖区污水处理厂处理情况统计

名称	行政区	处理能力/（t/d）	处理量/万 t	化学需氧量去除量/t	氨氮去除量/t
包头市排水产业有限责任公司东河西水质净化厂	东河区	30 000	612.00	1 823.76	0.00
包头市东河东水质净化厂	东河区	55 000	1 040.71	3 416.61	363.84
包头市加通污水处理有限责任公司	东河区	15 000	164.00	54.12	9.84
包头市北郊水质净化厂	青山区	100 000	1 983.50	7 055.17	931.81
包头鹿城水务有限公司	九原区	100 000	4 965.24	16 742.66	2 247.59
包头市万水泉污水处理厂	稀土高新区	50 000	382.00	1 233.86	160.44
合计	—	350 000	9 147.45	30 326.18	3 713.52

4.3.5　主要水环境问题及其成因分析

包头市主要水环境问题及其成因分析如下。

一是市区泄洪河道仅雨季有雨水汇入，稀释和自净能力有限，昆都仑河、西河与东河入黄水质均为劣Ⅴ类，大量接纳工业废水和生活污水，对黄河干流包头段集中式饮用水水源地的饮水安全形成威胁。

二是旗县区集中式饮用水水源地全部为地下水型水源地，部分水源地因地质条件而不能稳定达标，水质超标现象较为突出。

4.4　土壤环境

“十二五”期间，包头市共监测了 5 个类型区域、共计 12 个场地的土壤环境，其中华鼎铜业综合评价为轻度污染，其他 11 个场地评价均为清洁。

表 4-15　“十二五”期间包头市土壤环境例行监测评价

年份	土壤类型	场地名称	超标污染物	超标率	综合污染指数	评价等级
2011	企业周边	复华保护神	多环芳烃总量	40%	0.605	清洁
		华鼎铜业	镉、铜和镍	80%	1.19	轻度污染
2012	基本农田	达茂旗农田	无	无	0.47	清洁
		固阳县农田	无	无	0.48	清洁
		土右旗农田	无	无	0.54	清洁

年份	土壤类型	场地名称	超标污染物	超标率	综合污染指数	评价等级
2013	蔬菜种植区	明石农业合作社	无	无	0.35	清洁
		林源生物科技	无	无	0.36	清洁
		万科农业园区	无	无	0.30	清洁
2014	水源地周边	黄河昭君坟饮用水水源地	无	无	0.45	清洁
		昆都仑区清水池水源地$7^{\#}$井	砷	20%	0.50	清洁
2015	畜禽养殖基地	建华禽业	无	无	0.38	清洁
		茂盛种牛	砷	40%	0.64	清洁

4.4.1 农田土壤

“十二五”期间，土右旗共布设了32个农村土壤监测点位；达茂旗共布设了9个监测点位。结果表明，所有土壤监测点位的监测项目均达到《土壤环境质量标准》（GB 15618—1995）二级标准。

2012年，在包头市达茂旗、固阳县、土右旗3个旗县区基本农田分别布设5个采样点，共计15个采样点位，监测项目35项。结果表明，15个点位中8种重金属监测结果达标，有机项目监测结果全部达标。按照《土壤环境监测技术规范》（HJ/T 166—2004）计算、评价各监测点的污染等级均为清洁（安全）。

4.4.2 蔬菜基地

2013年，在土右旗、固阳县和九原区3个旗县区的3个蔬菜基地（土右旗明石农业合作社蔬菜基地、固阳县林源生物技术有限公司蔬菜基地、九原区万科农业园区蔬菜基地）分别布设5个采样点，共计15个采样点位；监测项目包括土壤理化性质3项，无机项目14项，有机项目26项，共计43项。

结果表明，15个点位中8种重金属监测结果达标，有机项目监测结果全部达标。按照《土壤环境监测技术规范》（HJ/T 166—2004）计算、评价各监测点的污染等级均为清洁（安全）。

4.4.3 水源地及其周边土壤

2014年，在包头市黄河昭君坟水源地和昆都仑区清水池水源地（$7^{\#}$井周边）共计布设10个监测点位，监测项目包括3项土壤理化项目，14项无机项目，26项有机项目，共计43项。

按照《土壤环境质量标准》（GB 15618—1995）一级标准评价结果表明：在全市10

个监测点位中有 4 个点位超标，超标率为 40%。污染级别均为轻微污染，超标项目分别为砷、铅、铬、铜、锌、镍。

按照一级标准评价，5 个位为清洁（安全），4 个点位为尚清洁（警戒线），1 个点位为轻度污染。按照二级标准评价，9 个点位为清洁（安全），1 个点位为尚清洁（警戒线）。

4.4.4 畜禽养殖场

2015 年，在对包头市畜禽养殖场周边土壤环境质量例行监测过程中，共选择 14 种重金属污染物和 3 种有机污染物对土壤环境污染状况进行评价。按照土壤单项污染指数评价，10 个点位中共有 2 个点位超标，超标项目为砷，超标倍数分别为 0.06 倍和 0.07 倍，超标率为 20%；土壤单项污染指数均为 1.1，为轻微污染，超标点位为茂盛种牛周边。

4.4.5 潜在污染场地

（1）潜在污染场地来源

场地污染主要是由工业企业生产过程中“跑、冒、滴、漏”及“三废”排放的长期累积、固体废物的不规范堆存处置以及突发环境事故造成的。

截至“十二五”期末，包头市共有工业企业 34 441 家，规模以上工业企业 654 家，分属于 35 个行业，以钢铁、铝业、装备制造、电力、煤化工和稀土六大产业为主，其中属于易产生场地污染行业的企业 492 个，占规模以上企业总数量的 75%。

（2）潜在污染场地分布

据卫星遥感解译结果，包头市内分布着各类固体废物堆场（处置场）、渣土场、料场、破坏场地等潜在污染场地约 1 814 块，总面积 16 680 公顷。

大部分潜在污染场地集中在外五区，其潜在污染场地数量占总数的 73.1%，占地面积占总面积的 64.8%；其中，达茂旗和固阳县场地最为突出。主城区四区中九原区场地问题最为突出，其场地数量占四区总数的 33%，面积占四区总面积的 38%，主要包括粉煤灰堆场、矿渣堆场和被破坏场地等。东河区和土右旗以煤炭料场为主。

（3）固体废物堆场分布

包头市露天堆存的固体废物堆场总数量多达 1 051 处，总面积 9 266 公顷，其中，矿渣堆场数量最多、总面积最大（图 4-28）。

固体废物堆场呈现出“沿河、临城、近矿山”的区域分布特征，与包头市矿产资源分布和工业布局分布具有较高相关度。昆都仑区内堆场占地面积达到 1 688 公顷，占地较大，以尾矿库、冶炼渣堆场为主；青山区内堆场数量及堆场占地面积均最少，以矿渣堆场为主；东河区和九原区堆存的主要是矿渣和粉煤灰。外五区堆存固体废物以矿山采选产生的尾矿、矿渣等为主，总数量达到 787 个，占地 5 898 公顷，其中，达茂旗内堆场占地面积达到 2 202 公顷，占地最大，以尾矿库、矿渣堆场为主。除白云矿区外，其他 4 个郊区县均有小型冶炼渣堆场分布（图 4-39）。

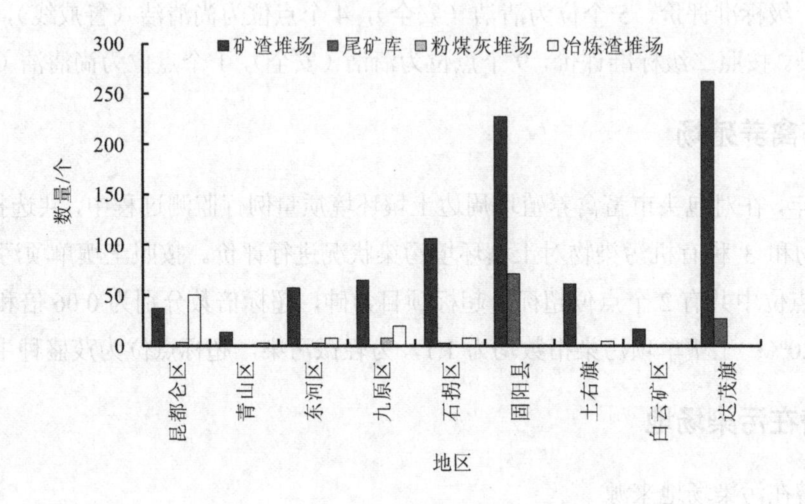

图 4-28　包头市各地固体废物堆场数量情况

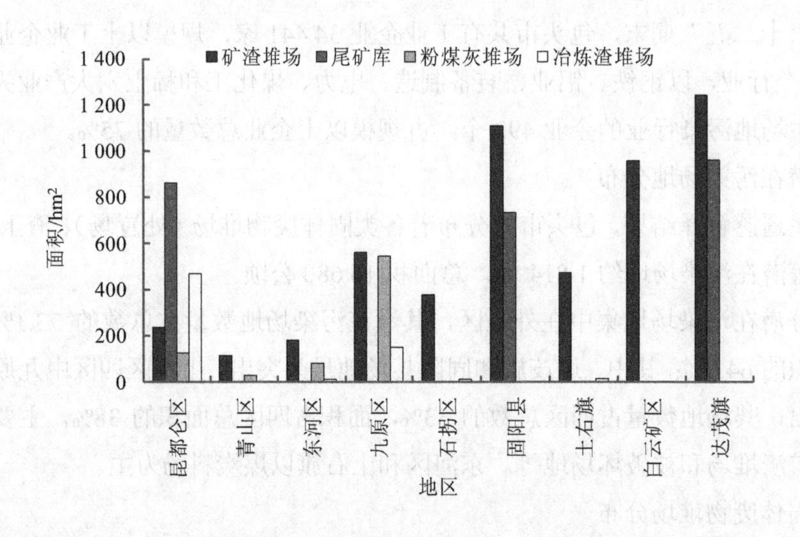

图 4-29　包头市各地固体废物堆场面积情况

（4）工业料场和渣土场数量及分布

包头市渣土场、工业料场共 618 个，占地面积达 4 480 公顷。从数量上看，渣土场数量最多，共 301 个，占料场总数的 49%；其次是煤炭料场，共 261 个，其他料场共 56 个。从料场面积上看，煤炭料场占地面积最大，占料场占地面积的 57.1%；其次是渣土场，总面积为 1 721 公顷，占料场占地面积的 38.4%。在空间分布上，渣土场与采矿场、采沙场分布密切相关，在达茂旗白云矿区和石宝矿区、固阳县文圪气矿区、土右旗阿刀亥矿区、青山区的大青山南侧采沙场等区域分布较为集中。煤炭料场主要集中在公积板煤炭物流园区周边的土右旗和东河区交界处。其他料场数量、面积均较少，在空间分布上较为分散（图 4-30、图 4-31）。

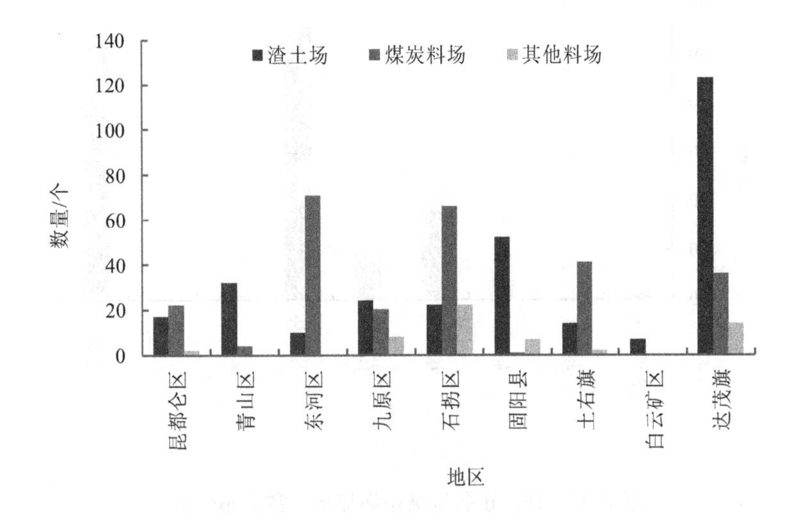

图 4-30　包头市各地渣土场、料场个数分布情况

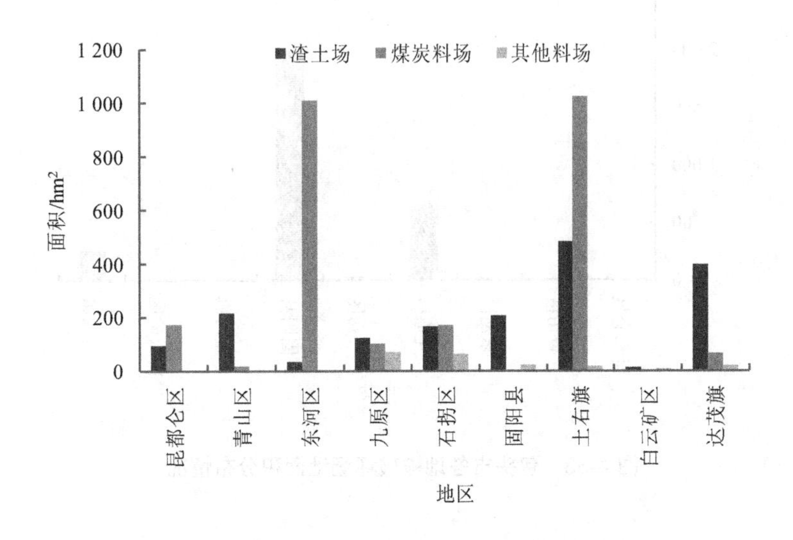

图 4-31　包头市各地渣土场、料场面积分布情况

（5）被破坏场地和“三片两线”遗留场地

包头市被破坏场地共有 145 个，占地面积达 2 933 公顷，除青山区及白云矿区外均有分布。从区域分布看，固阳县被破坏场地共有 55 个，占地面积为 1 991 公顷，平均面积

为36.2公顷，主要位于窦家壕、石门子一带的废弃矿场；九原区被破坏场地共有653公顷，主要位于南绕城以西挖沙场地；达茂旗被破坏场地共有254公顷场地，分布较为分散（图4-32、图4-33）。

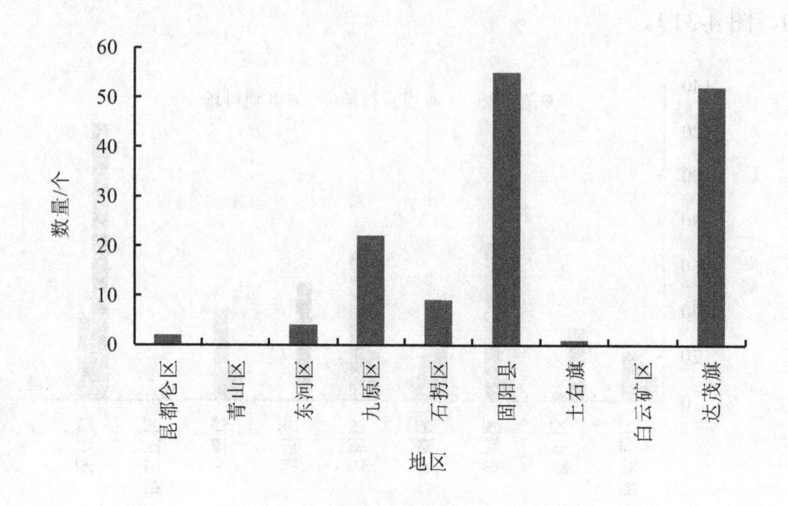

图4-32 包头市各地被破坏场地个数分布情况

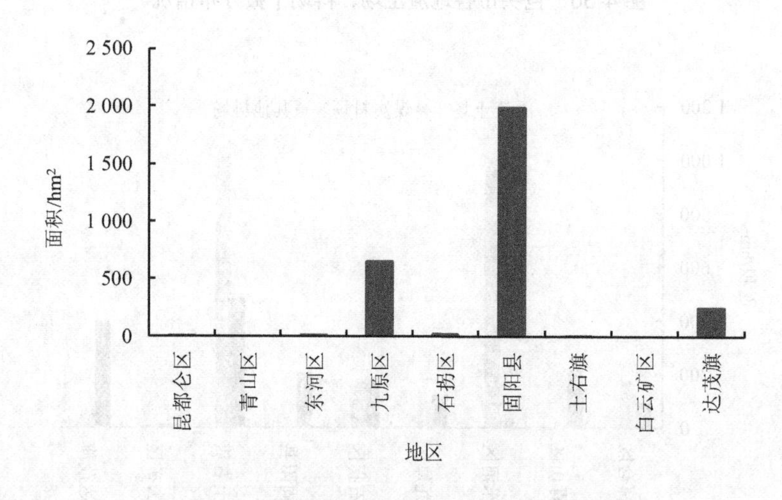

图4-33 包头市各地被破坏场地面积分布情况

4.4.6 主要土壤环境问题及其成因分析

（1）土壤环境质量底数不清，信息化管理水平较弱

前期，包头市开展了土壤环境调查工作，但由于时间跨度大，调查方法不统一，调查精度低，难以满足土壤污染风险管控和治理修复的需要。“十二五”期间，随着包头市

产业结构升级与工业园区建设，企业关停淘汰或搬迁入园腾退出大量工业企业场地，仅2011—2013年主城区“三片两线”环境综合整治行动就计划关停搬迁144家企业。腾退的工业企业场地可能不同程度都存在污染。由于尚未开展污染场地情况调查工作，腾退场地土壤和地下水的数量、位置、污染种类、污染程度、扩散范围、开发再利用情况等底数不清、状况不明，工作基础非常薄弱。

《土壤污染防治行动计划》实施以来，农用地和重点行业企业用地土壤污染状况详查工作逐步展开，但信息化管理水平较弱，生态环境、自然资源、农业农村等相关行政主管部门基础数据上下沟通传输机制不畅通，导致地方对土壤环境底数获取难度较大，不利于土壤污染风险管控和治理修复工作的开展。

（2）闲置污染场地环境隐患大

目前暂未开发利用的闲置污染场地缺乏有效风险防控，闲置污染场地治理和修复工作进展缓慢。“十二五”期间，通过小卫星遥感监测发现，位于河流、自然保护区、水源保护区、重要生态功能区、耕地、人口聚集区等环境敏感区场地数量众多，环境隐患大。

（3）污染场地再开发人居环境风险突出

包头市城镇建设用地稀缺，仅占全市土地面积的1.21%。随着工业化、城镇化进程加快以及西部大开发战略的推进，建设用地供需矛盾更加突出。腾退场地很多地理位置紧俏，尤其主城区“三片两线”腾退场地更是炙手可热，是城市发展的重要土地资源。污染场地如果未被妥善治理就再开发为住宅用地，很可能对居民健康造成严重威胁，其潜在风险已经引起社会各界广泛关注。

（4）污染场地管理机制不明确

包头市尚未建立起统一规范、防控结合的污染场地管理机制，管理责任主体和手段都没有明确，呈现“遇见一块管一块”的被动应对状态，远远落后于国内同类城市的发展水平。

（5）污染源缺乏有效监管，局地存在重金属污染风险

由于资源分布的特点，涉重采选企业布局总体较为分散，污染控制不力；部分冶炼、化工企业距离城镇较近，存在一定的环境风险隐患。由于工矿企业排放的废气、废水及固体废物中的重金属、有机污染物等通过大气沉降、淋滤等作用进入土壤和地下水，致使工业企业、矿山周边土壤中污染物含量明显高于周边区域。

4.5 固体废物

4.5.1 固体废物产生量

（1）一般工业固体废物

2015 年，包头市固体废物产生量为 3 173.8 万 t，与 2010 年相比增加了 1 164.1 万 t；一般工业固体废物产生量增加了 1 182.3 万 t，其中，尾矿产生量增加 1 倍以上，粉煤灰、炉渣、脱硫石膏产生量增加 30%以上；危险废物、生活垃圾产生量分别减少了 1.5 万 t、16.8 万 t。

尾矿、冶炼废渣和粉煤灰等是一般工业固体废物的主要类型。“十二五”期间，全市 3 类固体废物产生量呈波动增长趋势，总计为 11 448.3 万 t，占一般工业固体废物总产生量的 83.7%。

2016 年、2017 年，包头市固体废物产生量分别为 3 428.8 万 t、4 252.4 万 t。其中，一般工业固体废物的产生量分别为 3 360.0 万 t、4 169.6 万 t，占固体废物产生总量的 98.0%。

2017 年，一般工业固体废物产生量中包括金矿尾矿产生量约 86 万 t。由于金矿尾矿含无机氰化物废物，依照《国家危险废物名录》（2016 版）要求，目前按危险废物管理。

包头市 2010—2017 年一般工业固体废物产生量变化见图 4-34。

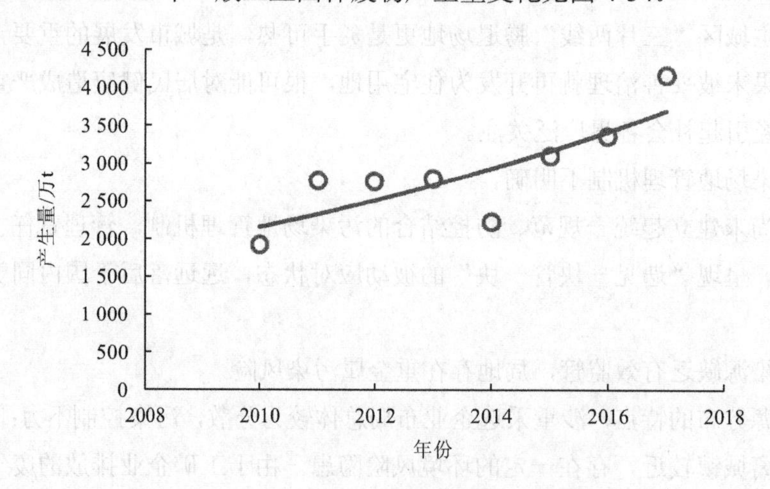

图 4-34 包头市一般工业固体废物产生量变化趋势

（2）危险废物

“十二五”期间，危险废物产生情况变化幅度大。到 2015 年，全市危险废物产生量为 4.4 万 t，与 2010 年相比减少 1.5 万 t。危险废物产生量在 0.5 万 t 以上的分别是废酸、含酚废物、精（蒸）馏残渣、无机氟化物废物、含铬废物、有色金属冶炼废物、含砷废物，占全市总产生量的 93.7%。

2016 年、2017 年，全市危险废物产生量分别为 4.98 万 t、16.9 万 t，与 2015 年相比呈增长态势。产生的危险废物主要包括废酸、有色金属冶炼废物、焚烧处置残渣、精（蒸）馏残渣、含铬废物等。

（3）生活垃圾

“十二五”期间，包头市生活垃圾累计产生量为 343.0 万 t，清运量为 339.9 万 t，无害化处理量为 320.0 万 t。

2016 年，包头市生活垃圾的产生量为 63.8 万 t，清运量为 63.8 万 t。2017 年，全市生活垃圾产生量为 66 万 t。

4.5.2 主要工业固体废物行业和地区分布

（1）行业分布

包头市是内蒙古自治区最大的工业城市，工业经济发展以“资源向本地输入、产品向周边输出”模式为主，钢铁、电解铝、电力、稀土等资源初级生产加工产业是全市经济发展的支柱产业，占全市工业经济总量的 60%以上，支柱产业及其配套产业工业固体废物产生量占全市工业固体废物产生总量的 90%以上。

包头市一般工业固体废物类别主要包括尾矿、冶炼渣、粉煤灰、炉渣、脱硫石膏五大类，产生一般工业固体废物的主要行业包括黑色金属矿采选业，黑色金属冶炼及压延加工业，电力、热力生产和供应业，有色金属冶炼及压延加工业，化学原料和化学制品制造业五大行业，其一般工业固体废物产生量总和占全行业产生量总和的 94%以上。2016 年包头市一般工业固体废物行业分布见图 4-35。

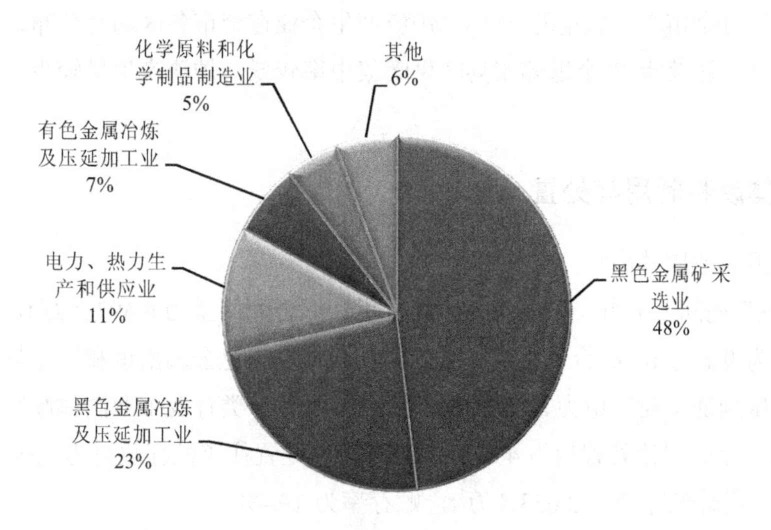

图 4-35　2016 年包头市一般工业固体废物行业分布

火电行业既是煤炭消费大户，也是粉煤灰、脱硫石膏、炉渣等固体废物产生量最大的行业。包头市现有火电厂11家，火电厂燃煤量占全市总燃煤量的2/3，约为2 000万t/a，年产生固体废物总量占全市燃煤产生的固体废物总量的70%左右。

（2）地区分布

①尾矿主要集中于山北地区

尾矿产生企业主要集中在达茂旗、白云矿区、固阳县、昆都仑区、九原区等5个行政区，其中白云矿区尾矿产生量占尾矿产生总量的95%。尾矿产生规模超过100万t的企业共计3家，其中内蒙古包头钢铁钢联股份有限公司巴润矿业分公司尾矿产生规模达到500万t/a，居全市首位，包头市石宝铁矿集团有限责任公司尾矿产生量为156万t/a，包头市沃尔特矿业有限公司尾矿产生量为167万t/a。

②冶炼渣集中于昆都仑区

包头市冶炼渣以钢渣、铁渣等钢铁冶炼生产过程产生的冶炼渣为主。冶炼渣产生企业分布在除土右旗、白云矿区以外的所有区域。其中，昆都仑区的包头钢铁是产生冶炼渣量最大的企业，2014年产生量为491.48万t，占全市冶炼渣产生总量的84%。按现有技术条件，包头钢铁每年铁渣产生量约340万t，钢渣产生量约150万t。钢渣中含有氧化钙（39%）、二氧化硅（14%）、氧化铁（25%）、氧化镁（7.5%）等物质，比重高、硬度高，其中钙、铁、镁以共熔体形态存在，分离难度较大。

③粉煤灰、炉渣、脱硫石膏广泛分布

粉煤灰、炉渣、脱硫石膏分布于所有区域。其中，稀土高新区和九原区粉煤灰主要来源于电力生产，其产生量均超过120万t，占全市产生总量的58%。脱硫石膏产生企业分布于东河区、昆都仑区、青山区、九原区以及稀土高新区。其中，昆都仑区、九原区、青山区产生量占全市产生总量的89%。炉渣产生企业在全市各区均有分布，其中，白云矿区、固阳县、达茂旗3个远郊旗县区供暖集中率较低，炉渣产生量较少，占全市总产生量的2.5%。

4.5.3 固体废物利用与处置

（1）一般工业固体废物

“十二五”期间，全市一般工业固体废物累计综合利用量为6 493.2万t，综合利用的往年贮存量为9.1万t，综合利用率为47.4%；其中，黑色金属冶炼和压延加工业，有色金属冶炼和压延加工业，电力、热力生产和供应业等3类行业工业固体废物综合利用率总和在95%以上。累计处置量为4 673.3万t，其中处置往年贮存数量为133.6万t，处置率为33.2%；累计贮存量为2 653.4万t，贮存率为19.4%。

2016年，全市一般工业固体废物综合利用量为1 472.8万t，综合利用率为43.8%；

处置量为 370.4 万 t，处置率为 11.0%；贮存量为 1 516.8 万 t，贮存率为 45.2%。

2017 年，全市一般工业固体废物综合利用量为 1 578.5 万 t，其中，综合利用往年贮存量为 76.0 万 t，综合利用率为 36.0%；处置量为 15.2 万 t，处置率为 0.4%；本年贮存量为 2 151.9 万 t，贮存率为 63.6%，贮存的一般工业固体废物主要是尾矿，大多集中在达茂旗、固阳县、白云矿区。

（2）危险废物

“十二五”期间，全市危险废物累计综合利用量为 132 695.6 t，综合利用的往年贮存数量为 71.3 万 t，综合利用率为 67.8%；累计处置量为 47 225.7 t，处置率为 22.2%，其中处置往年的贮存数量为 3 796.5 t；累计贮存量为 19 462.1 t，贮存率为 10.0%。

2016 年，包头市危险废物综合利用量为 26 848.2 t，综合利用率为 54.0%；处置量为 13 419.8 t，处置率为 27.0%；贮存量为 9 485.1 t，贮存率为 19.1%。

2017 年，全市危险废物综合利用量为 16.5 万 t，其中综合利用往年贮存量为 4.5 万 t，综合利用率为 71.2%；处置量为 4.2 万 t，其中处置往年贮存量为 0.1 万 t，处置率为 24.6%；本年贮存量为 0.7 万 t，贮存率为 4.2%。

（3）生活垃圾

“十二五”期间，包头市生活垃圾处理处置主要采用填埋和焚烧方式。2016 年，包头市生活垃圾无害化处理量为 62.3 万 t，无害化处理率为 97.6%。2017 年至 2018 年上半年，全市生活垃圾无害化处理量为 105.42 万 t，无害化处理率为 98%。

4.5.4 固体废物管理存在的问题

统一监管工作机制尚未理顺。包头市在实施 2011—2013 年、2014—2017 年《固体废物资源化与污染防治工程行动计划》过程中，虽然成立了领导工作小组，但由于各部门未能充分认识到环境工作的重要性，在履行自身工作职责时，对环境问题认识不足，未能在自身工作中充分、主动考虑环境影响，对项目推进工作未能积极响应，影响了整体实施效果。

各部门工作缺乏统一规划，管理不科学。固体废物数据统计、回收利用、运输、无害处置等工作涉及发改、财政、工信、住建、国土、交通等相关部门，单纯依赖环境保护部门监管难以奏效，但目前尚未形成多部门协调、联动、响应、配合的有效机制，在实际工作过程存在数据统计混乱、部门信息不畅、沟通不及时等问题，未能形成统一监管合力。

固体废物环境监管执法不到位。市级已设固体废物环境监管部门，但在区县一级尚未建立固体废物环境监管执法工作队伍，没有专门管理人员，现有兼职管理人员培训不足，技术基础薄弱，难以应对包头市固体废物现场监管执法需求。

设备不足导致监管缺位情况严重。包头市旗县区级环保部门标准化建设尚未完成，仅配备了基本办公设备，尤其是缺少专业应急检测等现场执法装备，日常监管难度较大。

4.6 生态环境

4.6.1 土地利用与覆盖变化

2015 年统计结果显示，包头市土地以草地为主体，面积约为 20 016 km²，覆盖了包头市北部大部分地区以及中南部部分地区。其次为耕地，主要分布于包头市中部、西南以及土右旗南部地区，占地面积约为 4 250.67 km²。草地与耕地占据了全市面积的 87.39%。林地的分布比较分散，在包头市中部、南部地区均有分布，面积约为 1 223.33 km²；城镇村及工矿用地分布比较集中，主要位于包头市西南部、中部偏北、中南部以及东南部部分地区，共 860 km²；包头市河流的流经范围主要为南部边界地区，北部的达茂旗也有分布；未利用地分布范围最小，在昆都仑区、九原区、固阳县及达茂旗等地零星分布。

与 2010 年相比，2015 年全市草地、林地、水域面积分别净减少 0.24%、2.67%、10.30%，其中，林地面积下降趋势明显（图 4-36）。

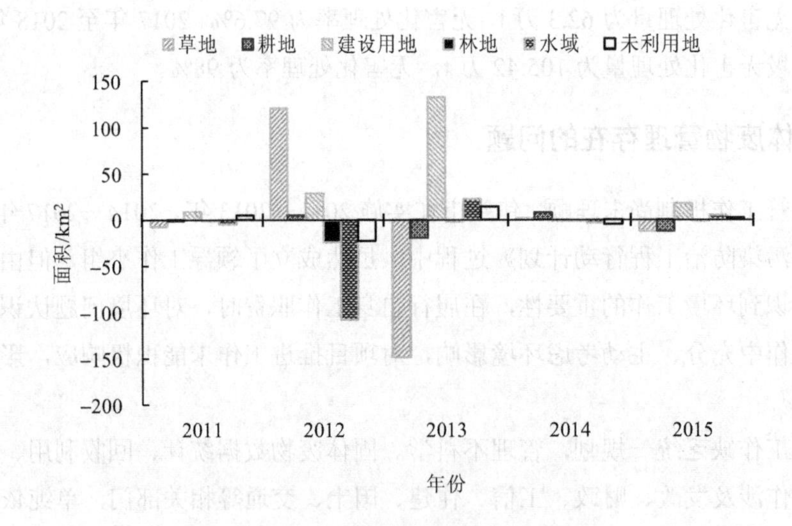

图 4-36　包头市土地利用/覆盖变化

（1）草原

2016 年，全市草场面积为 19 912.3 km²。其中，达茂旗草场面积占全市草场总面积的 80%左右。

天然草原植被盖度持续提高，2014 年达到 31.67%，比 2007 年提高了 6.7 个百分点；

其中山北地区植被平均盖度为 30.98%。草原牧草高度逐年提高，2014 年平均高度达到 21.64 cm，比 2007 年增加了 8.44 cm。单位面积产草量逐年提高，2014 年比 2007 年提高了 40.1%（表 4-16）。

表 4-16 2007—2014 年包头市草原植被长势情况

年份	盖度/%	高度/cm	产量/（kg 干草/亩）
2007	24.97	13.20	26.21
2008	29.51	15.03	35.33
2009	19.49	11.50	29.31
2010	27.22	13.80	30.34
2011	28.40	17.89	31.38
2012	31.69	25.11	37.57
2013	31.13	24.22	36.88
2014	31.67	21.64	37.97

（2）森林

2016 年，全市森林面积为 4 910 km^2，活立木蓄积量为 358.6 万 m^3，森林覆盖率为 17.6%。

2017 年，森林覆盖率达到 17.8%，比 2015 年提高了 0.6 个百分点。

（3）湿地

据 2014 年第二次全国湿地资源调查《内蒙古自治区湿地资源调查报告》，全市共有湿地面积 9.36 万公顷，占全市土地面积的 3.34%。其中，河流湿地为 31 538 公顷，湖泊湿地为 6 941 公顷，沼泽湿地为 51 348 公顷，人工湿地为 3 767 公顷。黄河湿地和达茂旗腾格淖尔湿地面积最大，其中黄河湿地是全市主要的湿地资源，已建成自治区级湿地自然保护区（南海子）和县级湿地自然保护区（腾格淖尔）各 1 处，以及内蒙古包头黄河国家湿地公园。

4.6.2 生态环境状况指数变化趋势

“十二五”期间，包头市生态环境状况等级无变化，均为一般。全市生态环境状况总体上保持稳定，在内蒙古自治区 12 个盟市中处于中等水平。

与 2010 年相比，2015 年除生物丰度指数、水网密度指数略有增大外，植被覆盖指数、土地胁迫指数、污染负荷指数均不同程度降低；生态环境状况指数（EI）降低约 0.6%，变化不显著（图 4-37）。

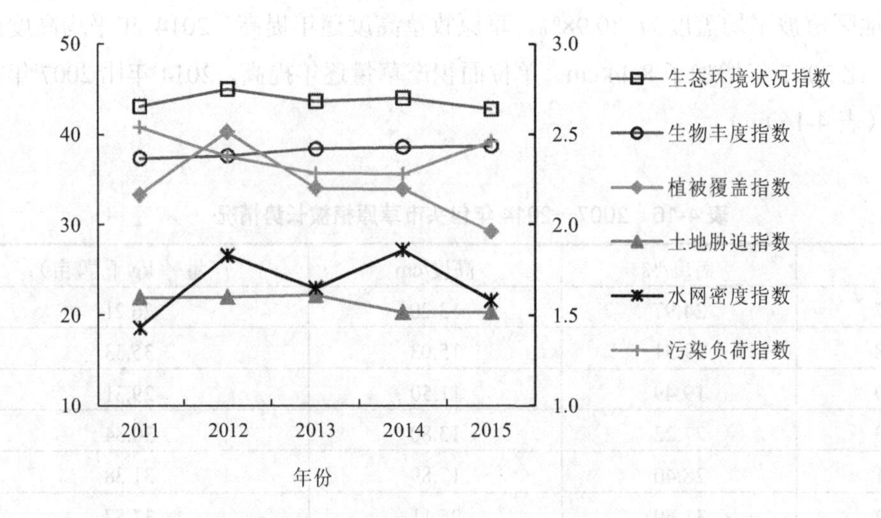

图 4-37 包头市生态环境状况指数变化趋势

2016 年，包头市生态环境状况指数（EI）为 41.14，评价等级仍为一般，与 2015 年（EI=42.8）相比下降了 3.88%（表 4-17）。

表 4-17 2016 年包头市生态环境状况

生物丰度指数	植被覆盖指数	水网密度指数	土地胁迫指数	污染负荷指数	生态环境状况指数	级别
29.22	34.90	1.60	20.30	0.12	41.14	一般

2017 年，包头市达茂旗设 25 个地面监测点位（其中 1 个点位无评价标准，不参与评价）。与 2016 年相比，24 个监测点位中，13 个点位植被质量无明显变化，占比为 54.2%；7 个质量好转，占比为 29.2%；4 个质量下降，占比为 16.7%。植物长势度变好，总体盖度增加。

4.6.3 重大生态保护和建设工程及其效果评价

“十二五”期间，包头市实施了一系列生态保护和建设重大工程，取得明显成效。

全面实施四大林业重点工程，包括天然林资源保护工程、退耕还林工程、京津风沙源治理工程、三北防护林等防护工程。累计完成造林面积 164 千公顷；完成人工种草面积 418.39 千公顷，到 2015 年人工种草保有面积达到 152.11 千公顷。

2017 年，包头市土地绿化造林面积为 3.2 万公顷，其中，人工造林面积 2.4 万公顷，封山育林面积 0.8 万公顷。林业重点工程完成造林面积 2.6 万公顷，占全部造林面积的 80.5%，其中，天然林保护工程完成造林面积 0.3 万公顷，退耕还林工程完成造林面积 1.2 万公顷，京津风沙源工程完成造林面积 1.0 万公顷。森林覆盖率达到 17.8%，比 2015 年提高 0.6 个百分点。

目前，包头市已建立自然保护区 6 个，总面积达 156 万亩，占全市土地面积的 6.68%。其中，国家级保护区 1 个，为内蒙古大青山国家级自然保护区，面积为 1 079.54 km^2；自治区级自然保护区 3 个，分别为南海子湿地自然保护区、巴音杭盖自然保护区、梅力更自然保护区；县级自然保护区 2 个，分别为春坤山自然保护区和红花敖包自然保护区。

4.7　重大资源和生态环境问题综合判断

“十二五”期间，包头市在保持经济社会快速发展的同时，不断加大生态环境保护力度，生态环境保护工作取得了明显成效，生态环境质量得到总体改善，为经济社会高质量、可持续发展奠定了良好基础。但从长远看，包头市仍然存在资源约束趋紧、环境承载压力增大、生态服务功能退化、环境风险凸显等一系列重大资源、环境和生态问题。

4.7.1　资源硬约束问题长期存在

包头市地处能源富集地区，周边地区能源供给相对充足，但本地能源生产力有限，对外依存度大；能源消费以煤为主，可再生能源开发利用比重低。水、土资源供给基本上满足需要，但水土资源空间匹配性差，局部地区供需矛盾尖锐。

（1）水资源匮乏且空间分布不均，地下水超采严重，未来水资源供需压力趋于增大

包头市地处我国西部干旱半干旱地区，多年平均自产水资源总量为 7.26 亿 m^3，可利用量为 6.14 亿 m^3，黄河取水指标为 5.5 亿 m^3，全市年均最大可利用水资源量为 11.64 亿 m^3。水资源主要集中于大青山及南部平原地区，包括中心城区、土右旗、石拐区，水资源量占全市水资源总量的 61.85%；包括固阳县、达茂旗、白云矿区在内的后山地区水资源量占全市水资源总量的 38.15%。

地下水是主要水源之一。全市地下水资源总量［矿化度（M）≤2 g/L］为 6.13 亿 m^3，可开采地下水资源量为 5.12 亿 m^3，占全市用水总量比重的多年平均接近 50%。全市规模性开采地下水始于 20 世纪 60 年代，1958 年市区开采地下水量仅为 0.053 1 亿 m^3，到 1993 年地下水开采量达到 3.35 亿 m^3，此后多年保持在 2.9 亿～3.5 亿 m^3。目前，全市共有地下水开采井约 1.3 万眼，多年持续集中开采导致地下水位持续下降，局部地区超采现象严重，形成多处漏斗区。中心城区年平均开采地下水 11 106 万 m^3，超采量达 906 万 m^3。

2010 年以来，包头市年用水总量保持在 10.25 亿～10.88 亿 m^3，年剩余的水资源可利用量平均在 1.20 亿 m^3 左右。2017 年，取用水量为 10.58 亿 m^3，与水资源可利用量相比，剩余水量约为 1.06 亿 m^3，人均水资源可利用量为 367 m^3，约为全国人均水平（2 039.25 m^3/人）的 18%。未来，随着人口和经济持续增长，以及生态安全屏障建设中生

态需水量增长，全市用水总量控制面临考验（图 4-38）。

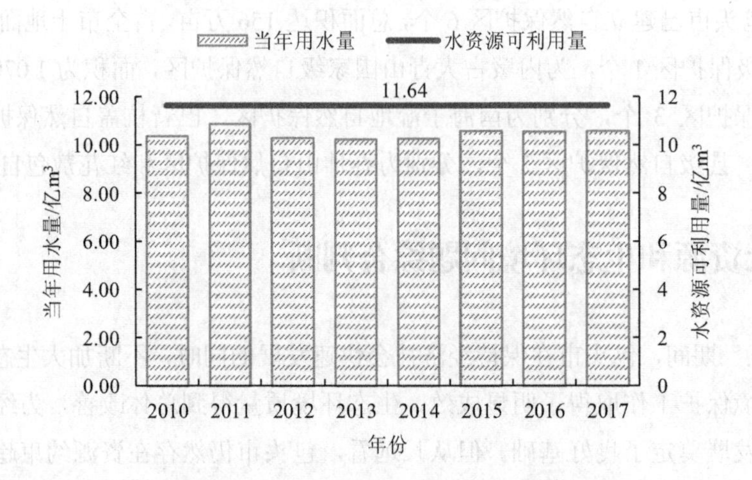

图 4-38 包头市水资源承载力现状分析

（2）能源供给对外依存度持续增大，清洁能源消费比重偏小，以煤炭为主的能源结构近期内难以改变

包头市能源矿产以煤炭为主。由于开发历史悠久，目前大多数矿山已普遍进入衰退期，能源生产量逐年降低，2015 年全市一次能源生产量占能源消费量的 28.4%，全市能源消费量中由外部地区调入的能源占 99.5%，比上年净增 1/4，对外依存度呈逐年增大趋势。动力和炼焦用煤尚需从外省份和周边盟市调入；境内白彦花煤田仅作为能源资源战略储备。但是，由于包头市周边地区能源富集、供应充盈，特别是煤炭资源储量极其丰富，能源供给安全保障水平相对较高（图 4-39）。

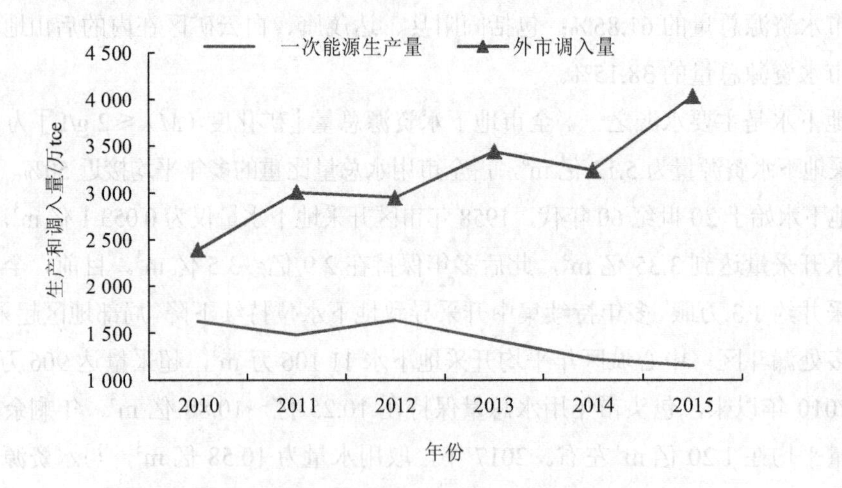

图 4-39 包头市能源生产与调入量变化

自2010年以来，包头市煤炭消费量占比始终保持在80%以上，到2015年全市煤炭消费量占比在90%以上。近年来，包头市风能、太阳能等可再生能源逐步得到开发利用，到2015年全市非化石能源消费量占2.8%。与此同时，天然气消费量占比逐年下降，到2015年下降到2.16%，比2010年下降了近2个百分点。

未来，在可再生能源利用技术没有取得重大突破且无法保证天然气足量供给的情况下，煤炭消费在包头市一次能源消费中仍将占据主导地位，且随着稀土、冶金、煤化工等能源密集型产业规模持续增大，煤炭消费量也将逐年增长。以煤为主的能源消费结构及传统的煤炭利用方式，是包头市大气污染的重要原因，加快可再生清洁能源开发利用，适度控制煤炭消费总量，改变煤炭利用方式，是改善大气环境质量的重要途径。

（3）耕地后备资源匮乏，土地集约化利用水平较低，建设用地供需矛盾和压力日渐突出

包头市草地面积占土地面积的70%以上，耕地后备资源匮乏，加之生态环境脆弱，土地资源利用的限制条件较多，土地资源供需矛盾突出，耕地和永久基本农田保护压力大。按照《包头市土地利用总体规划（2006—2020年）》，到2020年建设用地规模控制在10.58万公顷，占土地总面积的3.81%；城镇工矿用地控制在5.84万公顷，占建设用地的55.20%，工业用地比重超过全国平均水平，大于《城市用地分类与规划建设用地标准》（GB 50137—2011）中规定的30%。

包头市建设用地主要集中在中心城区。2015年，全市建设用地总面积为227.14 km^2，其中，中心城区建设用地面积占86.2%。全市工业用地面积为56.05 km^2，其中，中心城区工业用地面积占93.7%。中心城区建设用地、工业用地占比大，生态用地比重低，不但加大了土地承载压力，挤占了生态空间，而且也成为工业围城困局久破不决的重要制约因素之一。

包头市工业用地利用方式较为粗放，土地资源产出率较低、浪费现象严重。2015年，全市单位工业用地面积产值为28.2亿元/km^2，略高于全国平均水平，比自治区平均水平和呼和浩特市分别低29.4%、67.0%。尽管工业园区产业集中度达到85%以上，但土地集约利用水平仍然较低（图4-40）。

根据《国家级开发区土地集约利用评价情况通报》结果，2016年，包头稀土高新技术产业开发区土地集约利用水平在全国368个工业主导型开发区中仅位列第207名，在西部地区64个工业主导型开发区中位列第21名，在全国96个高新类工业主导型开发区中位列第66名；2017年，相应的排名分别为第221（总数392个）、第20（总数65个）、第71（总数97个）。

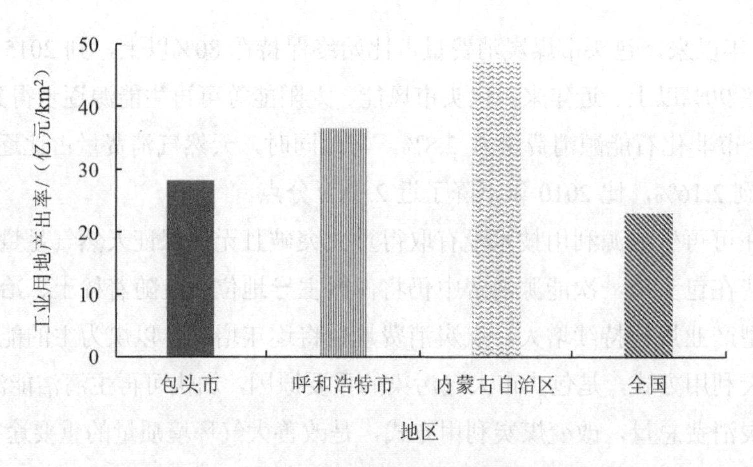

图 4-40 2015 年包头市工业用地产出率对比

未来，以钢铁、铝业、装备制造、电力、煤化工和稀土等行业仍占主导地位，中心城区土地资源开发利用强度进一步增大，土地资源供给压力有增无减，促进土地利用由外延向内涵挖潜转变，实现土地资源节约集约高效利用，仍然面临较大困难。

4.7.2 中心城区环境质量根本改善任务艰巨

中心城区是包头市人口和经济高度集聚区域，高耗能、高排放、高污染的工业企业围城分布，同时带动了能源消费和机动车保有量的持续增长；受大青山屏障影响，在不利气象条件下极易发生大面积空气重污染。未来，随着城镇化和工业化进程持续推进，在中心城区工业布局得不到有效调整，工业产业集聚度、密度进一步增大的情况下，中心城区大气环境质量的根本改善将面临巨大压力。政府必须统筹全市资源配置，形成全市产业布局一盘棋，探索“飞地”经济发展模式，积极推动中心城区产业转移。

（1）人口密度偏高，产业布局相对集中，生态环境保护压力大

包头市人口和经济活动主要集中在山南地区，尤以中心城区人口密度和开发强度最大。

从人口分布看，中心城区人口占全市人口总数的68.04%，土右旗人口占全市人口总数的16.46%，山北地区人口约占全市人口总数的15%。中心城区人口密度达到841 人/km^2，而山北地区人口密度为 13 人/km^2，其中达茂旗仅为 6 人/km^2。

从经济分布看，包头市钢铁、有色冶金、电力、装备制造等基础能源原材料行业主要集中分布在中心城区，经过多年发展已形成了较为完备的产业链条。全市已建成 9 个工业园区，其中 6 个工业园区散布在中心城区，基本形成以中心城区为集聚区的工业分布空间格局。2015 年，中心城区经济密度达到 12 403 万元/km^2 以上，山北地区经济密度仅为 161 万元/km^2；中心城区工业增加值占全市工业增加值比重达到 77.0%，是山北地区的 6.2 倍（图 4-41）。

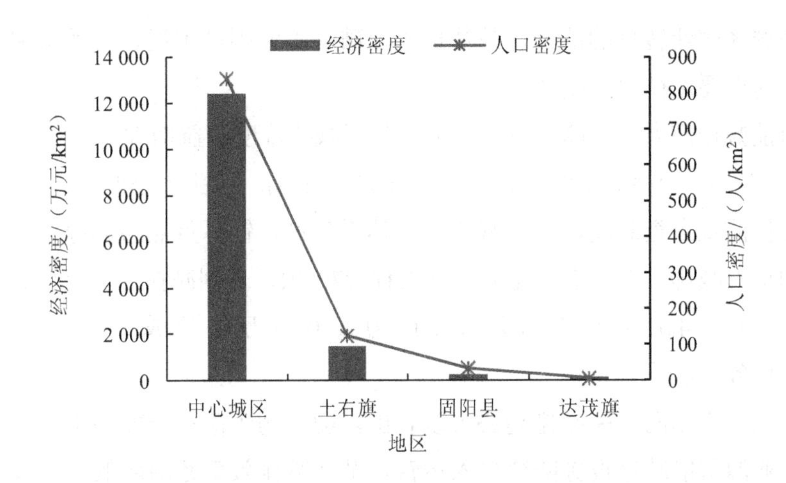

图 4-41　2015 年包头市人口和经济密度分布

中心城区六大支柱产业所属行业的工业总产值总和为全市工业总产值的 2/3，但其主要大气污染物排放量占全市工业源大气污染物排放量的比重几乎均达到或超过 90%。中心城区分布的大气污染型工业企业数量占全市工业企业总数的 54.4%，其排放的二氧化硫、氮氧化物、颗粒物分别占全市所有工业源污染物排放量的 81.8%、89.3%、90.3%。其中，位于城市上风向的包头钢铁，其二氧化硫、颗粒物排放量占全市二氧化硫、颗粒物排放总量的 30%和 15%以上；环形分布于中心城区及周边地区的 7 家火电厂，其二氧化硫、颗粒物排放量均占全市二氧化硫、颗粒物排放总量的 30%以上。市辖五区单位土地面积工业废气排放量为 4.47 亿 m^3/km^2，二氧化硫、氮氧化物、颗粒物排放量分别为 62.42 t/km^2、41.49 t/km^2、43.56 t/km^2，远高于山北地区和土右旗。

（2）环境资源和基础设施分布不均衡，工业围城困局破解难度大

包头市水资源空间分布不均衡且与土地资源分布不匹配，山北地区（包括固阳县、达茂旗、白云矿区）土地总面积约占全市土地面积的 81.9%，而水资源量仅占全市水资源总量的 10.3%。水资源短缺是影响山北地区承接产业转移的重要因素之一。

包头市中心城区人口集中，供水、供电、交通、通信等基础设施支撑条件相对较好，经过多年发展形成了以中心城区为中心的工业格局。而山北地区地域广阔，大气污染扩散条件较好，但是，由于自然条件恶劣，特别是交通道路、供水供电及环境保护等基础设施建设相对滞后，人口密度低、产业发展基础薄弱，限制了承接市内外产业转移，更加强了工业围城布局。

包头市区域发展基础条件不平衡，特别是水土资源空间分布不匹配，是导致工业围城布局，加大中心城区环境保护压力的重要因素之一。因此，加快供水、供电、道路交通及环境保护基础设施建设，充分利用山北地区充盈的环境容量资源条件，提高山北地

区承接中心城区产业转移的能力，是从根本上破解工业围城困局、有效缓解中心城区大气环境压力的重要途径和手段之一。

（3）节能减排潜力空间趋于变小，节能降耗减排难度日益增大

“十二五”期间，围绕国家、自治区下达的减排目标，包头市不断加大污染治理投入，严格实施总量前置审查制度，加强减排督察体系建设，针对重点污染源、主要污染物实施了一系列重大减排工程，累计完成减排工程 270 项，分别减排二氧化硫、氮氧化物、化学需氧量、氨氮 4.51 万 t、3.08 万 t、1.12 万 t、0.46 万 t，完成了“十二五”主要污染物总量减排任务。

从“十二五”期间节能减排趋势可以看出，随着淘汰落后产能的工程基本完成，重点领域、工业源节能减排设施陆续投入运营，节能减排效率逐渐降低。从节能效率看，从 2012 年之后能耗强度降低率逐年变小（图 4-42）。从污染减排效果看，2014 年与 2013 年相比，包头市二氧化硫、氮氧化物排放总量分别减少 4.8%、15.7%，2015 年比 2014 年分别减少 3.9%、10.9%；与 2014 年相比，2015 年污染减排年变化率分别降低了 0.9 个百分点、4.8 个百分点（图 4-43）。

“十三五”期间，随着污染治理进入新阶段，节能减排将面临节能减排潜力变小、空间变窄与节能减排边际效应减小、成本急剧上升的双重困境，实施资源能源总量和污染排放总量控制的难度将逐渐加大。此外，经济增长趋缓可能影响环境治理和生态保护投入，企业利润减少也直接影响企业治污的自觉性、积极性和治理能力。

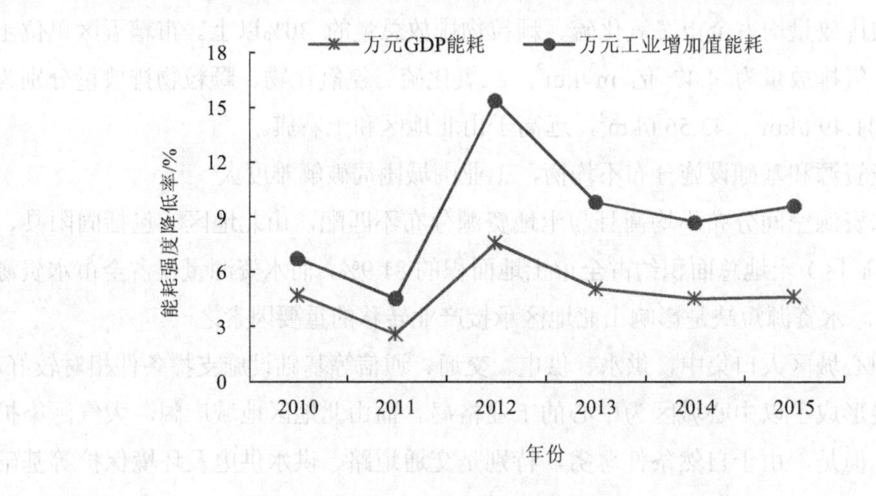

图 4-42 包头市能耗强度年降低率变化

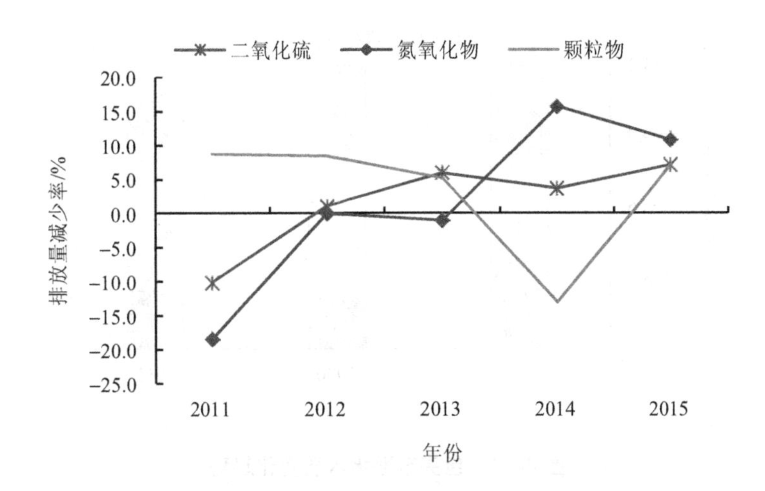

图 4-43 全市大气污染物排放量减少率变化趋势

未来，随着经济逐步由高增长进入高质量发展阶段，人民群众对优美生态环境需要日益增长。因此，建立健全节能减排长效机制，加大生态保护和环境治理投入，加大节能减排力度，持续改善生态环境质量，为广大人民群众提供更多优质生态产品，是包头市未来发展中亟待解决的重大任务。

4.7.3 地下水污染风险问题凸显

地下水是包头市重要的饮用水水源，占供水总量多年平均比重在 50%左右。随着人口规模和经济增长，生活、生产用水量及废污水产排量也随之增加，加之大量废弃工业场地、固体废物原料堆场、污水灌溉等可能加重地下水污染，进而间接影响居民饮水安全。

（1）潜水污染重于承压水，且水质趋于变差

据《包头市地下水 2013 年度监测报告》，包头市潜水污染重于承压水，且水质趋于变差。其中，水质较差以下潜水面积占全部水质监测面积的 70%～80%；水质较好等级以上的潜水面积呈减少趋势，而水质较差等级以下的潜水面积呈增长趋势。与 1995 年相比，2011 年水质较好等级以上潜水面积减少 32.5%，而水质较差等级以下潜水面积增加 14.4%。

与 2005 年相比，2011 年潜水主要组分中硝酸盐氮增幅最大，为 192.19%，其他组分稳中有增，个别组分出现负增长，但增幅均小于 10%；平均增长 32.98%，年均增长 5.5%，表明浅层水水质总体较差并有恶化的趋势（图 4-44）。

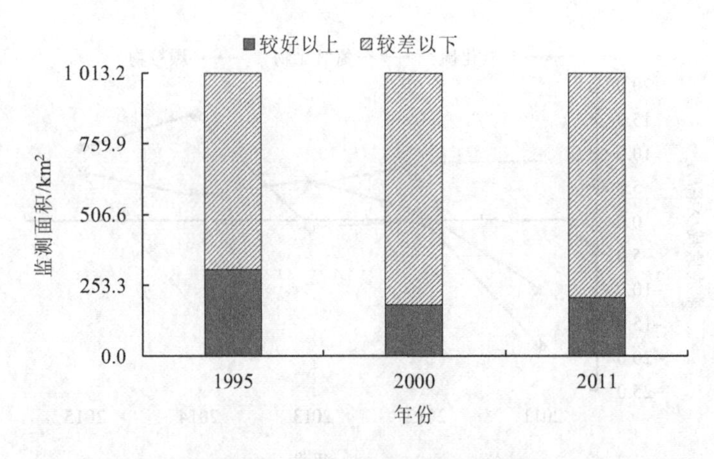

图 4-44 包头市潜水水质变化趋势

（2）生活生产废污水渠下渗是导致潜水污染的直接原因之一

昆都仑区、青山区、东河区和九原区 4 区常年性排放废污水的主要渠道有 6 条，多分布于潜水埋深小于 10 m 的地段，其流径地段多处于天然河槽或洼地，无任何防渗措施，这些渠系的长期连续下渗，是本区潜水遭受污染的重要原因。

此外，长期引污水灌溉的间接下渗、大型工业废水贮存池渗漏、降水淋滤下渗、引黄灌溉下渗等也是潜水污染的直接原因。而潜水径流搬运、潜水径流条件的变化间接引起潜水污染。

4.7.4 生态安全面临自然和人为因素双重挑战

包头市土地面积占自治区土地面积的 2.35%，草地面积占自治区草地总面积的 2.3%、占本市土地面积的 73.29%，在自治区建设北方重要生态安全屏障中占据重要地位。然而，由于自然条件本底较差，生态脆弱性显著，特别是矿产资源开发等人为活动影响剧烈，局部区域生态保护压力大。

（1）自然条件本底较差，草原沙化和土壤盐渍化问题突出

包头市处于半干旱中温带大陆性季风气候带，北部地区属于高平原荒漠化草原和典型草原，土地沙化和草场退化问题严重。全市土地沙化总面积为 14 753.15 公顷，约占土地面积的 53.1%，其中中度以上风蚀沙化达 9 393 公顷。中部地区为山地、低山丘陵，水土流失严重，全市水土流失面积为 10 099 公顷，约占土地面积的 36.4%。黄河灌区土地盐渍化严重，全市盐渍化总面积为 1 941.692 公顷，约占土地面积的 7%。

（2）生态脆弱区覆盖范围大，人为活动加剧生态退化趋势

北部农牧业交错区和南部灌溉农业区是包头市生态安全屏障的主体，也是生态脆弱性较高区域。据相关研究，全市生态脆弱性评价级别中等以上的面积为 22 880.36 km^2，

占土地总面积的 82.40%；轻度脆弱性面积为 4 073.44 km^2，占土地总面积的 14.67%；不脆弱区面积为 814.20 km^2，占土地总面积的 2.93%。

阴山南麓生态脆弱性总体较低，但石拐区土壤侵蚀较为严重，土右旗平原区由于长期灌溉不当存在较为严重的土壤盐渍化。山北地区生态脆弱性总体较高，其中达茂旗（含白云矿区）土壤盐渍化问题较为突出；固阳县土地沙漠化和土壤侵蚀较为严重。

境内河道生态退化严重。境内河道常年处于干涸状态，河道中植物仅发现芦苇和红柳。部分河道采用硬质化的方式构建为景观河道，调配自来水或黄河水作为景观用水。河道硬化减少了河水下渗，橡胶坝蓄水减缓了河水流动速度，阻断了河道生物与周边环境的代谢通道，致使河道水体几近丧失自我净化能力。

（3）矿区与重要生态保护区分布重叠，资源开发生态风险隐患大

包头市矿产资源较为丰富，尤以稀土、铁矿资源优势突出，已发现各类矿产 74 种（含亚种），已探明储量的矿产 58 种，矿产地 188 处，其中大型矿产地 32 处、中型矿产地 29 处、小型矿产地 127 处。

全市主要矿产资源规划开采区的总面积为 11 669.8 km^2，占土地面积的 42.0%，主要分布在石拐区、达茂旗、固阳县境内，占 3 个旗县区土地面积之和的 49.7%。

包头市矿产资源规划开采区占地面积大，而且主要分布在大青山及山北荒漠草原地区。规划开采区所在区域年降水量少，植被覆盖度低，生态脆弱性显著，抗扰动能力差。大规模、高强度的矿产资源开发可能造成严重的生态破坏和退化，并对区域生态安全造成威胁。可能产生的主要生态环境影响包括：①扰动原生地质体，造成地面沉降、崩塌、滑坡、泥石流等地面变形灾害；②产生排放大量废水、废气、废渣、噪声、振动等；③破坏地表植被，侵占土地资源；④降低地下水位，并影响地表植被生长；⑤改变地面景观，破坏重要地质地貌遗迹和附近基础设施。

据《内蒙古自治区地质环境公报》，2016 年，包头市能源、金属、非金属矿等采矿活动占用损毁土地面积达 66.15 km^2，占规划开采区面积的 0.57%。包头市石拐区煤矿、白云鄂博铁稀土矿、达茂旗三合明铁矿等 14 个矿区矿山已占用和破坏的土地面积达 29.25 km^2，占规划开采区面积的 0.25%。

为保护脆弱的生态环境，确保包头市发挥北方生态屏障功能，必须加大对矿产资源开发活动的环境监管力度。一是划定禁止开发区，禁止一切矿产资源勘查和开发行为，已有矿产资源勘查和开发项目有序退出。二是加强矿产资源开发利用规划和建设环境影响评价与管理，从源头上防止矿产资源开发活动可能造成的生态破坏。三是坚持边开发、边治理、边恢复原则，加快废弃矿区的生态恢复和重建，新建矿区要同步实施矿山环境综合治理和生态修复工程。

包头市矿产资源开采区分布见表 4-18。

表 4-18 包头市矿产资源开采区分布

开采区概况				地理位置
重点开采区				
序号	开采区名称	面积/km²	矿种	山中
1	石拐—土右煤炭重点开采区	548.38	煤炭、耐火黏土、制灰白云岩	
2	哈达门沟金矿重点开采区	204.35	岩金、铁矿	
3	公益民铁、金重点开采区	242.55	铁矿、脉石英	
4	拉草山白云岩重点开采区	70.59	熔剂白云岩	
5	三合明铁矿重点开采区	80.80	铁矿	
6	高腰海—黑脑包铁矿重点开采区	137.38	铁矿	
7	赛乌素—白云鄂博铁、金重点开采区	529.89	铁矿、金矿	山北
鼓励开采区				
1	下湿壕金、铁及非金属鼓励开采区	1 217.91	铁、硅石、石材	山北
2	固阳北部铁、金及非金属鼓励开采区	1 634.19	铁、金及非金属	
3	小文公金、铁鼓励开采区	711.27	铁矿、金矿	
4	黄花滩—哈沙图铜、石墨鼓励开采区	1 659.81	铜、石墨	
5	达茂旗中部金矿鼓励开采区	1 331.36	金、熔剂灰岩	山北
6	查干哈达铜矿鼓励开采区	1 226.44	铜矿	
7	克克齐—白彦花煤、铜、铬、铁矿鼓励开采区	1 953.86	煤、铜、铬、铁	山北
8	阿嘎如泰苏木建筑石料开采区	9.24	建筑石料	
9	鸡毛窑子建筑石料开采区	27.32	建筑石料	
10	大青山南坡建筑石料开采区	38.68	建筑石料、石灰岩	山南
限制开采区				
1	白云鄂博铌、稀土限采区	39.92	铌、稀有稀土、萤石	山北
2	布龙土磷矿限采区	5.86	磷灰石	

4.7.5 结构性和布局性环境风险防控压力大

包头市主要存在固体废物、原料堆场存在土壤和地下水污染风险，一旦遭受污染，修复难度大、代价高、时间长。黄河干流包头段集中式饮用水取水口与污水排水口交错分布，将对城市居民饮水安全造成巨大影响。此外，煤化工及核工业企业与城市居民区交错分布，也是重要的环境风险源。

（1）固体废物堆存量大面广，土壤及地下水污染风险隐患突出

受技术、经济、市场等因素影响，包头市工业固体废物综合利用途径单一，综合利用率低下，导致工业固体废物以贮存方式就地处置；而由于工业固体废物管理领域政出多门，各自为政，缺乏全市统一的组织协调机制和规划体系，导致固体废物堆场遍地开花，进而形成了工业固体废物堆场围城分布的局面。包头市工业固体废物露天堆场多，

粉煤灰、尾矿库以集中堆存为主；矿渣、冶炼渣等固体废物堆场小、散、乱。大部分固体废物堆场属于混合堆存，堆场内固体废物成分十分复杂，环境风险隐患突出，分类利用难度大。工业固体废物堆场的遮盖、防渗措施不完备，已成为大气环境、土壤环境和地下水环境潜在的污染源和环境风险源。

包头市工业固体废物产生量逐年增长，2015 年工业固体废物产生量达 3 100 多万 t，其中，尾矿产生量占工业固体废物产生总量近 50%；工业固体废物综合利用率低，主要以贮存方式进行处置，贮存量逐年增加。2011—2015 年，工业固体废物综合利用率年均综合利用率不足 50%，其中，尾矿综合利用率不足 1%；目前全市露天堆场贮存总量为 10 亿～20 亿 t。各类露天堆场靠近企业周边且分布在城区，与工业围城同步形成了工业渣场围城的严峻局面。据 2015 年 6 月卫星遥感监测结果，全市各地分布的工业固体废物露天堆场数量多达 1 051 处，总面积 9 266 公顷，是 2014 年全市公园绿地面积的 2.5 倍、工业用地面积的 1.2 倍。

在已规划为城市居住用地中包含部分具有潜在污染隐患的化工类、涉重企业场地。全市 21 489 公顷的环境敏感区范围内分布着 1 637 块各类固体废物堆场及污染场地，除青山区未有闲置污染场地分布外，其他 8 个旗县区均有环境敏感性位列前 300 的堆场；从堆场数量看，九原区最多，固阳县次之，分别为 116 个和 95 个，两者占前 300 个的 70.33%；从堆场面积看，位列前三位的分别是固阳县、昆都仑区、九原区，分别为 1 981 公顷、896 公顷和 854 公顷。

包头市现有各类尾矿库 125 座，主要来自铁矿采选和金矿采选行业。尾矿年产生量约为 2 463 万 t，铁尾矿占 96%，黄金冶炼尾矿占 3.5%，稀土尾矿占 0.4%。位于昆都仑区的包头钢铁尾矿库是国内最大的平地型尾矿库，占地 11 km^2，已使用 60 多年，总库容约 2.3 亿 m^3，目前贮存尾矿约 2.04 亿 t。“十二五”期间，包头钢铁尾矿坝周围 γ 辐射空气吸收剂量率监测值高于对照点，坝体南侧监测值超出对照点 11 倍，最远影响距离达 2 km；尾矿库周边监测点位的地下水中放射性水平略高于《生活饮用水卫生标准》（GB 5749—2006）限值要求。尾矿库库内水和渗漏水水质均为劣Ⅴ类，主要超标污染物为化学需氧量、氟化物、氨氮、总磷、总氮。尾矿库周边仅个别地下水监测点位、个别年份水质符合地下水Ⅲ类标准，多数地下水监测点位水质多年保持Ⅳ～Ⅴ类。

搬迁企业场地存在二次污染隐患。2011 年以来，包头市针对分布在主城区“三片两线”的污染企业进行了环境综合整治工作，涉及“两高”企业 159 户，其中搬迁改造企业 116 户，就地治理企业 15 户，关闭淘汰企业 28 户。在整治过程中，结合包头钢铁新体系建设、昆都仑河河道景观治理、青山园区规划建设，对各类小炼铁、小炼焦、砂石厂等同步实施关停搬迁企业 186 家。两项工作累计完成 345 家企业治理，腾退工业场地 330 块，然而，大多数搬迁企业未制定工业场地二次污染防治方案，存在较大环境风险隐患。

（2）取水口和排污口交错分布，饮水安全存在重大隐患

黄河包头段共有 3 个集中式饮用水水源地（取水口），分别是昭君坟水源地、画匠营子水源地、磴口水源地，4 个入黄排污口分别是昆都仑河入黄口、四道沙河入黄口、二道沙河入黄口、东河入黄口。除昭君坟水源地外，其他两个水源地上游均分布着两个入黄排污口。上游入黄排污口一旦发生水污染事故，将对下游取水口造成极大影响。

市区内的泄洪河道几无天然水体，仅在每年 6—9 月雨季汇入少量雨水，稀释和自净能力非常有限。河道周边生活污水、工业尾水存在直排现象，直排污水最终以沟流形式流入黄河，入黄水质长期保持在劣Ⅴ类水平。

旗县区集中式饮用水水源地全部为地下水型水源地，部分水源地地质条件较差，几无可替代水源地，水质超标现象突出。

（3）煤化工产业及核工业发展，区域环境安全面临压力

煤化工产业需水量、废水产排放量大，对包头市水资源供给、水环境安全造成巨大威胁。一旦发生火灾、爆炸等安全生产事故，极易引发次生环境灾害。

未来几年内包头市将着力发展核工业，实施核电燃料发展计划，依托中核北方核燃料元件有限公司的技术实力，建设国家民用核材料生产基地。随着核工业扩张和城市人口密度进一步提高，核加工企业与人口集中居住区等环境敏感目标的安全距离不断缩小，“小事故大灾难、小污染大危害”可能成为常态化问题，核工业生产安全保障和环境风险防控问题也提上日程。

第 5 章　生态环境影响预测评价

5.1　大气环境影响

5.1.1　情景方案设计

为评价包头市经济社会发展对大气环境压力和影响，本研究设计规划情景方案、调整情景方案等 2 个近期评价情景方案、1 个远期评价情景方案。将全市域划分为中心城区、山北地区、土右旗等 3 大片区，预测 3 大片区不同评价情景方案下主要大气污染物排放量，综合评价大气环境影响。

工业污染源排放量分区预测方法：根据评价基准年的工业产值和工业大气污染物排放量，计算工业源大气污染物排放强度。以中心城区、山北地区和土右旗的工业产值占比为权重，折算 3 大片区的工业大气污染物排放量。

生活污染源排放量和机动车污染源排放量分区预测方法：根据评价基准年的生活源和机动车排放量，计算人均大气污染物排放量。以中心城区、山北地区和土右旗的人口占比为权重，折算 3 大片区的生活源和机动车大气污染物排放量。

氟化物排放量预测方法：铝冶炼是氟化物的主要排放源，故本研究仅对铝冶炼行业氟化物排放量进行预测。根据《包头市工业发展“十三五”规划》及中国铝业发展趋势预测，未来 20～30 年铝产量增长速度将高于 GDP 增长速度 1～3 个百分点，以此为基础预测到 2035 年包头市铝生产规模。吨铝氟化物排放量取值：0.768 kg/t 铝。

预测评价污染因子包括二氧化硫、氮氧化物、PM_{10}、$PM_{2.5}$。

（1）近期（2020 年）

①规划情景方案

参照《包头市“十三五”城乡生态环境保护规划》和《包头市环境保护整体解决方案大气环境保护专题研究报告》，预测主要大气污染物排放量。主要预测参数：

- GDP 年均增长率：8.0%
- GDP 总量：5 000 亿元

- 工业增加值年均增长率：8.3%
- 工业增加值年均总量：2 400 亿元
- 电解铝产量：500 万 t，电解铝就地加工转化率 85%以上
- PM_{10}和$PM_{2.5}$比例：0.625∶0.375
- 人口规模：310 万人

②调整情景方案

以《规划纲要》实施中期评估结果为依据，以 2017 年为基准年，预测到 2020 年包头市主要经济社会指标，以及主要大气污染物排放量。

主要预测参数：

- GDP 年均增长率：6.4%
- GDP 总量：3 310 亿元
- 工业增加值总量：1 250 亿元
- 电解铝产量：320 万 t，电解铝就地加工转化率 85%以上
- 人口规模：310 万人

（2）远期（2035 年）

参照《国家生态文明建设示范市指标》相关要求，执行更加严格的国家、地方环境保护政策、标准，基于“十三五”中期评估指标，预测全市及各旗县区主要大气污染物排放量。主要预测参数：

- GDP 年均增长率：6.0%
- GDP 总量：7 850 亿元
- 工业增加值总量：2 700 亿元
- 电解铝产量年均增长率：7%，电解铝就地加工转化率 85%以上
- 人口规模：350 万人

5.1.2 大气污染物排放量预测

（1）预测模型和方法

①工业源排放量预测方法

本研究采用排放强度法预测大气污染物排放量。大气污染物排放强度是指当年大气污染物排放量与当年工业增加值的比值。

预测公式如式（5-1）所示：

$$P = I \times \mathrm{GDPI} \times (1 - D) \tag{5-1}$$

式中：P——评价期末大气污染物排放量，t；

I——评价期末工业源大气污染物排放强度，t/万元；

GDPI——评价期末工业增加值，万元；

D——评价期末大气污染物累计减排率，%。

②生活源排放量预测方法

采用人均大气污染物排放量进行预测。计算公式如式（5-2）所示：

$$LP = PI \times \mathrm{POP} \tag{5-2}$$

式中：LP——评价期末生活源大气污染物排放量，t；

PI——评价期末人均大气污染物排放量，t/人；

POP——评价期末人口总数，人。

③机动车污染物排放量预测方法

采用排放因子法进行预测。首先预测评价期末机动车辆总数，然后采用排放系数计算大气污染物排放量。计算公式如式（5-3）所示：

$$VP = I_m \times (V_\mathrm{b} + \mathrm{IC} \times N - V_\mathrm{r}) \tag{5-3}$$

式中：VP——评价期末机动车大气污染物排放量，t；

I_m——第 m 种大气污染物排放因子，t/（辆·a）；

V_b——评价基准年机动车保有量，辆；

IC——机动车年均增加量，辆/a；

N——预测期限，a；

V_r——评价期末机动车累计淘汰量，辆。

（2）近期预测结果

1）工业源大气污染物排放量

①规划情景方案

依照《规划纲要》，参照包头市 2017 年大气污染物排放强度进行预测。到 2020 年，全市二氧化硫、氮氧化物、PM_{10}、$PM_{2.5}$ 和氟化物排放量分别为 12.818 万 t、14.499 万 t、10.696 万 t、6.485 万 t 和 0.326 万 t。

其中，中心城区二氧化硫、氮氧化物、PM_{10}、$PM_{2.5}$ 和氟化物排放量分别为 10.485 万 t、10.420 万 t、4.183 万 t、2.512 万 t 和 0.264 万 t。

②调整情景方案

根据《规划纲要》中期评估结果进行预测，到 2020 年，全市二氧化硫、氮氧化物、PM_{10}、$PM_{2.5}$ 和氟化物排放量分别为 7.964 万 t、8.993 万 t、6.239 万 t、3.810 万 t 和 0.209 万 t。

其中，中心城区二氧化硫、氮氧化物、PM_{10}、$PM_{2.5}$ 和氟化物排放量分别为 6.188 万 t、

5.560 万 t、2.495 万 t、1.498 万 t 和 0.169 万 t。

2）生活源大气污染物排放量

参照 2017 年包头市各旗县区的生活源污染物排放量数据以及 2017 年人口数据进行预测。到 2020 年，全市生活源排放二氧化硫、氮氧化物、PM_{10} 和 $PM_{2.5}$ 分别为 2.688 万 t、0.465 万 t、1.176 万 t 和 0.706 万 t。

其中，中心城区二氧化硫、氮氧化物、PM_{10} 和 $PM_{2.5}$ 排放量分别为 1.517 万 t、0.278 万 t、0.661 万 t 和 0.397 万 t。

3）机动车大气污染物排放量

参照《包头市环境保护整体解决方案》研究成果，到 2020 年全市机动车保有量为 82.6 万辆，据此预测机动车氮氧化物、PM_{10} 和 $PM_{2.5}$ 排放量分别为 2.544 万 t、0.217 万 t 和 0.197 万 t。

2020 年包头市主要大气污染物排放量预测结果见表 5-1。

表 5-1 2020 年包头市主要大气污染物排放量预测结果 单位：万 t

区域		评价基准年（2017 年）					规划情景					调整情景				
		SO_2	NO_x	PM_{10}	$PM_{2.5}$	F	SO_2	NO_x	PM_{10}	$PM_{2.5}$	F	SO_2	NO_x	PM_{10}	$PM_{2.5}$	F
中心城区	工业源	3.804	4.302	1.494	0.897	0.169	8.968	10.142	3.522	2.115	0.264	4.671	5.282	1.834	1.101	0.169
	生活源	1.434	0.302	0.623	0.374	0	1.517	0.278	0.661	0.397	0	1.517	0.278	0.661	0.397	0
	小计	5.238	4.604	2.117	1.271	0.169	10.485	10.420	4.183	2.512	0.264	6.188	5.560	2.495	1.498	0.169
山北地区	工业源	0.261	0.294	2.105	1.263	0.038	0.615	0.693	4.963	2.978	0.062	0.320	0.361	2.585	1.551	0.040
	生活源	0.505	0.081	0.223	0.134	0	0.608	0.097	0.268	0.160	0	0.608	0.097	0.268	0.160	0
	小计	0.766	0.375	2.328	1.397	0.038	1.223	0.790	5.231	3.138	0.062	0.928	0.458	2.853	1.711	0.040
土右旗	工业源	0.231	0.278	0.347	0.208	0	0.545	0.655	0.818	0.490	0	0.284	0.341	0.426	0.255	0
	生活源	0.514	0.083	0.227	0.136	0	0.563	0.090	0.247	0.149	0	0.563	0.090	0.247	0.149	0
	小计	0.745	0.361	0.574	0.344	0	1.108	0.745	1.065	0.639	0	0.847	0.431	0.673	0.404	0
分源合计	工业源	4.296	4.874	3.946	2.368	0.207	10.130	11.490	9.303	5.582	0.326	5.276	5.984	4.846	2.907	0.209
	生活源	2.453	0.466	1.073	0.644	0	2.688	0.465	1.176	0.706	0	2.688	0.465	1.176	0.706	0
	机动车	—	—	—	—	0	—	2.544	0.217	0.197	0	—	2.544	0.217	0.197	0
合计		6.749	5.340	5.019	3.012	0.207	12.818	14.499	10.696	6.485	0.326	7.964	8.993	6.239	3.810	0.209

（3）远期预测结果

①工业源大气污染物排放量

依照《规划纲要》，参照包头市 2017 年的大气污染物排放强度进行预测。到 2035 年，全市二氧化硫、氮氧化物、PM_{10}、$PM_{2.5}$ 和氟化物排放量分别为 14.431 万 t、18.192 万 t、

12.198 万 t、7.443 万 t 和 0.576 万 t。

其中，中心城区二氧化硫、氮氧化物、PM_{10}、$PM_{2.5}$ 和氟化物排放量分别为 11.802 万 t、11.724 万 t、4.707 万 t、2.827 万 t 和 0.466 万 t。

②生活源大气污染物排放量

参照 2017 年包头市各区的生活源污染物排放量数据以及 2017 年人口数据进行预测。到 2035 年，全市生活源二氧化硫、氮氧化物、PM_{10} 和 $PM_{2.5}$ 排放量分别为 3.035 万 t、0.525 万 t、1.328 万 t 和 0.797 万 t。

其中，中心城区二氧化硫、氮氧化物、PM_{10} 和 $PM_{2.5}$ 排放量分别为 1.713 万 t、0.314 万 t、0.745 万 t 和 0.448 万 t。

③机动车大气污染物排放量

预测到 2035 年，全市机动车保有量达到 153.95 万辆。参照《包头市环境保护整体解决方案》研究成果，机动车氮氧化物、PM_{10} 和 $PM_{2.5}$ 排放量分别为 4.741 万 t、0.404 万 t 和 0.366 万 t。

2035 年包头市主要大气污染物排放量预测结果见表 5-2。

表 5-2　2035 年包头市主要大气污染物排放量预测结果　单位：万 t

区域		评价基准年（2017 年）					远景方案（2035 年）				
		SO_2	NO_x	PM_{10}	$PM_{2.5}$	F	SO_2	NO_x	PM_{10}	$PM_{2.5}$	F
中心城区	工业源	3.804	4.302	1.494	0.897	0.169	10.089	11.410	3.962	2.379	0.466
	生活源	1.434	0.302	0.623	0.374	0	1.713	0.314	0.745	0.448	0
	小计	5.238	4.604	2.117	1.271	0.169	11.802	11.724	4.707	2.827	0.466
山北地区	工业源	0.261	0.294	2.105	1.263	0.038	0.692	0.780	5.583	3.350	0.110
	生活源	0.505	0.081	0.223	0.134	0	0.687	0.109	0.302	0.181	0
	小计	0.766	0.375	2.328	1.397	0.038	1.379	0.889	5.885	3.531	0.110
土右旗	工业源	0.231	0.278	0.347	0.208	0	0.613	0.737	0.920	0.552	0
	生活源	0.514	0.083	0.227	0.136	0	0.635	0.102	0.281	0.168	0
	小计	0.745	0.361	0.574	0.344	0	1.248	0.839	1.201	0.720	0
分源合计	工业源	4.296	4.874	3.946	2.368	0.207	11.396	12.926	10.466	6.280	0.576
	生活源	2.453	0.466	1.073	0.644	0	3.035	0.525	1.328	0.797	0
	机动车	—	—	—	—	0	—	4.741	0.404	0.366	0
合计		6.749	5.340	5.019	3.012	0.207	14.431	18.192	12.198	7.443	0.576

5.1.3 大气污染物排放分析

（1）主要大气污染物排放量呈增长趋势

与评价基准年相比，在规划情景方案下，全市二氧化硫、氮氧化物、PM_{10}、$PM_{2.5}$排放量分别增长89.92%、171.52%、113.11%、115.31%；在调整情景方案下，4项大气污染物排放量分别增长18.0%、68.4%、24.3%、26.5%。与规划情景方案相比，调整情景方案下的各项大气污染物因子的排放量增长幅度明显降低。

到2035年，全市二氧化硫、氮氧化物、PM_{10}、$PM_{2.5}$排放量分别增长113.8%、240.7%、143.0%、147.1%。

评价期内，氮氧化物排放量的增长幅度最大，二氧化硫排放量的增长幅度最小，按排放量增长幅度排序：氮氧化物＞$PM_{2.5}$＞PM_{10}＞二氧化硫。氮氧化物排放量大幅度增长，与机动车拥有量增长有关，是包头市未来需重点关注的大气环境问题（图5-1）。

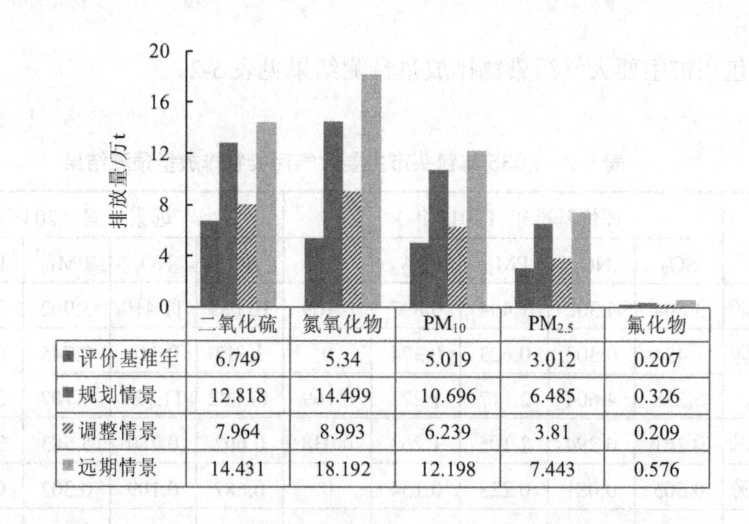

	二氧化硫	氮氧化物	PM_{10}	$PM_{2.5}$	氟化物
评价基准年	6.749	5.34	5.019	3.012	0.207
规划情景	12.818	14.499	10.696	6.485	0.326
调整情景	7.964	8.993	6.239	3.81	0.209
远期情景	14.431	18.192	12.198	7.443	0.576

图5-1 评价期内包头市大气污染物排放分析

（2）工业行业是大气污染物排放的主要来源

评价期内，工业行业的主要大气污染物排放量占比最大，是包头市主要的大气污染物排放源。到2020年，全市工业行业的二氧化硫、氮氧化物、PM_{10}、$PM_{2.5}$排放量占同类大气污染物排放总量的比例分别为65%～80%、65%～80%、75%～85%、75%～86%。

到2035年，全市工业行业的二氧化硫、氮氧化物、PM_{10}、$PM_{2.5}$排放量占同类大气污染物排放总量的比例分别为79.0%、71.1%、85.8%、84.4%（图5-2～图5-5）。

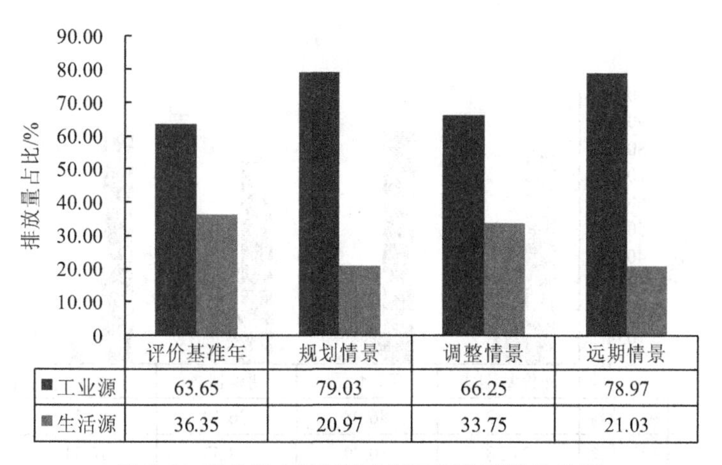

图 5-2　评价期内不同排放源二氧化硫排放分析

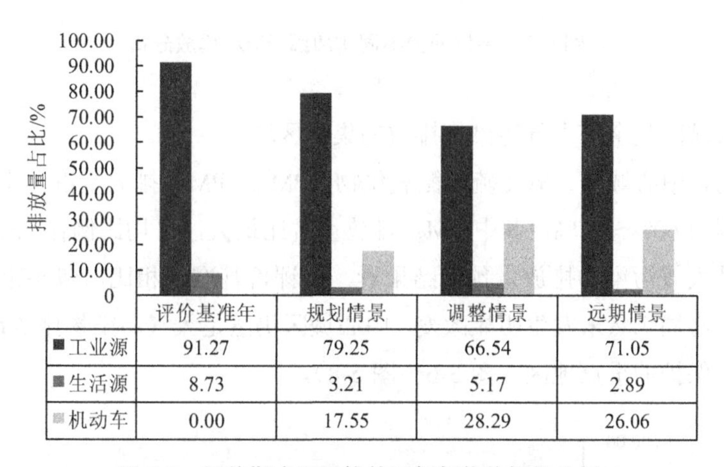

图 5-3　评价期内不同排放源氮氧化物排放分析

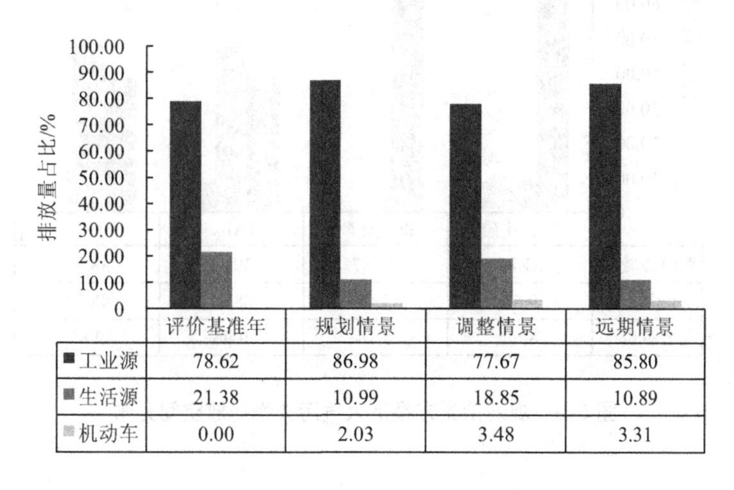

图 5-4　评价期内不同排放源 PM_{10} 排放分析

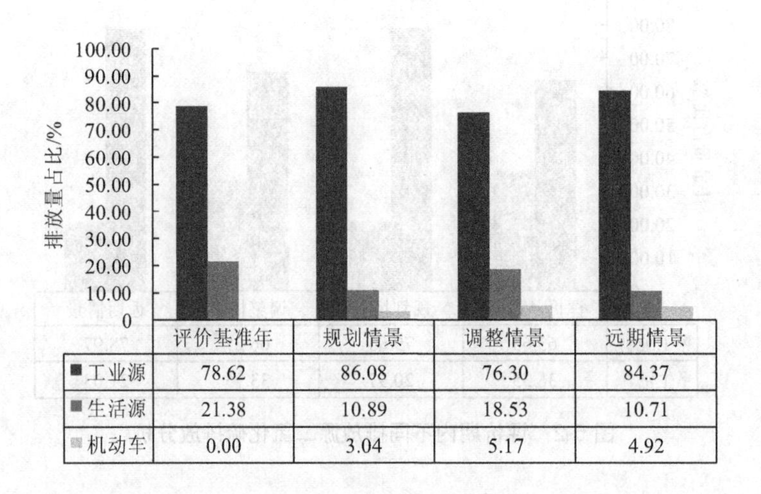

图 5-5 评价期内不同排放源 $PM_{2.5}$ 排放分析

（3）中心城区是全市大气污染物排放的集中区域

评价期内，中心城区二氧化硫、氮氧化物、PM_{10}、$PM_{2.5}$ 排放量占全市大气污染物排放总量的比例为 60%～91%，其中 $PM_{2.5}$ 排放量占比最大，平均比例在 75%以上。

可见，从大气污染物排放量预测结果看，与评价基准年相比，包头市大气污染物排放的空间分布格局仍然未发生明显改变，中心城区仍然是大气污染物排放最集中的地区，也是大气环境保护的重点地区（图 5-6～图 5-8）。

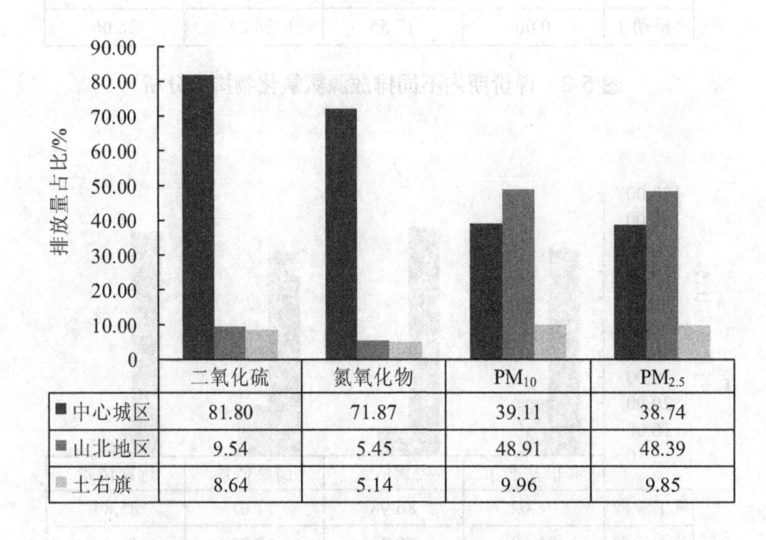

图 5-6 规划情景方案下大气污染物排放空间分布

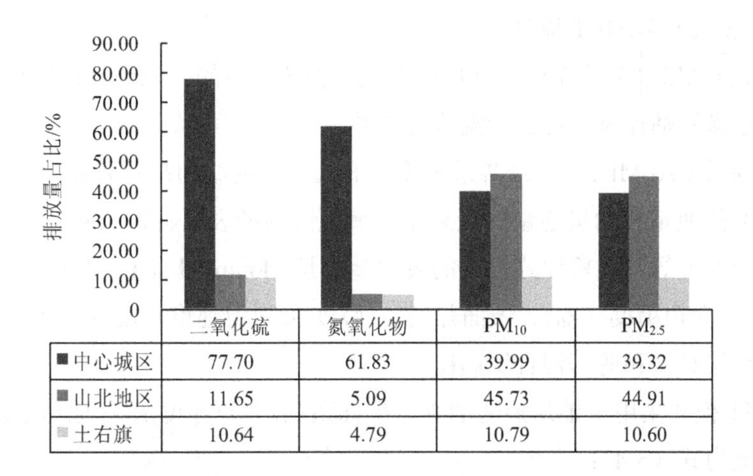

	二氧化硫	氮氧化物	PM_{10}	$PM_{2.5}$
■中心城区	77.70	61.83	39.99	39.32
■山北地区	11.65	5.09	45.73	44.91
■土右旗	10.64	4.79	10.79	10.60

图 5-7　调整情景方案下大气污染物排放空间分布

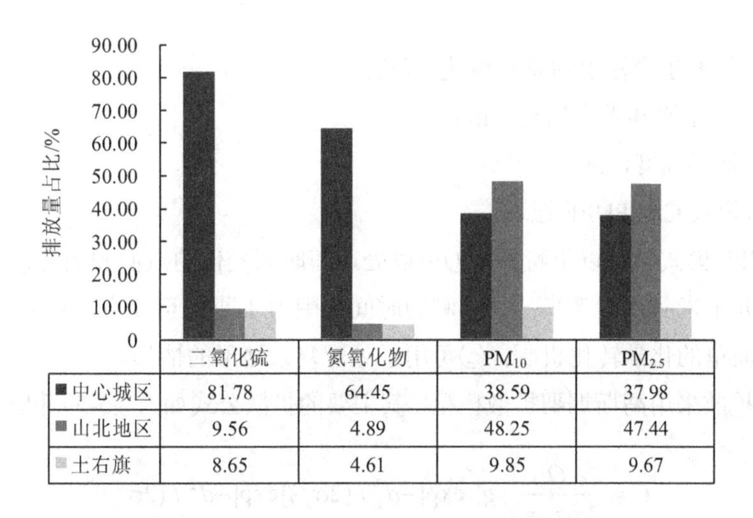

	二氧化硫	氮氧化物	PM_{10}	$PM_{2.5}$
■中心城区	81.78	64.45	38.59	37.98
■山北地区	9.56	4.89	48.25	47.44
■土右旗	8.65	4.61	9.85	9.67

图 5-8　远景方案下大气污染物排放空间分布

5.1.4　大气环境质量影响评价

（1）评价模型和方法

选用适合区域大气污染物研究的 CALPUFF 扩散模式系统。该扩散模式系统分成 CALMET、CALPUFF、CALPOST 3 部分，其中 CALMET 输入地面、高空的气象数据，以及地形和植被数据，得到 CALPUFF 需要的水平、垂直风场和地面参数。CALPOST 将 CALPUFF 的计算结果进行可视化处理。

1）气象模式 CALMET 原理

气象模式 CALMET 的作用是利用能够代表模式区域的气象数据计算边界层参数，然后利用边界层参数估计风、湍流和温度等参数。

在气象模式 CALMET 中，边界层的增长和边界层的结构都受表面热通量和动量通量的影响。表面热通量和动量通量又受到小区域范围内的表面特征影响，如粗糙度、反射率、有效表面湿度等。气象模式提供的表层参数是 Monin-Obukhov 长度（L）、表面摩擦速度（u^*）、表面粗糙度（Z_0）、表面热通量（H）和对流速度尺度（w^*）。气象模式还提供了对流混合层高度和剪切混合层高度。

CALMET 模式采用了地形追随的垂直坐标系统，垂直速度 W 在地形追随的垂直坐标系统中被定义为式（5-4）：

$$W = w - u\frac{\partial h_t}{\partial x} - v\frac{\partial h_t}{\partial y} \tag{5-4}$$

式中：w——笛卡尔坐标中的垂直风速，m/s；

u、v——水平和垂直风速，m/s；

h_t——地形高度，m。

2）扩散模式 CALPUFF 原理

CALPUFF 模式具有以下特征：①可以处理随时间变化的点源和面源；②能够处理的扩散区域为几十米到几百千米；③预测的时间范围为 1 小时至 1 年；④能够处理惰性污染物和一些简单的化学转化机制；⑤可用于处理复杂地形的情形。

污染物扩散采用高斯烟羽扩散模型，其主要的扩散公式如式（5-5）和式（5-6）所示：

$$C = \frac{Q}{2\pi\sigma_x\sigma_y}\cdot g\cdot \exp[-d_a^2/(2\sigma_x^2)]\exp[-d_c^2/(2\sigma_y^2)] \tag{5-5}$$

$$g = \frac{2}{(2\pi)^{1/2}\sigma_z}\sum_{n=-\infty}^{\infty}\exp[-(H_e+2nh)^2/(2\sigma_z^2)] \tag{5-6}$$

式中：C——地面浓度，g/m^3；

Q——烟羽中污染物质量，g；

σ_x——沿风向的高斯标准偏差，m；

σ_y——沿垂直于 x 轴的水平风方向的高斯标准偏差，m；

σ_z——垂直方向的高斯标准偏差，m；

d_a——沿着风向的烟羽到受体的距离，m；

d_c——垂直风向上烟羽到受体的距离，m；

H——地面到烟羽中心的有效高度，m；

h——混合层高度，m。

3）模式输入与输出

①输入数据

包头市每年的 11 月至第 2 年的 2 月为空气质量最差的时段。1 月是大气环境质量较差的月份。因此，使用这段时间的气象场数据进行模拟分析。

高空格点气象数据：等压面气压、温度、湿度、风向、风速。

地面格点气象数据：站点海拔高度、海平面气压、总云量、低云量、风向、风速、温度、露点温度、降水。

排放源数据：2017 年的工业点源以及生活源和机动车面源数据。

地型高程数据：地型高程数据范围和空间分辨率与数值模型的预测范围和空间分辨率相同。

②输出数据

二氧化硫、氮氧化物、PM_{10}、$PM_{2.5}$ 和氟化物的每小时浓度空间分布数据。

（2）大气环境质量影响评价

基于上述扩散模型和评价期内大气污染物排放量，对评价期内包头市大气污染物排放浓度进行模拟，模拟结果见表 5-3。

表 5-3　评价期内包头市大气污染物排放浓度模拟结果　　单位：$\mu g/m^3$

评价方案及监测点位			二氧化硫	氮氧化物	颗粒物
评价基准年（2017 年）		市环境监测站	46	48	105
		包百大楼	59	53	139
		东河城环局	61	61	142
		青山宾馆	45	43	108
		惠龙物流	53	51	103
		东河鸿龙湾	53	48	110
		平均	53	51	118
近期（2020 年）	规划情景	市环境监测站	51	80	216
		包百大楼	68	95	293
		东河城环局	63	68	157
		青山宾馆	47	52	137
		惠龙物流	57	79	188
		东河鸿龙湾	53	50	115
		平均	57	71	184

评价方案及监测点位			二氧化硫	氮氧化物	颗粒物
近期（2020 年）	调整情景	市环境监测站	47	53	145
		包百大楼	61	60	193
		东河城环局	62	62	148
		青山宾馆	46	44	119
		惠龙物流	54	55	133
		东河鸿龙湾	53	48	112
		平均	54	54	142
远期（2035 年）		市环境监测站	52	88	237
		包百大楼	71	105	274
		东河城环局	64	71	162
		青山宾馆	49	56	145
		惠龙物流	59	86	203
		东河鸿龙湾	54	51	117
		平均	58	76	190
二级标准（日均浓度）			60	40	70

①近期（2020 年）

到 2020 年，规划情景的二氧化硫、氮氧化物和颗粒物年均浓度同评价基准年相比，6 个监测站污染物浓度平均值分别上升了 7.55%、39.22%和 55.93%。在规划情景下，颗粒物浓度上升较快，上升 55.93%。上升较低的污染物是二氧化硫，上升 7.55%。

与规划情景方案相比，在调整情景方案下，6 个监测点位的二氧化硫、氮氧化物和颗粒物浓度分别下降了 5.26%、23.94%和 22.83%，其中氮氧化物下降最多，其次是颗粒物，二氧化硫下降最少。

②远期（2035 年）

到 2035 年，氮氧化物在中心城区呈中度到重度污染，在土右旗北部地区呈轻度污染；二氧化硫在土右旗呈轻度污染；颗粒物在中心城区和土右旗大部分区域呈中度污染，局部地区出现重度污染。

与评价基准年相比，6 个监测点位的二氧化硫、氮氧化物和颗粒物浓度分别上升 9.43%、49.02%和 61.02%，其中颗粒物上升最多，其次是氮氧化物。

（3）大气污染物空间聚集性分析

采用等排放量评价法，即在大气环境容量的限定条件下，各评价单元取相同大气污染物排放量，根据扩散模拟结果，分析大气污染物的空间聚集程度。

根据大气污染物扩散模拟结果，当某一区域范围内的大气污染物排放浓度高时，表明该区域的大气污染扩散条件相对较差，容易聚集大气污染物；相反，当某一区域范围内大气污染物排放浓度低时，表明该区域的大气污染扩散条件相对较好，不易形成聚集大气污染物。

模拟结果显示，在等排放量条件下，中心城区是包头市大气污染物高密度分布区，二氧化硫、氮氧化物、颗粒物等大气污染物在中心城区北部沿大青山南麓呈高密度条带状分布；在固阳县西南部区域、石拐区大部分区域及土右旗北部区域，二氧化硫、氮氧化物、颗粒物等大气污染物形成次高密度分布。

以大气环境容量为约束条件，全市二氧化硫、氮氧化物和颗粒物排放强度须分别控制在 66.7 t/（km^2·a）、49.97 t/（km^2·a）和 67.51 t/（km^2·a）。

5.2　水环境影响

5.2.1　情景方案设计

为评价包头市经济社会发展对水环境的压力和影响，设计规划情景方案、调整情景方案等 2 个近期情景方案、1 个远期方案。在此基础上预测不同情景方案下全市、各旗县区的主要水污染物排放量，综合评价经济社会发展对水环境的影响。

根据 2017 年现状分析，包头市城镇生活源和工业源是主要的水污染贡献者：化学需氧量生活源和工业源分别占 84.2%和 13.9%，氨氮生活源和工业源分别占 86.7%和 13.0%。而农业源水污染物排放对地表水体水质影响的贡献率较小。故本书只对工业源、城镇生活源水污染物排放量进行预测。

依据“十二五”期间各行政区工业增加值占全市工业增加值之比（表 5-4）计算各行政区工业废水中主要污染物排放量。依据各行政区常住城镇人口占全市常住城镇人口之比（表 5-4）估算评价期末各行政区城镇生活废水中主要污染物排放量。

表 5-4　包头市各行政区工业增加值和城镇人口占比情况

行政区域	市区	石拐区	土右旗	山北地区	合计
工业增加值占比/%	72.1	4.8	10.6	12.5	100
城镇人口占比/%	78.1	1.4	10.1	10.4	100

预测评价水污染物因子包括化学需氧量、氨氮。

（1）近期评价情景方案

按照“十二五”期间包头市工业结构、污染控制技术变化趋势，采用趋势外推法确定 2020 年工业源主要水污染物排放强度。

评价基准年为2017年，主要水污染物排放强度：工业化学需氧量排放强度为0.126 2kg/万元，氨氮排放强度为0.010 9 kg/万元。

1）规划情景

参照《包头市“十三五”城乡生态环境保护规划》《包头市国民经济和社会发展第十三个五年规划》等相关规划，确定各项水污染物排放量指标。

①工业源

到2020年，在评价基准年的基础上，化学需氧量排放强度年均降低10%：化学需氧量排放强度达到0.092 kg/万元；氨氮排放强度年均降低20%：氨氮排放强度达到0.005 6 kg/万元。

②城镇生活源

到2020年，城镇生活污水污染物人均综合产污系数根据《第一次全国污染源普查城镇生活源产排污系数手册》取值：化学需氧量人均排放系数为53.0 g/（人·d），氨氮人均排放系数为7.9 g/（人·d）。城镇化率为85%，城镇人口为263.5万人。

2）调整情景

①工业源

参考《生态县、生态市、生态省建设指标（修订稿）》、《国家生态工业示范园区标准》（HJ 274—2015）及《包头市国民经济和社会发展第十三个五年规划纲要实施中期评估》报告指标要求取值。

以2017年为基准年，到2020年，化学需氧量排放强度年均降低10%，化学需氧量排放强度达到0.092 kg/万元；氨氮排放强度年均降低14%，氨氮排放强度达到0.006 9 kg/万元。

②城镇生活源

城镇生活污水污染物人均排放系数根据《第一次全国污染源普查城镇生活源产排污系数手册》取值：化学需氧量人均排放系数为53.0 g/（人·d），氨氮人均排放系数为7.9 g/（人·d）。城镇化率为84%，城镇人口为260.4万人。

（2）远期评价情景方案

①工业源

按照“十二五”期间包头市主要水污染物排放变化趋势，基于《国家生态文明建设示范市指标》总体要求，确定工业源主要水污染物因子排放参数。

以2017年为基准年，到2035年主要水污染物排放强度累计降低20%：工业废水中化学需氧量排放强度达到0.101 kg/万元，氨氮排放强度达到0.008 7 kg/万元。

②城镇生活源

到2035年，城镇生活污水污染物人均排放系数根据《第一次全国污染源普查城镇生活源产排污系数手册》取值：化学需氧量人均排放系数为53.0 g/（人·d），氨氮人均排放系数为7.9 g/（人·d）。

5.2.2　工业源水污染物排放量

（1）预测模型和方法

本书采用污染物排放强度法预测主要水污染物排放量。污染物排放强度是指当年污染物排放量与当年万元工业增加值的比值。

首先，以全市、行政区和工业行业为单元分别计算不同情景方案下水污染物排放强度（kg/万元），然后，根据不同情景方案下工业增加值预测值估算评价期末污染物排放量。计算公式如式（5-7）：

$$W_{工业} = I_i \times T_0 \times (1-\delta) \tag{5-7}$$

式中：$W_{工业}$——评价期末工业废水污染物排放量，t；

I_i——评价期末单位工业增加值，万元；

T_0——评价基准年工业废水污染物排放强度，kg/万元；

δ——评价期末工业废水污染物排放强度累计降低率，%。

（2）预测结果

到 2020 年，在规划情景方案下，全市工业废水中化学需氧量排放量达到 2 207.9 t，氨氮排放量达到 133.9 t；在调整情景方案下，全市工业废水中化学需氧量排放量达到 1 149.9 t，氨氮排放量达到 86.6 t。

到 2035 年，全市工业废水中化学需氧量、氨氮排放量将分别达到 2 725.8 t、235.3 t（表 5-5）。

表 5-5　包头市工业废水中化学需氧量和氨氮排放量预测结果

情景方案		工业增加值/亿元	化学需氧量		氨氮	
			排放强度/（kg/万元）	排放量/t	排放强度/（kg/万元）	排放量/t
评价基准年（2017 年）		1 018	0.126 2	1 284.66	0.010 9	110.89
近期（2020 年）	规划情景	2 400	0.092	2 207.9	0.005 6	133.9
	调整情景	1 250	0.092	1 149.9	0.069	86.6
远期（2035 年）		2 700	0.101	2 725.8	0.008 7	235.3

5.2.3　城镇生活源水污染物排放量

（1）预测模型和方法

采用综合产污系数法预测城镇生活废水污染物排放量，公式如式（5-8）：

$$W_{生活} = 365 \times P \times e_{综合} \times 10^{-2} \quad (5\text{-}8)$$

式中：$W_{生活}$——城镇生活废水污染物排放量，t；

P——评价期末城镇人口数，万人；

$e_{综合}$——人均综合产污系数，g/（人·d）。

（2）预测结果

到 2020 年，在规划情景方案下，全市城镇生活污水中化学需氧量排放量达到 50 974.1 t，氨氮排放量达到 7 598 t；在调整情景方案下，全市城镇生活污水中化学需氧量排放量达到 50 374.4 t；氨氮排放量达到 7 508 t。

到 2035 年，全市城镇生活污水中化学需氧量、氨氮排放量分别达到 60 936.8 t、9 083 t（表 5-6）。

表 5-6 评价期内包头市城镇生活污水中主要水污染物排放量预测结果

情景方案		常住城镇人口数/万人	化学需氧量		氨氮	
			排放系数/[t/（人·d）]	排放量/t	排放系数/[t/（人·d）]	排放量/t
中心城区（市辖五区+石拐区）						
近期（2020 年）	规划情景	233.7	53	45 209	7.9	6 739
	调整情景	230.9		44 667		6 658
远期（2035 年）		279.4		54 050		8 057
其他城镇						
近期（2020 年）	规划情景	29.8	53	5 765	7.9	859
	调整情景	29.5		5 707		851
远期（2035 年）		35.6		6 887		1 027
合计						
2017 年		239.6	—	69 977	—	7 172
近期（2020 年）	规划情景	263.5	—	50 974	—	7 598
	调整情景	260.4	—	50 374	—	7 509
远期（2035 年）		315	—	60 937	—	9 083

5.2.4 水污染物排放量及入河量

（1）水污染物排放总量

到 2020 年，在规划情景方案下，全市化学需氧量和氨氮排放量分别达到 53 182 t、7 732 t；调整情景方案下，全市化学需氧量和氨氮排放量分别达到 51 524 t、7 596 t；2035 年，预测全市化学需氧量和氨氮排放量分别达到 63 663 t、9 318 t（表 5-7）。

表 5-7　评价期内包头市主要水污染物排放总量　　单位：t

情景方案		水污染物指标	合计
近期（2020年）	规划情景	化学需氧量	53 182
		氨氮	7 732
	调整情景	化学需氧量	51 524
		氨氮	7 596
远期（2035年）		化学需氧量	63 663
		氨氮	9 318

（2）水污染物入河量

入河量的预测考虑了入河系数，其中工业污染物排放量直接入环境，入河系数取值为1；生活源污染物入河系数参考现状基准年的污染物排放量与产生量之比，并结合污水处理集中收集、处理能力提高的实际情况，取值为0.05（表5-8）。

表 5-8　评价期内包头市主要水污染物入河量　　单位：t

情景方案		水污染物指标	合计
近期（2020年）	规划情景	化学需氧量	4 757
		氨氮	514
	调整情景	化学需氧量	3 669
		氨氮	462
远期（2035年）		化学需氧量	5 773
		氨氮	689

5.2.5　尾闾工程对黄河水质影响分析

（1）水污染物排放量预测

①工业源

根据相关资料，工业废水排放入尾闾工程的企业主要包括包头钢铁、神华集团、希望铝业、中国华电集团有限公司、包头市排水产业有限公司南郊污水处理厂等。考虑到污染减排要求，故评价期末工业废水及主要水污染物排放量取值同2017年数据（表5-9）。

表 5-9 评价期内尾闾工程工业源水污染物排放量预测 单位：万 t/d

2017 年现状	情景方案		
	2020 年规划情景	2020 年调整情景	2035 年远期情景
工业废水			
5.48	5.48	5.48	5.48
化学需氧量			
605.895	605.895	605.895	605.895
氨氮			
25.96	25.96	25.96	25.96

②生活源

生活污水排放量与人口相关。根据 2017 年生活污水排放量及 2020 年、2035 年人口预测值，得到 2020 年、2035 年生活污水排放量。根据 2017 年生活源化学需氧量、氨氮排放量及 2020 年、2035 年人口预测值，得到生活源化学需氧量、氨氮排放量（表 5-10）。

表 5-10 评价期内尾闾工程生活源水污染物排放量预测 单位：万 t/d

2017 年现状	情景方案		
	2020 年规划情景	2020 年调整情景	2035 年远期情景
生活污水			
13.75	15.12	14.94	18.07
化学需氧量			
1 495.16	1 644.30	1 624.96	1 965.67
氨氮			
125.43	137.94	136.32	164.90

③废水及主要水污染物排放量

基于以上分源预测结果，得到评价期内尾闾工程废水及主要水污染物排放量（表 5-11）。其中：

尾闾工程废水排放量=工业废水排放量+生活污水排放量

尾闾工程水污染物排放量=工业源排放量+生活源排放量

表 5-11　评价期内尾闾工程废水及污染物排放总量　单位：万 t/d

2017 年现状	情景方案		
	2020 年规划情景	2020 年调整情景	2035 年远期情景
废水			
19.23	20.6	20.42	23.55
化学需氧量			
2 101.06	2 250.20	2 230.86	2 571.57
氨氮			
151.39	163.90	162.28	190.86

（2）水质预测方法

采用平面二维水质数学模型进行水质预测，当考虑稳态、自净项及忽略水流的横向运动，则原始微分方程为式（5-9）：

$$u\frac{\partial c}{\partial x}=D_x\frac{\partial^2 c}{\partial x^2}+D_y\frac{\partial^2 c}{\partial y^2}-kc \tag{5-9}$$

黄河水质预测模型为式（5-10）：

$$c(x,y)-c_0=\frac{Q}{8.64\times 3.65\times H\sqrt{u\pi xD_y}\exp(\frac{y^2u}{4D_yx}+k\frac{x}{86\,400u})} \tag{5-10}$$

式中：Q——污染物排放量，t/a；

c（x，y）——控制点（混合区下边界）的水质浓度，mg/L；

c_0——排污口上游污染物浓度，mg/L；

k——污染物综合降解系数，L/d；k_{COD}，（参考黄河宁夏段参数）；$k_{NH_3\text{-}N}$，（黄河包头段参数）；

H——设计流量下污染带起始断面平均水深，m；

x——沿河道方向变量，m；

y——沿河宽方向变量，m；

u——设计流量下污染带内的纵向平均流速，m/s；

D_y——横向混合系数，m^2/s，各地 D_y 按照实际取值。

D_y 的计算公式为式（5-11）：

$$D_y=(0.058h+0.006\,5B)\sqrt{ghJ} \tag{5-11}$$

式中：B——河面宽度，m；

g——重力加速度，9.8 m/s^2；

J——水力坡度；

计算过程中各参数取值如表 5-12 所示。

表 5-12 参数取值

枯水期				
h/m	k_{COD}/（1/d）	k_{NH_3-N}/（1/d）	u/（m/s）	c_0（画匠营子 COD）/（mg/L）
2.29	0.3	0.35	0.64	8
x/m	y / m	B/m	D_y/（m^2/s）	c_0（画匠营子 NH_3-N）/（mg/L）
800	0	296	0.097	0.356
丰水期				
h/m	k_{COD}（1/d）	k_{NH_3-N}/（1/d）	u /（m/s）	c_0（画匠营子 COD）/（mg/L）
2.29	0.3	0.35	0.83	8
x/m	y/m	B/m	D_y/（m^2/s）	c_0（画匠营子 NH_3-N）/（mg/L）
800	0	296	0.097	0.356

（3）水环境质量分析

按照“化学需氧量、氨氮入黄浓度=预测排放量/预测排水量”计算化学需氧量、氨氮入黄浓度如表 5-13 所示，从而得到黄河干流水质预测浓度如表 5-14 所示。

表 5-13 尾闾工程化学需氧量和氨氮入黄浓度 单位：mg/L

污染物	2017 年现状	情景方案		
		2020 年规划情景	2020 年调整情景	2035 年远期情景
化学需氧量	29.93	29.92	29.93	29.92
氨氮	2.16	2.18	2.17	2.22

表 5-14 黄河干流水质预测浓度 单位：mg/L

时段	2017 年现状	情景方案		
		2020 年规划情景	2020 年调整情景	2035 年远期情景
化学需氧量				
枯水期	10.32	10.48	10.46	10.84
丰水期	10.04	10.18	10.16	10.49
氨氮				
枯水期	0.52	0.54	0.53	0.57
丰水期	0.50	0.51	0.51	0.54

氨氮临界排放量=临界浓度×总预测排水量；其中，临界浓度以Ⅴ类水为标准，氨氮浓度取 1.5 mg/L。

按照“氨氮削减量=现状排放量–临界量”计算尾闾工程氨氮入黄削减量如表 5-15 所示。

表 5-15　尾闾工程氨氮入黄削减量　　单位：t/a

情景方案		现状量	临界量	削减量
近期（2020 年）	规划情景	163.9	112.79	51.11
	调整情景	162.28	111.79	50.49
远期（2035 年）		190.86	128.94	61.92

①现状（2017 年）

2017 年，尾闾工程总排水量为 19.23 万 t/d，主要水污染物化学需氧量和氨氮排放总量分别为 2 101.06 t/a 和 151.39 t/a。入黄口化学需氧量浓度为 29.93 mg/L、入黄氨氮浓度为 2.16 mg/L。

入黄口水质氨氮不满足Ⅴ类水标准。经水质分析计算，磴口断面化学需氧量浓度满足Ⅲ类水标准。

②近期（2020 年）

在规划情景方案下，尾闾工程废水排水量为 20.6 万 t/d，主要水污染物化学需氧量和氨氮排放量分别为 2 250.2 t/a 和 163.9 t/a。经水质分析计算，入黄口化学需氧量浓度为 29.93 mg/L、氨氮浓度为 2.18 mg/L。入黄口氨氮不满足Ⅴ类水标准，尾闾工程入黄量每年至少需要削减 51.11 t 氨氮。磴口断面水质满足Ⅲ类水标准。

在调整情景方案下，尾闾废水排水量为 20.42 万 t/d，主要水污染物化学需氧量和氨氮排放量分别为 2 230.86 t/a 和 162.28 t/a。经水质分析计算，入黄化学需氧量浓度为 29.93 mg/L、氨氮浓度为 2.17 mg/L。入黄口氨氮不满足Ⅴ类水标准，尾闾工程入黄量每年至少需要削减 50.49 t 氨氮；磴口断面水质满足Ⅲ类水标准。

③远期（2035 年）

到 2035 年，尾闾工程预测排水量为 23.55 万 t/d，主要水污染物化学需氧量和氨氮排放量分别为 2 571.57 t/a 和 190.86 t/a。经水质分析计算，入黄化学需氧量浓度为 29.92 mg/L、入黄氨氮浓度为 2.22 mg/L。入黄口氨氮水质不满足Ⅴ类水标准，尾闾工程入黄量每年至少需要削减 61.92 t 氨氮。磴口断面水质满足Ⅲ类水标准。

5.2.6　水环境影响综合评价

（1）化学需氧量排放总量趋于减少，氨氮排放总量呈增长态势

评价期内，全市主要水污染物排放强度呈下降趋势，预计近期年均降低 10%～20%，

远期累计降低 20%。但是，受工业源、城镇生活源排放占比影响，近期，在规划情景和调整情景方案下，化学需氧量排放总量分别比 2017 年降低 25.4%、27.7%，而氨氮排放总量分别增长 6.2%、4.3%；远期，化学需要量排放总量降低 10.7%，氨氮排放总量增长 27.9%（图 5-9）。

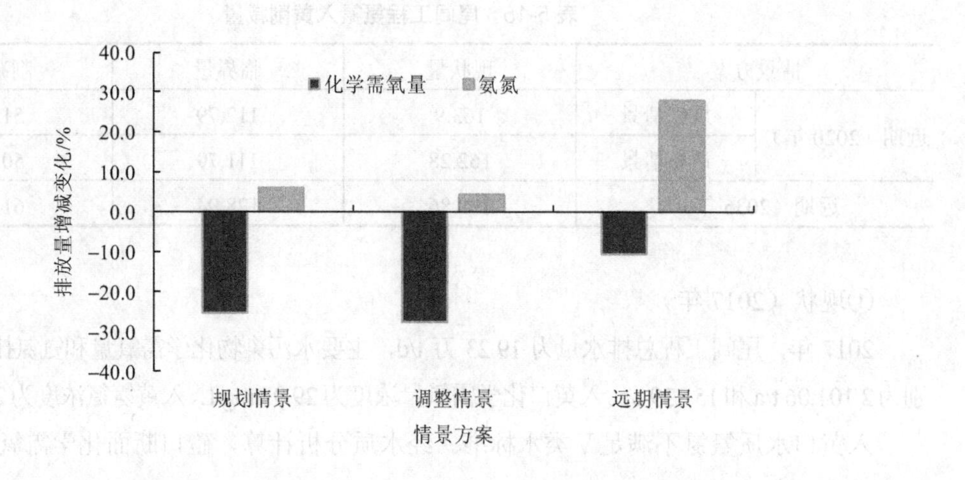

图 5-9 不同情景方案下水污染物排放总量变化趋势

近期，在规划情景方案下，工业源化学需氧量、氨氮排放量分别比 2017 年增长 71.8%、20.6%，城镇生活源化学需氧量排放量减少 27.2%，氨氮排放量增长 5.9%。在调整情景方案下，工业源化学需氧量、氨氮排放量分别比 2017 年减少 10.5%、22.0%，而城镇生活源化学需氧量排放量减少 28.0%，氨氮排放量增长 4.7%。

远期，工业源化学需氧量、氨氮排放量分别比 2017 年增长约 1.12 倍，城镇生活源化学需氧量排放量减少 12.9%，氨氮排放量增长 26.6%（图 5-10、图 5-11）。

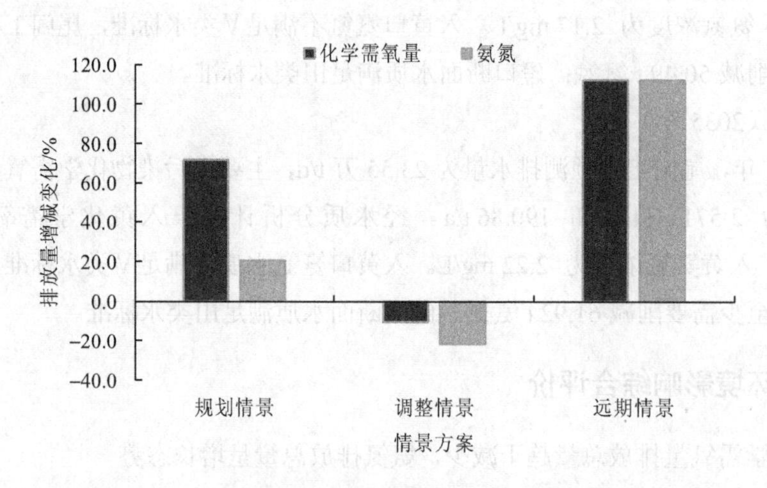

图 5-10 不同情景方案下工业源水污染物排放量变化趋势

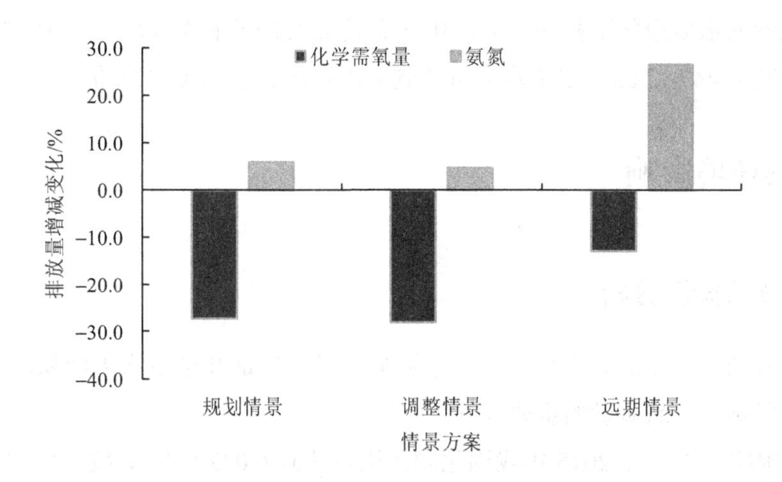

图 5-11　不同情景方案下生活源水污染物排放量变化趋势

（2）城镇生活源水污染物排放占比大，是水污染防治重点源

从不同排放源的主要水污染物排放占比看，评价期内工业源、城镇生活源的化学需氧量排放占比分别为 1.8%～4.3%、95.7%～98.2%，氨氮排放占比分别为 1.1%～2.5%、97.5%～98.9%，即城镇生活源的化学需氧量和氨氮排放量占比在 95%～99%（表 5-16）。

表 5-16　不同排放源主要水污染物排放占比　　单位：%

情景方案		工业源		城镇生活源	
		化学需氧量	氨氮	化学需氧量	氨氮
2017 年		1.8	1.5	98.2	98.5
近期（2020 年）	规划情景	4.2	1.7	95.8	98.3
	调整情景	2.2	1.1	97.8	98.9
远期（2035 年）		4.3	2.5	95.7	97.5

由此可以判断，对于化学需氧量和氨氮而言，减少城镇居民生活用水量，提高城镇生活污水的集中处理率和污染物的去除率，加大中水回用率，是包头市防治水污染的主要途径。

（3）中心城区是水污染防治重点区域，尾闾工程对黄河水质达标影响较大

评价期内，中心城区化学需氧量和氨氮排放量分别占全市化学需氧量和氨氮排放总量的 80%左右。由于中心城区的主要水污染物排放量显著大于其他地区，主要通过尾闾工程排入黄河，尾闾工程的废水排放对黄河水质达标影响很大。

二道沙河尾水主要来自污水处理厂尾水和尾闾工程排水。各污水处理厂尾水出水达到 GB 18918 一级 A 标准，其中，化学需氧量从 50 mg/L 降至 40 mg/L，净化效率大于 20%；氨氮从 8 mg/L 降至 2 mg/L，净化效率大于 75%。

经二道沙河水质净化工程净化后，化学需氧量入黄河排放量减少 1 916.25 t/a，氨氮入黄排放量减少 447.12 t/a；出水水质可达到 GB 3838 地表水Ⅴ类标准。

5.3 土壤环境影响

5.3.1 土壤污染源分析

化肥、农药和农膜的大量使用、大量流失，导致耕地和地下水大面积污染，重金属超标，成为影响农产品质量的重要因素。

据《中国统计年鉴》，2015 年我国化肥施用量达到 6 022.6 万 t，按农作物播种面积计算约 36 t/km^2，远超过发达国家设置的 25 t/km^2 的安全上限，且在化肥施用中还存在肥料之间结构不合理现象；农药使用量达到 178.3 万 t，农用地膜使用量达到 260.4 万 t。

据农业部统计，2015 年我国水稻、玉米、小麦三大粮食作物化肥利用率仅为 35.2%，远低于美国（50%）、欧洲（65%）。农药利用率为 36.6%，比 2013 年提高 1.6 个百分点，但与发达国家和地区的农药利用率还有很大差距。例如，欧美发达国家和地区小麦、玉米等粮食作物的农药利用率在 50%～60%，比我国高 15～25 个百分点。

2014 年之前，包头市化肥施用总量总体上呈增长趋势，到 2014 年达到顶峰，之后开始逐年递减。到 2016 年，全市化肥施用量达到 77 189 t，较 2015 年减少 0.09%，但比 2011 年增长 15.2%（图 5-12）。按播种面积计算，2016 年化肥施用强度约为 23.3 t/km^2，略低于发达国家化肥施用强度上限值；按有效灌溉面积计算为 90 t/km^2，远高于发达国家化肥施用强度上限值。

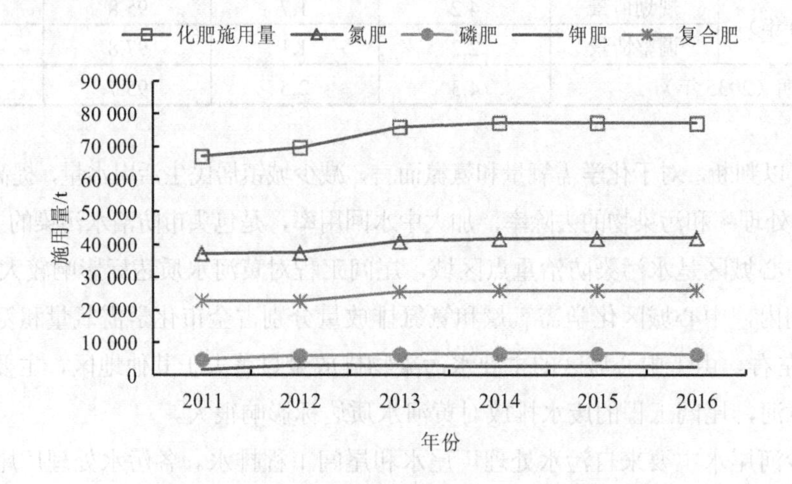

图 5-12 2011—2016 年包头市化肥施用量变化曲线

5.3.2 土壤环境影响预测

根据《土壤污染防治行动计划》的要求，到 2020 年，全国主要农作物化肥、农药使用量实现零增长，利用率提高到 40%以上。根据《内蒙古自治区关于印发〈深入推进化肥农药使用量负增长三年行动实施方案〉的通知》和《包头市 2018 年农牧业产地环境净化行动计划》的要求，2018—2020 年，包头市各旗县区化肥、农药使用量逐年递减（表 5-17～表 5-19）。

表 5-17 包头市化肥、农药使用量负增长任务

类别	2018 年		2019 年		2020 年	
	使用量/t	同比减少/%	使用量/t	同比减少/%	使用量/t	同比减少/%
化肥	70 000.00	2.78	68 000.00	2.86	65 000.00	4.41
农药	306.00	0.60	300.00	2.00	290.00	3.30

表 5-18 包头市各旗县区化肥施用量负增长任务分配

旗县区	2018 年		2019 年		2020 年	
	施用量/万 t	同比减少/%	施用量/万 t	同比减少/%	施用量/万 t	同比减少/%
稀土高新区	0.011	8.33	0.010	10.00	0.009	11.11
昆都仑区	0.10	6.54	0.09	11.11	0.08	12.5
青山区	0.002 8	6.67	0.002 6	7.69	0.002 4	8.33
东河区	0.31	3.13	0.30	3.33	0.29	3.45
九原区	0.74	1.33	0.72	2.78	0.70	2.86
石拐区	0.10	9.09	0.09	11.11	0.08	12.5
土右旗	3.71	3.64	3.61	2.77	3.42	5.56
固阳县	1.11	0.89	1.08	2.73	1.06	2.03
达茂旗	0.91	1.42	0.89	2.01	0.86	3.71
全市	7.00	2.78	6.80	2.86	6.50	4.41

表 5-19 包头市各旗县区农药使用量负增长任务分配

旗县区	2018 年		2019 年		2020 年	
	使用量/t	同比减少/%	使用量/t	同比减少/%	使用量/t	同比减少/%
稀土高新区	16.3	0.6	15.8	3	15.16	4
昆都仑区	5.94	0.89	5.76	3	5.54	3.8
青山区	3.58	0.5	3.47	3	3.33	4
东河区	48.8	0.6	47.8	2	46.1	3.5
九原区	36.6	0.45	35.86	2	34.7	3.2

旗县区	2018 年		2019 年		2020 年	
	使用量/t	同比减少/%	使用量/t	同比减少/%	使用量/t	同比减少/%
石拐区	1.86	0.5	1.84	1	1.78	3
土右旗	155.8	0.6	152.6	2	148	3
固阳县	21.82	0.6	21.6	1	21	2.5
达茂旗	15.2	0.6	14.9	1.5	14.4	3
全市	306	0.6	300	2	290	3.3

注：数据与统计局数据有差异，主要原因是此数据不含林业、园林、草原、卫生用药。

5.3.3 土壤环境影响综合评价

到 2020 年，通过实施化肥零增长行动计划，包头市化肥、农药使用量呈下降趋势，其中化肥施用量比 2015 年降低 18.9%，农药使用量比 2015 年降低 5.3%。这意味着化肥、农药流失量同比下降，土壤环境压力趋于减缓。

5.4 生态环境影响

5.4.1 情景方案设计

为评价包头市经济社会发展对生态系统结构和服务功能的压力和影响，设计规划情景方案、调整情景方案 2 个近期情景方案和 1 个远期情景方案，预测评价不同情景方案下包头市土地利用景观格局变化及其生态环境影响。

（1）近期评价情景方案

①规划情景方案

根据《包头市土地利用总体规划（2006—2020 年）》设置景观格局的变化状况。

基于《包头市“十三五”节能降碳综合工作方案》(2017 年）关于节能减排要求，到 2020 年，全市能耗增量控制在 730 万 tce，万元 GDP 能耗下降 10%。

②调整情景方案

参照包头市生态保护红线划定结果，依据《规划纲要》中期评估结果设定土地利用变化预测方案。

参照国家生态文明示范区、生态市、环保模范城市等相关指标要求，设定能耗强度指标，到 2020 年，万元 GDP 能耗下降 15%。

（2）远期评价情景方案

基于评价基准年包头市土地利用数据，并结合《包头市土地利用总体规划（2006—

2020 年）》相关数据，采用马尔科夫模型构建土地利用转移概率矩阵，确定各土地利用类型相互转移的概率。

将自然保护区、重要饮用水水源地等设定为禁止转移的生态用地范围，将基本农田划定为不可转移的耕地红线范围。利用元胞自动机马尔科夫（CA-Markov）模型预测到 2035 年包头市景观格局变化。

参照《国家生态文明示范区建设指标》要求，设定到 2035 年包头市万元 GDP 能耗达到 0.70 tce。

5.4.2　生态系统结构影响分析

（1）景观类型面积

在规划情景方案下，全市草地面积净增 16.81 km^2，建设用地面积增加 5.87 km^2，其中，新增的面积中草地面积占 74.12%，比评价基准年增加 0.08%；未利用地面积减少 18.40 km^2，占净减总面积的 81.13%，比评价基准年减少 4.76%。在调整情景方案下，草地及林地面积净增 21.05 km^2，其中新增草地面积占 90.26%，比评价基准年增加 0.09%；未利用地面积净减 6.84 km^2，占净减面积的 29.39%，比评价基准年减少 1.77%。

到 2035 年，全市建设用地、林地、草地面积增加 46.78 km^2，其中新增草地面积占 53.27%；耕地、未利用地、水体面积减少，其中未利用地净减少面积占比达到 34.63%（表 5-20、图 5-13）。

表 5-20　评价期内不同情景方案下的景观类型面积　单位：km^2

土地类型	评价基准年（2016 年）	近期（2020 年）		远期（2035 年）
		规划情景	调整情景	
耕地	4 382.98	4 380.98	4 371.09	4 356.34
林地	1 252.48	1 250.27	1 254.53	1 260.01
草地	20 096.13	20 112.94	20 115.13	20 121.05
水体	700.89	700.82	696.35	696.95
建设用地	949.01	954.88	951.23	963.34
未利用地	386.51	368.11	379.67	370.31
合计	27 768	27 768	27 768	27 768

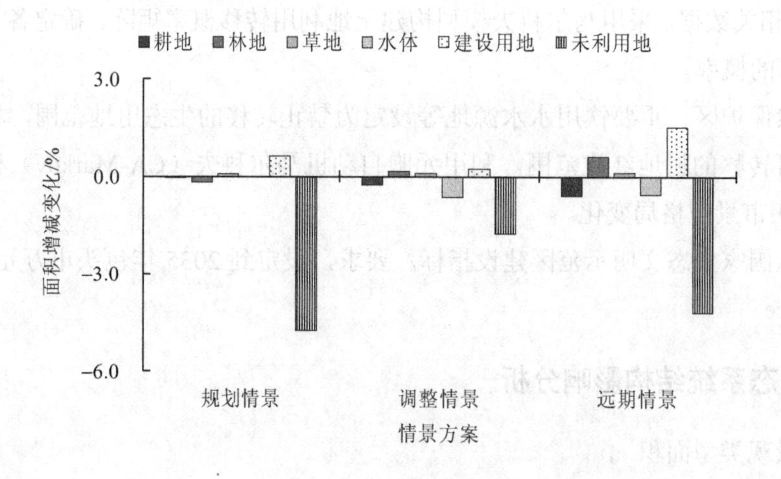

图 5-13 不同情景方案下景观类型面积变化趋势

（2）景观连接度分析

景观连接度指数用于度量生态用地中景观空间结构单元相互之间的连续性，是斑块延展性、廊道通达性和景观可持续性的综合表征，也是区域生态系统内物质能量流动、基因干扰与传播等生态过程及生物的迁移扩散运动的基础和保障。

评价期内，与评价基准年相比，林地的连接度指数明显增长，在远期增长幅度达到5.70%；而耕地的连接度指数呈下降趋势。在规划情景方案下，草地和水体的连接度指数略有下降，而在调整情景方案与远期情景方案下呈增长趋势（表 5-21、图 5-14）。

表 5-21 不同情景方案下各景观类型连接度指数

景观格局类型	评价基准年（2016 年）	近期（2020 年）		远期（2035 年）
		规划情景	调整情景	
耕地	0.013 9	0.012 9	0.013 5	0.013 6
林地	0.015 8	0.016	0.016 6	0.016 7
草地	0.010 3	0.010 2	0.010 4	0.010 7
水体	0.014 6	0.014 3	0.014 6	0.014 8
建设用地	0.007 2	0.007 5	0.007 4	0.007 2
未利用地	0.026 3	0.025 9	0.026 4	0.025 6

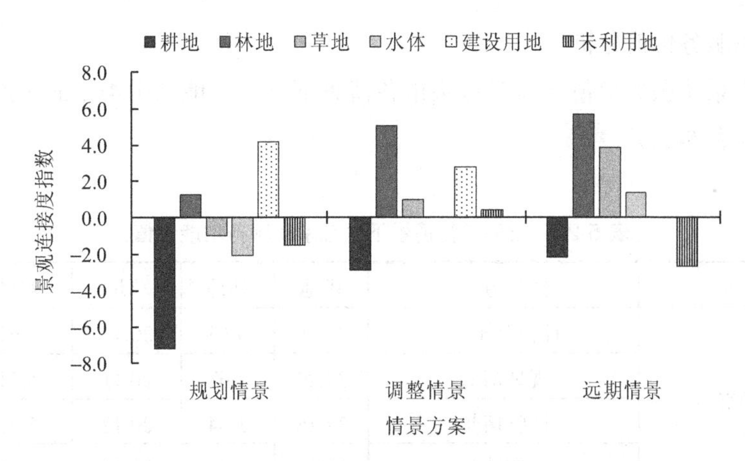

图 5-14 不同情景方案下各景观类型连接度指数变化

（3）评价结论

评价期内，林地、草地面积增加，连接度指数增大，而建设用地规模得到控制并逐步减少。这表明：林草地等生态用地从小面积的碎块化分布向集中连片方向转变，连通性得到增强，生态用地之间的空间关联程度更加紧密，有利于提高生态系统结构的稳定性，更好发挥生态系统服务功能。

但是，由于包头市降水量少，特别是山北地区风蚀、沙化、水土流失问题严重；森林覆盖率低于国家和自治区平均水平，非法侵占林地、私挖乱采等破坏行为时有发生；自然保护区周边地区不合理开发活动依然存在。因此，必须加大生态保护力度，严格控制用地开发边界、规模及强度，加大对破坏生态违法行为的打击力度，以确保生态系统结构的完整性和稳定性。

5.4.3 生态系统服务功能影响分析

（1）评价方法

根据生态系统服务价值理论，将包头市生态服务功能分为供给服务、调节服务、支持服务与文化服务。利用生态系统服务价值当量计算包头市生态系统各类型服务功能（表 5-22）。

表 5-22 包头市生态系统服务价值种类

种类	服务内容
供给服务	食物生产、原料生产、水源涵养（水源供给）
调节服务	气体调节、气候调节、净化环境、水文调节
支持服务	土壤保持、维持养分循环、生物多样性
文化服务	美学景观

（2）生态服务价值分析

利用生态系统服务价值当量对包头市各情景下不同土地利用类型的生态系统服务功能进行核算（表 5-23）。

表 5-23 包头市各情景下生态系统服务功能价值 单位：亿元

功能名称		情景方案	耕地	林地	草地	水体	总价值
供给服务	食物生产	评价基准年	37.26	3.63	20.10	5.61	66.60
		规划情景	37.24	3.63	20.11	5.61	66.59
		调整情景	37.15	3.64	20.12	5.57	66.48
		远期情景	37.03	3.65	20.12	5.58	66.38
	原料生产	评价基准年	17.53	8.27	28.13	1.61	55.54
		规划情景	17.52	8.25	28.16	1.61	55.54
		调整情景	17.48	8.28	28.16	1.60	55.52
		远期情景	17.43	8.32	28.17	1.60	55.52
	水资源供给	评价基准年	0.88	4.26	16.08	58.10	79.32
		规划情景	0.88	4.25	16.09	58.10	79.32
		调整情景	0.87	4.27	16.09	57.73	78.96
		远期情景	0.87	4.28	16.10	57.78	79.03
调节服务	气体调节	评价基准年	29.37	27.18	102.49	5.40	164.44
		规划情景	29.35	27.13	102.58	5.40	164.46
		调整情景	29.29	27.22	102.59	5.36	164.46
		远期情景	29.19	27.34	102.62	5.37	164.52
	气候调节	评价基准年	15.78	81.41	269.29	16.05	382.53
		规划情景	15.89	81.99	271.47	15.95	385.30
		调整情景	15.93	82.19	271.51	15.95	385.58
		远期情景	15.91	82.27	271.71	15.96	385.85
	净化环境	评价基准年	4.41	24.33	89.03	38.66	156.43
		规划情景	4.41	24.34	89.14	38.65	156.54
		调整情景	4.42	24.40	89.15	38.65	156.62
		远期情景	4.42	24.43	89.22	38.68	156.75
	水文调节	评价基准年	11.92	59.77	198.30	712.25	982.24
		规划情景	11.92	59.79	198.54	712.05	982.30
		调整情景	11.95	59.94	198.56	711.95	982.40
		远期情景	11.93	59.99	198.71	712.56	983.19

功能名称		情景方案	耕地	林地	草地	水体	总价值
支持服务	土壤保持	评价基准年	45.47	33.41	125.46	6.48	210.82
		规划情景	45.47	33.43	125.61	6.48	210.99
		调整情景	45.57	33.51	125.62	6.48	211.18
		远期情景	45.53	33.54	125.72	6.48	211.27
	维持养分循环	评价基准年	5.30	2.52	10.12	0.49	18.43
		规划情景	5.30	2.52	10.13	0.49	18.44
		调整情景	5.31	2.53	10.13	0.49	18.46
		远期情景	5.30	2.53	10.14	0.49	18.46
	生物多样性	评价基准年	5.74	30.39	113.32	17.76	167.21
		规划情景	5.74	30.40	113.45	17.76	167.35
		调整情景	5.75	30.47	113.47	17.76	167.45
		远期情景	5.75	30.50	113.55	17.77	167.57
文化服务	美学景观	评价基准年	2.65	13.37	50.59	13.17	79.78
		规划情景	2.65	13.37	50.65	13.16	79.83
		调整情景	2.65	13.40	50.65	13.16	79.86
		远期情景	2.65	13.42	50.69	13.17	79.93

在近期及远期评价情景方案下，包头市生态系统服务功能呈现稳中有升的趋势，近期生态系统服务功能价值提高 0.14%～0.15%，远期提高约 0.22%（图 5-15）。

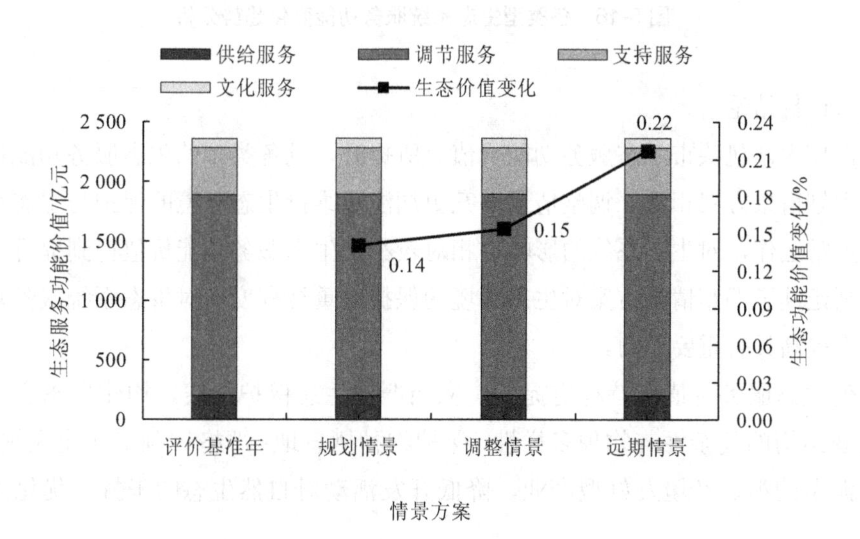

图 5-15　不同情景方案下生态系统服务功能变化分析

在规划情景方案下，耕地的生态服务功能基本保持不变，林地、草地的生态功能与评价基准年相比分别提高 0.19%、0.30%，而水体的生态服务功能下降 0.04%。这表明《规划纲要》实施不会对生态系统服务功能造成影响，生态服务功能稳中向好。

在调整情景方案下，耕地、林地、草地的生态服务功能与评价基准年相比分别提高 0.03%、0.45%、0.31%，而水体的生态服务功能略有下降，这表明根据规划目标调整后，生态系统服务功能得到明显改善。

到 2035 年，林地、草地的生态服务功能均好于评价基准年，这表明在不断加强生态环境保护的前提下，经济社会发展不影响生态系统服务功能，且能够促进生态系统服务功能进一步改善（图 5-16）。

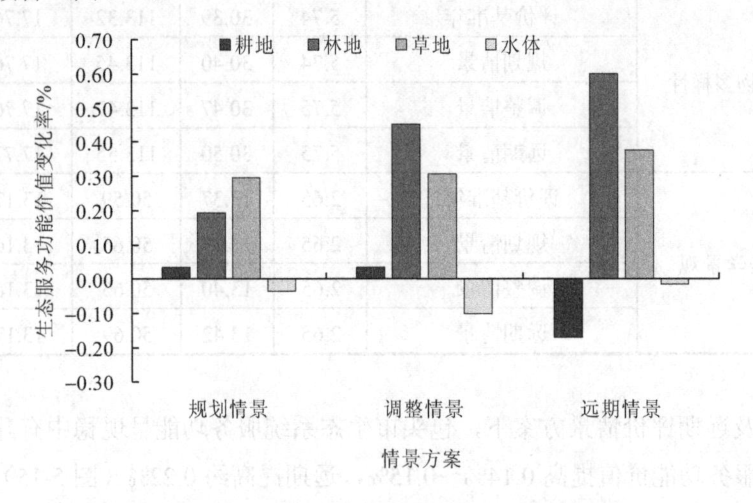

图 5-16 各类型生态系统服务功能变化趋势分析

（3）评价结论

评价期内，包头市生态服务功能价值有所提升，且各类型的生态服务功能也有所改善。与规划情景方案相比，调整情景方案更加注重维持生态环境的保护与生态系统服务功能的正常运作，对生态系统的影响也相对较小，生态服务功能价值得到提升。在远期方案中则延续了调整情景方案对生态环境的保护与重视程度，对生态系统服务功能价值的进一步提高具有重要作用。

为使生态服务价值保持稳定提升，应当严守生态保护红线，构建生态安全格局，提升景观结构的复杂性与物种多样性，保护物种栖息地；严格控制工业化大规模开发，引进资源节约型、环境友好型产业，降低开发活动对自然生态的干扰，优化生产空间结构。

5.4.4 生态敏感与重点保护目标影响分析

（1）生态敏感与重点保护区

通过《包头市城市总体规划（2011—2020 年）》、包头市土地利用调查数据获取包头市自然保护区、饮用水水源保护区、风景名胜区等重点生态功能区和重点环境保护目标以及敏感性评价结果中极敏感区。基于上述生态敏感与重点保护区，分析不同情景方案下其内部景观面积变化和景观格局指数变化。

（2）景观类型面积

与评价基准年相比，规划情景方案下生态敏感与重点保护区范围内的耕地面积基本保持不变，草地及建设用地面积增加，其中建设用地面积增加 10.71%；水体、林地与未利用地面积减少，其中水体面积减少 10%。在调整情景方案下，耕地、草地面积增加，其中耕地面积增加 7.38%；林地、水体、建设用地、未利用地面积缩减，其中建设用地面积减少 14.29%。

到 2035 年，与评价基准年相比，林地面积保持不变，草地面积明显增加约 5.56%；耕地、水体、建设用地、未利用地面积减少，其中耕地和未利用地面积减少最多，分别达到 14.75%、63.77%（表 5-24、图 5-17）。

表 5-24 不同情景方案下生态敏感性及重点保护区影响分析 单位：km^2

土地类型	评价基准年（2016 年）	近期（2020 年）		远期（2035 年）
		规划情景	调整情景	
耕地	1.22	1.22	1.31	1.04
林地	6.82	6.79	6.8	6.82
草地	11.86	11.94	12.01	12.52
水体	0.9	0.81	0.82	0.88
建设用地	0.56	0.62	0.48	0.54
未利用地	0.69	0.67	0.63	0.25
合计	22.05	22.05	22.05	22.05

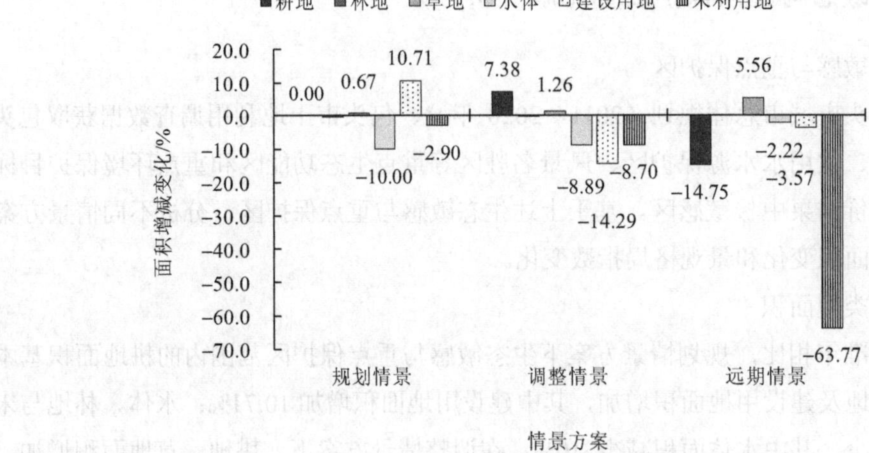

图 5-17 生态敏感性与重点保护区影响分析

（3）景观格局指数

基于景观连接度、景观分离度、景观破碎度指数分析包头市经济社会发展对生态敏感与重点保护目标区各类景观的扰动程度（表 5-25）。

表 5-25 不同情景方案下类型尺度景观格局指数

土地利用类型	评价基准年（2016 年）			近期（2020 年）						远期（2035 年）		
				规划情景			调整情景					
	连接度	分离度	破碎度	连接度	分离度	破碎度	连接度	分离度	破碎度	连接度	分离度	破碎度
耕地	0.050	9 895.65	344.505	0.045	9 859.85	336.004	0.050	9 768.55	320.071 4	0.047	9 687.09	326.003
林地	0.052	8 741.18	116.450	0.054	8 730.88	115.659	0.058	8 697.03	100.696	0.060	8 579.42	87.859
草地	0.044	15 871	45.648	0.052	15 019.4	43.708	0.053	14 673.5	40.831	0.055	13 805.5	36.354
水体	0.032	15 780.66	165.106	0.038	15 053.41	156.898	0.043	14 770.09	149.905	0.046	14 519.65	146.062
建设用地	0.065	46 046.72	390.854	0.060	46 708.87	393.854	0.065	47 611.70	383.827	0.058	47 604.24	380.816
未利用地	0.108	12 106.51	258.719	0.105	12 986.83	247.241	0.110	13 231.87	253.340	0.107	14 440.71	270.126

注：草地分离度为 1×1 000，水体分离度为 1/10，水体破碎度为 1/10。

①景观连接度指数

景观连接度表征种群、群落和生态系统在景观中的空间配置和动态变化，与生态系统完整性、可持续性和稳定性具有直接关系。

与评价基准年相比，在规划情景方案下林地、草地、水体的景观连接度指数增大，耕地、建设用地、未利用地的景观连接度指数减小。在调整情景方案下，耕地、建设用地的景观连接度指数保持不变，而林地、草地、水体、未利用地的景观连接度指数均增大。与规划情景方案相比调整情景方案的景观连通性更高。

到 2035 年，林地、草地、水体的景观连接度指数增大，未利用地的景观连接度指数大体不变，而耕地、建设用地的景观连接度指数呈减小趋势。

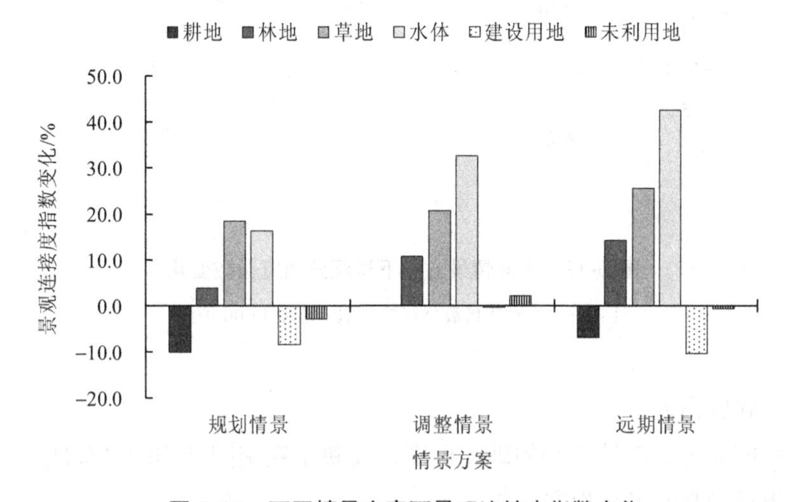

图 5-18 不同情景方案下景观连接度指数变化

由此可见，包头市经济社会发展对生态敏感与重点保护目标区内具有生态功能的各类景观影响较小，各类型景观连通性保持良好；而受人类活动影响的景观类型，如耕地、建设用地的景观连接度指数呈下降趋势，即连通性变差，但更便于集中管理。

②景观分离度指数

与评价基准年相比，在规划情景方案下，建设用地、未利用地的景观分离度指数增大，两个景观的分布趋于分散化；而耕地、林地、草地和水体的景观分离度指数减小，空间分布趋于集中。与规划情景方案相比，调整情景方案下生态用地类型景观的空间分布更加集中化。

到 2035 年，与评价基准年相比，未利用地的景观分离度指数增大约 20%，空间分布更加离散化，而生态用地类景观分离度指数进一步减小，即意味着生态用地类景观的空间分布更加集中。

由此可见，包头市经济社会发展使得生态敏感与重点保护目标区范围内的建设用地、未利用地等景观类型的连通性降低，空间分布趋于离散化，而林地、草地、水体等生态用地类景观的分离度指数减小，空间分布趋于集中。

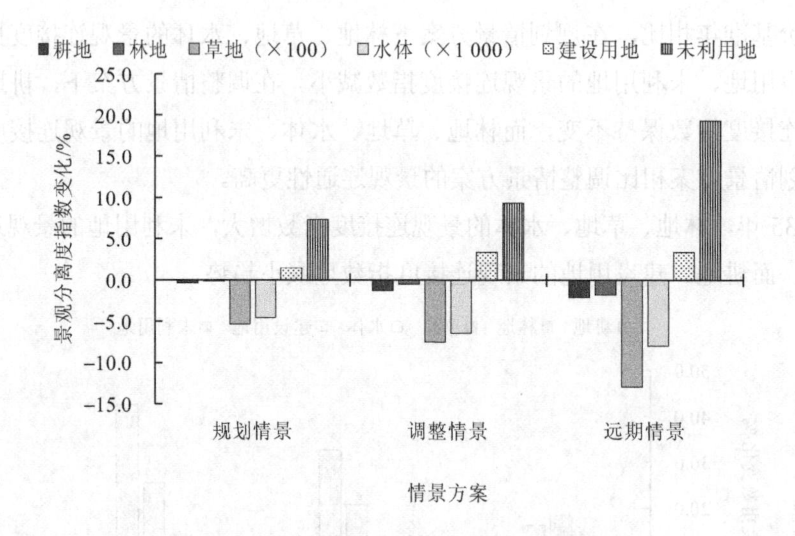

图 5-19 不同情景方案下景观分离度指数变化

注：草地、水体指数分别扩大 100 倍和 1 000 倍。

③景观破碎度指数

景观破碎度表征景观被分割的破碎程度，反映景观空间结构的复杂性，在一定程度上反映了人类对景观的干扰程度。

在规划情景方案下，除建设用地的景观破碎度指数增大外，其他类型景观破碎度指数趋于减小，即意味着建设用地由过去单一、均质和连续的整体趋向于复杂、异质和不连续的斑块镶嵌体，而林草地等生态用地从复杂、异质和不连续的斑块向均质和连续的整体变化，生态功能得到增强，有利于保护生物多样性。在调整情景方案下，各类景观的破碎度指数均减小。与规划情景方案相比，调整情景方案对生态系统影响较小，更有利于保持生态系统的完整性。

到 2035 年，除未利用地的景观破碎度指数增大外，即意味着未利用地被大面积、大范围开发，导致未利用地的分布更加离散化，而其他类型景观破碎度指数均减小，生态系统的完整性得到增强（图 5-20）。

（4）评价结论

与评价基准年相比，不同情景方案下生态敏感与重点保护区范围内的建设用地和未利用地的空间分布趋于离散化，而林地、草地等生态用地的空间分布更加集中化，生态用地内部联系更加紧密、斑块之间连通性较高，生态系统完整性得以保持并得到一定程度改善。在远期情景下，林地、草地的连通度有了很大的提升，且林地、草地等生态用地趋向于集中连片分布。

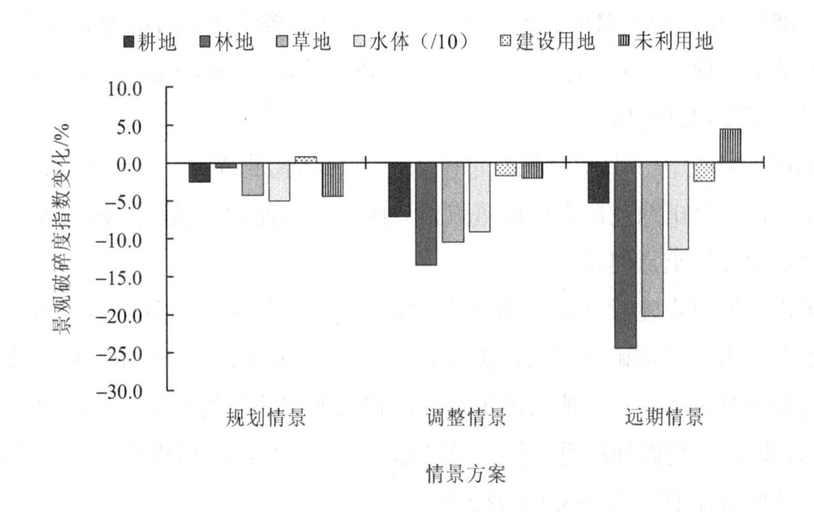

图 5-20 不同情景方案下景观破碎度指数变化

注：水体分离度为 1/10。

在巩固现有生态建设成果的基础上，未来可适当扩大自然保护区并加强生态敏感与重点保护区域的管控，从源头杜绝破坏性企业进入相关区域，依法保护生态环境和自然资源，维护区域生态安全。遏制各类生态与环境违法行为，关停取缔违法排污企业和违法行为，削减重点保护目标附近建筑用地的面积。加强自然保护小区和保护点建设，逐步建立自然保护区网络体系，构建市域生态安全格局，提高生态系统的完整性和稳定性。

5.4.5 矿产资源开发生态影响分析

（1）矿产资源概况

包头市位于阴山—天山横向成矿带上，矿产资源丰富，已发现各类矿产 74 种（含亚种），已探明储量的矿产 58 种，矿产地 188 处，其中大型矿产地 32 处、中型矿产地 29 处、小型矿产地 127 处。

铁矿资源丰富，铁矿资源储量占自治区铁矿资源储量的 68%以上，居全区第一，但贫铁矿石占 90%以上，对外部富铁矿石依赖性强；白云鄂博铁矿是自治区最大的铁矿，由 3 个上亿吨的矿床组成，资源储量 13.96 亿 t，其他具有代表性的铁矿山还有三合明铁矿、公益明铁矿、黑脑包铁矿、高腰海铁矿和合教铁矿等。

冶金辅助原料矿种较全，冶金用白云岩主要分布在乌拉山—大青山一线，矿床规模大，矿体形态简单、稳定，开采技术条件、外部环境良好，保有基础储量 6 404.7 万 t，资源储量 18 019.8 万 t，占自治区总资源储量的 95.11%，居自治区第 1 位。冶金用石英岩保有基础储量 853.8 万 t，资源储量 1 655.8 万 t，占自治区总资源储量的 41.5%，居全区第 2 位。冶金用脉石英资源储量 370.5 万 t，占自治区总资源储量的 79.49%，居全区第 1 位。

（2）矿山环境治理分区

利用 GIS 空间分析工具提取包头市矿山开发活动区域范围，按照“区内相似，区间相异”的原则，划分出绿色矿山环境重点建设区、重点保护与预防区和一般建设区。

①绿色矿山环境重点建设区

绿色矿山环境重点建设区是矿山地质环境影响严重区域，多属计划经济时期建设的国有大中型老矿山、闭坑矿山和采矿灭失、已无法找到责任人的矿山；矿产资源开发造成的环境问题随时有可能对当地人民生命财产构成严重威胁的矿山（区）；矿产资源开发利用程度高、地质环境破坏严重、社会经济影响大，恢复治理后将产生良好的社会效益、经济效益和环境效益的矿山（区）（表 5-26）。

表 5-26 绿色矿山环境重点建设区

序号	名称	主要治理对象
1	白云鄂博重点治理区	污染，滑坡，植被破坏
2	坤兑滩—西营盘重点治理区	采坑、废石堆、排土场
3	五当沟—沙木佳—沟门重点治理区	地面塌陷、地裂缝、矸石堆，采坑，植被破坏
4	哈达门沟矿区重点治理区	采坑、废石堆，采空区
5	石拐—土右重点治理区	地面塌陷、地裂缝、矸石堆，采坑，植被破坏

②绿色矿山环境重点保护与预防区

绿色矿山环境重点保护与预防区域主要为矿产资源限制勘查、开采区（表 5-27），属于矿产资源禁止和限制勘查、开采区。

表 5-27 绿色矿山环境重点保护与预防区

序号	名称	面积/km²
1	南海子湿地自治区级自然保护区	16.64
2	梅力更自治区级自然保护区	226.67
3	九峰山森林公园	220
4	春坤山保护区	95
5	红花敖包保护区	60
6	希拉穆仁风景名胜区	710
7	巴音杭盖自治区级自然保护区	496.50
8	内蒙古包头黄河国家湿地公园	124.6
9	包头市城市规划区	199

③绿色矿山环境一般建设区

绿色矿山环境一般建设区为矿山地质环境现状较严重区域。根据全市矿山地质环境现状，划定拉草山、下湿壕等 6 个一般治理区（表 5-28）。

表 5-28　绿色矿山环境一般建设区

序号	名称	主要治理对象
1	拉草山一般治理区	山体破损，植被破坏
2	高腰海—黑脑包一般治理区	废渣、尾矿库、采坑
3	下湿壕一般治理区	废渣、尾矿库、采坑
4	固阳北部一般治理区	废渣、尾矿库、采坑
5	小文公一般治理区	废渣、尾矿库、采坑
6	达茂旗中部一般治理区	废渣、尾矿库、采坑

（3）矿产资源开发区土地利用变化

与评价基准年相比，在规划情景、调整情景方案下，矿区范围内的耕地、建设用地和未利用地面积趋于减少，其中，未利用地面积减少比例最大；而林地、草地和水体面积趋于增加，其中，水体面积增加比例最大。与规划情景方案相比，在调整情景方案下林地、草地等生态用地面积增加更多。

到 2035 年，林地、草地、水体面积趋于增加，其中林地面积比评价基准年增加 4.52%；而耕地、建设用地、未利用地面积趋于减少，其中未利用地面积比评价基准年减少 8.27%（表 5-29、图 5-21）。

表 5-29　不同情景方案下矿产资源开发土地利用变化　单位：km^2

土地类型	评价基准年	近期（2020 年）		远期（2035 年）
		规划情景	调整情景	
耕地	185.75	181.96	177.05	175.96
林地	281.90	285.94	289.77	294.65
草地	994.05	999.75	1 002.69	1 008.39
水体	60.27	62.13	62.51	62.63
建设用地	248.47	241.58	239.32	230.27
未利用地	17.81	16.87	16.92	16.33

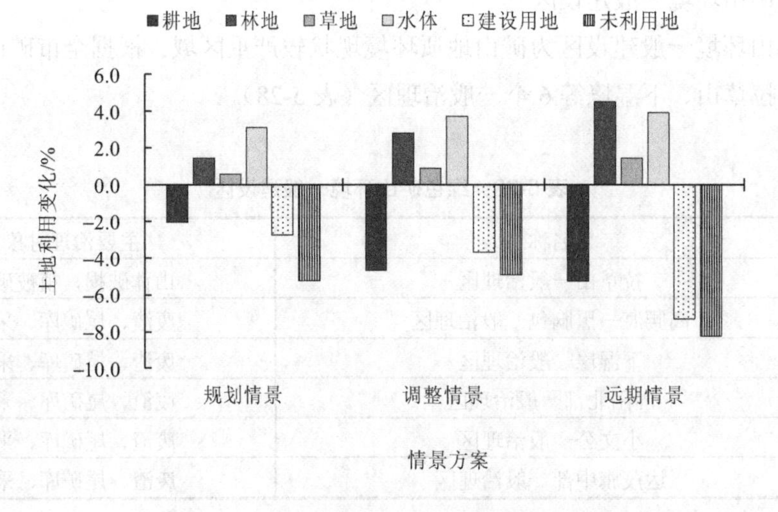

图 5-21 矿产资源开发土地利用变化分析

①绿色矿山重点建设区

与评价基准年相比，在近期和远期发展情景方案下，绿色矿山环境重点建设区范围内的林地、草地、水体面积均呈增加趋势，尤以水体面积增加幅度较大；而耕地、建设用地、未利用地面积均呈减少趋势，尤以耕地面积减少幅度较大（表 5-30、图 5-22）。

分析表明，在未来发展中，随着矿产资源开发强度增大，生态建设和保护也同步加强，有利于保持生态平衡。但由于耕地面积呈明显减少趋势，因此，矿产资源开发过程中耕地资源保护压力较大。

表 5-30 不同情景方案下绿色矿山环境重点建设区土地利用变化 单位：km^2

土地利用类型	评价基准年	近期（2020 年）		远期（2035 年）
		规划情景	调整情景	
耕地	0.40	0.39	0.38	0.36
林地	2.63	2.72	2.87	2.95
草地	16.54	17.68	18.26	19.54
水体	1.12	1.22	1.34	1.39
建设用地	56.57	55.25	54.44	53.03
未利用地	0.48	0.46	0.46	0.46

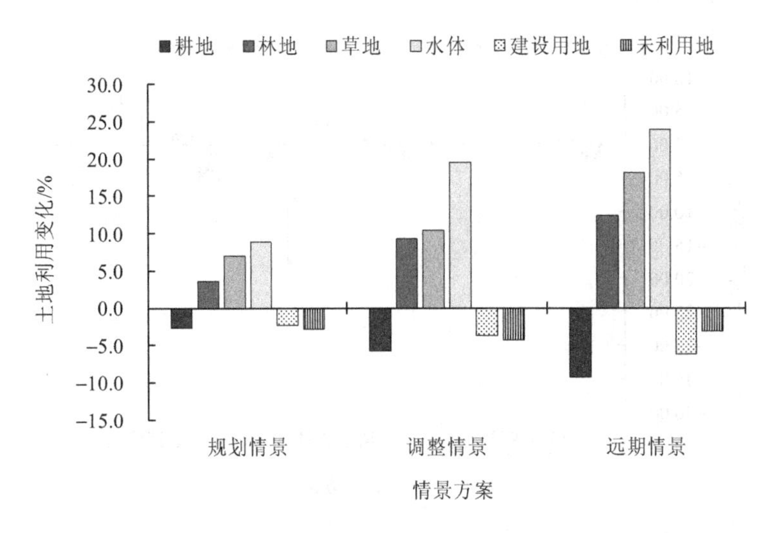

图 5-22　绿色矿山环境重点建设区土地利用变化分析

②绿色矿山环境重点保护区和预防区

与评价基准年相比，在近期、远期发展情景方案下，绿色矿山环境重点保护区和预防区范围内的耕地、建设用地、未利用地面积均呈减少趋势，其中建设用地面积减少幅度最大；林地、草地面积的增减变化不显著、水体面积增加幅度较大（表 5-31、图 5-23）。

在未来发展中，矿产资源开发对重点保护区和预防区的生态环境影响较小，且林地、草地面积稍有增加，生态环境质量略有改善。

表 5-31　不同情景方案下绿色矿山环境重点保护区和预防区土地利用变化　单位：km^2

土地利用类型	评价基准年	近期（2020 年）		远期（2035 年）
		规划情景	调整情景	
耕地	90.92	88.92	87.23	85.17
林地	254.15	255.63	256.35	258.15
草地	804.89	806.88	807.97	809.39
水体	35.84	36.07	36.94	38.41
建设用地	13.88	12.17	11.41	9.01
未利用地	7.69	7.69	7.49	7.23

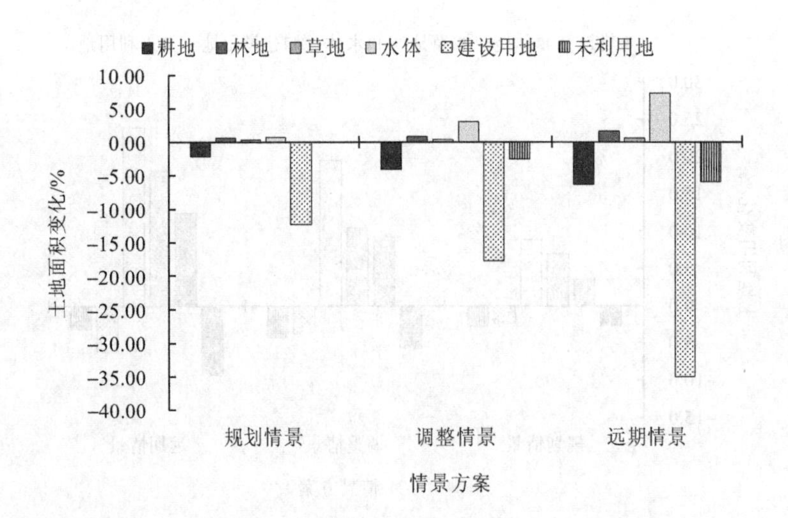

图 5-23 绿色矿山环境重点保护区和预防土地利用变化分析

③绿色矿山环境一般建设区

与评价基准年相比，在近期和远期发展情景方案下，绿色矿山环境一般建设区范围内的林地、草地、水体面积均呈增加趋势，其中林地面积增加幅度最大；建设用地、耕地与未利用地面积均呈减少趋势，其中未利用地面积减少幅度最大（表 5-32、图 5-24）。

分析表明，矿产资源开发对绿色矿山环境一般建设区的生态环境影响较小，且由于林地、草地面积大幅增加，有助于减轻矿产开发活动的生态影响。

表 5-32 不同情景方案下绿色矿山环境一般建设区面积变化 单位：km^2

土地利用类型	评价基准年	近期（2020 年）		远期（2035 年）
		规划情景	调整情景	
耕地	94.42	92.65	89.44	90.43
林地	25.12	27.59	30.55	33.55
草地	172.62	175.19	176.46	179.46
水体	23.31	24.83	24.23	22.83
建设用地	178.02	174.16	173.48	168.23
未利用地	9.64	8.72	8.98	8.64

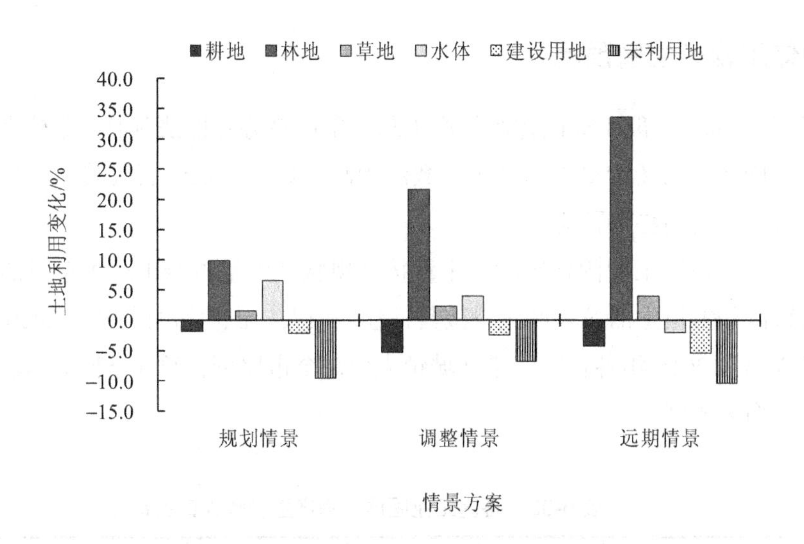

图 5-24 绿色矿山环境一般建设区土地利用变化分析

（4）评价结论

到 2020 年，包头市矿山环境在不同评价情景方案下，矿区规模的建设用地面积均有减少，表明在依据《包头市“十三五”城乡环境保护规划》，对工矿企业进行关停并转、清理整合，加强矿山生态治理的情况下，林地、草地、水体面积总体上呈增加趋势，有利于确保矿产开发区生态环境不退化，降低矿产资源开发的生态环境影响。

到 2030 年，在延续当前发展趋势并加强对生态环境保护的情形下，矿产开发区生态环境的退化趋势将得到遏制，矿产资源开发对周边区域的生态环境影响将缩小。但是当前包头市内大矿山少、小矿山多，生产技术不够先进，布局较分散，各类矿产资源开采回采率、选矿回收率偏低，造成矸石堆、尾矿库、排土场等占用一定的土地，矿产开发造成的植被破坏、固体废物占用破坏土地等现象存在。

因此，在加强矿产资源开发区生态恢复和重建的同时，应高度重视林地、草地及耕地资源保护，积极开展土地复垦工作，设置矿山环境达标要求，逐步关停环境治理不合格的矿山企业，建设绿色矿山。

5.5 固体废物影响

“十三五”期间及至长远未来，随着人口持续增长，钢铁、铝业、装备制造、电力、煤化工和稀土等支柱产业产值规模持续扩大，居民生活垃圾、工业固体废物产生量仍将呈增长态势，尤以工业固体废物综合利用与处置压力趋于增大。

5.5.1 固体废物产生量预测

“十三五”期间，一般工业固体废物产生总量采用趋势外推法预测，粉煤灰、脱硫石膏等主要工业固体废物新增量采用产污系数法预测，炉渣、煤矸石等其他一般工业固体废物新增量采用外延趋势法预测。

评价期内各行政区工业固体废物产生量按其现状产生量占全市产生总量的占比进行折算。各行政区的城镇生活垃圾产生量按其常住城镇人口占比进行折算。2020 年各行政区常住城镇人口按 2015 年各行政区常住城镇人口占全市比例计算（下同）（表 5-33）。其中，达茂旗含白云矿区。

表 5-33 各区工业固体废物产生量和人口占比 单位：%

行政区域	市区	石拐区	土右旗	固阳县	达茂旗	白云矿区	合计
工业固体废物产生量占比（2018 年）	48.0	2.0	4.0	3.0	28	15.0	100.0
人口占比	77.9	1.4	10.4	6.0	4.4		100.0

（1）一般工业固体废物产生总量

①规划情景方案

万元工业增加值工业固体废物产生量总体上呈递减趋势，2011—2015 年万元工业增加值工业固体废物产生量年均降低率约为 2.36%。

按照《规划纲要》，“十三五”期间产业结构得到调整，第二产业占比下降 4 个百分点，但工业产值总规模持续扩大，一般工业固体废物产生量仍将呈逐年增加趋势，增长幅度趋缓。“十二五”期间，包头市一般固体废物产生量年均增长约 15%。

根据“十二五”时期以来一般工业固体废物产生量变化趋势，预计到 2020 年一般工业固体废物产生量年均增长达到约 15%，产生总量约为 6 200 万 t。

②调整情景方案

“十三五”期间，国家全面开展无废城市创建活动，考虑到包头市工业固体废物围城问题较为突出，包头市积极组织开展无废城市创建活动，并开展绿色矿山建设，更加注重工业固体废物产生源头减量，有效控制工业固体废物产生增量。根据“十二五”时期以来工业固体废物产生量变化趋势，预计 2020 年一般工业固体废物产生量年均增长控制在 10%以下，产生总量达到约 5 000 万 t。

③远期情景方案

到 2035 年，全市产业结构进一步优化，第二产业占比降低到 30%以下，矿产资源依赖型产业结构得到调整，战略性新兴产业等无废产业规模扩张，工业固体废物产生强度将进一步下降，一般工业固体废物产生量增长幅度得到控制，年均增长达到约5%，产生总量预计达到约8 200万t。

（2）主要类型一般工业固体废物产生量

根据包头市“十三五”工业发展规划分析，一般工业固体废物类型以尾矿、粉煤灰、脱硫石膏、煤矸石、炉渣等为主。

1）粉煤灰和脱硫石膏

①预测方法

根据“十三五”期间包头市电力行业新增规模，采用产污系数法测算粉煤灰和脱硫石膏的新增量。

粉煤灰产生量预测公式如式（5-12）：

$$E_{粉煤灰}=M_{电力新增}\times \mathrm{ef}_{电力粉煤灰} \tag{5-12}$$

式中：$E_{粉煤灰}$——“十三五”期间粉煤灰新增量，万t；

$M_{电力新增}$——电力行业新增火电机组，万kW；“十三五”时期末新增848万kW火电机组；

$\mathrm{ef}_{电力粉煤灰}$——电力行业粉煤灰产污系数，万t/万kW；2014年煤电装机容量752万kW机组，粉煤灰产量约649万t，则粉煤灰产生系数取0.8万t/万kW。

脱硫石膏产生量预测公式如式（5-13）所示：

$$E_{脱硫石膏}=M_{电力新增}\times \mathrm{ef}_{脱硫石膏} \tag{5-13}$$

式中：$E_{脱硫石膏}$——“十三五”期间脱硫石膏新增量，万t；

$\mathrm{ef}_{脱硫石膏}$——电力行业脱硫石膏产污系数，万t/万kW。依据2014年《中国环境统计年报》，电力行业脱硫石膏产污系数取0.1万t/万kW。

②预测结果

“十三五”时期末，包头市粉煤灰和脱硫石膏的新增产生量分别为678万t、85万t。

2）其他一般固体废物（不含尾矿）

①预测方法

采用趋势外推法预测炉渣、煤矸石、冶炼废渣等其他一般工业废物产生量。计算方法如式（5-14）所示：

$$I_t = I_{t0}\times(1+\gamma)^n \tag{5-14}$$

$$\gamma = \exp\left[\frac{\ln(I_{t0}) - \ln(I_{tx})}{n'}\right] - 1 \tag{5-15}$$

式中：I_t——目标年一般工业固体废物产生量，万 t；

γ——一般工业固体废物产生量年均增长率，%；

n——目标年和基准年间隔期，a；

n'——时间间隔，a；

I_{t0}——基准年一般工业固体废物产生量，万 t；

I_{tx}——基准年前期某年一般工业固体废物产生量，万 t。

②预测结果

2010 年、2015 年，全市其他一般工业固体废物产生量分别为 1 045.1 万 t、799.8 万 t，则其年均增长率为 5.5%。据此，预测到 2020 年，包头市其他一般工业固体废物产生量为 1 366 万 t，新增产生量为 321 万 t。

（3）危险废物产生量

随着工业结构和规模变化，危险废物的种类及其产生量也将发生相应变化。本书根据“十三五”期间包头市涉危行业新增规模，采用产污系数法预测 2020 年包头市危险废物产生量。

①涉危工业行业

根据包头市历史资料分析，全市产生危险废物的行业主要包括金矿开采及铜冶炼、电解铝、氯碱行业（PVC）和煤化工等行业。其中，铜冶炼主要产生含砷废物，电解铝产生无机氟化物废物，氯碱行业产生含汞废物，煤化工主要产生有机溶剂废物、树脂等。

涉危行业危险废物产生量预测主要采用产污系数法，公式如式（5-16）所示：

$$E = M \times \mathrm{ef} \tag{5-16}$$

式中：E——危险废物产生量，万 t；

M——涉危行业新增产品规模，万 t；

ef——产污系数，t/t 产品。

按照《第一次全国污染源普查工业污染源产排污系数手册》，铜冶炼行业含砷废物的产污系数取 0.286 t/t 产品，到 2020 年铜冶炼新增规模为 20 万 t，则铜冶炼含砷废物新增产生量为 5.72 万 t。

电解铝无机氟化物废物产污系数取 0.026 t/t 产品，到 2020 年电解铝新增规模为 357 万 t，则新增电解铝无机氟化物废物 9.28 万 t。

氯碱行业含汞废物产污系数取 1.569 kg/t 产品，到 2020 年 PVC 新增规模为 90 万 t，则新增含汞废物 0.14 万 t。

根据《包头市“十三五”工业经济发展规划》，“十三五”期间新增煤制甲醇 180 万 t，煤制烯烃 280 万 t，煤制乙二醇 60 万 t，则危险废物年产生量合计为 0.31 万 t。

由于金矿尾矿含无机氰化物废物，依照《国家危险废物名录》（2016 版）要求，目前按危险废物管理。据统计，2018 年包头市年产生新增金矿尾矿约 120 万 t，按金矿开采规模不变计算，到 2020 年金矿尾矿产生量仍为 120 万 t。

②医疗垃圾

全市医院医疗垃圾产生量的通用公式见式（5-17）：

$$Y = 365 \times B \times E \times \beta / 1\,000 \tag{5-17}$$

式中：Y——医疗垃圾产生量，t；

B——病床数，张；

E——病床使用率，%；全市病床使用率按 80%计；

β——医疗垃圾床均日产量，kg/（张·d），结合包头市实际情况，医疗机构平均每床日产生医疗垃圾量为 0.5 kg。

“十二五”期间，全市实际医院病床数的年均增长率为 4.79%，通过外延法预测“十三五”时期末全市医院病床数将达到 19 462 张，新增病床数为 4 080 张，则医疗垃圾新增产生量为 600 t。

（4）生活垃圾产生量

①情景方案设计

生活垃圾产生量主要取决于人口数量，故以人口数量作为情景方案设计的主要参数。

到 2020 年，人口数量达到 310 万人；到 2035 年，人口数量达到 350 万人。人均生活垃圾产生量［kg/（人·d）］按 1.0 kg/（人·d）计算。

②预测方法

采用排污系数法预测生活垃圾产生量。

预测公式如式（5-18）所示：

$$W = 365 \times P \times L / 1\,000 \tag{5-18}$$

式中：W——生活垃圾产生量，万 t；

P——预测期末人口总数，万人；

L——人均生活垃圾产生量，kg/（人·d），按 1.0 kg/（人·d）计算。

③预测结果

到 2020 年，全市常住人口总数预期达到 310 万人，则届时全市生活垃圾产生量约为

113 万 t。

到 2035 年，全市常住人口总数预期达到 350 万人，则届时全市生活垃圾产生量约为 128 万 t。

评价期内包头市及各行政区一般工业固体废物产生量预测结果见表 5-34、表 5-35。

2020 年包头市危险废物新增产生量预测结果见表 5-36。

评价期内包头市生活垃圾产生量预测结果见表 5-37。

表 5-34 评价期内包头市一般工业固体废物产生量预测结果 单位：万 t

类别	2015 年	2017 年	近期（2020 年）		远期（2035 年）	综合利用处置工程
			规划情景	调整情景		
工业固体废物（含尾矿）	3 105.8	4 169.6	6 200	5 000	8 200	—
其中，规划情景方案下						
粉煤灰	400.6		1 079		—	水泥生产线/粉煤灰制砖
脱硫石膏	147.2		232			—
其他（不含尾矿）	1 045.1		1 366		—	高炉水淬渣工程、冶金渣处置利用工程

表 5-35 评价期内包头市各行政区一般工业固体废物产生量预测结果 单位：万 t

行政区域		年产生量占比%	近期（2020 年）		远期（2035 年）
			规划情景	调整情景	
中心城区	市辖五区	48.0	2 976	2 400	3 936
	石拐区	2.0	124	100	164
	小计	50.0	3 100	2 500	4 100
土右旗		4.0	248	200	328
山北地区	固阳县	3.0	186	150	246
	达茂旗	28.0	1 736	1 400	2 296
	白云矿区	15.0	930	750	1 230
	小计	46.0	2 852	2 300	3 772
合计		100.0	6 200	5 000	8 200

表 5-36　2020 年包头市危险废物新增产生量预测结果

行业	危险废物名称	类别标号	产污系数	新增规模	新增产生量/万 t
铜冶炼	含砷废物	HW48	0.286 t/t 产品	20 万 t	5.72
电解铝	无机氟化物废物	HW32	0.026 t/t 产品	357 万 t	9.28
氯碱行业	含汞废物	HW29	1.569 kg/t 产品	90 万 t	0.14
煤化工	有机溶剂废物、树脂	新增：煤制甲醇 180 万 t，煤制烯烃 280 万 t，煤制乙二醇 60 万 t			0.31
金矿尾矿	无机氰化物废物	HW33	金矿产能保持现状，新增产能为 0		0.0
医疗	医疗垃圾	—	0.5 kg/（日/张）	新增病床 4 080 张	0.06
合计					15.51

表 5-37　评价期内包头市生活垃圾产生量预测结果　单位：万 t

行政区		常住人口占比/%	评价期		
			2015 年	2020 年	2035 年
中心城区	市辖五区	77.9	—	88.0	99.7
	石拐区	1.4	—	1.5	1.7
	小计	79.3	—	89.5	101.4
土右旗		10.4	—	11.7	13.3
山北地区	固阳县	6.0	—	6.8	7.7
	达茂旗（含白云矿区）	4.4	—	5.0	5.6
	小计	10.4	—	11.8	13.3
合计		100	103.3	113	128

5.5.2　固体废物综合利用与处置能力分析

（1）一般工业固体废物

“十三五”期间，依托高炉水淬渣、冶金渣处置利用工程，当年产生的冶炼废渣基本可实现综合利用。包头钢铁产生的尾矿由包头钢铁实施安全处置，其他中小型企业产生的尾矿，按要求全部实现覆土绿化安全处置。

年产 100 万 m^3 粉煤灰蒸压砌块、粉煤灰加气混凝土砌块及粉煤灰蒸压标准砖、冀东水泥年产 500 万 t 水泥生产线建设项目建成投产后，每年可新增粉煤灰、脱硫石膏综合利用量 125 万 t、51.9 万 t。

放射性废物全部送至包头市放射性废物库和白云矿区、达茂旗放射性废物库实施安全处置，可实现 100%的安全收贮。

（2）危险废物

“十三五”期间，包头市实施“希望铝业大修渣无害化处理利用项目”“包头海平面金属科技有限公司水泥窑协同处置危险废物项目”，可实现综合利用无机氟化物废物约

3.4 万 t。根据电解铝厂正常运行经验，电解槽的使用周期为 6～8 年，“十三五”期间电解铝新增规模产生的无机氟化物废物主要集中在“十四五”期间。

“十三五”时期末，全市新增的 6.17 万 t 含砷含汞、有机溶剂和有机树脂类废物，以及 9.28 万 t 氟化物等危险废物，将全部送往内蒙古中西部危险废物处置中心以及其他有资质单位安全处置，可实现 100%安全处置。

医疗垃圾处理厂处理能力 0.29 万 t，到 2020 年医疗垃圾新增产生量为 0.06 万 t，可实现 100%安全处置。

（3）生活垃圾

“十三五”期间，新增生活垃圾日处理能力可达 400 t，其中建设土右旗垃圾填埋场工程，新增日处理能力 300 t；新建餐厨垃圾处理厂，新增日处理能力 100 t。

全市现有 7 座垃圾填埋场和垃圾焚烧厂，处理规模达到 2 985 t/d，总处理规模达到 3 385 t/d，并配套建设垃圾渗滤液处理设施，同步实施生活垃圾转运站建设工程。

5.5.3 固体废物处置压力和环境影响分析

受资源能源型产业结构的制约，随着产业规模扩张，未来包头市固体废物产生量仍然呈增长趋势，固体废物综合利用处置压力较大。而且，随着工业固体废物贮存量增加，固体废物堆场数量、面积将进一步扩大，不但占用大量土地资源，加重工业固体废物堆场围城困局，而且由于大量露天固体废物堆场遮盖、防渗措施不完备，直接影响大气、水、土壤环境质量。

（1）固体废物产量持续增长，综合利用处置压力巨大

评价期内，包头市一般工业固体废物仍然以尾矿、粉煤灰、脱硫石膏、冶金渣等为主，危险废物主要包括含砷废物、无机氟化物废物、含汞废物、有机溶剂废物、树脂、医疗垃圾等类别，以及金矿尾矿等，各类固体废物产生量仍然保持增长趋势。而由于受市场、技术和经济等诸多因素的制约，工业固体废物综合利用途径单一、利用率低，面临既要消纳存量，又要控制增量的巨大压力。

与 2017 年相比，到 2020 年，全市一般工业固体废物产生量新增 1 000 万 t 以上，危险废物产生量新增 15.51 万 t；城镇生活垃圾产生量新增约 10 万 t。到 2035 年，全市一般工业固体废物产生总量比 2017 年翻一番，生活垃圾产生量新增约 25 万 t。

中心城区（含石拐区）人口、产废工业企业数量大、密度高，是固体废物产生量集中分布地区。评价期内，中心城区（含石拐区）一般工业固体废物、生活垃圾产生量分别约占全市的 50%、80%。

（2）露天固体废物堆场扬尘直接影响周边空气环境质量

在风速作用下露天堆场产生大量扬尘，成为影响尾矿库等固体废物堆场周边空气环

境质量的重要因素之一。

包头市主城区周边分布的冶炼渣、粉煤灰等堆场，其扬尘贡献率高于建筑等生产活动。研究表明，受尾矿库粉尘影响，尾矿库周边 300 m 范围内的农作物减产可达 20%；排岩场粉尘影响半径可达 500 m，可造成农作物减产 10%以上。以包头钢铁集团尾矿库为例，尾矿库东南、西南方向扬尘扩散距离达 2 km，最高值高于对照点 12.6 倍。

（3）固体废物堆场淋滤液影响周边土壤和地下水环境质量

在大气降水作用下，堆场内淋滤液污染物渗入土壤及地下水，可能对周边土壤和地下水水质产生严重影响。

包头市大部分固体废物堆场建成时间早，防渗措施不到位，乱堆乱放情况较为普遍。现状监测结果显示，按照矿化度分级标准，包头钢铁集团尾矿库、一电厂和二电厂贮灰池贮存周边所在地区地下水（潜水）属于极差区（$M>2.0$），主要超标组分包括硫酸盐、氯化物、溶解性总固体、总硬度、硝酸盐氮、氟化物等。潜水中部分点位铬、砷超标与周边固体废物堆存有关。

（4）固体废物堆场占用土地并造成生态破坏

贮存、处置场占用土地，造成天然土层植被破坏，林草损失，同时也对景观生态造成一定影响。

包头尾矿库及矿渣堆场沿河分布，大量尾矿库、矿山尾矿堆场分布于矿山周边旗县的山地上，而矿山及其废弃物堆场所在区域大多数位于或临近重要生态功能区，固体废物堆场占用大量土地面积，成为影响生态服务功能的重要因素。据初步估计，仅主城区分布的 18 个工业固体废物渣场累积堆存量已达到近 3 亿 t，占用土地面积 20.6 km^2。

在工业固体废物产生量持续增长，而综合利用率难以大幅提高的情况下，“十三五”期间包头市工业固体废物堆场面积可能进一步扩大。

5.6　环境风险

区域环境风险评价是特定区域内可预测的突发性事件或事故引起有毒有害、易燃易爆等物质泄漏，或突发事件产生的新的有毒有害物质，可能对人身安全与环境的影响和损害所进行的风险评估，并提出合理可行的防范、应急与减缓措施。

为加强区域环境风险管理，有效规避和减轻环境风险引致的突发环境事故对人群健康的影响和损害，本书主要参照生态环境部印发的《行政区域突发环境事件风险评估推荐方法》，以各旗县区为评价单元进行环境风险评估，划定环境风险控制分区，制定环境风险分区管控对策和措施。

5.6.1 区域环境风险系统分析

区域环境风险问题的本质特征是由人类活动的社会属性、经济属性以及自然环境的相互关系构成的社会—经济—自然复合系统的结构和功能所决定的，而区域环境风险程度的相似性和差异性取决于复合系统及其所包含的空间层次和结构层次的分异特征。

区域环境风险系统由环境风险源、环境风险受体和环境风险控制机制三大组分构成。当环境风险源释放的环境风险因子失去控制后，经环境介质传播后作用于人类社会经济系统、自然生态系统等环境风险受体，即可对其产生损害。

（1）环境风险源

①环境风险源识别

环境风险源是环境风险事故发生的源头和先决条件。区域发展所涉及的重大风险源包括：使用和生产易燃、易爆或者有毒有害危险原料或产品的企业及其所在工业园区；危险化学物质集中仓储仓库；危险化学物质运输等。

工业园区。包头市规模以上企业及各类危化原料、产品仓库主要集中分布在工业园区内，因此工业园区是包头市最主要的环境风险源。目前，包头市共有 9 个工业园区，分别分布在 9 个旗县区，主要产业类型包括钢铁、电解铝、煤化工、稀土等（表 5-38）。

表 5-38 包头市工业园区基本情况

序号	园区名称	成立年份	规划总面积/km^2	建成区面积/km^2	级别	主导产业	主导产业集中度/%	企业户数/个
1	稀土高新技术产业开发区	1992	150	80	国家级	稀土新材料及其应用产业、铝镁高端装备制造业铜深加工产业	70	478
2	装备制造产业园区	2010	45	28	自治区级	重型汽车装备、新能源装备、铁路装备、综采装备产业、机电装备、工程机械装备 6 个装备制造细分产业	82	524
3	金属深加工园区	2007	100	15	自治区级	钢铁深加工产业、稀土原材料及深加工产业、不锈钢产业	99	160
4	铝业产业园区	2003	70	20	自治区级	铝业、电力	70	136
5	九原工业园区	2006	77.9	15	自治区级	煤化工、铝镁深加工、钢铁精深加工	70.5	128
6	土右新型工业园区	2006	64.9	15	市级	电力、光伏、煤制天然气、煤化工、金属加工产业、食品加工等产业	80	97
7	石拐工业园区	2001	60.4	4.5	自治区级	硅铁、镁冶炼、钢铁、煤化工	98	53
8	达茂巴润工业园区	2008	60	10	自治区级	钢铁、水泥、化工	98	35
9	金山工业园区	2009	80	9	自治区级	有色金属生产加工、钢铁初级产品生产加工和煤炭深加工为主	85	31

注：高新区数据为科技部口径；企业数截至 2015 年。

固体废物堆场。包头市固体废物产生量大而综合利用率较低，主要以贮存方式处置。由于历史遗留堆存量较大，固体废物堆场散布于中心城区周边地区，现已形成了固体废物堆场围城的困局。固体废物堆场遮盖、防渗措施不到位，可能对大气、土壤、地下水环境带来污染风险隐患。

②环境风险源强度

为科学合理评价区域内环境风险源强度，参照《行政区域突发环境事件风险评估推荐方法》，选取工业园区 GDP 占所属区县总 GDP 比例（D1）、工业园区面积占所属区县面积比例（D2）、固体废物堆场面积占区县面积比例（D3）、区县危险化学品企业数量（D4）及区县涉及化工、石化及重金属排放重点企业数量（D5）共 5 个指标作为环境风险源强度评价指标（表 5-39）。

表 5-39　环境风险源强度指标及基础数据

行政区名称		D1			D2			D3		D4	D5
		工业园区 GDP/亿元	所在旗县区 GDP/亿元	工业园区 GDP 占比/%	园区面积/km^2	所在旗县区面积/km^2	园区面积比例/%	固体废物堆场面积/km^2	固体废物堆场面积比例/%	涉及危险化学品企业数量/个	涉及化工、石化、重金属排放企业数量/个
市辖五区	稀土高新区	214.53	387.38	55.38	38	116	32.76	0	0	16	2
	东河区	125.72	510.53	24.63	70	470	14.89	2.74	0.58	6	0
	昆都仑区	413.30	1 089.42	37.94	100	301	33.22	16.88	5.61	32	3
	青山区	319.44	873.75	36.56	45	280	16.07	1.46	0.52	3	2
	九原区	167.69	337.99	49.61	77.9	734	10.61	12.58	1.71	9	3
石拐区		83.72	102.61	81.59	60.4	761	7.94	3.93	0.52	0	0
白云矿区		9.44	40.17	23.50	20	303	6.60	9.57	3.16	0	0
土右旗		181.44	346.34	52.39	64.9	2 368	2.74	4.90	0.21	3	0
固阳县		72.68	118.59	61.29	80	5 025	1.59	18.56	0.37	1	0
达茂旗		112.41	208.78	53.84	60	17 410	0.34	22.02	0.13	3	2

注：①为便于环境风险工作管理，稀土高新区按行政区进行统计。

②工业园区 GDP 按 2016 年《包头市统计年鉴》中第二产业工业总产值计，所在旗县区 GDP 按 2016 年《包头市统计年鉴》中的国内生产总值计。

首先，由于全市规模以上工业企业主要分布在工业园区内，工业园区是环境事故的高发区域，因此，工业园区面积占比和工业园区总产值占比指标不仅可以反映区域环境风险源的分布密度，也能表征环境风险源对经济社会的影响程度。其次，本书把包头市境内生产和使用有毒有害、易燃易爆物质的企业所在工业园区作为主要环境风险源，重点考虑涉及危险化学品企业突发环境事故对风险受体的影响以及化工、石化、重金属排放企业的风险影响，因此将危险化学品企业数量及涉化工、石化及重金属排放的重点企业数量作为评价指标。最后，固体废物堆场面积占国土面积比主要反映固体废物堆场的环境风险源强度。

（2）环境风险受体

环境风险受体是指在环境风险事故中可能受来自环境风险源不利影响的对象，通常分为居民和集中式饮用水水源保护区两大类。

①居民

人群安全和健康作为最基本生存权利，是环境风险综合防控的重点。本书以行政区人口密度作为衡量居民环境风险受体敏感性指标。

②集中式饮用水水源保护区

水源地直接影响居民饮水安全，一旦遭受污染必然对人群健康造成巨大影响和损害，也是重要的环境风险受体。集中式饮用水水源地数量反映了该区域的环境风险受体易损性，区域人均 GDP 及备用水源情况反映了环境事故发生后的区域恢复力，因此，选择人口密度（D12）、区县内集中式饮用水水源地数量（D13）、人均 GDP 水平（D14）及区县备用水源（D15）作为体现环境风险受体脆弱性的主要指标（表 5-40）。

表 5-40 环境风险受体脆弱性指标及基础数据

行政区名称		D12 人口密度/（人/km²）	D13 集中式饮用水水源地数量/个	D14 人均 GDP/（万元/人）	D15 是否有备用水源
市辖五区	稀土高新区	1 241	1	26.65	否
	东河区	1 160	21	9.40	否
	昆都仑区	2 580	10	14.11	否
	青山区	1 834	2	17.08	否
	九原区	301	23	15.47	否
石拐区		51	1	26.76	否
白云矿区		91	4	14.63	否
土右旗		124	9	11.95	否
固阳县		34	9	6.96	否
达茂旗		6	5	21.41	否

（3）环境风险控制机制

环境风险控制机制是人们对环境风险源控制设施的建设、维护及管理，使之良好运作，防止危险物质通过环境介质传输并对人群健康和自然生态系统造成影响的作用过程。在危险物质释放之前，环境风险源与环境风险受体之间的相互转换决定于某种系统的状态。当环境风险控制机制失效后，环境风险源释放的危险物质作用于环境风险受体并使之受害（图5-25）。

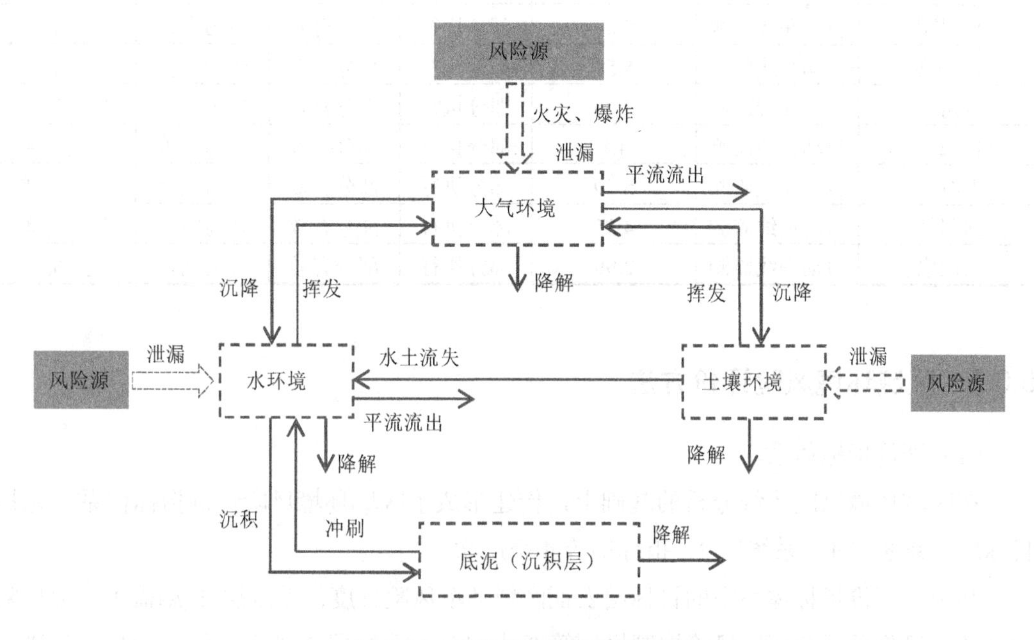

图5-25 环境风险控制机制关系

区域环境风险防控机制包括源头控制和过程控制两方面，其条件和能力直接影响环境风险事故发生的概率及其后果的严重性。区域自动在线监测、应急预案、管理制度等是反映一个地区环境风险防控机制完备程度的重要方面，以及环境风险事故发生后的处置能力，故选择环境质量监控情况（D6）、园区管理制度（D8）、园区应急设施（D9）、园区应急预案（D10）及行政区应急预案（D11）等作为表征区域环境风险控制机制的主要指标（表5-41）。

此外，区域空气环境质量优劣状况既反映了前期环境风险管控水平，又直接影响突发环境风险事故的严重性，故以空气质量综合指数AQI（D7）作为主要指标。

表 5-41 区域环境风险控制机制指标及基础数据

行政区名称		D6	D7	D8	D9	D10	D11
		环境质量监控情况	空气质量综合指数（AQI）	园区管理制度是否完善	园区应急设施是否有效	园区应急预案是否完善	行政区应急预案是否完善
市辖五区	稀土高新区	自动在线监测	5.59	部分执行	部分有效	较为完善	完善
	东河区	自动在线监测	6.16	部分执行	部分有效	较为完善	完善
	昆都仑区	自动在线监测	6.24	部分执行	部分有效	较为完善	完善
	青山区	自动在线监测	5.69	部分执行	部分有效	较为完善	完善
	九原区	自动在线监测	5.57	部分执行	部分有效	较为完善	完善
石拐区		自动在线监测	3.96	部分执行	部分有效	较为完善	较为完善
白云矿区		自动在线监测	4.8	部分执行	部分有效	较为完善	较为完善
土右旗		自动在线监测	5.29	部分执行	部分有效	较为完善	较为完善
固阳县		自动在线监测	4.35	部分执行	部分有效	较为完善	较为完善
达茂旗		自动在线监测	2.99	部分执行	部分有效	较为完善	较为完善

5.6.2 区域环境风险评价方法

（1）评价指标体系

在区域环境风险系统分析的基础上，构建形成了区域环境风险评价指标体系，包括目标层、系统层 1、系统层 2、指标层等 4 个层次。

其中，评价指标体系中的目标层表征区域环境风险程度；系统层 1 涵盖了环境风险源、环境风险受体和环境风险控制机制等 3 大组分；系统层 2 是系统层 1 的指标的进一步细化，将环境风险源、环境风险受体和环境风险控制机制进一步分别分解为 2 大类；指标层中筛选了共计 15 个具体指标。

（2）评价指标分级与赋值

对于定量指标，采用等差分级法将评价指标分为Ⅰ～Ⅲ三级；对于定性指标，采用专家判断法划分为三个等级。对应Ⅰ～Ⅲ的评价指标分级，采用专家打分法分别赋值 9、5、0（表 5-42～表 5-46）。

表 5-42 区域环境风险评价指标体系

目标层	系统层 1	系统层 2	指标层
区域环境风险性 R	风险源强度 B1	风险源规模 C1	工业园区 GDP 占所属旗县区总 GDP 比例（D1）
			工业园区面积占所属旗县区面积比例（D2）
		风险源类型 C2	固体废物堆场面积占旗县区面积比例（D3）
			旗县区危险化学品企业数量（D4）
			旗县区涉及化工、石化及重金属排放重点企业数量（D5）

目标层	系统层 1	系统层 2	指标层
区域环境风险性 R	风险防控和应急能力 B2	风险防控能力建设 C3	旗县区环境质量监控情况（D6）
			旗县区空气质量综合指数（AQI 指数）（D7）
			旗县区内工业园区环境管理制度（D8）
		应急能力建设 C4	旗县区内工业园区环境风险应急设施（D9）
			旗县区内工业园区应急预案（D10）
			行政区应急预案（D11）
	受体脆弱性 B3	受体易损性 C5	人口密度（D12）
			旗县区内集中式饮用水水源地数量（D13）
		受体恢复力 C6	人均 GDP 水平（D14）
			旗县区是否有备用水源（D15）

表 5-43　区域环境风险评价指标分级

指标编号	指标名称	分级依据		
		I 级	II 级	III 级
D1	工业园区 GDP 占所属旗县区总 GDP 比例/%	53.84%～81.59%	37.94%～53.83%	23.50%～37.93%
D2	工业园区面积占所属旗县区面积比例/%	14.89%～68.97%	6.60%～14.88%	0.34%～6.59%
D3	固体废物堆场面积占旗县区面积比例/%	0.58%～5.61%	0.37%～0.57%	0～0.36%
D4	旗县区涉及危险化学品企业数量/个	6～32	3～5	0～2
D5	旗县区涉及化工、石化及重金属排放重点企业数量/个	＞3	1～2	0
D6	旗县区环境质量监控情况	无例行监测	人工例行监测	自动在线监测
D7	旗县区空气质量综合指数（AQI 指数）	5.59～6.24	4.80～5.58	2.99～4.79
D8	工业园区环境管理制度	未执行	部分执行	全部执行
D9	工业园区环境风险应急设施	无	部分设施有效	全部设施有效
D10	工业园区应急预案	无应急预案	应急预案较为完善	制定了详细的应急预案
D11	行政区应急预案	无应急预案	应急预案较为完善	制定了详细的应急预案
D12	旗县区居民密度/（人/km^2）	1 160～2 580	91～1 159	6～90
D13	旗县区内集中式饮用水水源地数量/个	9～23	2～8	0～1
D14	旗县区人均 GDP 水平/（万元/人）	6.96～14.11	14.12～17.08	17.09～26.76
D15	旗县区是否有备用水源	无	—	有
赋值		9	5	0

表 5-44 环境风险源强度指标赋值

行政区名称		工业园区 GDP 比例（D1）		园区面积比例（D2）		固体废物堆场面积比例（D3）		涉及危险化学品企业数量（D4）		涉及化工、石化、重金属排放企业数量（D5）	
		单位/%	分值	单位/%	分值	单位/%	分值	单位/个	分值	单位/个	分值
市辖五区	稀土高新区	55.38	9	68.97	9	0	0	16	9	2	5
	东河区	24.63	0	14.89	9	0.58	9	6	9	0	0
	昆都仑区	37.94	5	33.22	9	5.61	9	32	9	3	9
	青山区	36.56	0	16.07	9	0.52	5	3	5	2	5
	九原区	49.61	5	10.61	5	1.71	9	9	9	3	9
石拐区		81.59	9	7.94	5	0.52	5	0	0	0	0
白云矿区		23.50	0	6.60	5	3.16	9	0	0	0	0
土右旗		52.39	5	2.74	0	0.21	0	3	5	0	0
固阳县		61.29	9	1.59	0	0.37	5	1	0	0	0
达茂旗		53.84	9	0.34	0	0.13	0	3	5	2	5

表 5-45 环境风险受体脆弱性指标赋值

行政区名称		人口密度（D12）		集中式饮用水水源地数量（D13）		人均 GDP（D14）		是否有备用水源（D15）	
		人/km^2	分值	个	分值	万元/人	分值	是/否	分值
市辖五区	稀土高新区	1 241	9	1	0	26.65	0	否	9
	东河区	1 160	9	21	9	9.40	9	否	9
	昆都仑区	2 580	9	10	9	14.11	9	否	9
	青山区	1 834	9	2	5	17.08	5	否	9
	九原区	301	5	23	9	15.47	5	否	9
石拐区		51	0	1	0	26.76	0	否	9
白云矿区		91	5	4	5	14.63	5	否	9
土右旗		124	5	9	5	11.95	9	否	9
固阳县		34	0	9	5	6.96	9	否	9
达茂旗		6	0	5	5	21.41	0	否	9

表5-46　环境风险控制机制指标赋值

行政区名称		环境质量监控（D6）		空气质量综合指数（AQI）（D7）		园区管理制度（D8）		园区应急设施（D9）		园区应急预案（D10）		行政区应急预案（D11）	
		监控情况	分值	标准指数	分值	是否完善	分值	是否有效	分值	是否完善	分值	是否完善	分值
市辖五区	稀土高新区	自动在线监测	0	5.59	9	部分执行	5	部分有效	5	较为完善	5	完善	0
	东河区	自动在线监测	0	6.16	9	部分执行	5	部分有效	5	较为完善	5	完善	0
	昆都仑区	自动在线监测	0	6.24	9	部分执行	5	部分有效	5	较为完善	5	完善	0
	青山区	自动在线监测	0	5.69	9	部分执行	5	部分有效	5	较为完善	5	完善	0
	九原区	自动在线监测	0	5.57	5	部分执行	5	部分有效	5	较为完善	5	完善	0
石拐区		自动在线监测	0	3.96	0	部分执行	5	部分有效	5	较为完善	5	较为完善	5
白云矿区		自动在线监测	0	4.8	5	部分执行	5	部分有效	5	较为完善	5	较为完善	5
土右旗		自动在线监测	0	5.29	5	部分执行	5	部分有效	5	较为完善	5	较为完善	5
固阳县		自动在线监测	0	4.35	0	部分执行	5	部分有效	5	较为完善	5	较为完善	5
达茂旗		自动在线监测	0	2.99	0	部分执行	5	部分有效	5	较为完善	5	较为完善	5

（3）环境风险综合指数

根据各评价单元环境风险源强度、环境风险受体脆弱性和环境风险控制机制等指标的量化结果，采用加权法计算各评价单元环境风险综合指数［式（5-19）］。

$$P_i = \sum_{k=1}^{n} W_k \times C_k \quad k = 1, 2, \cdots, n \tag{5-19}$$

式中：P_i——第 i 个评价单元的环境风险分值；

W_k——第 k 个指标的权重；

C_k——评价单元的第 k 个指标的风险分值。

5.6.3 区域环境风险分区方案

（1）环境风险等级划分

根据环境风险综合指数 P_i 大小，结合相关研究成果和定性判断结果，将区域环境风险划分为高、中、低等三个级别。相应地，将评价范围划分为高风险区、中风险区和低风险区等 3 个环境风险控制区（表 5-47）。

表 5-47 区域环境风险等级划分

环境风险综合指数	$P_i \geqslant 5$	$4 \leqslant P_i < 5$	$0 \leqslant P_i < 4$
环境风险控制区	高风险区	中风险区	低风险区

（2）环境风险分区

依据上述区域环境风险等级标准，根据包头市各旗县区环境风险等级指数，确定各旗县区环境风险等级。

①高风险区

高风险区包括昆都仑区、东河区、九原区和青山区 4 个区。考虑到生态保护红线的区域基本属于禁止开发区区域，具有重要的生态服务功能和保护价值，也是对外部干扰极为敏感的环境风险受体单元，故将其纳入高风险区管理。此区总面积约为 1 785 km^2，占市域土地面积的 6.43%。

中心城区人口密集，工业园区面积占比较大，遗留固体废物堆场面积也较大，且有涉及化工、石化、重金属生产或使用的企业，其中九原区工业园区分布有神华包头煤化工有限公司等重大风险企业。此外，环境空气质量综合指数较高，空气质量相比不及其他区域；发生突发环境风险事故有害气体泄漏在空气中不易扩散稀释；且分布着 65%以上的集中式饮用水水源地。一旦发生突发事故，极易对水源地造成污染威胁。

②中风险区

中风险区包括稀土高新区、白云矿区和土右旗等 3 个旗县区，总面积为 2 787 km^2，占市域土地面积的 10.04%。

稀土高新区是国务院批准的国家级高新区，是全国唯一冠有稀土专业名称的高新区，以发展高新技术产业为主且企业分布较散，辖区内仅希望园区分布有包头华鼎铜业发展有限公司、希望铝业等环境风险较高的有色冶炼企业，属于重点环境风险源，环境风险水平属于一般；白云矿区矿产资源富集，工业企业围绕包头钢铁白云鄂博矿发展，人口密度不高，环境风险相对一般；土右旗是外五区人口较多的行政区，工业产业占比较高，但由于开发强度及人口密集程度不及中心城区，且环境空气质量较好，环境风险水平属于一般。

③低风险区

低风险区包括固阳县、达茂旗、石拐区 3 个旗县区，总面积为 23 196 km^2，占市域土地面积的 83.53%。

该区域工业企业相对较少，地广人稀，涉及化工、石化、重金属排放的企业也较少，加之环境空气质量优良，区域环境风险应急预案较为完善，环境风险水平相对较低。

包头市各行政区环境风险等级划分如表 5-48 所示。

表 5-48　包头市各旗县区环境风险等级划分结果

行政区		环境风险综合指数	环境风险等级
市辖五区	稀土高新区	4.93	中风险
	东河区	5.80	高风险
	昆都仑区	6.73	高风险
	青山区	5.07	高风险
	九原区	5.67	高风险
石拐区		3.20	低风险
白云矿区		4.20	中风险
土右旗		4.20	中风险
固阳县		3.80	低风险
达茂旗		3.53	低风险

5.7　小结

（1）主要污染物排放量呈增长态势

近期，在规划情景下，全市主要大气污染物和水污染物排放量都呈现增长趋势，在调整情景下，主要大气污染物排放量增长幅度明显降低，主要水污染物排放量下降；远期，全市主要大气和水污染物排放量仍然呈增长态势。其中，氮氧化物排放量增长幅度较大，是需要重点关注的大气环境问题，工业行业是主要的大气污染物排放源，而城镇生活源化学需氧量排放量比例大，是水污染防治的重点源。

工业固体废物产生量保持增长趋势，且随着工业固体废物贮存量增加，加之大量露天固体废物堆场遮盖、防渗措施不完备，大气、水、土壤环境污染风险巨大。

（2）生态环境呈稳中趋好的态势

草地、林地、水体、耕地的面积有望增加，建设用地的规模得到控制，生态用地内部联系更加紧密，斑块之间连通度得以提升，生态系统服务功能呈现出稳中向好态势。

矿产资源开发对生态环境影响持续降低，矿山生态环境总体可控并有转好趋势。

（3）中心城区面临较大的环境压力和风险

主要污染物排放的空间分布格局未发生明显改变，中心城区仍然是污染物排放最集中的地区。中心城区是包头市大气污染物高密度分布区，主要水污染物排放量也显著大于其他地区，其通过尾闾工程排入黄河，对黄河水质达标产生很大的影响，工业固体废物堆场围城困局日益加重。中心城区环境质量改善面临较大压力，是污染防治的重点区域。

中心城区是环境高风险区，由于人口密集，工业园区和遗留固体废物堆场面积大，且涉及化工、石化、重金属生产或使用的风险企业。一旦发生突发事故，有害气体泄漏在空气中不易扩散稀释，且极易对水源地造成污染威胁。

第 6 章　资源、环境和生态承载力评估

6.1　能源承载力

为评价包头市经济社会中远期发展对能源供给的压力和影响，本书设计近期（2020年）、远期（2035 年）两个情景方案进行评价，采用能耗强度法预测评价期末能源消费总量；根据能源相关规划分析能源有效供给能力。在此基础上综合分析评价期内包头市能源供需压力，按照各行政区 GDP 占比确定各行政区能源消费总量和效率控制指标。

6.1.1　能源消费总量预测

（1）预测模型和方法

采用指数模型法，主要考虑经济增长规模趋势和能源消耗强度等因子进行预测。预测模型见式（6-1）：

$$E = G \times T_0 \cdot (1+\alpha)^n \tag{6-1}$$

式中：E——评价期末能源消费量，万 tce；

G——评价期末 GDP，亿元；

T_0——评价基期能源消耗强度，tce/万元；

α——能源消耗强度年递减率，%；

n——评价期限，a。

（2）近期（2020 年）

①规划情景方案

2015 年，全市能源消费总量为 4 059.68 万 tce。根据《包头市“十三五”节能降碳综合工作方案》，到 2020 年全市能源消费增量控制在 730 万 tce 以内，能耗年均增速控制在 3.4%以内。

据此，在规划情景下，到 2020 年全市能源消费总量达到约 4 790 万 tce，按 GDP 达到 5 000 亿元计算，万元 GDP 能耗约为 0.958 tce，比 2015 年降低约 10%。

②调整情景方案

根据《规划纲要》实施中期评估结果，2016 年、2017 年全市 GDP 年增长率分别为 7.6%、5.5%，2017 年 GDP 为 2 753 亿元，据此测算 2015 年 GDP 为 2 425 亿元，万元 GDP 能耗约为 1.673 8 tce。

据《包头市“十三五”节能降碳综合工作方案》，到 2020 年万元 GDP 能耗降低 15%，即达到 1.422 7 tce/万元。据此，在调整情景方案下，按 GDP 达到 3 310 亿元计算，到 2020 年全市能源消费总量将达到 4 700 万 tce。

（3）远期（2035 年）

到 2035 年，包头市支柱产业实现转型升级，产业结构得到进一步优化，第二产业比重下降到 38%，第三产业比重提高到 60%，能耗强度将大幅下降；按照包头市“十二五”期间及“十三五”前期能耗强度降低趋势，参照《国家生态文明建设示范县、市指标（试行）》要求，到 2035 年，包头市万元 GDP 能耗达到 0.7 tce，能源消费总量将达到 5 500 万 tce。

评价期内包头市及各行政区能源消费量预测结果见表 6-1、表 6-2。

表 6-1 评价期内包头市能源消费量预测结果

年份	情景方案	GDP/亿元	能源消耗量/万 tce	能耗强度/（tce/万元）
2015 年		—	4 060	—
近期（2020 年）	规划情景	5 000	4 790	0.958
	调整情景	3 310	4 700	1.422 7
远期（2035 年）		7 850	5 500	0.70

表 6-2 评价期内包头市各行政区能源消费量预测结果 单位：万 tce

行政区		近期（2020 年）		远期（2035 年）
		规划情景	调整情景	
中心城区	稀土高新区	462	453	531
	昆都仑区	1 299	1 275	1 492
	东河区	609	598	699
	青山区	1 043	1 023	1 197
	九原区	403	395	463
	石拐区	123	121	141
	小计	3 939	3 865	4 522

行政区		近期（2020 年）		远期
		规划情景	调整情景	（2035 年）
土右旗		413	406	474
山北地区	固阳县	141	138	162
	达茂旗	249	244	286
	白云矿区	48	47	55
	小计	851	835	503
合计		4 790	4 700	5 500

注：假定各行政区能源效率保持同一水平，以 2015 年各行政区 GDP 占全市 GDP 的比例对评价期内全市能源消费需求量进行区域分配。中心城区含石拐区，下同。

6.1.2　主要能源类型消费预测

包头市主要能源类型包括煤炭、非化石能源（可再生能源）和其他能源（石油、天然气、电力等）。

（1）近期（2020 年）

①规划情景方案

根据《包头市能源网建设规划》《包头市新能源产业实施方案》《包头市工业“十三五”规划》等，未来包头市天然气、生物质能、水能、核电、太阳能等非化石能源比例逐步提升，主要用煤工业行业包括煤化工、电力等将加大节能减排力度，能源消费结构将进一步优化。煤炭、非化石能源在能源消费总量中的比例按照国家和自治区的相关要求执行，到 2020 年煤炭消费量占比达到 80%，非化石能源消费量占比达到 15%，其他能源消费量占比达到 5%。

②调整情景方案

根据《国家能源“十三五”规划》，到 2020 年我国非化石能源消费量占能源消费总量的比重达到 15%；按照《打赢蓝天保卫战三年行动计划》并结合包头市节能减排工作方案，到 2020 年，包头市煤炭消费量占能源消费总量的比重下降到 60%，非化石能源消费量占比达到 15%，其他能源消费量占比达到 25%。

（2）远期（2035 年）

按照国家相关规划要求，考虑到包头市“十三五”期间工业比重下降且产业结构、技术升级，到 2035 年煤炭消费量占总能源消费量的比例下降到 50%，非化石能源占能源消费量占比提高到 20%，其他能源消费量占比达到 30%。

评价期内包头市主要能源消费类型预测结果见表 6-3。

表 6-3 评价期内包头市主要能源消费类型预测结果 单位：%

年份	情景方案	煤炭消费量占比	非化石能源消费量占比	其他能源消费量占比
2015 年		84.92	10.42	4.66
近期（2020 年）	规划情景	80	15	5
	调整情景	60	15	25
远期（2035 年）		50	20	30

6.1.3 能源有效供给能力预测

根据《包头市国民经济和社会发展“十三五”规划纲要》《包头市能源网建设规划》《包头市新能源产业实施方案》《包头市工业“十三五”规划》《包头市支柱行业绿色发展规划》等相关规划，测算 2020 年包头市能源生产和供给水平（表 6-4）。

表 6-4 2020 年包头市能源供给总量预测结果

能源类型	原量纲	折标准煤（tce）
煤炭/（万 t/a）	6 000	4 320
天然气/亿 m^3	10	114
原油/万 t	120	166
其他新能源/万 kW	1 670	1 478
合计	—	6 078

（1）煤炭

按照《包头市工业“十三五”规划》，2020 年包头市将实现煤炭生产能力 6 000 万 t（表 6-5）。

表 6-5 2020 年包头市煤炭供给量预测

类别 \ 企业名称	准格尔煤田	东胜煤田	包头市自有煤矿
保有资源量/亿 t	923.38	257.531 5	—
规划建设规模/（Mt/a）	86.4	161.3	
2015 年产量/万 t	5 920	9 970	—
2020 年规划产量/万 t	7 000	10 000	6 000

其中，土右旗动力煤生产加工基地形成煤炭产能 2 000 万 t；依托大青山煤田西段资源，加快石拐区煤炭产业升级改造，建设焦煤生产加工基地，形成 500 万 t 焦煤产能；同时加快白彦花矿区总体规划审批进程，启动白彦花煤田勘察开发。此外，包头市煤炭主要靠鄂尔多斯市的准格尔煤田和东胜煤田提供。

（2）电力

①风电

“十三五”期间，包头市计划实施风电项目 53 个，涉及包头市白云矿区、达茂旗、固阳县、稀土高新区等 4 个旗县区，重点建设达茂、白云地区和固阳地区两大百万千瓦级风电基地，建成包头北千万千瓦级大型现代风电基地。到 2020 年，风电装机规模将达到 1 000 万 kW。

②太阳能光伏发电

充分利用地区优质的光照资源和矿区废弃闲置土地、灰渣场开展建设太阳能光伏发电和光热发电，带动包头市相关产业集群发展。全面推进包头市采煤沉陷区先进技术光伏产业示范基地、白云矿区光伏超级领跑者基地等项目。到 2020 年，太阳能光伏发电装机容量达到 300 万 kW。

③光热发电

充分发挥优质光照、荒滩等空闲土地和水资源优势，利用最先进的光热发电及储能系统等技术在青山区、达茂旗、九原区等地区开展建设光热示范项目，通过智能调控系统协同发电，提升光热发电的稳定性和持续性，有效解决区域内的弃风弃光限电问题，同时促进电力外送通道送电端的电源结构和调峰能力，合理确定送电比重和受电结构。到 2020 年，光热发电装机容量达到 100 万 kW 以上。

④核电

在包头市开展安全性高、灵活度高且市场适应性强的核动力堆技术应用项目；在青山区等装备技术、建设条件相对成熟的旗县区，开展城市低温供热堆项目建设，并逐步替代常规热源点，成为区域热源点的供热主要组成部分。到 2020 年，建成核电装机容量约 80 万 kW。

⑤生物质能发电

利用农业废物、生活垃圾等资源，通过生物质能应用技术转换为新能源，发展循环经济，提高农作物及垃圾废物利用率，有效缓解能源短缺、改善城市生活环境。在昆都仑区、东河区、土右旗等旗县区建设符合产业规划的垃圾焚烧发电、秸秆发电、生物质沼气发电项目等一系列生物质能项目。到 2020 年，实现生物质发电装机容量 30 万 kW。

⑥抽水蓄能

充分利用蒙西电网负荷低谷时庞大的富余电力装机，结合地区水资源富集和水库上下落差优势条件，在土右旗、九原区等旗县区建设抽水蓄能电站项目。满足蒙西电网及时调峰、填谷需求，同时具备在发电工况和抽水工况之间快速转换功能，为电力系统安全、稳定和经济运行具有重要的作用。到 2020 年，抽水蓄能装机容量 160 万 kW。

（3）天然气

统筹利用天然气、煤制气和进口天然气等多种气源，依托已建成和“十三五”期间建设的天然气支线管道，大力推进旗县支线管道建设，逐步实现城镇和工业园区供应管道天然气，规模较大村庄利用 LNG、CNG 供气。

推进城区天然气管网建设，“十三五”期间新增保障主城区内用气的天然气支线里程 300 km。内蒙古西部天然气股份有限公司铺设的长庆气田—呼和浩特天然气管道与复线两条管道全线建成通气。通气后，长—呼管道与长—呼复线两条管道现已形成双管道供气格局，可保障管道沿线区域至少 10 年以上的用气需求，其中为包头市输气能力达 20 亿 m^3。

（4）石油

呼包鄂成品油管道工程是国家“十二五”规划的油气管网重点工程之一，是呼和浩特石化公司 500 万 t/a 炼油扩能改造项目的配套建设项目，工程包含一干一支，线路总长度约为 307 km。管道干线起于呼和浩特市，途经包头市土右旗、鄂尔多斯市达拉特旗、东胜区等 6 个县（区），止于鄂尔多斯市东胜区鄂尔多斯末站，管道干线全长约 277 km，年输送能力 300 万 t，其中为包头市年输油能力达 120 万 t。

6.1.4 能源供需平衡与压力分析

（1）能耗强度持续下降，能源消费需求总量波动上升

能耗强度持续降低。到 2020 年，万元 GDP 能耗比 2015 年降低 15.0%，年均降低约 3 个百分点。到 2035 年，能耗强度达到 0.7 tce/万元，比 2015 年下降 35.0%，年均降低 2 个百分点。

包头市是一个重工业城市，资源能源型产业比重偏大，在执行国家和自治区节能减排总体要求的前提下，尽管能耗强度持续降低，但能源消费总量仍将呈缓慢增长趋势。预测结果表明，到 2020 年全市能源消费总量预计达到 4 700 万～4 790 万 tce，到 2035 年达到 5 500 万 tce，分别比 2015 年净增 640～730 tce、1 440 万 tce（图 6-1）。

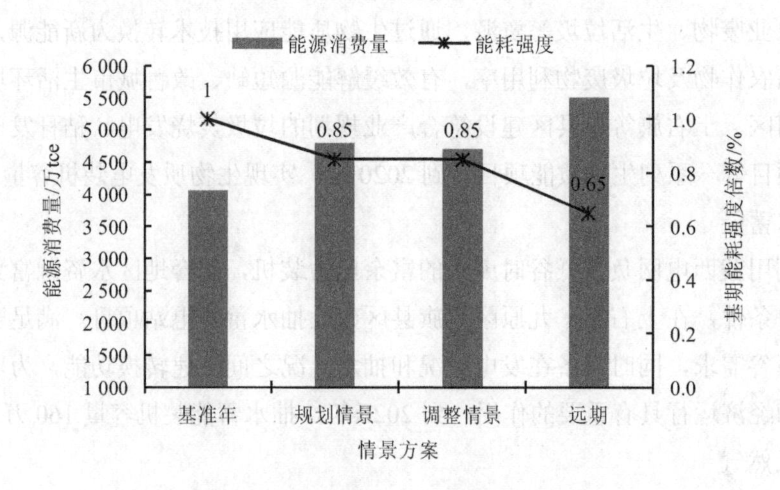

图 6-1 包头市能耗强度变化趋势分析

（2）本地能源供给能力不足，依托外供可满足能源消费需求

能源有效供给能力预测结果显示，到2020年，包头市本地能源（煤炭）供给能力为4 300万tce；到2035年，能源总供给能力达到6 100万tce。

从近期看，全市能源消费需求量为4 700万tce，与本地供给能力相比，供需缺口为400万tce以上。从远期看，全市能源消费需求量达到5 500万tce，超出本地能源供给能力约28%，但仍在能源总供给能力范围内。

包头市地处我国西部能源富集地区，多年来与周边地区形成了良好的能源供求协作机制，可获得周边地区能源供给，未来，能源总供给能力能够满足消费需求，能源供给安全水平较高（图6-2）。

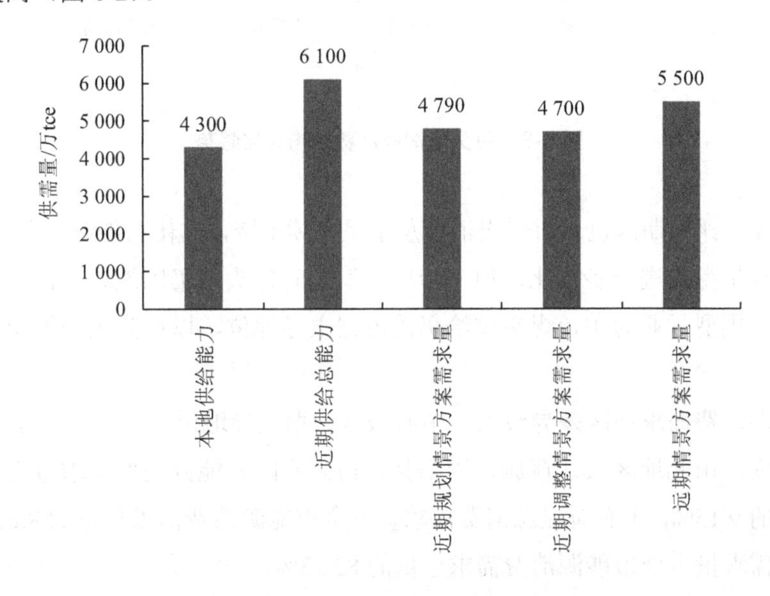

图6-2 包头市未来能源供需分析

（3）能源消费结构得以优化，但以煤为主的能源结构依然不变

“十二五”期间，包头市煤炭消费量呈逐年增加态势。2015年全市煤炭消费量为3 447.14万tce，占总能源消费量的84.92%，比2010年增长6.15%，年均增长1.20%。

预测结果显示，到2020年，煤炭消费量占比60%～80%，较2015年分别下降5～25个百分点，非化石能源消费量占比提高约5个百分点。从远期看，随着产业结构升级转型，节能和新能源开发利用技术不断进步，预计包头市能源消费结构将得到进一步优化，煤炭消费量占比下降到50%，非化石能源消费量占比提高到20%。

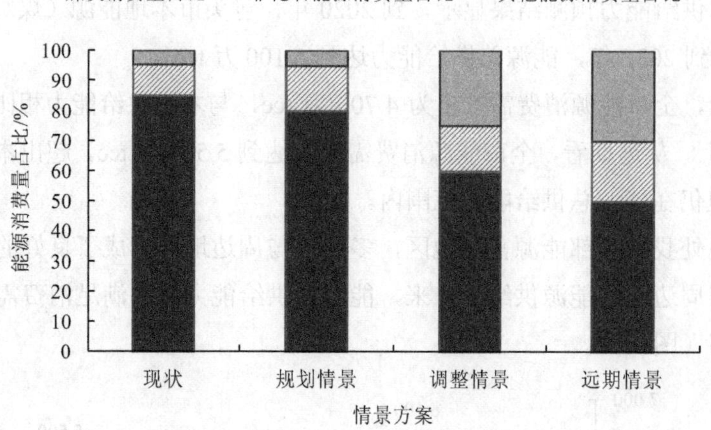

图 6-3 包头市能源消费结构变化趋势

由此可见，评价期内包头市煤炭消费总量呈持续下降，非化石能源消费量持续增长，能源消费结构将得到进一步优化，但“十三五”期间包头市仍以能源、钢铁、煤化工、冶金等能源密集型行业为主，煤炭供给仍然占据主导地位，以煤为主的能源消费结构仍然不变。

（4）能源消费需求地区差异较大，中心城区占据主导地位

评价期内，山北地区（达茂旗、固阳县、白云矿区）能源消费需求量占全市能源消费需求总量的 9.15%，土右旗能源消费需求量占全市能源消费需求总量的 8.62%，中心城区能源消费需求量占全市能源消费需求总量的 82.23%。

由此可见，山南地区尤其是中心城区是未来包头市能源消费集中区，也是节能降耗的重点地区，特别需要加强工业行业能耗管理。

6.2 水资源承载力

6.2.1 需水量预测

采用定额法预测不同情景方案下评价期末包头市居民生活、第一产业、第二产业、第三产业以及生态环境需水量。

其中，居民生活需水量包括城镇居民需水和农村居民需水，第一产业需水量包括农田灌溉用水、牲畜用水和渔业用水，第二产业需水量包括工业用水和建筑业用水，生态环境需水量包括河湖景观补水、市政绿化、环卫用水和洗车用水。

到2020年，各行政区工业、建筑业增加值按2015年各行政区工业、建筑业增加值占全市比例计算。其中，达茂旗含白云矿区。各行政区城镇人口按2015年各行政区城镇人口数占全市城镇人口比例计算（表6-6）。

表6-6　包头市各行政区域工业、建筑业增加值及城镇、农村人口占比　　单位：%

行政区域	市五区	石拐区	土右旗	固阳县	达茂旗	合计
工业增加值占比	69.6	5.3	11.5	4.6	9.0	100
建筑业增加值占比	78.9	1.2	8.3	4.1	7.6	100
城镇人口占比	87.4	1.3	5.5	2.6	3.2	100
农村人口占比	32.4	1.5	33.4	22.5	10.3	100

（1）情景方案设计

为评价包头市经济社会发展对水资源的压力和影响，设计规划情景方案、调整情景方案等2个近期情景方案、1个远期情景方案。在此基础上预测不同情景方案下全市、各旗县区的水资源需求量，综合评价水资源承载压力趋势。

1）近期情景方案

①规划情景方案

A. 生产用水指标

根据《包头市“十三五”水务发展规划》《包头市“十三五”工业发展规划》等相关规划确定生产用水定额指标。

到2020年，万元工业增加值用水量达到14.0 m^3；建筑业用水定额为4.5 m^3/万元。

有效灌溉面积达到241万亩，其中高效节水灌溉面积达到100万亩，农田灌溉用水定额为150～280 m^3/亩（在基准年基础上减少5.0%），农田灌溉水有效利用系数达到0.55；大、小牲畜用水定额分别取值40 L/（头·d）、10 L/（头·d）。

B. 生活用水指标

根据《包头市“十三五”水务发展规划》确定居民生活用水定额。到2020年中心城区城镇居民用水定额为90 L/（人·d），其他地区城镇居民用水定额为60 L/（人·d），农村居民用水定额为40 L/（人·d）。

C. 生态环境用水指标

根据《包头市“十三五”水务发展规划》确定生态环境用水定额指标。到2020年，包头市河湖景观补水指标为8 000 m^3/公顷，市政绿化用水定额为2.0 L/（m^2·d），环卫用水定额为2.0 L/（m^2·d），生态绿化用水定额为150 m^3/亩。

其中，市政绿化、环卫用水日数按75 d/a计算（下同）。

②调整情景方案

A. 生产用水指标

根据《包头市人民政府关于实行最严格水资源管理制度的实施意见》的目标任务要求，参照国家《节水型社会建设“十三五”规划》确定的目标，到2020年，万元工业增加值用水量在2015年的基础上下降20%。

到2020年，包头市万元工业增加值用水量为12.2 m^3；建筑业用水定额为4.0 m^3/万元。

有效灌溉面积达到241万亩，其中高效节水灌溉面积达到100万亩；农田灌溉用水定额为140～250 m^3/亩（在基准年基础上减少10%），农田灌溉水有效利用系数达到0.55。大、小牲畜用水定额分别取值40 L/（头·d）、10 L/（头·d）。

B. 生活用水指标

根据《包头市“十三五”水务发展规划》确定居民生活用水定额。到2020年中心城区城镇居民用水定额为100 L/（人·d），其他地区城镇居民用水定额为70 L/（人·d），农村居民用水定额为50 L/（人·d）。

C. 生态环境用水指标

根据《包头市“十三五”水务发展规划》确定生态环境用水定额指标。到2020年，包头市河湖景观补水指标取值10 000 m^3/公顷，市政绿化用水定额为2.0 L/（m^2·d），环卫用水定额为2.0 L/（m^2·d），生态绿化用水定额为150 m^3/亩。

2）远期情景方案

基于“十二五”期间水资源利用趋势，并考虑节水技术进步和《国家生态文明建设示范县、市指标（试行）》要求，确定相关参数。

①生产用水指标

到2035年，包头市万元工业增加值用水量比2015年（15.27 m^3/万元）下降35%左右，达到10.0 m^3/万元；建筑业用水定额比调整情景方案的用水定额下降12.5%左右，达到3.5 m^3/万元。

农田灌溉面积保持在2020年水平，灌溉用水定额在规划情景方案基础上年均降低1.0%。

②生活用水指标

到2035年，中心城区城镇居民用水定额为100 L/（人·d），其他地区城镇居民用水定额为80 L/（人·d），农村居民用水定额为60 L/（人·d）。

③生态环境用水指标

到2035年，包头市河湖景观补水指标取值10 000 m^3/公顷，市政绿化用水定额为2.0 L/（m^2·d），环卫用水定额为2.0 L/（m^2·d），生态绿化用水定额为150 m^3/亩。

（2）近期需水量预测结果

1）规划情景方案

①居民生活需水量

到 2020 年，包头市城镇化率达到 85%，常住城镇人口居民总数为 263.5 万人，农村人口为 46.5 万人。

居民生活需水总量为 8 972 万 m^3，其中，城镇居民生活需水量为 8 293 万 m^3，占需水总量的 92.4%；农村居民生活需水量为 679 万 m^3，占需水总量的 7.6%（表 6-7）。

表 6-7　规划情景方案下包头市居民生活需水量预测结果

行政区	城镇			农村			合计/万 m^3
	人口/万人	定额/[L/（人·d）]	需水量/万 m^3	人口/万人	定额/[L/（人·d）]	需水量/万 m^3	
市五区	230.3	90	7 566	15	40	220	7 786
石拐区	3.5	60	77	0.7	40	10	87
土右旗	14.5	60	318	15.5	40	227	545
固阳县	6.7	60	148	10.4	40	152	300
达茂旗	8.4	60	184	4.8	40	70	253
合计	263.5	—	8 293	46.5	—	679	8 972

②生产需水量

到 2020 年，包头市生产需水总量为 99 244.14 万 m^3，其中第一产业需水总量为 60 930.54 万 m^3，占生产需水总量的 61.4%（表 6-8）；第二产业需水量为 34 725.00 万 m^3，占生产需水总量的 35.0%（表 6-9）；第三产业需水量为 3 588.60 万 m^3，占生产需水总量的 3.6%（表 6-10）。

表 6-8　规划情景方案下包头市第一产业需水量预测结果

<table>
<tr><th rowspan="3">行政区</th><th colspan="3" rowspan="2">农田灌溉</th><th colspan="6">牲畜</th><th rowspan="3">渔业/万 m³</th><th rowspan="3">合计/万 m³</th></tr>
<tr><th colspan="3">大畜</th><th colspan="3">小畜</th></tr>
<tr><th>面积/万亩</th><th>定额/m³/亩</th><th>需水量/万 m³</th><th>数量/万头</th><th>定额/[L/（头·d）]</th><th>需水量/万 m³</th><th>数量/万只</th><th>定额/[L/（只·d）]</th><th>需水量/万 m³</th></tr>
<tr><td>市五区</td><td>41.96</td><td>220.42</td><td>9 248.78</td><td>21.6</td><td rowspan="5">40</td><td>315.36</td><td>34.79</td><td rowspan="5">10</td><td>126.29</td><td>184.2</td><td>9 874.6</td></tr>
<tr><td>石拐区</td><td>3.33</td><td>180.65</td><td>601.57</td><td>0.33</td><td>4.818</td><td>9.81</td><td>35.61</td><td>0</td><td>642.0</td></tr>
<tr><td>土右旗</td><td>130.35</td><td>282.95</td><td>36 882.27</td><td>31.32</td><td>457.272</td><td>209.51</td><td>760.52</td><td>147.37</td><td>38 247.4</td></tr>
<tr><td>固阳县</td><td>31.86</td><td>173.19</td><td>5 517.98</td><td>5.99</td><td>87.454</td><td>164.49</td><td>597.1</td><td>0</td><td>6 202.5</td></tr>
<tr><td>达茂旗</td><td>33.95</td><td>152.8</td><td>5 187.49</td><td>8.08</td><td>117.968</td><td>181.4</td><td>658.48</td><td>0</td><td>5 963.9</td></tr>
<tr><td>合计</td><td>241.45</td><td>—</td><td>57 438.09</td><td>67.32</td><td>—</td><td>982.872</td><td>600</td><td>—</td><td>2 178</td><td>331.57</td><td>60 930.5</td></tr>
</table>

表 6-9 规划情景方案下包头市第二产业需水量预测结果

行政区	工业			建筑业			合计/万 m^3
	增加值/亿元	定额/（m^3/万元）	需水量/万 m^3	增加值/亿元	定额/（m^3/万元）	需水量/万 m^3	
市五区	1 671.33	14	23 398.58	197.14	4.5	887.14	24 285.72
石拐区	127.16		1 780.273	2.95		13.26	1 793.54
土右旗	275.59		3 858.251	20.74		93.35	3 951.60
固阳县	110.39		1 545.448	10.26		46.16	1 591.61
达茂旗	215.53		3 017.448	18.91		85.08	3 102.53
合计	2 400.00		33 600	250.00		1 125.00	34 725.00

表 6-10 规划情景方案下包头市第三产业需水量预测结果

行政区	生活需水量/万 m^3	占生活需水量比重/%	服务业需水量/万 m^3
市五区	7 785.54	0.4	3 114.22
石拐区	87.23		34.89
土右旗	545.18		218.07
固阳县	300.25		120.10
达茂旗	253.31		101.32
合计	8 971.51	—	3 588.60

③生态环境需水量

到 2020 年，包头市生态环境需水总量为 6 430.1 万 m^3，其中河湖景观补水需水量为 1 329.9 万 m^3，市政绿化需水量为 899.8 万 m^3，环卫需水量为 833.0 万 m^3，生态绿化需水量为 3 367.5 万 m^3，分别占生态环境需水总量的 20.6%、14.0%、13.0%、52.4%（表 6-11）。

④规划情景方案需水总量

在规划情景方案下，到 2020 年包头市全社会需水总量为 114 645.77 万 m^3。其中，居民生活需水量占 7.8%，生产需水量占 86.6%，生态环境需水量占 5.6%（表 6-12）。

2）调整情景方案

①居民生活需水量

到 2020 年，包头市城镇化率达到 84.0%，常住城镇人口总数为 260.40 万人，农村人口为 49.60 万人。

居民生活需水总量为 10 051 万 m^3，其中，城镇居民生活需水量为 9 145 万 m^3，占需水总量的 91.0%；农村居民生活需水量为 906 万 m^3，占需水总量的 9.0%（表 6-13）。

表 6-11　规划情景方案下包头市生态环境需水量预测结果

行政区	河湖景观补水			市政绿化			环卫			生态绿化			合计/万 m^3
	面积/公顷	定额/（m^3/公顷）	需水量/万 m^3	面积/万 m^2	定额/［L/（m^2·d）］	需水量/万 m^3	面积/万 m^2	定额/［L/（m^2·d）］	需水量/万 m^3	面积/万亩	定额/（m^3/亩）	需水量/万 m^3	
市五区	1 595.3	8 000.0	1 276.3	4 406.5	2.0	661.0	4 651.0	2.0	697.7	13.0	150.0	1 950.0	4 584.9
石拐区	7.0		5.6	80.9		12.1	63.0		9.5	2.0		300.0	327.2
土右旗	26.7		21.3	724.1		108.6	423.0		63.5	5.5		817.5	1 010.9
固阳县	13.3		10.7	459.9		69.0	230.0		34.5	1.0		150.0	264.2
达茂旗	20.0		16.0	327.3		49.1	186.0		27.9	1.0		150.0	243.0
合计	1 662.3		1 329.9	5 998.8		899.8	5 553.0		833.0	22.5		3 367.5	6 430.1

注：市政用水定额根据《建筑给水排水设计规范》（GB 50015—2009）为 1.8 L/（m^2·d），本次规划市政绿化浇灌时间按照 75 d 考虑，按照一天浇一次计算；环卫用水定额根据《建筑给水排水设计规范》（GB 50015—2009）为 1.8 L/（m^2·d），本次预测环卫用水时间按照 75 d 考虑，按照一天喷洒一次计算。

表 6-12 规划情景方案下包头市全社会需水总量预测结果 单位：万 m³

行政区	居民生活需水量	生产需水量			生态需水量	合计
		第一产业	第二产业	第三产业		
市五区	7 785.54	9 874.63	24 285.72	3 114.22	4 584.89	49 645.00
石拐区	87.23	642.00	1 793.54	34.89	327.18	2 884.83
土右旗	545.18	38 247.43	3 951.60	218.07	1 010.91	43 973.19
固阳县	300.25	6 202.53	1 591.61	120.10	264.15	8 478.64
达茂旗	253.31	5 963.94	3 102.53	101.32	243.00	9 664.11
合计	8 971.51	60 930.54	34 725.00	3 588.60	6 430.12	114 645.77

表 6-13 调整情景方案下包头市居民生活需水量预测结果

行政区		市五区	石拐区	土右旗	固阳县	达茂旗	合计
城镇	人口/万人	227.6	3.4	14.3	6.8	8.3	260.4
	定额/［L/（人·d)］	100	70	70	70	70	—
	需水量/万 m³	8307	86	366	173	213	9 145
农村	人口/万人	16.1	0.7	16.6	11.2	5.1	49.6
	定额/［L/（人·d)］	50	50	50	50	50	—
	需水量/万 m³	293	14	302	204	93	906
合计/万 m³		8 600	100	668	377	306	10 051

②生产需水量

到 2020 年，包头市生产需水总量为 77 777 万 m³，其中第一产业需水总量为 57 907 万 m³，占生产需水总量的 74.4%(表 6-14)；第二产业需水量为 15 850 万 m³，占生产需水总量的 20.4%（表 6-15)；第三产业需水量为 4 020 万 m³，占生产需水总量的 5.2%（表 6-16)。

表 6-14 调整情景方案下包头市第一产业需水量预测结果

行政区			市五区	石拐区	土右旗	固阳县	达茂旗	合计
农田灌溉		面积/万亩	41.96	3.33	130.35	31.86	33.95	241.45
		定额/m³/亩	208.82	171.14	268.06	164.08	144.76	—
		需水量/万 m³	8 762.0	569.9	34 941.1	5 227.6	4 914.5	54 415.0
牲畜	大畜	数量/万头	21.6	0.33	31.32	5.99	8.08	67.32
		定额/［L/（头·d)］			40			—
		需水量/万 m³	315.36	4.82	457.27	87.45	117.97	982.872
	小畜	数量/万只	34.79	9.81	209.51	164.49	181.4	600
		定额/［L/（只·d)］			10			—
		需水量/万 m³	126.29	35.61	760.52	597.1	658.48	2 178
渔业/万 m³			184.2	0	147.37	0	0	331.57
合计			9 387.9	610.3	36 306.3	5 912.1	5 690.9	57 907.5

表 6-15 调整情景方案下包头市第二产业需水量预测结果

行政区		市五区	石拐区	土右旗	固阳县	达茂旗	合计
工业	增加值/亿元	870	66	144	58	113	1 250
	定额/（m^3/万元）	12.2					
	需水量/万 m^3	10 614	808	1 754	702	1 373	15 250
建筑业	增加值/亿元	118	2	12	6	11	150
	定额/（m^3/万元）	4.0					
	需水量/万 m^3	473	7	50	25	46	600
合计	第二产业增加值/亿元	988	68	156	64	124	1 400
	需水量/万 m^3	11 087	815	1 804	726	1 418	15 850

表 6-16 调整情景方案下包头市第三产业需水量预测结果

行政区	生活需水量/万 m^3	占生活需水量比重/%	服务业需水量/万 m^3
市五区	8 600	0.4	3 440
石拐区	100		40
土右旗	668		267
固阳县	377		151
达茂旗	306		122
合计	10 051	—	4 020

③生态环境需水量

到 2020 年，包头市生态环境需水总量为 6 762.6 万 m^3，其中河湖景观补水需水量为 1 662.32 万 m^3，市政绿化需水量为 899.82 万 m^3，环卫需水量为 832.95 万 m^3，生态绿化需水量为 3 367.50 万 m^3，分别占生态环境需水总量的 24.6%、13.3%、12.3%、49.8%（表 6-17）。

④调整情景方案需水总量

在调整情景方案下，到 2020 年包头市全社会需水总量为 94 591 万 m^3，居民生活需水量占 10.6%，生产需水量占 82.3%，生态环境需水量占 7.1%（表 6-18）。

（3）远期需水量预测结果

①居民生活需水量

在保持“十二五”期间节水技术条件下，到 2035 年包头市居民生活需水总量为 12 102 万 m^3，其中，城镇居民生活需水量占 92.6%，农村居民生活需水量占 7.4%（表 6-19）。

②生产需水量

在保持“十二五”期间节水技术条件下，到 2035 年包头市生产需水总量为 85 783.42 万 m^3。其中，第一产业需水量为 52 892.55 万 m^3，占生产需水总量的 61.6%（表 6-20）；第二产业需水量为 28 050.00 万 m^3，占生产需水总量的 32.7%（表 6-21）；第三产业需水量为 4 840.86 万 m^3，占生产需水总量的 5.6%（表 6-22）。

表 6-17 调整情景方案下包头市生态环境需水量预测结果

行政区	河湖景观补水			市政绿化			环卫			生态绿化			合计/万 m^3
	面积/公顷	定额/（m^3/公顷）	需水量/万 m^3	面积/万 m^2	定额/[L/（m^2·d）]	需水量/万 m^3	面积/万 m^2	定额/[L/（m^2·d）]	需水量/万 m^3	面积/万亩	定额/（m^3/亩）	需水量/万 m^3	
市五区	1 595.3	10 000.0	1 595.3	4 406.5	2.0	661.0	4 651.0	2.0	697.7	13.0	150.0	1 950.0	4 904.0
石拐区	7.0		7.0	80.9		12.1	63.0		9.5	2.0		300.0	328.6
土右旗	26.7		26.7	724.1		108.6	423.0		63.5	5.5		817.5	1 016.2
固阳县	13.3		13.3	459.9		69.0	230.0		34.5	1.0		150.0	266.8
达茂旗	20.0		20.0	327.3		49.1	186.0		27.9	1.0		150.0	247.0
合计	1 662.3		1 662.3	5 998.8		899.8	5 553.0		833.0	22.5		3 367.5	6 762.6

注：市政用水定额根据《建筑给水排水设计规范》（GB 50015—2009）为 1.8 L/（m^2·d），本次规划市政绿化浇灌时间按照 75 d 考虑，按照一天浇一次计算；环卫用水定额根据《建筑给水排水设计规范》（GB 50015—2009）为 1.8 L/（m^2·d），本次预测环卫用水时间按照 75 d 考虑，按照一天喷洒一次计算。

表 6-18　调整情景方案下包头市全社会需水总量预测结果　单位：万 m³

行政区	居民生活需水量	生产需水量			生态需水量	合计
		第一产业	第二产业	第三产业		
市五区	8 600	9 388	11 087	3 440	4 904	37 419
石拐区	100	610	815	40	329	1 894
土右旗	668	36 306	1 804	267	1 016	40 062
固阳县	377	5 912	726	151	267	7 433
达茂旗	306	5 691	1 418	122	247	7 784
合计	10 051	57 907	15 850	4 020	6 763	94 591

表 6-19　2035 年包头市居民生活需水量预测结果

行政区		市五区	石拐区	土右旗	固阳县	达茂旗	合计
城镇	人口/万人	275.3	4.2	17.4	8.1	10.0	315.0
	定额/［L/（人·d）］	100	80	80	80	80	—
	需水量/万 m³	10 050	123	507	236	293	11 208
农村	人口/万人	11.3	0.5	11.7	7.9	3.6	35.0
	定额/［L/（人·d）］	70	70	70	70	70	—
	需水量/万 m³	289	13	299	201	92	894
合计/万 m³		10 339	136	806	436	384	12 102

表 6-20　2035 年包头市第一产业需水量预测结果

行政区			市五区	石拐区	土右旗	固阳县	达茂旗	合计
农田灌溉		面积/万亩	41.96	3.33	130.35	31.86	33.95	241.45
		定额/（m³/亩）	189.57	155.37	243.35	148.96	131.42	—
		需水量/万 m³	7 954.49	517.39	31 720.91	4 745.78	4 461.55	49 400.11
牲畜	大畜	数量/万头	21.6	0.33	31.32	5.99	8.08	67.32
		定额/［L/（头·d）］	40					—
		需水量/万 m³	315.36	4.818	457.272	87.454	117.968	982.872
	小畜	数量/万只	34.79	9.81	209.51	164.49	181.4	600
		定额/［L/（只·d）］	10					—
		需水量/万 m³	126.29	35.61	760.52	597.1	658.48	2 178
渔业/万 m³			184.2	0	147.37	0	0	331.57
合计/万 m³			8 580.3	557.8	33 086.1	5 430.3	5 238.0	52 892.6

表 6-21 2035 年包头市第二产业需水量预测结果

行政区		市五区	石拐区	土右旗	固阳县	达茂旗	合计
工业	增加值/亿元	1 879.20	143.10	310.50	124.20	243.00	2 700.00
	定额/（m^3/万元）	10					
	需水量/万 m^3	18 792.00	1 431.00	3 105.00	1 242.00	2 430.00	27 000
建筑业	增加值/亿元	236.40	3.60	24.90	12.30	22.80	300.00
	定额/（m^3/万元）	3.5					
	需水量/万 m^3	827.40	12.60	87.15	43.05	79.80	1 050.00
合计/万 m^3		19 619.40	1 443.60	3 192.15	1 285.05	2 509.80	28 050.00

表 6-22 2035 年包头市第三产业需水量预测结果

行政区	生活需水量/万 m^3	占生活需水量比重/%	第三产业需水量/万 m^3
市五区	10 338.90	0.40	4 135.56
石拐区	136.20		54.48
土右旗	806.21		322.48
固阳县	436.39		174.56
达茂旗	384.47		153.79
合计	12 102.16	—	4 840.86

③生态环境需水量

到 2035 年，包头市生态环境需水总量为 6 762.6 万 m^3，其中河湖景观补水需水量为 1 662.32 万 m^3，市政绿化需水量为 899.82 万 m^3，环卫需水量为 832.95 万 m^3，生态绿化需水量为 3 367.50 万 m^3，分别占生态环境需水总量的 24.6%、13.3%、12.3%、49.8%（表 6-23）。

④远期需水总量

到 2035 年，包头市全社会需水总量为 104 648.17 万 m^3，其中居民生活需水量约为 12 102.16 万 m^3，约占全社会需水总量的 11.5%；生产需水量为 85 783.42 万 m^3，占全社会需水总量的 82.0%；生态环境需水量为 6 762.59 万 m^3，占全社会需水总量的 6.5%（表 6-24）。

表6-23　2035年包头市生态环境需水量预测结果

行政区	河湖景观补水			市政绿化			环卫			生态绿化			合计/万 m^3
	面积/公顷	定额/（m^3/公顷）	需水量/万 m^3	面积/万 m^2	定额/[L/（m^2·d）]	需水量/万 m^3	面积/万 m^2	定额/[L/（m^2·d）]	需水量/万 m^3	面积/万亩	定额/（m^3/亩）	需水量/万 m^3	
市五区	1 595.3	10 000.0	1 595.3	4 406.5	2.0	661.0	4 651.0	2.0	697.7	13.0	150.0	1 950.0	4 904.0
石拐区	7.0		7.0	80.9		12.1	63.0		9.5	2.0		300.0	328.6
土右旗	26.7		26.7	724.1		108.6	423.0		63.5	5.5		817.5	1 016.2
固阳县	13.3		13.3	459.9		69.0	230.0		34.5	1.0		150.0	266.8
达茂旗	20.0		20.0	327.3		49.1	186.0		27.9	1.0		150.0	247.0
合计	1 662.3		1 662.3	5 998.8		899.8	5 553.0		833.0	22.5		3 367.5	6 762.6

注：市政用水定额根据《建筑给水排水设计规范》（GB 50015—2009）为1.8 L/（m^2·d），本次规划市政绿化浇灌时间按照75 d考虑，按照一天浇一次计算；环卫用水定额根据《建筑给水排水设计规范》（GB 50015—2009）为1.8 L/（m^2·d），本次预测环卫用水时间按照75 d考虑，按照一天喷洒一次计算。

表 6-24 2035 年包头市全社会需水总量预测结果 单位：万 m³

行政区	居民生活需水量	生产需水量			生态环境需水量	合计
		第一产业	第二产业	第三产业		
市五区	10 338.90	8 580.34	19 619.40	4 135.56	4 903.95	47 578.15
石拐区	136.20	557.81	1 443.60	54.48	328.58	2 520.68
土右旗	806.21	33 086.07	3 192.15	322.48	1 016.24	38 423.15
固阳县	436.39	5 430.34	1 285.05	174.56	266.82	7 593.15
达茂旗	384.47	5 237.99	2 509.80	153.79	247.00	8 533.05
合计	12 102.16	52 892.55	28 050.00	4 840.86	6 762.59	104 648.17

6.2.2 可利用水资源量

包头市可供水水源包括地下水、地表水、黄河过境水、城市污水处理厂再生水、雨洪水等。在各类可供水水源的可利用量约束下，根据现有供水工程设施和规划期内拟建水源工程设施的供水能力，预测各类水源的可供水量。当供水工程的供水能力大于可利用水量时，可供水量等于可利用量；当供水工程的供水能力小于可利用水量时，可供水量等于工程供水能力。

（1）地下水

考虑到现状地下水取水井数量多，取水能力远远大于可开采量，局部地方出现超采现象，且地下水取水工程成本低、施工便利快捷等因素，按照水资源的可持续利用和经济社会的可持续发展的需要确定地下水可供水量。市区按地下水资源可开采量的 80%作为可供水量；土右旗将地下水资源可开采量的 80%作为可供水量；固阳县由于生产生活都集中在相对平缓的山间平原区，地下水供水量按地下水资源可开采量的 70%作为可供水量；石拐区、达茂旗按地下水资源可开采量的 80%作为可供水量；其余地下水资源量作为恢复超采量的补给量和后备水源的储备量；2020 年全市地下水可供水量为 40 112.99 万 m³。

（2）地表水

当地地表水可供水量按其已建和规划新建的水库工程等工程的供水能力的 80%作为可供水量。2014 年的地表水可供水量为 4 233 万 m³，2020 年将新建塔令宫水库、五当沟水库、敕勒川水库、塔布河水库等水库工程，届时全市当地地表水可供水量可达到 7 096 万 m³。

（3）黄河过境水

由于黄河来水流量较大，且已建工程的供水能力较大，可供水预测时把工程取水指标作为可供水量。2020 年全市黄河水可供水量为 5.5 亿 m³。

（4）城市再生水可利用量

根据《建设项目水资源论证导则》《包头市城市再生水资源利用规划》中关于污水再生利用的水量为一般污水处理厂实际水量的 50%～70%、最大不超过 80%的规定，生活、服务业、工业废水排放系数分别为 0.8、0.8、0.25；市区、其他旗县区污水处理率分别为 95%、90%；市区、其他旗县区再生水系统利用率分别为 70%、60%。

经计算，到 2020 年、2035 年再生水量分别为 14 065.15 万 m^3、18 013.76 万 m^3（表 6-25、表 6-26）。

表 6-25　2020 年包头市再生水量预测结果

行政区	废水排放量/万 m^3				污水处理率/%	污水处理量/万 m^3	再生水利用率/%	再生水量/万 m^3
	生活	工业	服务业	小计				
市五区	6 891.2	7 792.71	2 756.48	17 440.38	95	16 568.36	70	11 597.85
石拐区	30.13	288.38	12.05	330.56	90	297.51	60	178.51
土右旗	708.06	625.41	283.22	1 616.70		1 455.03		873.01
固阳县	238.94	384.94	95.57	719.47		647.52		388.51
达茂旗	149.27	1 693.35	59.71	1 902.33		1 712.09		1 027.25
合计	8 017.62	10 784.79	3 207.04	22 009.46	94	20 680.53	—	14 065.15

注：包头钢铁污水处理厂再生水量为 5 713.73 万 m^3；包头铝业污水处理厂再生水量为 1 138.05 万 m^3。

表 6-26　2035 年包头市再生水量预测结果

行政区	废水排放量/万 m^3				污水处理率/%	污水处理量/万 m^3	再生水利用率/%	再生水量/万 m^3
	生活	工业	服务业	小计				
市五区	7 778.85	11 245.3	3 111.54	22 135.72	95	21 028.93	70	14 720.25
石拐区	34.02	416.5	13.61	464.12	90	417.71	60	250.62
土右旗	799.88	902.4	319.95	2 022.23		1 820.01		1 092.00
固阳县	269.98	555.3	107.99	933.30		839.97		503.98
达茂旗	168.57	2 443.5	67.42	2 679.44		2 411.50		1 446.90
合计	9 051.30	15 563.0	3 620.51	28 234.81	94	26 518.11	—	18 013.76

注：包头钢铁污水处理厂再生水量为 5 713.73 万 m^3，包头铝业污水处理厂再生水量为 1 138.05 万 m^3。

（5）雨洪水资源可利用量

雨洪水资源化利用仅考虑城市建成区，主要用于城市绿化。根据雨洪水资源化利用工程规划计算分析结果，到 2020 年包头市市区雨洪水资源可利用量为 1 790 万 m^3。

（6）可利用水资源总量

①近期（2020 年）

到 2020 年，在仅考虑常规水源的情况下，包头市可利用水资源量为 102 208.99 万 m^3；在考虑再生水等非常规水源的情况下，可利用水资源量达到 118 064.15 万 m^3（表 6-27）。

表 6-27 2020 年包头市可利用水资源量预测结果 单位：万 m³

行政区	常规水资源				非常规水资源			合计
	地下水	黄河水	地表水	小计	再生水	雨洪水	小计	
市五区	14 281.71	23 100	1 675	39 056.71	11 597.85	1 790	13 387.85	52 444.56
石拐区	1 894.65	0	650	2 544.65	178.51	0	178.51	2 723.15
土右旗	11 797.9	31 900	3 616	47 313.9	873.01	0	873.01	48 186.91
固阳县	6 097.91	0	375	6 472.91	388.51	0	388.51	6 861.42
达茂旗	6 040.82	0	780	6 820.82	1 027.25	0	1 027.25	7 848.07
合计	40 112.99	55 000	7 096	102 208.99	14 065.15	1 790	15 855.15	118 064.14

②远期（2035 年）

根据可供水分析结果，到 2035 年，包头市最大可利用水资源量为 122 012.75 万 m³，其中，常规水资源可利用量为 102 208.99 万 m³，非常规水资源可利用量为 19 803.76 万 m³（表 6-28）。

表 6-28 2035 年包头市可利用水资源量预测结果 单位：万 m³

行政区	常规水资源				非常规水资源			合计
	地下水	黄河水	地表水	小计	再生水	雨洪水	小计	
市五区	14 281.71	23 100	1 675.00	39 056.71	14 720.25	1 790	16 510.25	55 566.96
石拐区	1 894.65	0.00	650.00	2 544.65	250.62	0.0	250.62	2 795.27
土右旗	11 797.90	31 900	3 616.00	47 313.90	1 092.00	0.0	1 092.00	48 405.90
固阳县	6 097.91	0.00	375.00	6 472.91	503.98	0.0	503.98	6 976.89
达茂旗	6 040.82	0.00	780.00	6 820.82	1 446.90	0.00	1 446.90	8 267.72
合计	40 112.99	55 000	7 096.00	102 208.99	18 013.76	1790	19 803.76	122 012.8

6.2.3 水资源承载压力趋势分析

（1）现状水资源供需基本平衡，非常规水源作用日渐显现

包头市水资源可利用总量为 11.64 亿 m³，其中包括黄河取水指标 5.5 亿 m³，本地自产水资源量 6.14 亿 m³。本地地表水资源可利用量为 1.03 亿 m³，地下水资源可开采量为 5.12 亿 m³，地表水资源可利用量与地下水资源可开采量之间的重复计算量为 0.01 亿 m³。

2010—2016 年，包头市年均本地水资源总量为 6.56 亿 m³，变动幅度在 5.07 亿～8.95 亿 m³；以地下水为主，年均地下水资源总量为 6.01 亿 m³，占本地水资源总量的 91.7%；年均用水总量为 10.46 亿 m³。在考虑黄河取水指标的情况下，除 2011 年外，年均盈余水量为 1.60 亿 m³，最大盈余水量为 4.15 亿 m³。

2017 年，全市生产、生活、生态用水总量为 105 765 万 m³，与多年平均水资源可利

用总量相比，剩余 1.06 亿 m^3（图 6-4）。

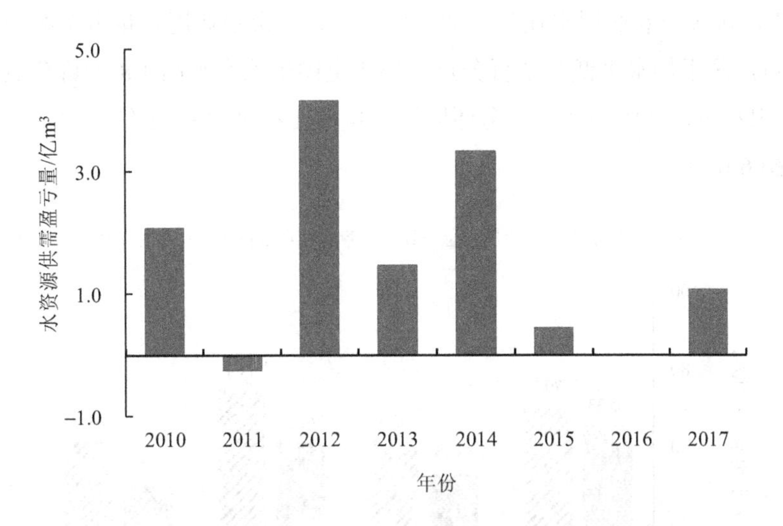

图 6-4　包头市现状水资源承载力分析

（2）常规水源供水条件下，未来水资源供需压力仍然存在

到 2020 年，在不考虑再生水等非常规水源的情况下，规划情景方案下全市水资源供需缺口将达到 12 436 万 m^3，调整情景方案下水资源盈余量达到 7 618 万 m^3；在考虑再生水等非常规水源且实施强化节水措施的情况下可实现水资源供需平衡，规划情景方案下水资源盈余量为 3 419 万 m^3，调整情景方案下水资源盈余量达到 23 473 万 m^3。

到 2035 年，在不考虑再生水等非常规水源的情况下，全市水资源供需缺口将达到 2 439 万 m^3；在考虑再生水、雨洪水等非常规水源的情况下，全市水资源盈余量可达到 17 365 万 m^3，可利用水资源能够满足发展所需（图 6-5）。

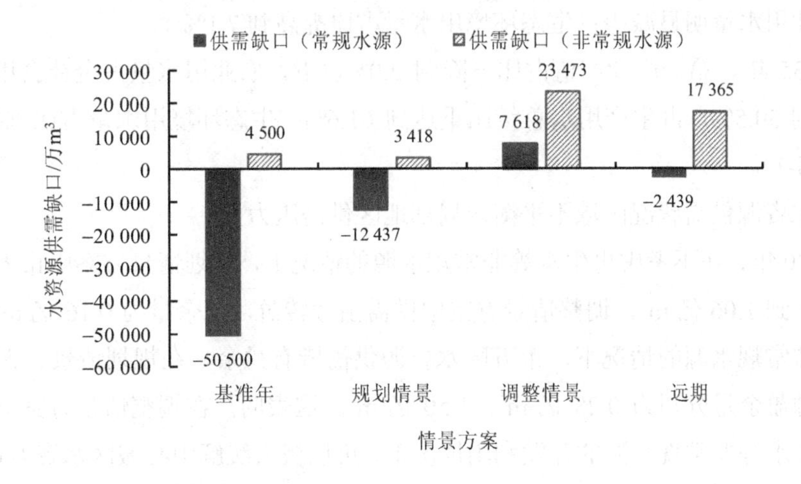

图 6-5　包头市水资源供需趋势分析

（3）生态环境用水量占比提高，用水结构有待进一步优化

2016 年，包头市农业用水在各行业中居首位，全市农业用水量占全社会总用水量的 65.3%，比自治区平均水平低 9 个百分点，但比全国平均水平高 1.8 个百分点；生产用水总量中农业用水量占 70%以上。生态环境用水量占比不足 3%，远低于自治区的平均水平（12.1%）（图 6-6）。

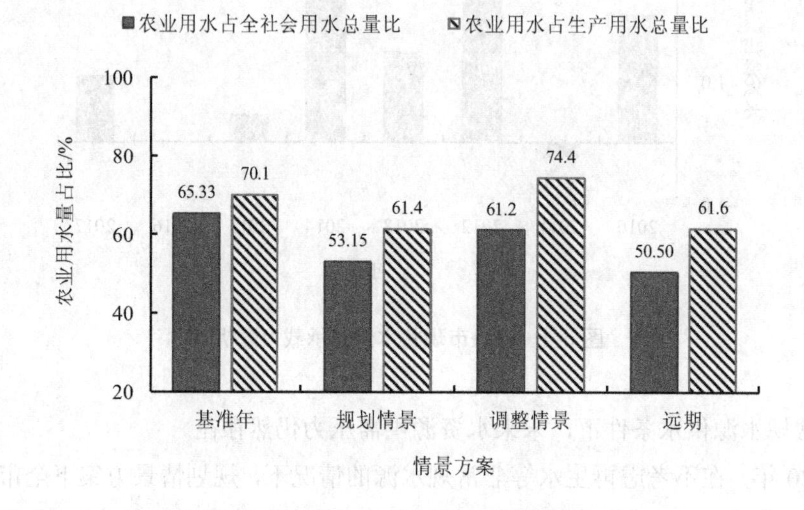

图 6-6 包头市农业用水占比变化趋势分析

到 2020 年，在考虑再生水等非常规水源且实施强化节水措施的情况下，规划情景方案中农业用水量占全社会用水总量的比重下降到 53.2%，占生产用水总量的比重下降到 61.4%；生态环境用水量占全社会用水总量的比重达到 5.6%。调整情景方案下，农业用水量占全社会用水量、生产用水量的比重有所提高，分别达到 61.2%、74.4%，主要原因是第二产业用水量明显减少；生态环境用水量占比提高到 7.1%。

到 2035 年，第一产业产值占比下降到 2.0%以下，农业用水量占全社会用水总量的比重下降到 50.5%，占生产用水总量比重达到 61.6%；生态环境用水量占比维持在 6.5%左右（图 6-7）。

（4）水资源供需状况区域不平衡，局部地区供需压力大

到 2020 年，在不考虑再生水等非常规水源的情况下，规划情景方案中市五区水资源供需缺口达到 1.06 亿 m^3，调整情景方案中供需由亏转盈，盈余量为 0.16 亿 m^3。在考虑再生水等非常规水源的情况下，市五区水资源供需皆有盈余，在规划情景、调整情景方案下水资源盈余量分别为 0.28 亿 m^3、1.50 亿 m^3。这表明，在调整情景方案下，尤其是在加大再生水等非常规水源的开发利用情况下，可以极大缓解中心城区水资源供需压力。

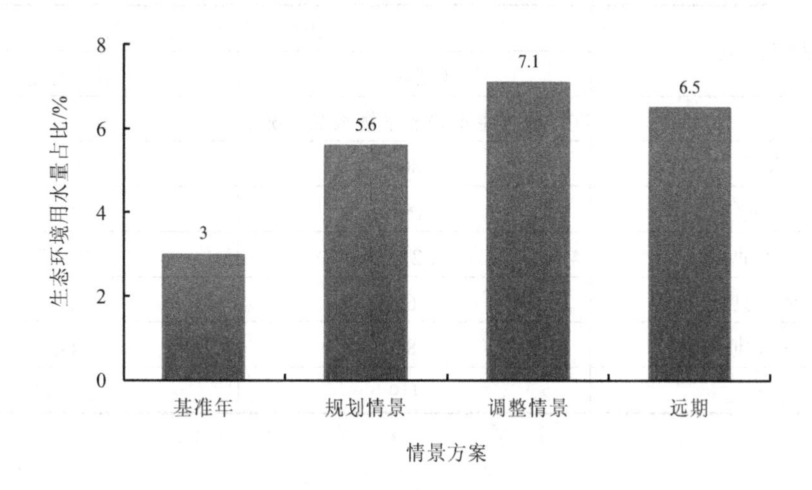

图 6-7　包头市生态环境用水占比变化趋势分析

石拐区、固阳县、达茂旗（含白云矿区）总体上处于缺水状态。其中，达茂旗水资源供需缺口最大，石拐区最小。在规划情景方案不考虑再生水等非常规水源的情况下，水资源供需缺口为 0.03 亿～0.28 亿 m^3；在考虑再生水等非常规水源的情况下，水资源供需缺口为 0.02 亿～0.18 亿 m^3。在调整情景方案不考虑再生水等非常规水源的情况下，石拐区供需由亏转盈，但固阳县和达茂旗仍有约 0.1 亿 m^3 的缺口；在考虑再生水等非常规水源的情况下，只有固阳县水资源供需有缺口，约为 0.06 亿 m^3。

土右旗总体上处于水资源供需盈余状态。在不考虑再生水等非常规水源的情况下，在规划情景、调整情景方案下水资源供需盈余量分别达到 0.33 亿 m^3、0.73 亿 m^3；在考虑再生水等非常规水源的情况下，在规划情景、调整情景方案下水资源盈余量为 0.42 亿 m^3、0.81 亿 m^3（表 6-29、图 6-8、图 6-9）。

表 6-29　2020 年包头市水资源供需平衡分析　单位：万 m^3

行政区域	近期（2020 年）	
	规划情景	调整情景
在常规水源情况下		
市五区	−10 588	1 638
石拐区	−340	651
土右旗	3 341	7 252
固阳县	−2 006	−960
达茂旗	−2 843	−963
合计	−12 436	7 618

行政区域	近期（2020年）	
	规划情景	调整情景
在考虑再生水等非常规水源情况下		
市区	2 800	15 026
石拐区	−162	829
土右旗	4 214	8 125
固阳县	−1 617	−571
达茂旗	−1 816	64
合计	3 419	23 473

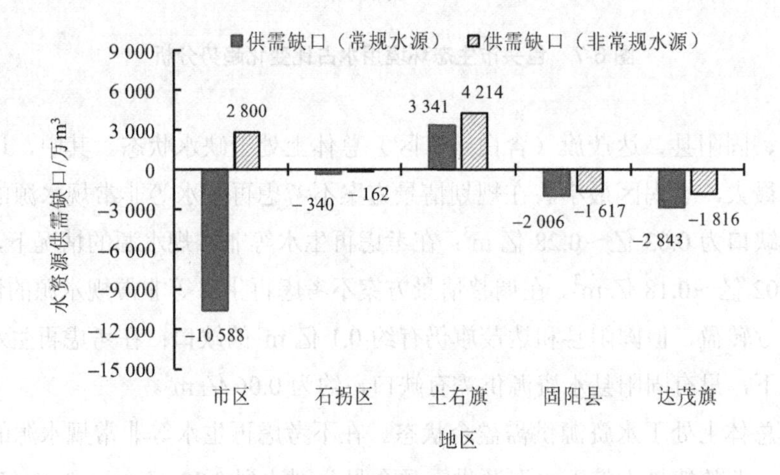

图 6-8 规划情景方案下不同地区水资源供需分析

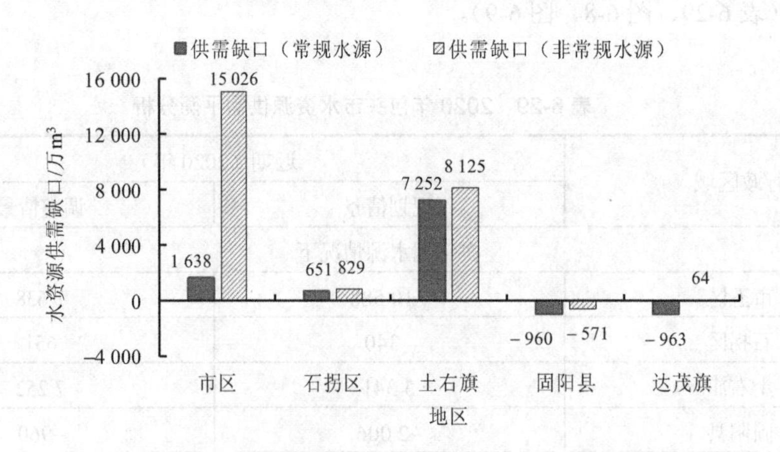

图 6-9 调整情景方案下不同地区水资源供需分析

到 2035 年，在不考虑再生水等非常规水源的情况下，除土右旗、石拐区分别有水资源盈余 0.89 亿 m^3、0.002 亿 m^3 外，其他各区均处于缺水状态。其中，市五区水资源供需压力最大，水资源供需缺口达到 0.85 亿 m^3。在考虑再生水等非常规水源且实施强化节水措施的条件下，市五区水资源供需由亏转盈，盈余水量可达到 0.80 亿 m^3；土右旗、石拐区水资源盈余量分别达到 1.0 亿 m^3、0.03 亿 m^3。

无论是否考虑再生水等非常规水源，固阳县、达茂旗将出现水资源供需缺口。在不考虑再生水等非常规水源的情况下，水资源供需缺口分别达到 0.11 亿 m^3、0.17 亿 m^3；在考虑再生水等非常规水源的情况下，水资源供需缺口分别达到 0.06 亿 m^3、0.03 亿 m^3（图 6-10）。

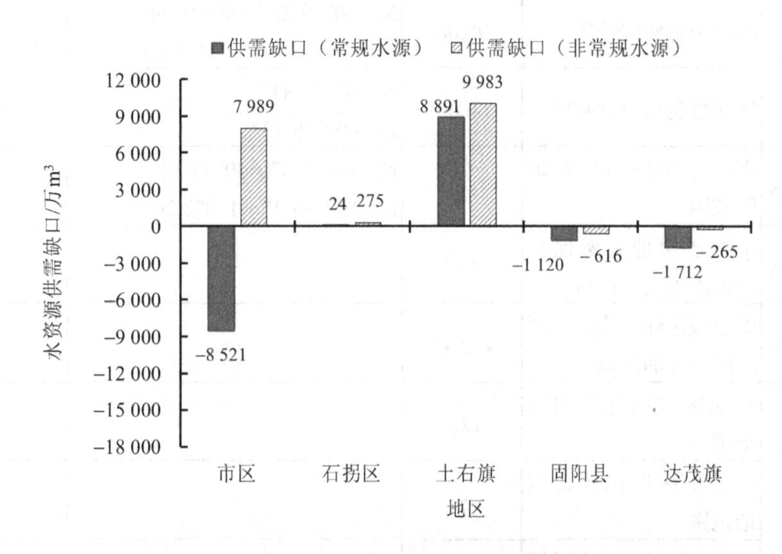

图 6-10 远期情景方案下不同地区水资源供需分析

综上所述，在不考虑再生水、雨洪水等非常规水源的情况下，包头市可利用水资源量无法满足发展所需，水资源供需压力大，而在考虑非常规水源且实施强化节水措施的条件下，水资源供需压力得到极大缓解。因此，必须加强用水节水管理，加大再生水、雨洪水等非常规水源的开发利用力度。

6.3 大气环境承载力

6.3.1 大气环境功能区划

包头市全域划分为需特殊保护的区域、中心城区和外五区等 3 个控制单元，以及一类区、二类区及缓冲区等 3 个功能区类别（表 6-30）。

表 6-30 包头市环境空气质量功能区划分

划分单元	功能区类别	范围	面积/km²	经纬度	备注
需特殊保护的区域	一类区	大青山自然保护区	1 079.54	N: 40°37′—40°52′ E: 109°47′—110°48′	土右旗、固阳县、石拐区、青山区、昆都仑区
		梅力更自然保护区	152.68	N: 40°43′34″—40°58′34″ E: 109°23′24″—109°48′53″	九原区、昆都仑区
		巴音杭盖自然保护区	496.50	N: 41°42′13″—41°55′36″ E: 109°15′00″—109°33′12″	达茂旗
		春坤山自然保护区	95.00	N: 40°59′28″—40°01′44″ E: 110°36′14″—110°38′34″	固阳县
		红花敖包自然保护区	60.00	N: 41°28′41″ E: 109°39′43″	固阳县
中心城区	一类区	南海子湿地自然保护区范围	16.64	N: 40°30′8″—40°33′32″ E: 109°59′2″—110°2′26″	东河区
	缓冲区	南海子湿地自然保护区范围外延 300 m	2.82	—	东河区
	二类区	中心城区除一类区、缓冲区以外的区域	492.44	—	—
外五区	二类区	石拐区城镇建设用地范围	12.4	—	—
		白云矿区城镇建设用地范围	5	—	—
		土右旗萨拉齐镇城镇建设用地范围	5	—	—
		固阳县金山镇城镇建设用地范围	7	—	—
		达茂旗百灵庙镇城镇建设用地范围	36	—	—

6.3.2 大气环境容量测算模型与方法

在长时间平衡的单箱模型中，考虑到干、湿沉降及化学衰变，箱中平均浓度 C 可用式（6-1）表示：

$$C = \frac{uC_b + xq_s / H}{u + (u_d + W_r R + H / T_c)x / H} \tag{6-1}$$

式中：C——箱内大气污染物的浓度，mg/m^3；

q_s——单位面积上污染物在单位时间内的排放量，mg/（s·m^3）；

u——平均风速，m/s；

H——污染物可达到的高度（可用混合层高度代替），m；

C_b——上风向和进入该箱体的大气污染物本地浓度，mg/m^3；

u_d——干沉降速度，m/s；

R——年降水量，mm/a；

W_r——清洗比，取 1.9×10^{-5}；

x——箱内顺风长度，m；

T_c——污染物化学半衰周期。

若规划区分为 n 个分区、m 个环境功能区，各个分区、功能区面积为 S_{ij}，则各分区允许排放总量见式（6-2）：

$$Q = A\sum_{j=1}^{m} C_{ij}\frac{S_{ij}}{\sqrt{S}} \tag{6-2}$$

式中：C_{ij} ——各分区、功能区所执行的环境质量标准，mg/m^3；

Q ——各分区允许排放总量，10^4 t/a；

A ——总量控制系数。

此时，规划区的允许排放总量见式（6-3）：

$$Q = A\sum_{i=1}^{n}\sum_{j=1}^{m} C_{ij}\frac{S_{ij}}{\sqrt{S}} \tag{6-3}$$

6.3.3　大气环境容量测算结果

（1）全市及各地区大气环境容量

①全市

二氧化硫、氮氧化物、PM_{10}、$PM_{2.5}$ 的大气环境容量分别为 54.649 万 t、43.178 万 t、15.799 万 t、12.882 万 t。

全市现有氟化物产生地区的大气环境容量为 1.926 万 t。

②中心城区

二氧化硫、氮氧化物、PM_{10} 和 $PM_{2.5}$ 的大气环境容量分别为 5.374 万 t、4.138 万 t、1.615 万 t 和 1.257 万 t，分别占全市同类污染物大气环境容量的 9.83%、9.58%、10.22% 和 9.76%。

中心城区（稀土高新区、东河区、昆都仑区、青山区、九原区和石拐区）的氟化物容量为 0.363，占全市同类污染物大气环境容量的 18.85%。

③土右旗

二氧化硫、氮氧化物、PM_{10}和$PM_{2.5}$的大气环境容量分别为4.979万t、3.682万t、1.586万t和1.262万t，分别占全市同类污染物大气环境容量的9.11%、8.53%、10.04%和9.80%。

④山北地区

二氧化硫、氮氧化物、PM_{10}和$PM_{2.5}$的大气环境容量分别为44.297万t、35.357万t、12.597万t和10.363万t，分别占全市同类污染物大气环境容量的81.06%、81.89%、79.73%和80.45%。

山北固阳区的氟化物大气环境容量为1.563万t，占全市同类污染物大气环境容量的81.15%。

表6-31 包头市大气环境容量测算结果 单位：万t

地区		面积/km^2	二氧化硫	氮氧化物	PM_{10}	$PM_{2.5}$	氟化物
中心城区	稀土高新区	116	0.301	0.180	0.120	0.090	0.036
	东河区	470	1.205	0.731	0.477	0.339	0.146
	昆都仑区	301	0.619	0.468	0.191	0.154	0.094
	青山区	280	0.461	0.435	0.092	0.085	0.087
	九原区	734	1.516	1.141	0.471	0.348	—
	石拐区	761	1.272	1.183	0.264	0.241	—
	小计	2 662	5.374	4.138	1.615	1.257	0.363
土右旗		2 368	4.979	3.682	1.586	1.262	—
山北地区	固阳县	5 025	12.206	7.814	4.596	3.498	1.563
	达茂旗	17 410	31.306	27.072	7.687	6.629	—
	白云矿区	303	0.785	0.471	0.314	0.236	—
	小计	22 738	44.297	35.357	12.597	10.363	1.563
合计		27 768	54.649	43.178	15.799	12.882	1.926

（2）不同季节大气环境容量

受局地气象条件影响，包头市大气环境容量具有明显的季节变化特征。冬季，大气环境容量最小；春季，大气环境容量最大。

大气环境容量变小与冬季采暖期内大气污染物排放总量增加相叠加，导致冬季极易出现高频次、高强度的重污染天气。因此，冬季是包头市大气污染治理的关键期（图6-11）。

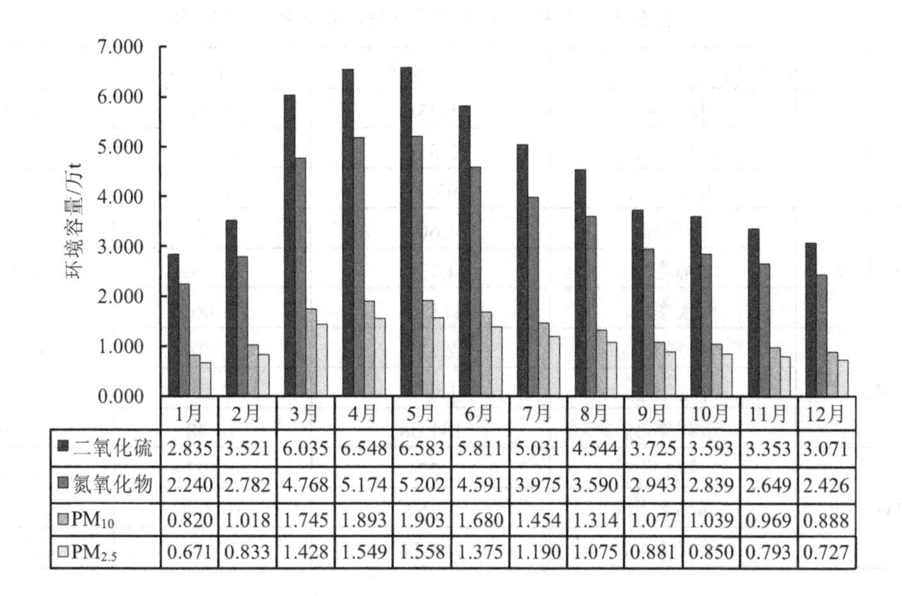

	1月	2月	3月	4月	5月	6月	7月	8月	9月	10月	11月	12月
二氧化硫	2.835	3.521	6.035	6.548	6.583	5.811	5.031	4.544	3.725	3.593	3.353	3.071
氮氧化物	2.240	2.782	4.768	5.174	5.202	4.591	3.975	3.590	2.943	2.839	2.649	2.426
PM_{10}	0.820	1.018	1.745	1.893	1.903	1.680	1.454	1.314	1.077	1.039	0.969	0.888
$PM_{2.5}$	0.671	0.833	1.428	1.549	1.558	1.375	1.190	1.075	0.881	0.850	0.793	0.727

图 6-11 包头市大气环境容量月际变化趋势

6.3.4 大气环境承载状况评估

基于评价期内全市及各旗县区主要大气污染物排放量及大气环境容量计算大气环境承载率，分析大气环境容量利用或承载压力状况。

环境承载率计算见式（6-4）：

$$CC = \frac{VE}{VT} \times 100\% \tag{6-4}$$

式中：CC——环境承载率；

VT——环境容量；

VE——某一时期污染物排放量。

当 CC 小于 100%时，表明大气环境未超载。

当 CC 等于 100%时，表明大气环境临近超载。

当 CC 大于 100%时，表明大气环境容量利用过度，大气环境处于超载状态，应适时启动大气污染控制应急方案，实施大气污染物排放削减控制措施，严格限制新增量。

（1）现状（2017 年）

包头市大气环境承载现状分析见表 6-32、图 6-12。

表 6-32 包头市大气环境承载现状分析（2017 年） 单位：万 t

污染因子		中心城区	山北地区	土右旗
二氧化硫	排放量	5.238	0.766	0.745
	环境容量	5.374	44.297	4.979
	承载率/%	97.47	1.73	14.96
氮氧化物	排放量	4.604	0.375	0.361
	环境容量	4.138	35.357	3.682
	承载率/%	111.26	1.06	9.80
PM_{10}	排放量	2.117	2.328	0.574
	环境容量	1.615	12.597	1.586
	承载率/%	131.08	18.48	36.19
$PM_{2.5}$	排放量	1.271	1.397	0.344
	环境容量	1.257	10.363	1.262
	承载率/%	101.11	13.48	27.26

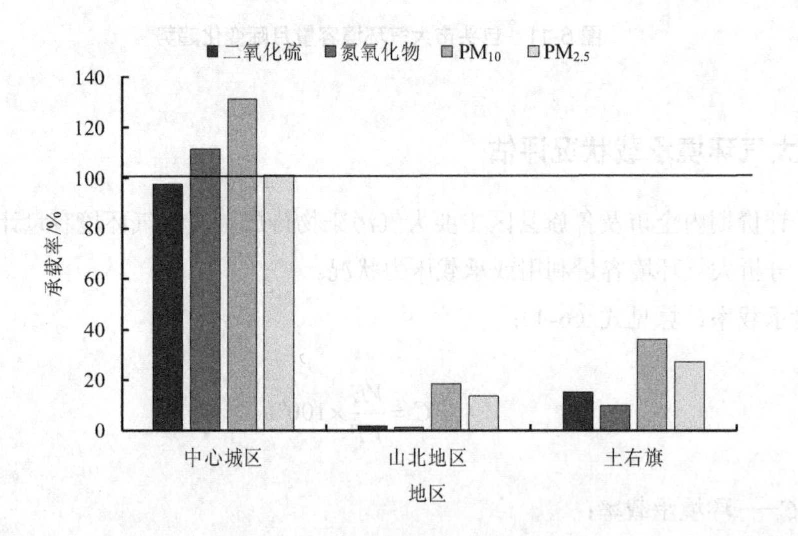

图 6-12 包头市大气环境承载现状分析（2017 年）

中心城区的氮氧化物、PM_{10} 和 $PM_{2.5}$ 的排放量均超过其环境容量，其中 PM_{10} 超载率最大，其排放量超出环境容量 30%以上；二氧化硫排放量略小于其环境容量。按超载率大小的排序为 PM_{10}＞氮氧化物＞$PM_{2.5}$＞二氧化硫。

近远郊地区的 4 项主要大气污染因子的排放量均未超过其环境容量，其中，山北地区的大气环境容量剩余 80%～90%，土右旗的大气环境容量剩余 65%～85%。按大气环境容量剩余量大小排序为氮氧化物＞二氧化硫＞$PM_{2.5}$＞PM_{10}。

（2）近期（2020 年）

规划情景方案下大气环境承载状况分析见表 6-33、图 6-13。

表 6-33　规划情景方案下大气环境承载状况分析　　单位：万 t

污染因子		中心城区	山北地区	土右旗
二氧化硫	排放量	10.485	1.223	1.108
	环境容量	5.374	44.297	4.979
	承载率/%	195.11	2.76	22.25
氮氧化物	排放量	10.420	0.790	0.745
	环境容量	4.138	35.357	3.682
	承载率/%	251.81	2.23	20.23
PM_{10}	排放量	4.183	5.231	1.065
	环境容量	1.615	12.597	1.586
	承载率/%	259.01	41.53	67.15
$PM_{2.5}$	排放量	2.512	3.138	0.639
	环境容量	1.257	10.363	1.262
	承载率/%	199.84	30.28	50.63

注：机动车大气污染物排放量按各行政区人口比例进行折算（下同）。

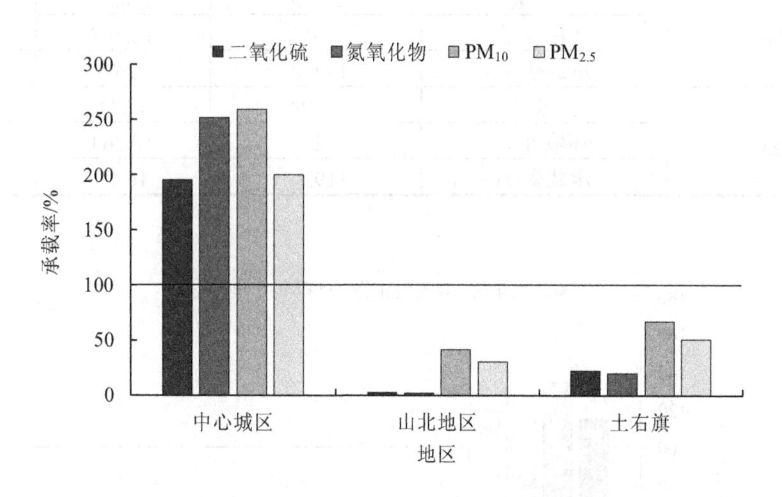

图 6-13　规划情景方案下大气环境承载状况分析

在规划情景方案下，中心城区的二氧化硫、氮氧化物、PM_{10} 和 $PM_{2.5}$ 的排放量均超过其环境容量，超载率在 0.95～1.59 倍。按超载率大小排序为 PM_{10}＞氮氧化物＞$PM_{2.5}$＞二氧化硫。

近远郊地区 4 项主要大气污染物因子的排放量均未超过其环境容量。其中，山北地区的大气环境容量剩余 58%～97%；土右旗二氧化硫、氮氧化物的环境容量剩余 77%～80%，颗粒物环境容量剩余 33%～49%。按大气环境容量剩余量排序为氮氧化物＞二氧化硫＞$PM_{2.5}$＞PM_{10}。

在调整情景方案下，中心城区的二氧化硫、氮氧化物、PM_{10} 和 $PM_{2.5}$ 的排放量均超过其环境容量，超载率在 15%～55%。按超载率大小排序为 PM_{10}＞氮氧化物＞$PM_{2.5}$＞二氧化硫。

近远郊地区 4 项主要大气污染物因子的排放量均未超过其环境容量。其中，山北地区的大气环境容量剩余 77%～98%，土右旗的大气环境容量剩余 57%～88%。按大气环境容量剩余量排序为氮氧化物＞二氧化硫＞$PM_{2.5}$＞PM_{10}。

调整情景方案下大气环境承载状况分析见表 6-34、图 6-14。

表 6-34 调整情景方案下大气环境承载状况分析 单位：万 t

污染因子		中心城区	山北地区	土右旗
二氧化硫	排放量	6.188	0.928	0.847
	环境容量	5.374	44.297	4.979
	承载率/%	115.15	2.09	17.01
氮氧化物	排放量	5.560	0.458	0.431
	环境容量	4.138	35.357	3.682
	承载率/%	134.36	1.30	11.71
PM_{10}	排放量	2.495	2.853	0.673
	环境容量	1.615	12.597	1.586
	承载率/%	154.49	22.65	42.43
$PM_{2.5}$	排放量	1.498	1.711	0.404
	环境容量	1.257	10.363	1.262
	承载率/%	119.17	16.51	32.01

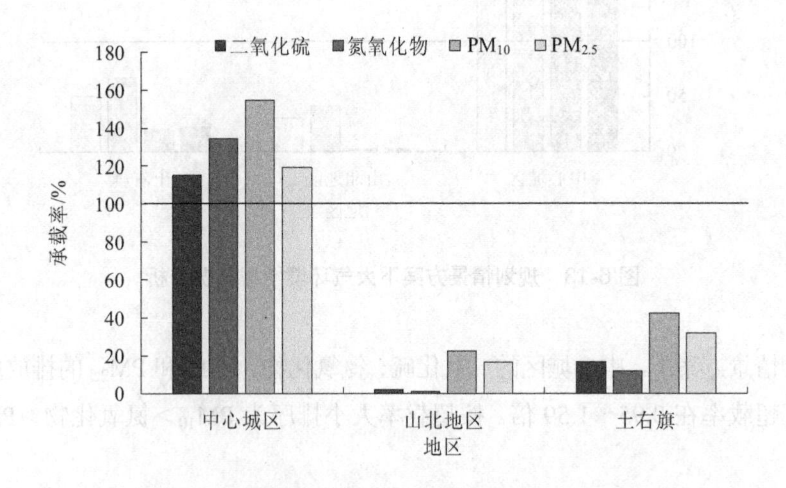

图 6-14 调整情景方案下大气环境承载状况分析

与规划情景方案相比，调整情景方案下的大气环境超载程度相对较小，大气环境容量剩余量相对较大。

（3）远期（2035 年）

远期发展情景下大气环境承载状况分析见表 6-35、图 6-15。

表 6-35　远期发展情景下大气环境承载状况分析　单位：万 t

污染因子		中心城区	山北地区	土右旗
二氧化硫	排放量	11.802	1.379	1.248
	环境容量	5.374	44.297	4.979
	承载率/%	219.61	3.11	25.07
氮氧化物	排放量	11.724	0.889	0.839
	环境容量	4.138	35.357	3.682
	承载率/%	283.33	2.51	22.79
PM_{10}	排放量	4.707	5.885	1.201
	环境容量	1.615	12.597	1.586
	承载率/%	291.46	46.72	75.73
$PM_{2.5}$	排放量	2.827	3.531	0.720
	环境容量	1.257	10.363	1.262
	承载率/%	224.90	34.07	57.05

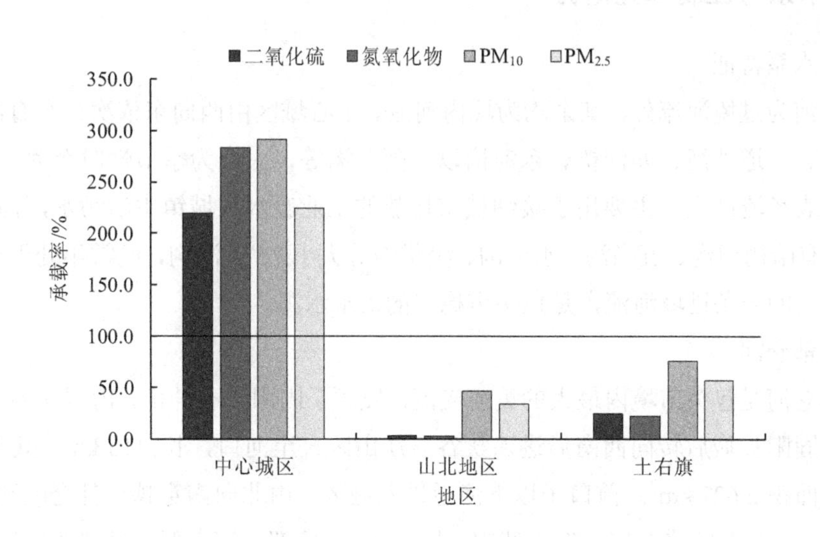

图 6-15　远期发展情境下大气环境承载状况分析

到 2035 年，中心城区的二氧化硫、氮氧化物、PM_{10}和$PM_{2.5}$的排放量均超过其环境容量，超载率在 1.2～1.9 倍。按超载率大小排序为PM_{10}＞氮氧化物＞$PM_{2.5}$＞二氧化硫。

近远郊地区 4 项主要大气污染物因子的排放量均未超过其环境容量。其中，山北地区的大气环境容量剩余 53%～98%；土右旗的大气环境容量剩余 25%～77%。按大气环境容量剩余量排序为氮氧化物＞二氧化硫＞$PM_{2.5}$＞PM_{10}。

6.3.5　小结

在评价期内，中心城区大气环境超载比较严重，主要大气污染物排放量均显著超过其环境容量。其中，PM_{10}超载率最大，二氧化硫超载率最小。近远郊地区的大气环境未超载，其中，氮氧化物环境容量剩余量最大，PM_{10}环境容量剩余量最小。

工业源排放在包头市大气污染物排放总量中的占比最大，是导致大气环境超载的主要原因；生活源、移动源与工业源排放叠加，加大了大气环境超载程度。

减少二氧化硫排放，应重点加强生活源排放控制。减少氮氧化物排放，应同步加强机动车、工业源排放控制。减少可吸入颗粒物排放，一方面，要加强开放源排放控制，减少裸露地面、道路、施工扬尘排放；另一方面，要加强工业烟（粉）尘排放控制，重点加强黑色金属冶炼、有色、电力、石油加工等主要行业烟（粉）尘排放管控。

6.4　水环境承载力

6.4.1　水系与控制单元划分

（1）水系特征

除黄河为过境河流外，其余均为境内河流。中心城区由西向东依次分布有昆都仑河、四道沙河、二道沙河、西河槽、东河槽以及阿善沟等，主要为季节性时令河，只有在雨季才有地表径流产生，主要用于接纳城市排放的工业废水和城镇生活污水，向南汇入黄河，山北有哈德门沟、五当沟、水涧沟、美岱沟等大小 76 条河沟，但常年处于干涸状态。黄河是唯一的一条过境河流，是包头市稳定的供水水源。

①昆都仑河

昆都仑河是包头市境内最大的黄河支流，发源于固阳县春坤山，海拔 1 217 m，自东向西流经固阳县城后转向西南后进入狭谷石质山区直至河口，长 115 km，共有支流 24 条，流域面积 2 627 km^2。前口子以下河道进入城区，由北向南穿越昆都仑区和包头钢铁厂区之间，过包兰铁路至三银汇入黄河，长 27 km。昆都仑河主要接纳包头钢铁等多家企业的工业废水以及昆都仑区西部的部分生活污水。河口至铁路桥纵坡为 1/250 左右，河床由砂卵石组成，落淤较为严重，铁路桥以南河道纵坡由 1/550 减小到 1/1 000，河床宽约 1 000 m，由砂土堆成，弯曲而下沿低洼地汇入黄河。

②四道沙河

四道沙河位于青山区一机厂、二机厂东侧，除承纳北郊防洪沟和拦截边墙壕至王老大嵛子一带坡面洪水外，还承纳老虎沟、富家沟洪水，流域面积 90.72 km^2，长 17 km。由内蒙古一机厂铁路桥下至昌福窑子 4.5 km，宽约 20 m，深约 3 m，纵坡为 1/155～l/100，河床由砂卵石组成。两岸为土岸，穿越建设路后，河槽沿低洼地经尹六窑子、共青农场等地汇入黄河。四道沙河（南郊）有 2 个排污口，一个是鹿城水务尾闾管线事故溢流口，另一个排污口排入南郊污水处理厂。

③二道沙河

二道沙河位于九原区、东河区之间，花圪台以上称大庙沟，发源于九原区乌兰胡同，海拔 1 668 m，流域面积 34.8 km^2，河长 12 km，河谷狭窄，坡度较陡一般约 1/30。花圪台以下称二道沙河，出河口后，由北向南沿低洼地流经梁后村、色楞弯，穿越建设路、京包铁路、同官村、于郑二窑子南汇入黄河，长 19 km。河口以下级坡为 1/95，河宽约 20 m，河床由砂卵石组成，自西井湾以下无明显河床。二道沙河有 4 个排污口，西河、四道沙河（北郊）改道工程、四道沙河（南郊）尾闾工程汇入二道沙河，经二道沙河入黄口，进入黄河。

④东河

东河发源于魏君坝，海拔 1 495 m，由东北向西南流向东河时，河长 18.1 km，流域面积 90 km^2，东河主要接纳东河区东部的工业废水和生活污水。河谷较宽，比降约 1/40，在东河留宝窑子村以上称留宝窑子沟。留宝窑子村以下河道宽约 30 m，纵坡为 1/250，纵贯东河城区，现有泄水能力 350～500 m^3/s，穿越铁路后河槽沿洼地由西北向东南经邓家营子于南海子汇入黄河。东河有 5 个排污口，经东河入黄口流入黄河。

（2）控制单元划分

统筹水体水陆特征，以四条泄洪沟水体所处天然汇水区为基础，结合包头市主城区四条泄洪沟实际情况（均以入黄口为控制节点），以入黄断面为唯一控制节点，考虑环境管理属地原则，划分控制单元。

昆都仑河、四道沙河、二道沙河和东河是包头市工业废水及生活污水的入黄河道。其中，昆都仑河是包头市最大的城市内河，主要接纳包头钢铁集团的工业废水；四道沙河主要接纳昆都仑区、稀土高新区的生活污水和工业废水；东河主要接纳东河区东部内蒙古鹿王羊绒有限公司、包头市东河东水质净化厂、包头市东河西水质净化厂的生活污水；二道沙河主要接纳东河区西部、九原区沙河镇、四道沙河上游改道渠分流到西河的青山区全部和昆都仑区南郊污水厂的工业废水和生活污水（表 6-36）。

表 6-36 包头市水体控制范围划分

序号	河道名称	汇水范围	控制节点
1	昆都仑河	昆都仑区、九原区	昆都仑河入黄口
2	四道沙河	青山区、九原区、东河区	四道沙河与二道沙河汇流处
3	二道沙河	东河区、石拐区	二道沙河入黄口
4	东河	东河区	东河入黄口

6.4.2 地表水环境功能区划

包头市地表水环境功能区划及执行水质标准详见表 6-37。

表 6-37 包头市地表水环境功能区划

水域功能	功能区类型	保护范围	适用标准	
			近期（至 2015 年）	远期（至 2020 年）
黄河干流包头段	饮用水水源一级保护区	昭君坟水源地：水域长度为包头钢铁 $1^{\#}$取水口上游 1 000 m 至 $2^{\#}$取水口下游 100 m，宽度为至黄河两岸大堤堤顶内沿或台地［坐标 1（109°41′18″ E，40°29′6″N）、坐标 2（109°41′17″ E，40°29′6″N）连接的距离］内沿。陆域长度为沿两岸相应的一级保护区水域河长。纵深为黄河两岸大堤堤顶内沿或台地［坐标 1（109°41′18″ E，40°29′6″N）、坐标 2（109°41′17″ E，40°29′6″N）连接的距离］内沿向外延伸 50 m；陆域还包括包头钢铁水厂厂届内的区域。 画匠营子水源地：水域长度为二期工程取水口上游 1 000 m 至一期工程取水口下游 100 m；宽度为至黄河两岸大堤堤顶内沿。陆域长度为沿两岸长度为相应的一级保护区水域河长。纵深为黄河两岸大堤堤顶内沿向外延伸 50 m；以及画匠营子水厂（含一期和二期工程）厂界内的区域。 磴口水源地：水域长度为取水口上游 1 000 m 至下游 100 m；宽度为至黄河两岸大堤堤顶内沿。陆域为沿两岸相应的一级保护区水域河长。纵深为黄河两岸大堤堤顶内沿向外延伸 50 m；以及磴口水厂和沉淀池厂界内的区域	《地表水环境质量标准》（GB 3838—2002）Ⅱ类标准	《地表水环境质量标准》（GB 3838—2002）Ⅱ类标准

水域功能	功能区类型	保护范围	适用标准	
			近期（至2015年）	远期（至2020年）
黄河干流包头段	饮用水水源二级保护区	昭君坟水源地：水域长度为一级保护区上游边界向上延伸 2 000 m 及一级保护区下游边界向下延伸 200 m，宽度为至黄河两岸大堤堤顶内沿。陆域长度为沿两岸相应的一级和二级保护区水域河长，纵深为至黄河大堤堤顶内沿向外 1 000 m 一级保护区之外的陆域。 画匠营子水源地：水域长度为一级保护区上游边界向上延伸 2 000 m，下游边界向下延伸 200 m，宽度为至黄河两岸大堤堤顶内沿。陆域长度为沿两岸相应的一级和二级保护区水域河长，纵深为至黄河大堤堤顶内沿向外 1 000 m 一级保护区之外的陆域。 磴口水源地：水域长度为一级保护区上游边界向上延伸 2 000 m 及一级保护区下游边界向下延伸 200 m，宽度为至黄河两岸大堤堤顶内沿。陆域长度为沿两岸相应的一级和二级保护区水域河长，纵深为至黄河大堤堤顶内沿向外 1 000 m，靠近呼包铁路一侧，以呼包铁路为界除去一级保护区之外的陆域	《地表水环境质量标准》（GB 3838—2002）III类标准	《地表水环境质量标准》（GB 3838—2002）III类标准
	保护区之外的其他河段	—	应保证进入二级保护区的水质满足二级保护区水质标准的要求	《地表水环境质量标准》（GB 3838—2002）III类标准
昆都仑水库及昆都仑河上游	饮用水水源一级保护区	水域为以取水口为中心半径 300 m 范围的扇形水域。陆域宽为与水域一级保护区交界的相应陆域，高为靠山一侧正常水位线以上 200 m 范围内的陆域以及大坝一侧正常水位线以上至坝顶外沿范围内的陆域	《地表水环境质量标准》（GB 3838—2002）II类标准	《地表水环境质量标准》（GB 3838—2002）II类标准
	饮用水水源二级保护区	一级保护区外库区的全部水域。水库库区周边两侧山脊线以内的陆域（一级保护区以外）及昆都仑河上游至北气沟、白彦沟和昆都仑河主河道三河交汇处的河道至两侧山脊线以内的陆域	《地表水环境质量标准》（GB 3838—2002）III类标准	《地表水环境质量标准》（GB 3838—2002）III类标准
	饮用水水源准保护区	水库上游二级保护区向上延伸 15～28 km 处固阳县境内的昆都仑河干流，及其主要支流的河道及两岸 2 km 纵深的区域。昆都仑河巴彦淖尔市境内是从二级保护区边界向上延伸 14.5 km 的主河道及其主要汇水支流河道及两岸 1.5 km 纵深的区域	应保证进入二级保护区的水质满足二级保护区水质标准的要求	应保证进入二级保护区的水质满足二级保护区水质标准的要求

水域功能	功能区类型	保护范围	适用标准	
			近期（至2015年）	远期（至2020年）
昆都仑河下游（北防洪沟至黄口）	景观用水区	河流全段	《地表水环境质量标准》（GB 3838—2002）Ⅴ类标准	《地表水环境质量标准》（GB 3838—2002）Ⅴ类标准
四道沙河				
东河				
西河				
黄河灌渠	农业用水区	东大渠、公益渠、公济渠、民生渠、跃进渠、民族团结渠包头段	《地表水环境质量标准》（GB 3838—2002）Ⅴ类标准	《地表水环境质量标准》（GB 3838—2002）Ⅴ类标准
南海子	城市湿地公园	全部水域	《地表水环境质量标准》（GB 3838—2002）Ⅴ类标准	《地表水环境质量标准》（GB 3838—2002）Ⅴ类标准
黄花滩水库	近期农业用水区远期渔业	库区全部水域	《地表水环境质量标准》（GB 3838—2002）Ⅴ类标准	《地表水环境质量标准》（GB 3838—2002）Ⅴ类标准
五当沟	农业用水区	河流全段	《地表水环境质量标准》（GB 3838—2002）Ⅴ类标准	《地表水环境质量标准》（GB 3838—2002）Ⅴ类标准
艾卜盖河	城区段景观区，其他农业用水区	河流全段	《地表水环境质量标准》（GB 3838—2002）Ⅴ类标准	《地表水环境质量标准》（GB 3838—2002）Ⅴ类标准
召河	景观区	河流全段	《地表水环境质量标准》（GB 3838—2002）Ⅴ类标准	《地表水环境质量标准》（GB 3838—2002）Ⅴ类标准
美岱水库	农业用水区	库区全部水域	《地表水环境质量标准》（GB 3838—2002）Ⅴ类标准	《地表水环境质量标准》（GB 3838—2002）Ⅴ类标准
阿善沟	农业用水区	河流全段	《地表水环境质量标准》（GB 3838—2002）Ⅳ类标准	《地表水环境质量标准》（GB 3838—2002）Ⅳ类标准
小白河	湿地公园	全部水域	《地表水环境质量标准》（GB 3838—2002）Ⅴ类标准	《地表水环境质量标准》（GB 3838—2002）Ⅴ类标准

6.4.3　水环境容量计算模型与结果

水环境容量是指在给定的水质目标和水文设计条件下水域的最大容许纳污量。它反映了污染物在环境中的迁移、转化和积存规律，也反映了水环境在满足特定功能条件下对污染物的承受能力，与水体特征、水质目标及污染物特性有关。

（1）计算模型

根据水环境功能区的实际情况，本书结合混合区域污染带范围，计算包头市黄河段水环境容量。

①河流二维模型

实际河流的水流运动及污染物在空间上多呈三维分布，描述三维水流运动的数学方程是 Navier-Stokes（N-S）方程。一般情况下，直接求解 N-S 方程比较困难，在有些情况下甚至是不可能的。为了满足实际工程应用的需求，通常会将三维 N-S 方程简化为相对简单的二维模型进行数值求解。

河流水环境二维模型分为平面二维模型和垂向二维模型两种。对于海岸、河口、湖泊、大型水库、内河等水域，其水平尺度远大于垂向尺度，各水力参数在垂直方向上的变化可用沿水深方向的平均量表示，可采用基于垂向平均的平面二维数学模型进行模拟。平面二维水流数学模型能够克服一维数学模型无法反映水流速度、含沙量等物理量沿河宽方向变化特征这一不足之处，目前在工程中得到了较为广泛的应用，且已逐步走向成熟。

平面二维水质数学模型的基本方程见式（6-5）：

$$\frac{\partial(hc)}{\partial t}+\frac{\partial(uhc)}{\partial x}+\frac{\partial(vhc)}{\partial y}=\frac{\partial}{\partial x}\left(D_x h\frac{\partial c}{\partial x}\right)+\frac{\partial}{\partial y}\left(D_y h\frac{\partial c}{\partial y}\right)+hs(c)+hf(c) \tag{6-5}$$

式中：c——污染物浓度，mg/L；

D_x——纵向污染物紊动扩散系数；

D_y——横向污染物紊动扩散系数；

$s(c)$——污染物源（汇）项强度；

$f(c)$——污染物生化反应项；

h——水深，m；

u——对应于 x 轴的平均流速分量，m/s；

v——对应于 y 轴的平均流速分量，m/s。

②公式推导过程

基本方程见式（6-5）。

当考虑稳态、自净项及忽略水流的横向运动时，原始微分方程见式（6-6）：

$$u\frac{\partial c}{\partial x}=D_x\frac{\partial^2 c}{\partial x^2}+D_y\frac{\partial^2 c}{\partial y^2}-kc \tag{6-6}$$

当考虑河流的本地浓度为 C_0，但本地浓度的降解忽略（因为距离不长）及河宽大于 200 m 时，对岸反射很小可以忽略不计，则水环境容量公式见式（6-7）：

$$W=\left[c(x,y)-c_0\right]H\sqrt{u\pi xD_y}\exp\left(\frac{y^2u}{4E_yx}+k\frac{x}{u}\right) \tag{6-7}$$

式中：W——水环境容量，t/a；

$c(x,y)$——控制点（混合区下边界）的水质标准，mg/L；

c_0——排污口上游污染物浓度，mg/L；

k——污染物综合降解系数，L/d；其中，k_{COD} = 0.3 L/d（参考黄河宁夏段参数），$k_{NH_3\text{-}N}$ = 0.35 L/d（参考黄河包头段参数）；

h——设计流量下污染带起始断面平均水深，m；

x——沿河道方向变量，m；

y——沿河宽方向变量，m

u——设计流量下污染带内的纵向平均流速，m/s；

D_y——横向混合系数，m^2/s；各地按实际取值；

D_y 的计算公式见式（6-8）：

$$D_y=(0.058h+0.006\,5B)\sqrt{ghJ} \tag{6-8}$$

式中：B——河面宽度，m；

g——重力加速度，9.8 m/s^2；

J——水力坡度。

考虑各个参数的单位，将单位换算系数代入公式后得式（6-9）：

$$W=8.64\times3.65\times\left[c(x,y)-c_0\right]h\sqrt{u\pi xD_y}\exp\left(\frac{y^2u}{4D_yx}+k\frac{x}{86\,400u}\right) \tag{6-9}$$

各参数取值见表 6-38。

表 6-38 参数取值表

污染因子	参数取值		
COD	h /m		2.29
	k /（L/d）		0.3
	u /（m/s）	枯水期	0.64
		丰水期	0.83
	x /m	x（昭君坟—画匠营子）	600
		x（画匠营子—磴口）	800
		x（磴口—出境）	1 000
	c_0 /（mg/L）	c_0（昭君坟）	9
		c_0（画匠营子）	8
		c_0（磴口）	8
	y /m		0
	B /m		296
	D_y /（m²/s）		0.097
NH_3-N	h /m		2.29
	k /（L/d）		0.35
	u /（m/s）	枯水期	0.64
		丰水期	0.83
	x /m	x（昭君坟—画匠营子）	600
		x（画匠营子—磴口）	800
		x（磴口—出境）	1 000
	c_0 /（mg/L）	c_0（昭君坟）	0.33
		c_0（画匠营子）	0.356
		c_0（磴口）	0.356
	y /m		0
	B /m		296
	D_y /（m²/s）		0.097

（2）计算河段和控制断面

根据包头市地表水环境质量现状评价结果，确定黄河包头段为评价对象，按照包头市水环境功能区划方案，取昭君坟、画匠营子、磴口断面作为环境容量计算目标断面。黄河包头段全境执行《地表水环境质量标准》（GB 3838—2002）III类标准。

（3）计算结果

根据以上模型和参数，以及水文、水质、污染物输入量和排污口等资料，计算黄河包头段昭君坟—画匠营子、画匠营子—磴口各断面之间水环境容量，以及黄河包头段的水环境容量（表 6-39）。

表 6-39 黄河包头段水环境容量计算结果 单位：t/a

控制单元		昭君坟—画匠营子		画匠营子—磴口		合计	
		枯水期	丰水期	枯水期	丰水期	枯水期	丰水期
水环境容量	COD	8 621	9 810	10 872	12 369	19 493	22 179
	氨氮	525	598	584	664	1 109	1 262

枯水期 COD 水环境容量：昭君坟—画匠营子段为 8 621 t/a，画匠营子—磴口段为 10 872 t/a，黄河包头段为 19 493 t/a；枯水期氨氮水环境容量：昭君坟—画匠营子段为 525 t/a，画匠营子—磴口段为 584 t/a，黄河包头段为 1 109 t/a。

丰水期 COD 水环境容量：昭君坟—画匠营子段为 9 810 t/a，画匠营子—磴口段为 12 369 t/a，黄河包头段为 22 179 t/a；丰水期氨氮水环境容量：昭君坟—画匠营子段为 598 t/a，画匠营子—磴口段为 664 t/a，黄河包头段为 1 262 t/a。

6.4.4 水环境承载状况评估

基于评价期各控制单元主要水污染物排放量及其环境容量计算水环境承载率，分析水环境容量利用或承载压力状况（式 6-10）。

$$CC=\frac{VE}{VT}\times 100\% \tag{6-10}$$

式中：CC——环境承载率；

VT——环境容量；

VE——某一时期污染物入河量。

当 CC 小于 100%时，表明水环境未超载；

当 CC 等于 100%时，表明水环境临近超载；

当 CC 大于 100%时，表明水环境容量利用过度，水环境处于超载状态，应实施水污染物排放削减控制措施，严格限制新增量。

（1）现状（2017 年）

①黄河包头段

全市废水入黄总量为 9 733 万 t，其中化学需氧量入河量为 4 783.51 t，氨氮排放量为 469.5 t。

黄河包头段枯水期的化学需氧量排放总量小于其环境容量，承载率为 24.5%，剩余环境容量为 75.5%。枯水期的氨氮排放总量小于其环境容量，承载率为 42.3%，剩余环境容量为 57.7%。

丰水期的化学需氧量排放总量小于其环境总量，承载率为 21.6%，剩余环境容量为

78.4%。丰水期的氨氮排放总量小于其环境总量，承载率为 37.2%，剩余环境容量为 62.8%（表 6-40）。

表 6-40　黄河包头段水环境承载压力现状分析

时段	化学需氧量			氨氮		
	水环境容量/t	入河量/t	承载率/%	水环境容量/t	入河量/t	承载率/%
枯水期	19 493	4 783.51	24.5	1 109	469.5	42.3
丰水期	22 179	4 783.51	21.6	1 262	469.5	37.2

②画匠营子—磴口

2017 年，尾闾工程废水排放入河量为 7 018.95 万 t，其中化学需氧量排放入河量为 2 101.06 t，氨氮排放量为 151.39 t（表 6-41）。

表 6-41　画匠营子—磴口段水环境承载压力分析

时段	化学需氧量			氨氮		
	水环境容量/t	入河量/t	承载率/%	水环境容量/t	入河量/t	承载率/%
枯水期	10 872	2 101.06	19.33	584	151.39	25.92
丰水期	12 369	2 101.06	16.99	664	151.39	22.80

枯水期，画匠营子—磴口单元的化学需氧量排放入河总量小于其环境容量，承载率为 19.33%，剩余环境容量为 80.67%。氨氮排放入河总量小于其环境容量，承载率为 16.99%，剩余环境容量为 83.01%。

丰水期，画匠营子—磴口单元的化学需氧量排放入河总量小于其环境总量，承载率为 25.92%，剩余环境容量为 74.08%。氨氮排放入河总量小于其环境总量，承载率为 22.80%，剩余环境容量为 77.20%。

（2）近期（2020 年）

1）规划情景方案

①黄河包头段

到 2020 年，黄河包头段化学需氧量入河总量为 4 757 t，枯水期的化学需氧量承载率为 24.4%，剩余环境容量为 75.6%；丰水期的承载率为 21.4%，剩余环境容量为 78.6%。

氨氮入河总量为 514 t，枯水期的氨氮承载率为 46.3%，剩余环境容量为 53.7%，丰水期的承载率为 40.7%，剩余环境容量为 59.3%（表 6-42）。

表 6-42 规划情景方案下黄河包头段水环境承载力分析

时段	水环境容量/t	入河量/t	承载率/%
化学需氧量			
枯水期	19 493	4 757	24.4
丰水期	22 179	4 757	21.4
氨氮			
枯水期	1 109	514	46.3
丰水期	1 262	514	40.7

②画匠营子—磴口

到 2020 年，尾闾工程化学需氧量排放入河量为 2 250.20 t，画匠营子—磴口单元枯水期的化学需氧量承载率为 20.70%，剩余环境容量为 79.30%；丰水期的承载率为 18.19%，剩余环境容量为 81.81%。

氨氮排放入河量为 163.90 t，枯水期的氨氮承载率为 28.07%，剩余环境容量为 71.93%，丰水期的承载率为 24.68%，剩余环境容量为 75.32%（表 6-43）。

表 6-43 规划情景方案下画匠营子—磴口段水环境承载力分析

时段	水环境容量/t	尾闾工程排放量/t	承载率%
化学需氧量			
枯水期	10 872	2 250.20	20.70
丰水期	12 369	2 250.20	18.19
氨氮			
枯水期	584	163.90	28.07
丰水期	664	163.90	24.68

2）调整情景方案

①黄河包头段

到 2020 年，黄河包头段化学需氧量入河总量为 3 669 t，枯水期的化学需氧量承载率为 18.8%，剩余的可利用环境容量为 81.2%，丰水期的承载率为 16.5%，剩余的可利用环境容量为 83.5%；氨氮入河总量为 462 t，枯水期氨氮的承载率为 41.6%，剩余的可利用环境容量为 58.4%，丰水期的承载率为 36.6%，剩余的可利用环境容量为 63.4%（表 6-44）。

表 6-44　调整情景方案下黄河包头段水环境承载力分析

时段	水环境容量/t	入河量/t	承载率/%
化学需氧量			
枯水期	19 493	3 669	18.8
丰水期	22 179	3 669	16.5
氨氮			
枯水期	1 109	462	41.6
丰水期	1 262	462	36.6

②画匠营子—磴口

到 2020 年，尾闾工程化学需氧量排放入河量为 2 230.86 t，画匠营子—磴口单元枯水期的化学需氧量承载率为 20.52%，剩余的可利用环境容量为 79.48%；丰水期的承载率为 18.04%，剩余的可利用环境容量为 81.96%。

氨氮排放入河量为 162.28 t，枯水期的氨氮承载率为 27.79%，剩余的可利用环境容量为 72.21%，丰水期的承载率为 24.44%，剩余的可利用环境容量为 75.56%（表 6-45）。

表 6-45　调整情景方案下画匠营子—磴口段水环境承载力分析

时段	水环境容量/t	尾闾工程排放量/t	承载率%
化学需氧量			
枯水期	10 872	2 230.86	20.52
丰水期	12 369	2 230.86	18.04
氨氮			
枯水期	584	162.28	27.79
丰水期	664	162.28	24.44

（3）远期（2035 年）

①黄河包头段

到 2035 年，黄河包头段化学需氧量入河总量为 5 772.65 t，枯水期的化学需氧量承载率为 29.61%，剩余的可利用环境容量为 70.39%；丰水期承载率为 26.03%，剩余的可利用环境容量为 73.97%。

氨氮入河总量为 689.45 t，枯水期的氨氮承载率为 62.17%，剩余的可利用环境容量为 37.83%；丰水期的承载率为 54.63%，剩余的可利用环境容量为 45.37%。

②画匠营子—磴口

到 2035 年，尾闾工程化学需氧量排放入河量为 2 571.57 t，画匠营子—磴口单元枯水期的化学需氧量承载率为 23.65%，剩余的可利用环境容量为 76.35%；丰水期的承载率为

20.79%，剩余的可利用环境容量为 79.21%。

氨氮排放入河量为 190.86 t，枯水期的氨氮承载率为 32.68%，剩余的可利用环境容量为 67.32%；丰水期的承载率为 28.74%，剩余的可利用环境容量为 71.26%。

6.4.5 小结

评价期内，画匠营子—磴口单元水环境处于可承载状态，近期，化学需氧量剩余环境容量可达 79%，氨氮剩余环境容量达到 62%。远期，化学需氧量剩余环境容量可达 76%，氨氮剩余环境容量达到 71%。

黄河包头段水环境处于可承载状态，近期，化学需氧量的剩余环境容量达到 75%，氨氮的剩余环境容量达到 20%。远期，化学需氧量的剩余环境容量可达 70%，氨氮的剩余环境容量接近 37%。

6.5 生态承载力

6.5.1 评价方法

（1）生态足迹

生态足迹既能够反映出个人或地区的资源消耗强度，又能够反映出区域的资源供给能力和资源消耗总量，也揭示了人类持续生存和发展的生态阈值。它通过相同的单位比较人类的需求和自然界的供给，使可持续发展的衡量真正具有区域可比性，评估的结果清楚地表明在所分析的每一个时空尺度上，人类对生物圈所施加的压力及其量级，因为生态足迹大小取决于人口规模、物质生活水平、技术条件和生态生产力。

①核算公式

采用生态足迹法，将每个人消耗的资源折合成为全球统一的、具有生产力的地域面积，进而计算区域生态足迹总供给与总需求之间的差值——生态赤字或生态盈余，以反映不同区域对于全球生态环境现状的贡献。

具体计算公式如式（6-11）所示：

$$ef_{土地类型} = \sum ef_{生物/能量} \times 每种土地类型的均衡因子 \quad (6\text{-}11)$$

生物资源账户通常分为农产品、动物产品、林产品、水产品等 4 大类，根据包头市生态环境的特点，将生物资源账户土地类型分为耕地、草地、林地、水域。

生物面积的折算采用联合国粮农组织（FAO）计算的全球平均产量，将包头市评价期内生物资源消费量折算为生态足迹，其单位为公顷。

计算公式如式（6-12）所示：

$$ef_{生物}=\frac{生物量}{全球平均产量\times 总人口数} \tag{6-12}$$

能源用地账户的土地类型分为化石燃料土地和建设用地。根据已获得的历年能源消费资料，能源消费项目主要考虑煤炭、天然气、电力。

由于能源用地指标的单位与生物资源指标的单位不同，不能直接累加，所以，根据 Wackernagel 等确定的世界单位面积化石燃料土地的平均发热量作为能源用地的折算系数，将包头市评价期内能源消费量折算为生态足迹，其单位为公顷。具体计算公式如式（6-13）所示：

$$ef_{能源}=\frac{能源消费量\times 折算系数}{全球平均能源足迹\times 总人口数} \tag{6-13}$$

将依据包头市生物资源账户和能源用地账户核算得到的生态足迹相加，即可得到其评价期内总生态足迹，单位为公顷。

计算公式如式（6-14）所示：

$$EF=\sum ef_{土地类型} \tag{6-14}$$

式中：EF——总生态足迹，公顷。

②均衡因子

均衡因子是某类生产性用地的平均生产力与全球各类生产性用地平均生产力的比值。本书将包头市土地划分为 6 大类生产性用地，分别是耕地、林地、草地、水域、建设用地和化石燃料地。不同类型生产性用地的单位面积产量不同，产出的物品给人类带来的满足程度也存在一定的差异。

通常情况下，耕地的产出给人类带来的满足程度是最大的，其次按照满足程度由高到低依次为林地、草地、水域。建设用地和化石燃料地有别于其他类型土地，给人类带来的满足感由其实际功能决定。建设用地往往是占用了城市周边的耕地，因此它的均衡因子与耕地接近。化石燃料地是人类应留出的用于吸收 CO_2 的土地，故在功能上等同于林地，其均衡因子与林地接近。各类生产性用地面积与其对应的均衡因子相乘，便可去除量纲，使得不同类型的土地可以累加，更真实地反映区域生态足迹。

本书根据研究区的自然条件及社会经济条件，采用由刘某承等测算的内蒙古自治区的均衡因子，具体内容如表 6-46 所示。

表 6-46 内蒙古地自治的均衡因子

土地类型	耕地	林地	草地	水域	建设用地	化石燃料地
均衡因子	1.5	1.59	0.79	0.62	1.5	1.59

③指标体系

为真实反映包头市生态足迹，本次评价选取了与 6 大类生产性用地直接相关的农作物及能源作为研究对象。根据不同生产性用地的特征，将指标体系分为生物资源账户和能源用地账户。

生物资源账户包括草地、林地、耕地和水域等 4 大类生产性用地，共选取 24 个指标，分别是小麦、玉米、谷子、莜麦、糜黍、荞麦、豆类、薯类、葵花籽、油菜籽、胡麻籽、甜菜、蔬菜、瓜类（果用瓜）、水果、猪肉、牛肉、羊肉、奶类、山羊毛、绵羊毛、山羊绒、禽蛋、水产品。

能源用地账户，一般选取 3 个指标——煤炭、天然气和电力，均属于城市能源消费的主要类型。由于能源消费量在统计年鉴中折算为标准煤，故在核算时将标准煤折算为煤炭。

生态足迹核算指标中的生物量或消费量以及人口数据来源于《包头市统计年鉴》，世界平均产量的数据来源于联合国粮农组织及世界自然基金会（WWF）发布的世界平均产量资料。

（2）生态承载力

本书将采用生态足迹模型对包头市生态承载力进行计算与分析。人均生态承载力的计算公式如式（6-15）所示：

$$\mathrm{EC} = n \times \mathrm{ec} = n \times \sum (a_j \times r_j \times y_j) \tag{6-15}$$

式中：EC——总生态承载力，公顷；

n——人口总数，人；

ec——人均生态承载力，公顷/人；

j——生物生产性土地类型；

a_j——第 j 种生物生产性土地类型的人均面积，公顷/人；

r_j——第 j 种生物生产性土地类型的均衡因子；

y_j——第 j 种生物生产性土地类型的产量因子，t。

为使不同区域之间可比，将某个局部区域的生物生产性土地面积转换成所属的整个区域的面积，即在计算国家生态承载力时，折算为全球公顷（通过世界平均生产力将消费量转换为一个虚拟的全球性土地面积），在计算某个地区的生态足迹时，可折算为国家公顷（通过区域平均生产力将消费量转换为一个区域性土地面积）。

将局部区域的土地面积转换成所属的整个区域的面积时，其折算系数被称为产量因子（yield factor）。产量因子可以用来描述不同国家或地区的某类生物生产性土地面积所代表的局地产量与世界平均产量的差异，以比值表示。本书拟采用谢高地测算的中国产量因子作为研究区的产量因子（表 6-47）。

表 6-47 中国土地分类产量因子

土地类型	主要用途	产量因子
林地	提供农产品	1.71
林地	提供木材或林产品	0.95
草地	提供畜牧产品	0.48
建设用地	人类建设用地	1.71
化石燃料地	向环境中释放 CO_2	0
水域	提供水产品	0.51

（3）生态承压指数

结合包头市生态系统分类特征，运用生态承压指数对包头市生态系统承载状况进行评价。生态承压指数表达式为式（6-16）：

$$T = \frac{\mathrm{EF}}{\mathrm{EC}} \text{或} \quad T = \frac{\mathrm{ef}}{\mathrm{ec}} \tag{6-16}$$

式中：T——生态承压指数；

EF——总生态足迹，公顷；

EC——总生态承载力，公顷；

ef——人均生态足迹，公顷/人；

ec——人均生态承载力，公顷/人。

当生态承载力大于生态足迹（EC＞EF 或 ec＞ef）时，即存在生态盈余，表明该地区经济社会发展处于生态承载力范围之内，生态系统处于安全状态，资源利用是可持续的。

当生态承载力等于生态足迹（EC=EF 或 ec=ef）时，则生态赤字或生态盈余为零，经济社会发展近乎达到生态承载力上限，生态系统处于预警状态。

当生态承载力小于生态足迹（EC＜EF 或 ec＜ef）时，则出现生态赤字，表明该地区经济社会发展已超出生态承载力范围，即生态系统无法充分提供生产生活所需资源，也不能净化和消解人类活动排放的废弃物，此时生态系统开始逐渐失衡并退化，长此以往可能发生生态灾难。

6.5.2 生态足迹核算

（1）评价基准年

1）生物资源账户核算

①中心城区

中心城区农产品中人均生态足迹最大的是粮食，约为 0.02 公顷/人；林产品中人均生态足迹较大的是瓜类，约为 0.01 公顷/人；动物产品中人均生态足迹最大的是牛肉，约为 0.21 公顷/人（表 6-48）。

表 6-48 评价基准年中心城区生态足迹生物资源账户计算结果

生物资源消费项目		生态生产性土地类型	生物量/万 t	全球平均产量/（kg/公顷）	总生态足迹/公顷	人均生态足迹/（公顷/人）
农产品	粮食	耕地	12.52	2 744	45 620.63	0.02
	油料	耕地	0.22	1 856	1 160.56	5.13×10^{-4}
	甜菜	耕地	0.04	1 800	20.16	8.91×10^{-6}
林产品	瓜类（果用瓜）	林地	8.67	3 500	24 776.37	0.01
	水果	林地	5.48	3 500	15 652.57	0.007
动物产品	猪肉	耕地	9 635	33	291 969.69	0.13
	牛肉	草地	15 628	33	473 575.75	0.21
	羊肉	草地	7 155	33	216 818.18	0.09
	羊毛	草地	541	15	36 080	0.02

②山北地区

山北地区农产品中人均生态足迹最大的是粮食，约为 0.23 公顷/人；林产品中人均生态足迹较大的是瓜类，约为 0.01 公顷/人；动物产品中人均生态足迹最大的是羊肉，约为 3.24 公顷/人（表 6-49）。

表 6-49 评价基准年山北地区生态足迹生物资源账户计算结果

生物资源消费项目		生态生产性土地类型	生物量/万 t	全球平均产量/（kg/公顷）	总生态足迹/公顷	人均生态足迹/（公顷/人）
农产品	粮食	耕地	18.31	2 744	66 711.15	0.23
	油料	耕地	7.69	1 856	41 414.87	0.14
	甜菜	耕地	0	18 000	0	0

生物资源 消费项目		生态生产性土地类型	生物量/ 万 t	全球平均产量/ （kg/公顷）	总生态足迹/ 公顷	人均生态足迹/ （公顷/人）
林产品	瓜类 （果用瓜）	林地	1.17	3 500	3 333.08	0.01
	水果	林地	0.01	3 500	18	6.11×10^{-5}
动物 产品	猪肉	耕地	15 385	33	466 212.1	1.58
	牛肉	草地	12 277	33	372 030.3	1.26
	羊肉	草地	31 458	33	953 272.7	3.24
	羊毛	草地	2 457	15	163 801.3	0.56

③土右旗

土右旗农产品中人均生态足迹最大的是粮食，为 0.92 公顷/人；林产品中人均生态足迹较大的是水果，约为 0.01 公顷/人；动物产品中人均生态足迹最大的是羊肉，约为 3.37 公顷/人（表 6-50）。

表 6-50　评价基准年土右旗生态足迹生物资源账户计算结果

生物资源 消费项目		生态生产性土地类型	生物量/ 万 t	全球平均产量/ （kg/公顷）	总生态足迹/ 公顷	人均生态足迹/ （公顷/人）
农产品	粮食	耕地	75.55	2 744	275 328	0.92
	油料	耕地	2.77	1 856	14 906.25	0.05
	甜菜	耕地	0	18 000	0	0
林产品	瓜类 （果用瓜）	林地	1.20	3 500	3 439.14	0.01
	水果	林地	1.21	3 500	3 459.14	0.01
动物 产品	猪肉	耕地	21 735	33	658 636.4	2.21
	牛肉	草地	13 893	33	421 000	1.41
	羊肉	草地	33 262	33	1 007 939	3.37
	羊毛	草地	1 258	15	83 866.67	0.28

2）能源用地账户核算

将原煤、电力、化石能源折算成标准煤进行核算，得出在包头市中心城区能源用地账户中人均生态足迹约为 7.69 公顷/人，山北地区能源用地账户中人均生态足迹约为 7.02 公顷/人，土右旗能源用地账户中人均生态足迹约为 9.53 公顷/人（表 6-51）。

表 6-51 评价基准年中心城区生态足迹能源用地账户计算结果

片区	生产性土地类型	消费量/万 t	折算系数	全球平均能源足迹/公顷	人均生态足迹/（公顷/人）
中心城区	化石燃料地	45 771 031.26	20.934	55	7.69
山北地区		5 435 002			7.02
土右旗		7 478 429			9.53

3）生态足迹核算结果汇总

将不同类型生产性用地所包含的指标的生态足迹加总，得到该类型土地的生态足迹，并通过均衡因子将不同生产性用地类型进行标准化，再将标准化后的人均生态足迹合计得出包头市人均生态足迹。

①中心城区

评估结果表明，评价基准年中心城区人均生态足迹约为 8.18 公顷/人；从生态足迹构成来看，化石燃料地所占比例最大，达 96.03%，其余用地类型所占比重很小，依次为草地、耕地、林地，分别为 1.99%、1.76%、0.22%，水域和建设用地占比为 0。由此表明，化石燃料地是包头市中心地区生态足迹的主要构成因素。这与包头市中心城区是一个以工业集聚发展区有关（表 6-52）。

表 6-52 评价基准年中心城区人均生态足迹核算结果

土地类型	总生态足迹/公顷	人均生态足迹/（公顷/人）	均衡因子	标准化后人均生态足迹/（公顷/人）	所占比例/%
耕地	338 771.05	0.14	1.5	0.22	1.76
林地	40 428.94	0.02	1.59	0.03	0.22
草地	726 473.93	0.32	0.79	0.25	1.99
水域	0	0	0.62	0	0
化石燃料地	17 421 286.7	7.69	1.59	12.23	96.03
建设用地	0	0	1.5	0	0
合计	18 526 960.64	8.18		12.74	100

②山北地区

评估结果表明，评价基准年包头市山北地区人均生态足迹约为 14.03 公顷/人；从生态足迹构成来看，化石燃料地所占比例最大，达 61.68%，其次为草地占 22.06%、耕地占 16.16%，建设用地、林地和水域所占比重为 0。由此表明，化石燃料地、草地、耕地、建设用地是包头市山北地区生态足迹的主要构成因素（表 6-53）。

表 6-53　评价基准年山北地区人均生态足迹核算结果

土地类型	总生态足迹/公顷	人均生态足迹/（公顷/人）	均衡因子	标准化后人均生态足迹/（公顷/人）	所占比例/%
耕地	574 338.1	1.94	1.5	2.92	16.16
林地	3 351.08	0.01	1.59	0.01	0.10
草地	1 489 104	5.05	0.79	3.99	22.06
水域	0	0	0.62	0	0
化石燃料地	2 068 661	7.02	1.59	11.16	61.68
建设用地	0	0	1.5	0	0
合计	4 135 454.18	14.03		18.10	100

③土右旗

评价基准年土右旗人均生态足迹约为 17.80 公顷/人；从生态足迹构成来看，化石燃料地所占比例最大，达 63.25%，其次为耕地占 19.89%、草地占 16.70%，建设用地、林地和水域所占比重几乎为 0（表 6-54）。

表 6-54　评价基准年土右旗人均生态足迹核算结果

土地类型	总生态足迹/公顷	人均生态足迹/（公顷/人）	均衡因子	标准化后人均生态足迹/（公顷/人）	所占比例/%
耕地	948 870.6	3.17	1.5	4.76	19.89
林地	6 898.28	0.02	1.59	0.036	0.15
草地	1 512 806	5.06	0.79	4.00	16.70
水域	0	0	0.62	0	0
化石燃料地	2 846 426	9.53	1.59	15.16	63.25
建设用地	0	0	1.5	0	0
合计	5 315 001	17.80		23.97	100

（2）近期（2020 年）

1）规划情景方案

①生物资源账户核算

A. 中心城区

中心城区各类农产品中粮食的人均生态足迹最大，为 0.03 公顷/人；林产品中瓜类的人均生态足迹较大，为 0.03 公顷/人；动物产品中羊肉的人均生态足迹较大，为 0.23 公顷/人（表 6-55）。

表 6-55 包头市中心城区规划情景生态足迹生物资源账户计算

生物资源消费项目		生态生产性土地类型	生物量/万 t	全球平均产量/(kg/公顷)	总生态足迹/公顷	人均生态足迹/(公顷/人)
农产品	粮食	耕地	20.06	2 744	73 100.19	0.03
	油料	耕地	2.94	1 856	15 582.69	0.006
	甜菜	耕地	0	18 000	0	0
林产品	瓜类（果用瓜）	林地	25.59	3 500	73 100.19	0.03
	水果	林地	1.54	3 500	4 402.27	0.002
动物产品	猪肉	耕地	1.30	3 500	392 743.83	0.16
	牛肉	草地	1.09	33	550 607.47	0.14
	羊肉	草地	1.82	33	329 444.94	0.23
	羊毛	草地	0.28	15	183 935.16	0.08

B. 山北地区

山北地区各类农产品中粮食的人均生态足迹较大，为 0.23 公顷/人；林产品中瓜类的人均生态足迹较大，为 0.026 公顷/人；动物产品猪肉的人均生态足迹较大，为 2.29 公顷/人（表 6-56）。

表 6-56 包头市山北地区规划情景生态足迹生物资源账户计算

生物资源消费项目		生态生产性土地类型	生物量/万 t	全球平均产量/(kg/公顷)	总生态足迹/公顷	人均生态足迹/(公顷/人)
农产品	粮食	耕地	20.01	2 744	72 912.96	0.23
	油料	耕地	12.94	1 856	69 742.83	0.22
	甜菜	耕地	0	18 000	0	0
林产品	瓜类（果用瓜）	林地	2.88	3 500	8 242.33	0.026
	水果	林地	1.00	3 500	2 853.12	0.009
动物产品	猪肉	耕地	2.59	33	786 191.88	2.48
	牛肉	草地	0.84	33	253 610.29	0.8
	羊肉	草地	2.40	33	725 959.44	2.29
	羊毛	草地	0.17	15	114 124.63	0.36

C. 土右旗

土右旗各类农产品中粮食的人均生态足迹较大，为 0.29 公顷/人；林产品中瓜类的人均生态足迹较大，为 0.03 公顷/人；动物产品中羊肉的人均生态足迹较大，为 3.82 公顷/人（表 6-57）。

表6-57 包头市土右旗规划情景生态足迹生物资源账户计算

生物资源消费项目		生态生产性土地类型	生物量/万t	全球平均产量/(kg/公顷)	总生态足迹/公顷	人均生态足迹/(公顷/人)
农产品	粮食	耕地	25.56	2 744	93 150.77	0.29
	油料	耕地	9.54	1 856	51 393.53	0.16
	甜菜	耕地	2.89	18 000	1 606.05	0.005
林产品	瓜类(果用瓜)	林地	3.37	3 500	9 636.29	0.03
	水果	林地	1.35	3 500	3 854.51	0.012
动物产品	猪肉	耕地	2.84	33	860 841.63	2.68
	牛肉	草地	2.80	33	847 993.25	2.64
	羊肉	草地	4.05	33	1 227 020.54	3.82
	羊毛	草地	0.21	15	138 120.11	0.43

②能源用地账户核算

中心城区的能源账户中人均生态足迹为7.37公顷/人，山北地区能源用地账户中人均生态足迹约为5.79公顷/人，土右旗能源用地账户中人均生态足迹约为6.51公顷/人（表6-58）。

表6-58 包头市中心城区规划情景生态足迹能源用地账户计算

片区	生产性土地类型	消费量/万t	折算系数	全球平均能源足迹/公顷	人均生态足迹/(公顷/人)
中心城区	化石燃料地	3 069 200.35	20.93	55	7.37
山北地区		2 053 780.59			5.79
土右旗		2 170 985.88			6.51

③生态足迹计算结果汇总

将不同类型的生产性用地所包含的指标的生态足迹进行加总，得到该类型土地的生态足迹，并通过均衡因子将不同生产性用地类型进行标准化，再将标准化后的人均生态足迹合计得出包头市各地区人均生态足迹。

A. 中心城区

结果表明，中心城区人均生态足迹约为8.03公顷/人；从生态足迹构成来看，化石燃料地所占比例最大，为91.78%，依次为草地占5.44%、耕地占2.38%、林地占0.40%，建设用地和水域所占比重为0（表6-59）。

表 6-59 规划情景方案下中心城区人均生态足迹结果

土地类型	总生态足迹/公顷	人均生态足迹/（公顷/人）	均衡因子	标准化后人均生态足迹/（公顷/人）	所占比例/%
耕地	465 844.03	0.19	1.5	0.29	2.38
林地	77 502.47	0.03	1.59	0.05	0.40
草地	1 063 987.58	0.44	0.79	0.34	5.44
水域	0	0	0.62	0	0
化石燃料地	3 069 200.347	7.37	1.59	11.72	91.78
建设用地	0	0	1.5	0	0
合计	4 676 534.42	8.03		12.40	100

B. 山北地区

结果表明，山北地区人均生态足迹约为 12.20 公顷/人；从生态足迹构成来看，化石燃料地所占比例最大，为 47.42%，依次为草地占 28.28%、耕地占 24.02%、林地占 0.29%，建设用地和水域所占比重为 0（表 6-60）。

表 6-60 规划情景方案下山北地区人均生态足迹结果

土地类型	总生态足迹/公顷	人均生态足迹/（公顷/人）	均衡因子	标准化后人均生态足迹/（公顷/人）	所占比例/%
耕地	928 847.67	2.93	1.5	4.40	24.02
林地	11 095.45	0.04	1.59	0.06	0.29
草地	1 093 694.36	3.45	0.79	2.73	28.28
水域	0	0	0.62	0	0
化石燃料地	2 053 780.59	5.79	1.59	9.20	47.42
建设用地	0	0	1.5	0	0
合计	4 087 418.07	12.20		16.37	100

C. 土右旗

结果表明，土右旗人均生态足迹约为 16.58 公顷/人；从生态足迹构成来看，草地所占比例最大，为 41.56%，依次为化石燃料地占 39.27%、耕地占 18.91%、林地占 0.25%，建设用地和水域所占比重为 0（表 6-61）。

表 6-61　规划情景方案下土右旗人均生态足迹结果

土地类型	总生态足迹/公顷	人均生态足迹/（公顷/人）	均衡因子	标准化后人均生态足迹/（公顷/人）	所占比例/%
耕地	1 006 991.99	3.14	1.5	4.70	18.91
林地	13 490.80	0.04	1.59	0.07	0.25
草地	2 213 133.90	6.89	0.79	5.44	41.56
水域	0.00	0	0.62	0	0
化石燃料地	2 170 985.88	6.51	1.59	10.35	39.27
建设用地	0	0	1.5	0	0
合计	5 404 602.57	16.58		20.56	100

2）调整情景方案

①生物资源账户核算

A. 中心城区

中心城区各类农产品中粮食的人均生态足迹最大，为 0.04 公顷/人；林产品中瓜类的人均生态足迹较大，为 0.003 公顷/人；动物产品中牛肉的人均生态足迹较大，为 0.45 公顷/人（表 6-62）。

表 6-62　包头市中心城区调整情景生态足迹生物资源账户计算

生物资源消费项目		生态生产性土地类型	生物量/万 t	全球平均产量/（kg/公顷）	总生态足迹/公顷	人均生态足迹/（公顷/人）
农产品	粮食	耕地	26.74	2 744	97 466.93	0.04
	油料	耕地	0.90	1 856	4 873.35	0.003
	甜菜	耕地	0.88	18 000	487.33	0.000 2
林产品	瓜类（果用瓜）	林地	2.56	3 500	7 310.02	0.003
	水果	林地	0.85	3 500	2 436.67	0.001
动物产品	猪肉	耕地	2.09	33	633 535.02	0.26
	牛肉	草地	3.62	33	1 096 502.92	0.45
	羊肉	草地	1.21	33	365 500.97	0.15
	羊毛	草地	0.11	15	73 100.19	0.03

B. 山北地区

山北地区各类农产品中粮食的人均生态足迹较大，为 0.40 公顷/人；林产品中瓜类的人均生态足迹较大，为 0.02 公顷/人；动物产品中羊肉的人均生态足迹较大，为 2.67 公顷/人（表 6-63）。

表 6-63 包头市山北地区调整情景生态足迹生物资源账户计算

生物资源消费项目		生态生产性土地类型	生物量/万 t	全球平均产量/（kg/公顷）	总生态足迹/公顷	人均生态足迹/（公顷/人）
农产品	粮食	耕地	34.79	2 744	126 805.14	0.40
	油料	耕地	14.12	1 856	76 083.08	0.24
	甜菜	耕地	0	18 000	0	0
林产品	瓜类（果用瓜）	林地	2.22	3 500	6 340.26	0.02
	水果	林地	1.11	3 500	3 170.13	0.01
动物产品	猪肉	耕地	2.10	33	637 195.84	2.01
	牛肉	草地	0.55	33	846 424.33	0.53
	羊肉	草地	2.79	33	168 016.81	2.67
	羊毛	草地	0.08	15	53 892.18	0.17

C. 土右旗

土右旗各类农产品中粮食的人均生态足迹较大，为 0.64 公顷/人；林产品中瓜类的人均生态足迹较大，为 0.02 公顷/人；动物产品中羊肉的人均生态足迹较大，为 4.88 公顷/人（表 6-64）。

表 6-64 包头市土右旗调整情景生态足迹生物资源账户计算

生物资源消费项目		生态生产性土地类型	生物量/万 t	全球平均产量/（kg/公顷）	总生态足迹/公顷	人均生态足迹/（公顷/人）
农产品	粮食	耕地	56.41	2 744	205 574.12	0.64
	油料	耕地	5.36	1 856	28 908.86	0.09
	甜菜	耕地	0	18 000	0	0
林产品	瓜类（果用瓜）	林地	2.25	3 500	6 424.19	0.02
	水果	林地	1.12	3 500	3 212.09	0.01
动物产品	猪肉	耕地	2.38	33	722 721.52	2.25
	牛肉	草地	1.88	33	1 567 502.67	1.77
	羊肉	草地	5.17	33	568 540.93	4.88
	羊毛	草地	0.26	15	176 665.26	0.55

②能源用地账户核算

中心城区的能源账户中人均生态足迹为 7.00 公顷/人，山北地区能源用地账户中人均生态足迹约为 6.13 公顷/人，土右旗能源用地账户中人均生态足迹约为 6.05 公顷/人（表 6-65）。

表 6-65　包头市中心城区调整情景生态足迹能源用地账户计算

片区	生产性土地类型	消费量/万 t	折算系数	全球平均能源足迹/公顷	人均生态足迹/（公顷/人）
中心城区	化石燃料地	45 447 969.37	20.93	55	7.00
山北地区		5 396 640.72			6.13
土右旗		5 108 442.72			6.05

③生态足迹计算结果汇总

将不同类型的生产性用地所包含的指标的生态足迹进行加总，得到该类型土地的生态足迹，并通过均衡因子将不同生产性用地类型进行标准化，再将标准化后的人均生态足迹合计得出包头市各地区人均生态足迹。

A. 中心城区

中心城区人均生态足迹约为 12.09 公顷/人；从生态足迹构成来看，化石燃料地所占比例最大，为 88.16%，其余依次为草地占 7.93%、耕地占 3.78%、林地占 0.50%，建设用地和水域所占比重为 0（表 6-66）。

表 6-66　调整情景方案下中心城区人均生态足迹结果

土地类型	总生态足迹/公顷	人均生态足迹/（公顷/人）	均衡因子	标准化后人均生态足迹/（公顷/人）	所占比例/%
耕地	737 137.31	0.30	1.5	0.45	3.78
林地	9 872.75	0.004	1.59	0.01	0.50
草地	1 541 929.09	0.63	0.79	0.50	7.93
水域	0	0	0.62	0	0
化石燃料地	17 295 018.16	7.00	1.59	11.13	88.16
建设用地	0	0	1.5	0	0
合计	19 583 957.31	7.94	—	12.09	100

B. 山北地区

山北地区人均生态足迹约为 12.18 公顷/人；从生态足迹构成来看，化石燃料地所占比例最大，为 50.33%，其余依次为草地占 27.64%、耕地占 21.76%、林地占 0.26%，建设用地和水域所占比重为 0（表 6-67）。

表 6-67 调整情景方案下山北地区人均生态足迹结果

土地类型	总生态足迹/公顷	人均生态足迹/（公顷/人）	均衡因子	标准化后人均生态足迹/（公顷/人）	所占比例/%
耕地	840 084.07	2.65	1.5	3.98	21.76
林地	9 872.75	0.03	1.59	0.05	0.26
草地	1 067 298.21	3.37	0.79	2.66	27.64
水域	0	0	0.62	0	0
化石燃料地	2 053 667.10	6.13	1.59	9.75	50.33
建设用地	0	0	1.5	0	0
合计	3 970 922.13	12.18	—	16.43	100

C. 土右旗

土右旗人均生态足迹约为 16.21 公顷/人；从生态足迹构成来看，化石燃料地所占比例最大，为 48.60%，其余依次为草地占 28.57%、耕地占 22.58%、林地占 0.25%，建设用地、水域所占比重为 0（表 6-68）。

表 6-68 调整情景方案下土右旗人均生态足迹结果

土地类型	总生态足迹/公顷	人均生态足迹/（公顷/人）	均衡因子	标准化后人均生态足迹/（公顷/人）	所占比例/%
耕地	957 204.50	2.98	1.5	4.47	22.58
林地	9 957.50	0.03	1.59	0.05	0.25
草地	2 296 648.39	7.15	0.79	5.65	28.57
水域	0	0	0.62	0	0
化石燃料地	5 108 442.72	6.05	1.59	9.62	48.60
建设用地	0	0	1.5	0	0
合计	8 372 253.11	16.21		19.79	100

（3）远期（2035 年）

1）生物资源账户核算

①中心城区

中心城区各类农产品中粮食的人均生态足迹最大，为 0.27 公顷/人；林产品中瓜类的人均生态足迹较大，为 0.02 公顷/人；动物产品中羊肉的人均生态足迹较大，为 2.88 公顷/人（表 6-69）。

表 6-69　包头市中心城区远期评价情景生态足迹生物资源账户计算

生物资源消费项目		生态生产性土地类型	生物量/万 t	全球平均产量/（kg/公顷）	总生态足迹/公顷	人均生态足迹/（公顷/人）
农产品	粮食	耕地	25.36	2 744	92 435.91	0.27
	油料	耕地	1.79	1 856	9 622.75	0.03
	甜菜	耕地	1.04	18 000	577.78	0
林产品	瓜类（果用瓜）	林地	2.10	3 500	6 013.50	0.02
	水果	林地	1.38	3 500	3 936.34	0.01
动物产品	猪肉	耕地	25 303.42	33	766 770.32	2.21
	牛肉	草地	12 560.45	33	380 619.82	1.10
	羊肉	草地	32 902.33	33	997 040.20	2.88
	羊毛	草地	2 432.22	15	162 147.85	0.47

②山北地区

山北地区各类农产品中粮食的人均生态足迹较大，为 0.32 公顷/人；林产品中瓜类的人均生态足迹较大，为 0.02 公顷/人；动物产品中羊肉的人均生态足迹较大，为 2.96 公顷/人（表 6-70）。

表 6-70　包头市山北地区远期评价情景生态足迹生物资源账户计算

生物资源消费项目		生态生产性土地类型	生物量/万 t	全球平均产量/（kg/公顷）	总生态足迹/公顷	人均生态足迹/（公顷/人）
农产品	粮食	耕地	28.36	2 744	103 368.85	0.32
	油料	耕地	13.79	1 856	74 277.92	0.23
	甜菜	耕地	0	18 000	0	0
林产品	瓜类（果用瓜）	林地	2.30	3 500	6 584.93	0.02
	水果	林地	1.28	3 500	3 650.62	0.01
动物产品	猪肉	耕地	25 543.42	33	774 043.05	2.41
	牛肉	草地	16 560.45	33	501 831.94	1.45
	羊肉	草地	33 902.33	33	1 027 343.24	2.96
	羊毛	草地	2 582.22	15	172 147.85	0.50

③土右旗

土右旗各类农产品中粮食的人均生态足迹较大，为 1.02 公顷/人；林产品中瓜类的人均生态足迹较大，为 0.02 公顷/人；动物产品中羊肉的人均生态足迹较大，为 3.93 公顷/人（表 6-71）。

表 6-71 包头市土右旗远期评价情景生态足迹生物资源账户计算

生物资源消费项目		生态生产性土地类型	生物量/万 t	全球平均产量/（kg/公顷）	总生态足迹/公顷	人均生态足迹/（公顷/人）
农产品	粮食	耕地	90	2 744	328 004.42	1.02
	油料	耕地	3.70	1 856	19 927.79	0.06
	甜菜	耕地	0	18 000	0	0
林产品	瓜类（果用瓜）	林地	2.07	3 500	5 910.64	0.02
	水果	林地	1.38	3 500	3 936.34	0.01
动物产品	猪肉	耕地	19 853.42	33	601 618.80	1.87
	牛肉	草地	24 560.45	33	744 256.19	2.15
	羊肉	草地	44 902.33	33	1 360 676.57	3.93
	羊毛	草地	2 382.22	15	158 814.52	0.46

2）能源用地账户核算

中心城区的能源用地账户中人均生态足迹为 4.76 公顷/人，山北地区能源用地账户中人均生态足迹约为 3.61 公顷/人，土右旗能源用地账户中人均生态足迹约为 4.05 公顷/人（表 6-72）。

表 6-72 包头市各区远期评价情景生态足迹能源用地账户计算

片区	生产性土地类型	消费量/万 t	折算系数	全球平均能源足迹/公顷	人均生态足迹/（公顷/人）
中心城区	化石燃料地	35 348 420.62	20.93	55	4.76
山北地区		3 686 970.561			3.61
土右旗		3 973 233.228			4.05

3）生态足迹计算结果汇总

将不同类型的生产性用地所包含的指标的生态足迹进行加总，得到该类型土地的生态足迹，并通过均衡因子将不同生产性用地类型进行标准化，再将标准化后的人均生态足迹合计得出包头市各地区人均生态足迹。

①中心城区

结果表明，中心城区人均生态足迹约为 5.64 公顷/人；从生态足迹构成来看，化石燃料地所占比例最大，为 84.35%，依次为耕地占 5.49%、草地占 10.10%、林地占 0.06%，建设用地和水域所占比重为 0（表 6-73）。

表 6-73　远期评价情景方案下中心城区人均生态足迹结果

土地类型	总生态足迹/公顷	人均生态足迹/（公顷/人）	均衡因子	标准化后人均生态足迹/（公顷/人）	所占比例/%
耕地	869 518.31	0.31	1.5	0.46	5.49
林地	9 915.75	0	1.59	0.01	0.06
草地	1 618 150.09	0.57	0.79	0.45	10.10
水域	0	0	0.62	0	0
化石燃料地	13 451 680.79	4.76	1.59	7.56	84.35
建设用地	0	0	1.5	0	0
合计	15 949 264.94	5.64		8.48	100

②山北地区

结果表明，山北地区人均生态足迹约为 10.43 公顷/人；从生态足迹构成来看，草地所占比例最大，为 41.70%，依次为化石燃料地占 34.60%、耕地占 23.46%、林地占 0.24%，建设用地和水域所占比重为 0（表 6-74）。

表 6-74　远期评价情景方案下山北地区人均生态足迹结果

土地类型	总生态足迹/公顷	人均生态足迹/（公顷/人）	均衡因子	标准化后人均生态足迹/（公顷/人）	所占比例/%
耕地	951 664.48	2.45	1.5	3.67	23.46
林地	10 254.75	0.03	1.59	0.04	0.24
草地	1 691 523.21	4.35	0.79	3.44	41.70
水域	0	0	0.62	0	0
化石燃料地	1 403 059.89	3.61	1.59	5.74	34.60
建设用地	0	0	1.5	0	0
合计	4 056 502.33	10.43		12.89	100

③土右旗

结果表明，土右旗人均生态足迹约为 14.22 公顷/人；从生态足迹构成来看，化石燃料地所占比例最大，为 45.34%，依次为草地占 39.73%、耕地占 31.50%、林地占 0.34%，建设用地和水域所占比重为 0（表 6-75）。

表 6-75 远期评价情景方案下土右旗人均生态足迹结果

土地类型	总生态足迹/公顷	人均生态足迹/（公顷/人）	均衡因子	标准化后人均生态足迹/（公顷/人）	所占比例/%
耕地	947 424.66	2.98	1.5	4.48	31.50
林地	9 872.75	0.03	1.59	0.05	0.34
草地	2 269 389.66	7.15	0.79	5.65	39.73
水域	0	0	0.62	0	0
化石燃料地	1 511 995.84	4.05	1.59	9.62	45.34
建设用地	0	0	1.5	0	0
合计	4 738 682.91	14.22		19.80	100

6.5.3 生态承载力评估

（1）评价基准年

①中心城区

评价基准年中心城区人均生态承载力为 0.16 公顷/人，扣除 12%预留面积后有效人均生态承载力为 0.14 公顷/人。在六类生产性土地中耕地的人均生态承载力相对较大，为 0.06 公顷/人，其余依次为建设用地 0.06 公顷/人，林地 0.03 公顷/人，草地 0.02 公顷/人，水域 0.002 公顷/人，化石燃料地的人均生态承载力为 0（表 6-76）。

表 6-76 评价基准年中心城区人均生态承载力计算结果

土地类型	用地面积/km^2	人均用地面积/（公顷/人）	均衡因子	产量因子	人均生态承载力/（公顷/人）
耕地	507.26	0.02	1.5	1.71	0.06
林地	393.72	0.02	1.59	0.95	0.03
草地	1 004.95	0.04	0.79	0.48	0.02
水域	158.2	0.01	0.51	0.51	0.002
建设用地	515.43	0.02	1.5	1.71	0.06
化石燃料地	0	0	1.59	0	0
人均生态承载力	—	—	—	—	0.16
扣除 12%预留面积	—	—	—	—	0.02
有效人均生态承载力	—	—	—	—	0.14

②山北地区

评价基准年山北地区的人均生态承载力为 5.26 公顷/人，扣除 12%预留面积后有效人均生态承载力为 4.62 公顷/人。在六类生产性土地中草地的人均生态承载力相对较大，为

2.40 公顷/人，其余依次为耕地 2.34 公顷/人，林地 0.26 公顷/人，建设用地 0.22 公顷/人，水域 0.04 公顷/人，化石燃料地的人均生态承载力为 0（表 6-77）。

表 6-77 评价基准年山北地区人均生态承载力计算结果

土地类型	用地面积/ km^2	人均用地面积/（公顷/人）	均衡因子	产量因子	人均生态承载力/（公顷/人）
耕地	2 685.04	0.91	1.5	1.71	2.34
林地	502.21	0.17	1.59	0.95	0.26
草地	18 615.53	6.32	0.79	0.48	2.40
水域	443.73	0.15	0.51	0.51	0.04
建设用地	257.9	0.09	1.5	1.71	0.22
化石燃料地	0	0	1.59	0	0
人均生态承载力	—	—	—	—	5.26
扣除 12%预留面积	—	—	—	—	0.63
有效人均生态承载力	—	—	—	—	4.62

③土右旗

评价基准年土右旗的人均生态承载力为 1.42 公顷/人，扣除 12%预留面积后有效人均生态承载力为 1.25 公顷/人。在六类生产性土地中耕地的人均生态承载力相对较大，为 1.02 公顷/人，依次为林地 0.18 公顷/人，建设用地 0.15 公顷/人，草地 0.06 公顷/人，水域 0.01 公顷/人，化石燃料地的人均生态承载力为 0（表 6-78）。

表 6-78 评价基准年土右旗人均生态承载力计算结果

土地类型	用地面积/ km^2	人均用地面积/（公顷/人）	均衡因子	产量因子	人均生态承载力/（公顷/人）
耕地	1 190.68	0.40	1.5	1.71	1.02
林地	356.55	0.12	1.59	0.95	0.18
草地	475.65	0.16	0.79	0.48	0.06
水域	98.96	0.03	0.51	0.51	0.01
建设用地	175.68	0.06	1.5	1.71	0.15
化石燃料地	0	0	1.59	0	0
人均生态承载力	—	—	—	—	1.42
扣除 12%预留面积	—	—	—	—	0.17
有效人均生态承载力	—	—	—	—	1.25

（2）近期（2020 年）

1）规划情景方案

①中心城区

在规划情景方案下中心城区的人均生态承载力为 0.17 公顷/人，扣除 12%预留面积后的有效人均生态承载力为 0.15 公顷/人。在六类生产性土地中建设用地的人均生态承载力相对较大，为 0.06 公顷/人，依次为耕地 0.05 公顷/人，林地 0.03 公顷/人，草地 0.02 公顷/人，水域 0.01 公顷/人，化石燃料地的人均生态承载力为 0（表 6-79）。

表 6-79 规划情景方案下中心城区人均生态承载力计算结果

土地类型	用地面积/km^2	人均用地面积/（公顷/人）	均衡因子	产量因子	人均生态承载力/（公顷/人）
耕地	506.75	0.02	1.5	1.71	0.05
林地	392.91	0.02	1.59	0.95	0.03
草地	1 011.70	0.04	0.79	0.48	0.02
水域	157.98	0.01	0.51	0.51	0.01
建设用地	517.43	0.02	1.5	1.71	0.06
化石燃料地	0	0	1.59	0	0
人均生态承载力	—	—	—	—	0.17
扣除 12%预留面积	—	—	—	—	0.02
有效人均生态承载力	—	—	—	—	0.15

②山北地区

在规划情景方案下山北地区的人均生态承载力为 5.28 公顷/人，扣除 12%预留面积后的有效人均生态承载力为 4.65 公顷/人。在六类生产性土地中草地的人均生态承载力相对较大，为 2.36 公顷/人，依次为耕地 2.31 公顷/人，林地 0.29 公顷/人，建设用地 0.27 公顷/人，水域 0.05 公顷/人，化石燃料地的人均生态承载力为 0（表 6-80）。

表 6-80 规划情景方案下山北地区人均生态承载力计算结果

土地类型	用地面积/km^2	人均用地面积/（公顷/人）	均衡因子	产量因子	人均生态承载力/（公顷/人）
耕地	2 684.65	0.85	1.5	1.71	2.31
林地	501.54	0.16	1.59	0.95	0.29
草地	18 624.05	5.87	0.79	0.48	2.36
水域	443.82	0.14	0.51	0.51	0.05
建设用地	260.38	0.08	1.5	1.71	0.27
化石燃料地	0	0	1.59	0	0
人均生态承载力	—	—	—	—	5.28
扣除 12%预留面积	—	—	—	—	0.63
有效人均生态承载力	—	—	—	—	4.65

③土右旗

在规划情景方案下土右旗的人均生态承载力为 1.43 公顷/人，扣除 12%预留面积后的有效人均生态承载力为 1.26 公顷/人。在六类生产性土地中耕地的人均生态承载力相对较大，为 0.99 公顷/人，其余依次为林地 0.19 公顷/人，建设用地 0.16 公顷/人，草地 0.08 公顷/人，水域 0.01 公顷/人，化石燃料地的人均生态承载力为 0（表 6-81）。

表 6-81　规划情景方案下土右旗人均生态承载力计算结果

土地类型	用地面积/km^2	人均用地面积/（公顷/人）	均衡因子	产量因子	人均生态承载力/（公顷/人）
耕地	1 189.56	0.37	1.5	1.71	0.99
林地	355.80	0.11	1.59	0.95	0.19
草地	477.196	0.15	0.79	0.48	0.08
水域	99.014	0.03	0.51	0.51	0.01
建设用地	177.06	0.06	1.5	1.71	0.16
化石燃料地	0	0	1.59	0	0
人均生态承载力	—	—	—	—	1.43
扣除 12%预留面积	—	—	—	—	0.17
有效人均生态承载力	—	—	—	—	1.26

2）调整情景方案

①中心城区

在调整情景方案下中心城区的人均生态承载力为 0.18 公顷/人，扣除 12%预留面积后的有效人均生态承载力为 0.16 公顷/人。在六类生产性土地中建设用地的人均生态承载力相对较大，为 0.06 公顷/人，其余依次为耕地 0.05 公顷/人，草地 0.03 公顷/人，林地 0.02 公顷/人，水域 0.01 公顷/人，化石燃料地的人均生态承载力为 0（表 6-82）。

表 6-82　调整情景方案下中心城区人均生态承载力计算结果

土地类型	用地面积/km^2	人均用地面积/（公顷/人）	均衡因子	产量因子	人均生态承载力/（公顷/人）
耕地	505.39	0.02	1.5	1.71	0.05
林地	393.43	0.02	1.59	0.95	0.02
草地	1 011.8	0.04	0.79	0.48	0.03
水域	155.7	0.01	0.51	0.51	0.01
建设用地	516.23	0.02	1.5	1.71	0.06
化石燃料地	0	0	1.59	0	0
人均生态承载力	—	—	—	—	0.18
扣除 12%预留面积	—	—	—	—	0.02
有效人均生态承载力	—	—	—	—	0.16

②山北地区

在调整情景方案下山北地区的人均生态承载力为 5.29 公顷/人，扣除 12%预留面积后的有效人均生态承载力为 4.66 公顷/人。在六类生产性土地中草地的人均生态承载力相对较大，为 2.37 公顷/人，其余依次为耕地 2.30 公顷/人，林地 0.30 公顷/人，建设用地 0.27 公顷/人，水域 0.05 公顷/人，化石燃料地的人均生态承载力为 0（表 6-83）。

表 6-83 调整情景方案下山北地区人均生态承载力计算结果

土地类型	用地面积/km^2	人均用地面积/（公顷/人）	均衡因子	产量因子	人均生态承载力/（公顷/人）
耕地	2 681.8	0.85	1.5	1.71	2.30
林地	502.9	0.16	1.59	0.95	0.30
草地	18 625.23	5.88	0.79	0.48	2.37
水域	442.6	0.14	0.51	0.51	0.05
建设用地	258.8	0.08	1.5	1.71	0.27
化石燃料地	0	0	1.59	0	0
人均生态承载力	—	—	—	—	5.29
扣除 12%预留面积	—	—	—	—	0.63
有效人均生态承载力	—	—	—	—	4.66

③土右旗

在调整情景方案下土右旗的人均生态承载力为 1.44 公顷/人，扣除 12%预留面积后的有效人均生态承载力为 1.27 公顷/人。在六类生产性土地中耕地的人均生态承载力相对较大，为 0.98 公顷/人，其余依次为林地 0.20 公顷/人，建设用地 0.16 公顷/人，草地 0.09 公顷/人，水域 0.01 公顷/人，化石燃料地的人均生态承载力为 0（表 6-84）。

表 6-84 调整情景方案下土右旗人均生态承载力计算结果

土地类型	用地面积/km^2	人均用地面积/（公顷/人）	均衡因子	产量因子	人均生态承载力/（公顷/人）
耕地	1 183.9	0.37	1.5	1.71	0.98
林地	358.2	0.11	1.59	0.95	0.20
草地	478.1	0.15	0.79	0.48	0.09
水域	98.05	0.03	0.51	0.51	0.01
建设用地	176.2	0.05	1.5	1.71	0.16
化石燃料地	0	0	1.59	0	0
人均生态承载力	—	—	—	—	1.44
扣除 12%预留面积	—	—	—	—	0.17
有效人均生态承载力	—	—	—	—	1.27

（3）远期（2035 年）

①中心城区

远期评价情景方案下中心城区的人均生态承载力为 0.15 公顷/人，扣除 12%预留面积后的有效人均生态承载力为 0.14 公顷/人。在六类生产性土地中建设用地的人均生态承载力相对较大，为 0.05 公顷/人，其余依次为耕地 0.05 公顷/人，林地 0.02 公顷/人，草地 0.03 公顷/人，水域 0.01 公顷/人，化石燃料地的人均生态承载力为 0（表 6-85）。

表 6-85　远期评价情景方案下中心城区人均生态承载力计算结果

土地类型	用地面积/km^2	人均用地面积/（公顷/人）	均衡因子	产量因子	人均生态承载力/（公顷/人）
耕地	503.24	0.02	1.5	1.71	0.05
林地	394.31	0.01	1.59	0.95	0.02
草地	1 012.1	0.04	0.79	0.48	0.03
水域	158.8	0.01	0.51	0.51	0.01
建设用地	520.7	0.02	1.5	1.71	0.05
化石燃料地	0	0	1.59	0	0
人均生态承载力	—	—	—	—	0.15
扣除 12%预留面积	—	—	—	—	0.02
有效人均生态承载力	—	—	—	—	0.14

②山北地区

在远期评价情景方案下山北地区的人均生态承载力为 5.28 公顷/人，扣除 12%预留面积后的有效人均生态承载力为 4.65 公顷/人。在六类生产性土地中草地的人均生态承载力相对较大，为 2.36 公顷/人，依次为耕地 2.29 公顷/人，林地 0.30 公顷/人，建设用地 0.28 公顷/人，水域 0.05 公顷/人，化石燃料地的人均生态承载力为 0（表 6-86）。

表 6-86　远期评价情景方案下山北地区人均生态承载力计算结果

土地类型	用地面积/km^2	人均用地面积/（公顷/人）	均衡因子	产量因子	人均生态承载力/（公顷/人）
耕地	2 670.9	0.73	1.5	1.71	2.29
林地	506.2	0.14	1.59	0.95	0.30
草地	18 628.35	5.06	0.79	0.48	2.36
水域	444.75	0.12	0.51	0.51	0.05
建设用地	261.74	0.07	1.5	1.71	0.28
化石燃料地	0	0	1.59	0	0
人均生态承载力	—	—	—	—	5.28
扣除 12%预留面积	—	—	—	—	0.63
有效人均生态承载力	—	—	—	—	4.65

③土右旗

在远期评价情景方案下土右旗的人均生态承载力为1.43公顷/人，扣除12%预留面积后的有效人均生态承载力为1.26公顷/人。在六类生产性土地中耕地的人均生态承载力相对较大，为0.97公顷/人，依次为林地0.20公顷/人，建设用地0.16公顷/人，草地0.09公顷/人，水域0.01公顷/人，化石燃料地的人均生态承载力为0（表6-87）。

表6-87　远期评价情景方案下土右旗人均生态承载力计算结果

土地类型	用地面积/km^2	人均用地面积/（公顷/人）	均衡因子	产量因子	人均生态承载力/（公顷/人）
耕地	1 182.2	0.32	1.5	1.71	0.97
林地	359.5	0.10	1.59	0.95	0.20
草地	480.6	0.13	0.79	0.48	0.09
水域	93.4	0.03	0.51	0.51	0.01
建设用地	180.9	0.05	1.5	1.71	0.16
化石燃料地	0	0	1.59	0	0
人均生态承载力	—	—	—	—	1.43
扣除12%预留面积	—	—	—	—	0.17
有效人均生态承载力	—	—	—	—	1.26

6.5.4　生态承载压力趋势评估

基于上述计算所得的生态足迹和生态承载力，可以分别计算出评价期内中心城区、山北地区、土右旗在不同情景方案下的生态盈亏和生态承压指数（表6-88）。

表6-88　评价期内包头市生态承载力评估结果　　单位：公顷/人

情景方案		地区	人均生态足迹	人均生态承载力	生态赤字	生态承压指数
评价基准年		中心城区	12.74	0.14	−12.6	91.00
		山北地区	18.1	4.62	−13.48	3.92
		土右旗	23.97	1.25	−22.72	19.18
近期（2020年）	规划情景	中心城区	12.4	0.15	−12.25	82.67
		山北地区	16.37	4.65	−11.72	3.52
		土右旗	20.56	1.26	−19.3	16.32
	调整情景	中心城区	12.09	0.16	−11.93	75.56
		山北地区	16.43	4.66	−11.77	3.53
		土右旗	19.79	1.27	−18.52	15.58
远期（2035年）		中心城区	8.48	0.14	−8.34	60.57
		山北地区	12.89	4.65	−8.24	2.77
		土右旗	19.8	1.26	−18.54	15.71

（1）生态承载力演变趋势分析：呼包鄂比较

呼包鄂地区生态压力指数不断攀升，生态安全程度持续降低，包头市与鄂尔多斯市已处于生态不安全状态。

1990—2010 年，呼包鄂生态压力指数均在波动中快速增加，分别由 0.111 7、0.758 2、0.102 4 增加到 0.729 4、2.224 5、1.300 5，分别增加了 5.53 倍、1.93 倍、11.70 倍，其中鄂尔多斯市的增幅最大，表明随经济的快速增长及资源的过度利用，其生态系统功能遭到破坏，不仅使生态系统的资源供给能力大幅降低，也使生态压力迅速增大。

1990—2005 年，呼和浩特市的生态状况处于安全等级，2006 年后进入生态较安全状态；包头市则在 1990—2010 年经历了由生态较安全—临界—不安全—较安全—不安全的变化，2004 年以来处于生态不安全等级；鄂尔多斯市由生态安全向较安全、临界、不安全转化，2009 年后处于生态不安全状态。

从平均水平来看，以包头市的生态压力指数均值最高，为 1.091 5，高于全区平均水平（0.875 3）；其次为鄂尔多斯市，为 0.405 9；呼和浩特市最低，为 0.310 8。可见，作为内蒙古自治区最大的工业城市，长期以来的资源开发与能源消耗已经导致包头市的生态供给能力严重超载；而作为全自治区的政治、经济、文化中心，因资源消耗与环境污染相对较轻，呼和浩特市的生态压力相对最小。

从包头市生态承压指数变化趋势看，到 2020 年之前，生态承压指数持续增大，2020 年比 2001 年增长 7 倍以上，比 2017 年增长 1/3。到 2035 年，与 2020 年相比生态承压指数下降，但仍比 2001 年、2017 年分别增长 6.08 倍、0.12 倍（图 6-16）。

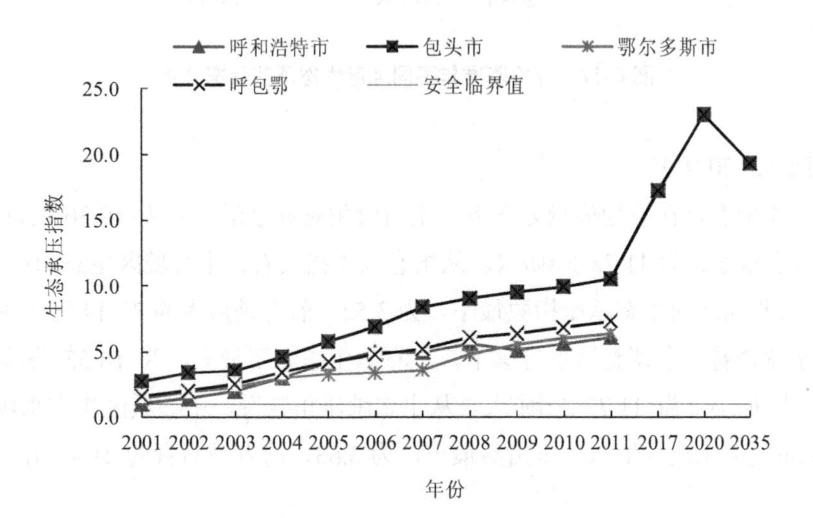

图 6-16　包头市生态承载力时间动态分析

综上所述，呼包鄂地区生态压力指数不断攀升，生态安全程度持续降低。目前，呼和浩特市处于生态较安全阶段，包头市与鄂尔多斯市已处于生态不安全状态，且以包头市的生态压力最大，生态安全程度最低。

（2）不同评价期生态承载压力地区比较

①评价基准年

从生态盈余看，土右旗的生态赤字最大，为 22.72 公顷/人；中心城区生态赤字最小，为 12.6 公顷/人。从生态承压指数看，中心城区生态承载压力最大，山北地区最小，中心城区生态承压指数是山北地区的 23.21 倍（图 6-17）。

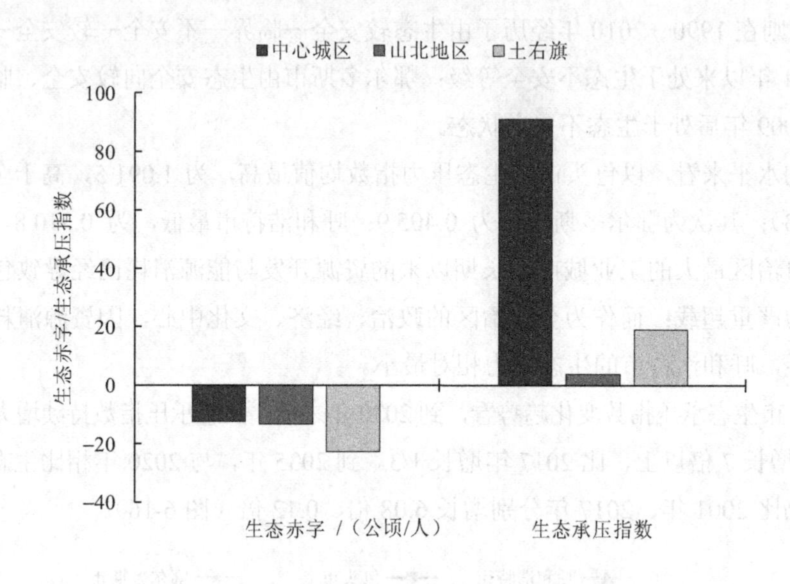

图 6-17　评价基准年不同地区生态承载状况分析

②近期（2020 年）

从生态盈余看，在规划情景方案下，土右旗生态赤字最大，为 19.30 公顷/人；山北地区生态赤字最小，为 11.72 公顷/人。从生态承压指数看，中心城区生态承压指数最大，为 82.67；山北地区的生态承压指数最小，为 3.52，前者是后者的 23.49 倍（图 6-18）。

从生态盈余看，在调整情景方案下，土右旗生态赤字最大，为 18.52 公顷/人；山北地区生态赤字最小，为 11.77 公顷/人。从生态承压指数看，中心城区生态承压指数均最大，为 75.56；山北地区生态承压指数最小，为 3.53，前者是后者的 21.41 倍（图 6-19）。

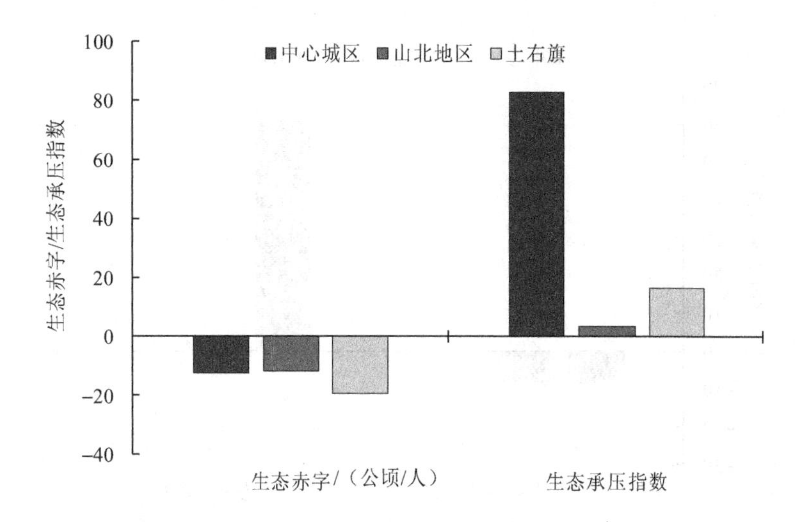

图 6-18　规划情景方案下不同地区生态承载状况分析

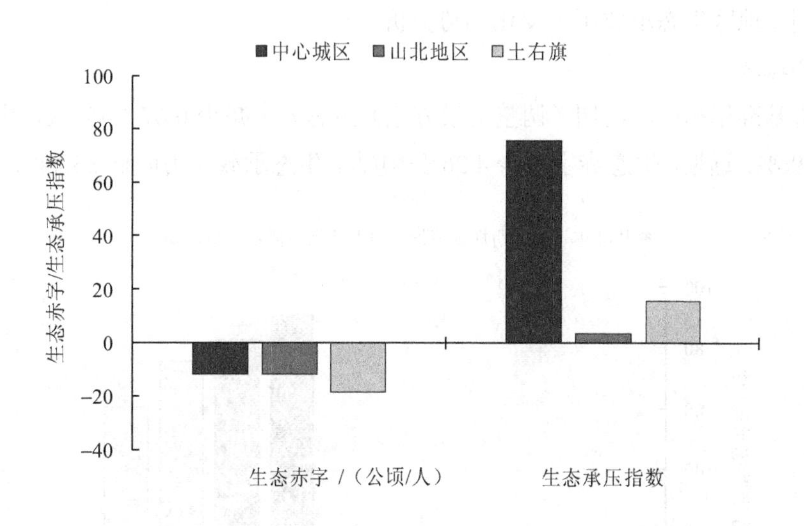

图 6-19　调整情景方案下不同地区生态承载状况分析

③远期（2035 年）

从生态盈余看，土右旗的生态赤字最大，为 18.54 公顷/人；山北地区生态赤字最小，为 8.24 公顷/人。从生态承压指数看，中心城区生态承压指数最大，为 60.57；山北地区的生态承压指数最小，为 2.77，前者是后者的 21.87 倍（图 6-20）。

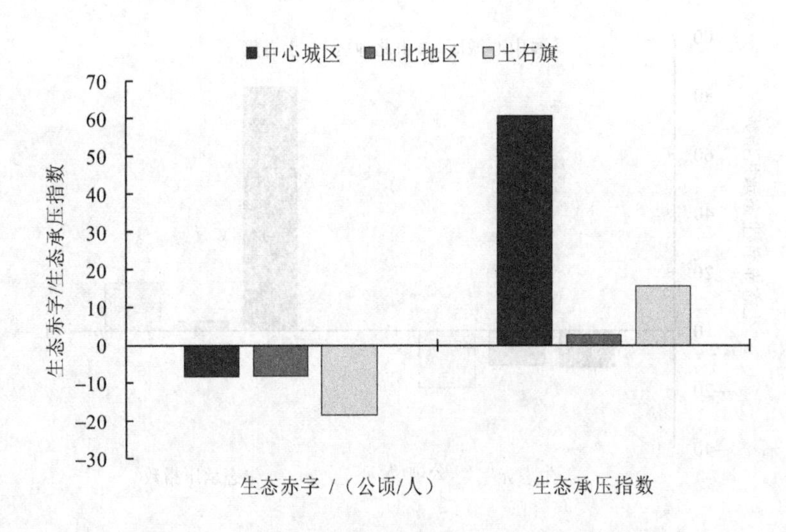

图 6-20 远期评价情景不同地区生态承载状况分析

（3）同一地区生态承载压力变化趋势分析

①中心城区

与评价基准年相比，近期（调整情景方案）生态赤字减少 0.67 公顷/人，生态承载压力降低 16.96%；远期，生态赤字减少 4.26 公顷/人，生态承载压力降低 33.44%（图 6-21）。

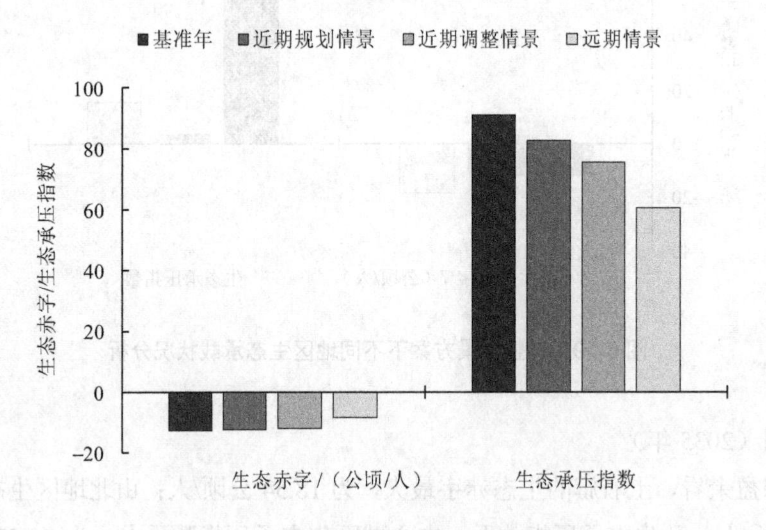

图 6-21 中心城区生态承载压力趋势分析

②土右旗

与评价基准年相比，近期（调整情景方案）生态赤字减少 4.20 公顷/人，生态承载压力降低 18.74%。远期，生态赤字减少 4.18 公顷/人，生态承载压力降低 18.09%（图 6-22）。

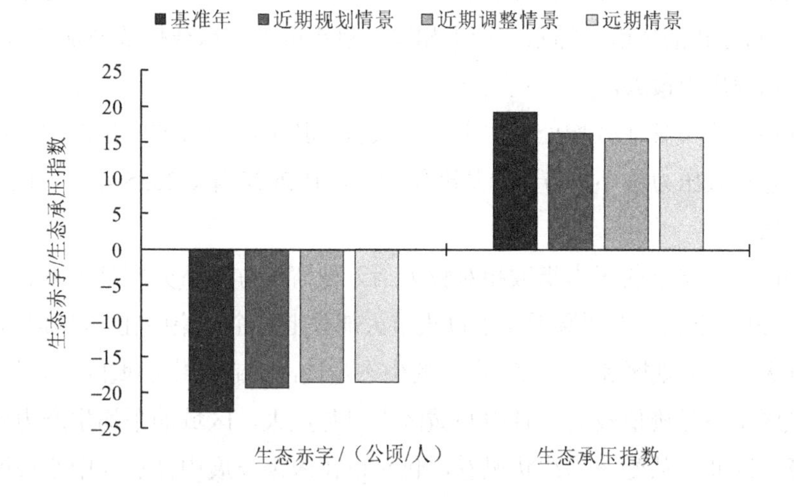

图 6-22　土右旗生态承载压力趋势分析

③山北地区

与评价基准年相比，近期（调整情景方案）生态赤字降低 1.71 公顷/人，生态承载压力降低 10.25%。远期，生态赤字减少 5.24 公顷/人，生态承载压力降低 29.33%（图 6-23）。

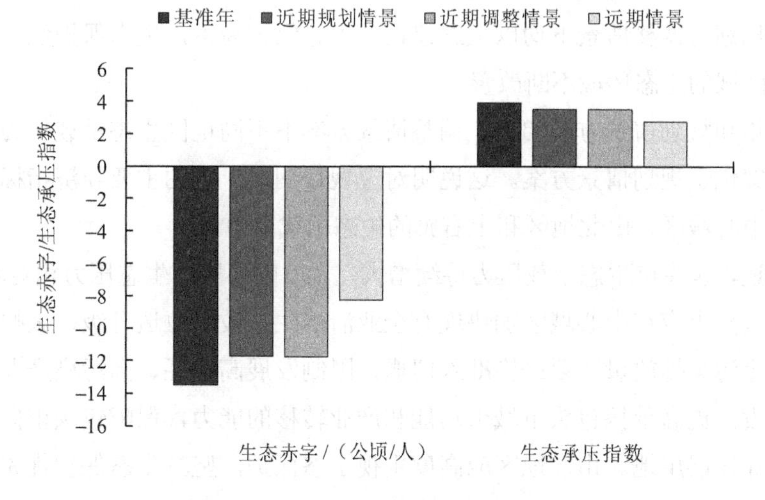

图 6-23　山北地区生态承载压力趋势分析

6.5.5　小结

随着经济社会快速发展，资源、能源消耗急剧增长，包头市生态足迹逐年增大，而随着生态建设和保护力度不断加大，生态承载力同步增大。但是，由于生态供给小于生态消耗的速率，因此，生态赤字逐年增大，与 2000 年相比，2011 年生态承载压力增长 2.8 倍左右。与呼和浩特市、鄂尔多斯市相比，包头市生态承载指数分别是两市的 1.5 倍左右，生态承载压力最大。

评价期内包头市各地区均处于生态赤字状态，其中，中心城区生态承载压力最大，山北地区生态承载压力最小；与评价基准年相比，到 2020 年、2035 年，各地区生态承载压力趋于降低。

中心城区的生态承载压力指数相对较大，三种情景方案下分别是土右旗、山北地区的 4～5 倍、20～23 倍。主要原因在于包头市大部分工矿企业集中在中心城区，其化石能源消耗量远大于山北地区和土右旗，产生的生态足迹占比超过中心城区生态足迹的 80%，导致中心城区生态足迹值较高；且中心城区人口基数大，区域的平均生产力较低，人均承载力偏低。因此，从生态承载状况看，包头市在未来发展中需加大中心城区的生态保护和建设力度，加快传统产业改造升级，积极淘汰落后、过剩产能，严格限制高消耗、高污染产业项目准入并大力推动现有产业有序转移。

土右旗生态赤字最大，主要原因在于土右旗是以种植业为主的地区，耕地平均产量较低，生态资源利用率低下；山北地区生态赤字较大的原因在于山北地区以农牧业为主，生产较为粗放。针对这两个地区，提高生态资源利用率，保护生态生产性土地尤为重要。

山北地区在 3 种情景下的生态赤字、生态承压度较基准年均有所减少，这主要是因为该区域在规划与调整情景下均以生态建设与生态保护为主，生态保护红线等措施的实施将促进该区域的生态环境不断改善。

与基准年和规划情景方案相比，调整情景方案下不同地区生态承载压力有所降低，调整情景方案优于规划情景方案。这说明对《规划纲要》中的主要经济指标适度调整，有利于减轻中心城区、山北地区和土右旗的生态承载压力。

综上所述，包头市生态承载压力持续增大，尤以中心城区生态压力相对较大。“十三五”期间，包头市应在中心城区加快现有企业清洁生产技术改造升级，大幅提高资源能源效率，减少污染排放量；要严格准入门槛，限制发展高消耗、高污染产业。土右旗应加强生态建设，提高承接包头市城市功能和产业转移的能力，保障包头市向东发展的城镇建设和工业发展用地。山北地区应高度重视生态保护，坚持生态保护优先原则，实行“点上开发、面上保护”的总体策略，适度控制开发规模和强度。

下　篇

中长期绿色发展战略

第7章 “三线一单”总体方案

7.1 总体思路

基于资源禀赋条件及生态环境承载状况，统筹考虑经济社会发展现状和趋势，以改善生态环境质量、保障生态环境安全、防控生态环境风险为目标，划定“生态保护红线、资源利用上线、环境质量底线”，编制生态环境准入清单，形成集空间管控、总量控制、环境准入为一体的环境管理综合体系。

7.2 生态保护红线方案

7.2.1 生态评价

（1）评价方法

本书将通过生态敏感性、生态重要性以及禁止开发区域等指标，基于生态理论与方法对包头市生态环境状态进行评价。

1）生态敏感性评价方法

生态敏感性评价主要包括水土流失敏感性评价、土地沙化敏感性评价，具体评价方法如下。

①水土流失敏感性评价

根据国家环保总局生态功能区划技术规范的要求，选取降水侵蚀力、土壤可蚀性、坡度坡长和地表植被覆盖等评价指标，见式（7-1）：

$$SS_t = \sqrt[4]{R_t \times K_t \times LS_t \times C_t} \tag{7-1}$$

式中：SS_t—— t 空间单元水土流失敏感性指数，评价因子包括降雨侵蚀力（R_t）、土壤可蚀性（K_t）、坡长坡度（LS_t）、地表植被覆盖（C_t）。

②土地沙化敏感性评价

根据国家环保总局生态功能区划技术规范的要求，并结合研究区的实际情况，选取干燥指数、起沙风天数、土壤质地、植被覆盖度等评价指标，利用地理信息系统的空间分析功能，将各单因子敏感性影响分布图进行乘积运算，见式（7-2）：

$$D_t = \sqrt[4]{I_t \times W_t \times K_t \times C_t} \tag{7-2}$$

式中：D_t—— t空间单元土地沙化敏感性指数，评价因子包括降干燥度指数（I_t）、起沙风天数（W_t）、土壤质地（K_t）、地表植被覆盖（C_t）。

2）生态重要性评价方法

包头市生态系统类型多样，结构与功能复杂，因此在进行生态重要性评价中生态系统类型选择上突出主要生态系统类型。同时生态系统服务功能评价涵盖了供给服务、调节服务、文化服务、支持服务等诸多方面，本书仅从生物多样性维持与保护、土壤保持、水源涵养、防风固沙等方面进行评价，在考虑具体区域生态重要性评价中可根据区域生态系统特征确定生态重要性评价中生态系统类型、生态系统服务功能。

①水源涵养功能重要性评价

水源涵养是生态系统通过其特有的结构与水相互作用，对降水进行截留、渗透、蓄积，并通过蒸散发实现对水流、水循环的调控，主要表现在缓和地表径流、补充地下水、减缓河流流量的季节波动、滞洪补枯、保证水质等方面。以水源涵养量作为生态系统水源涵养功能的评价指标。采用基于降水和蒸散的水量分解模型法进行评价［式（7-3）］。

$$\mathrm{WR}=\mathrm{NPP}_{\mathrm{mean}} \times F_{\mathrm{sic}} \times F_{\mathrm{pre}} \times (1 - F_{\mathrm{slo}}) \tag{7-3}$$

式中：WR——生态系统水源涵养服务能力指数；

$\mathrm{NPP}_{\mathrm{mean}}$——多年植被净初级生产力平均值；

F_{sic}——土壤渗流因子；

F_{pre}——多年平均降水量；

F_{slo}——坡度因子。

②水土保持功能重要性评价

水土保持功能主要与气候、土壤、地形和植被有关。以土壤保持量，即潜在土壤侵蚀量与实际土壤侵蚀量的差值，作为生态系统水土保持功能的评价指标。采用修正自通用水土流失方程（USLE）的水土保持服务模型开展评价。其模型结构［式（7-4）］：

$$\mathrm{Ac} = \mathrm{Ap} - \mathrm{Ar} = R \times K \times L \times S \times (1 - C) \tag{7-4}$$

式中：Ac——土壤保持量；

Ap——潜在土壤侵蚀量；

Ar——实际土壤侵蚀量；

R——降雨因子；

K——土壤侵蚀因子；

L、S——地形因子；

C——植被覆盖因子。

③防风固沙功能重要性评价

防风固沙功能主要与风速、降雨、温度、土壤、地形和植被等因素密切相关。以固沙量（潜在风蚀量与实际风蚀量的差值）和固沙率（固沙量与潜在风蚀量的比值，即生态系统固定风蚀量的比例），作为生态系统防风固沙功能的评价指标。

采用修正风蚀方程（Revised Wind Erosion Equation，RWEQ）计算固沙量、固沙率，主要考虑风速、降雨、温度、土壤质地、地形以及植被覆盖对土壤侵蚀以及水土保持的影响［式（7-5）～式（7-9）］。

$$S_{ws} = NPP_{mean} \times K \times F_q \times D \tag{7-5}$$

$$F_q = \frac{1}{100}\sum_{i=1}^{12} u^3 \left\{\frac{ETP_i - P_i}{ETP_i}\right\} \times d \tag{7-6}$$

$$ETP_i = 0.19(20 + T_i) \times (1 - r_i) \tag{7-7}$$

$$u_2 = u_1 (z_2 / z_1)^{1/7} \tag{7-8}$$

$$D = 1 / \cos\theta \tag{7-9}$$

式中：S_{ws}——防风固沙服务能力指数；

NPP_{mean}——多年植被净初级生产力平均值；

K——土壤可蚀性因子；

F_q——多年平均气候侵蚀力；

u——2 m高处的月平均风速；

u_1、u_2——分别表示在z_1、z_2高度处的风速；

ETP_i——月潜在蒸发量，mm；

P_i——月降水量，mm；

d——当月天数；

T_i——月平均气温；

r_i——月平均相对湿度，%；

D——地表粗糙度因子；

θ——坡度，(°)。

④生物多样性保护功能重要性评价

生物多样性保护功能与珍稀濒危和特有动植物的分布丰富程度密切相关，是生态系统在维持基因、物种、生态系统多样性发挥的作用，是生态系统提供的最主要功能之一。以生物多样性维护服务能力指数作为评估指标，计算公式为式（7-10）：

$$S_{\text{bio}} = \text{NPP}_{\text{mean}} \times F_{\text{pre}} \times F_{\text{tem}} \times (1 - F_{\text{alt}}) \tag{7-10}$$

式中：S_{bio}——生物多样性维护服务能力指数；

NPP_{mean}——多年植被净初级生产力平均值；

F_{pre}——多年平均降水量；

F_{tem}——多年平均气温；

F_{alt}——海拔因子。

（2）评价结果

①生态敏感性

评价结果显示，包头市生态敏感性敏感区分布最广，其次是一般敏感区，极敏感区的范围最小。

一般敏感区占地面积为 2 838.82 km^2，主要分布在包头市的北部、南部地区，总体分布相对集中，包括达茂旗的东北、西南部，土右旗北部、东河区北部、九原区北部、昆都仑区北部，青山区北部、南部以及石拐区大部分地区，固阳县南部也有零散分布。

敏感区占地面积约为 17 847.20 km^2，分布比较广泛，在全市范围内均有分布，主要有达茂旗南部、西北部，昆都仑区南部，九原区，青山区东部、西南部，以及固阳县部分地区。

极敏感区占地面积为 7 081.98 km^2，主要分布在包头市中部及南部地区，分布比较集中，包括土右旗南部、东河区东南部、九原区南部、固阳县北部以及昆都仑区西南部等地区。

②生态重要性

评价结果显示，包头市生态重要区分布最为广泛，极重要区分布范围最小。

一般重要区占地面积约为 887.81 km^2，主要分布在包头市的北部、南部地区，总体分布比较集中，包括达茂旗的中部、西南部地区，土右旗北部、九原区北部、昆都仑区北部、青山区北部、东河区东北部，石拐区北部、东南部，以及固阳县东部、中部等部分地区。

重要区占地面积为 22 583.57 km^2，分布广泛，覆盖了包头市的大部分地区，具体包括达茂旗北部、南部地区，固阳县北部、西南部地区，土右旗南部、九原区南部、昆都仑区西南部、青山区东南部、石拐区西南部、东河区南部等地区。

极重要区占地面积为 4 296.62 km^2，分布范围较小且零散，主要位于包头市北部及南部部分地区，包括达茂旗北部及南部部分地区，昆都仑区东南部、青山区西南部、九原区东部、土右旗中部、东河区西部，以及固阳县北部。

7.2.2 生态保护红线划定

基于生态敏感性和重要性综合评估，确定水源涵养、生物多样性维护、水土保持、防风固沙等生态功能极重要区域及极敏感区域。根据相关规划、区划中重要生态区域空间分布，结合专家经验，综合判断评估结果与实际生态状况的相符性。针对不符合实际情况的评估结果开展现场核查校验与调整，使评估结果趋于合理。根据科学评估结果，将评估得到的生态功能极重要区和生态环境极敏感区进行叠加合并，并与自然保护区、森林公园的生态保育区和核心景观区、风景名胜区的核心景区、地质公园的地质遗迹保护区、世界自然遗产的核心区和缓冲区、湿地公园的湿地保育区和恢复重建区、饮用水水源地的一级保护区、水产种质资源保护区的核心区、其他类型禁止开发区的核心保护区域等保护地进行校验，形成生态保护红线空间叠加图，确保划定范围涵盖国家级和省级禁止开发区域。将上述确定的生态保护红线叠加图，通过边界处理、现状与规划衔接、跨区域协调、上下对接等步骤，划定包头市生态保护红线。

全市生态保护红线总面积为 6 958.80 km^2，占土地总面积的 25.06%。包头市生态保护红线主要由三大部分组成，即北部生态草原区、中部山区、南部沿黄湿地。

北部生态草原区，主要分布在达茂旗北部，植被类型以草原为主，该区域是生态环境最为脆弱的区域，水土流失风险较高，在沙漠化控制、生物多样性维持等方面发挥着极其重要的作用。

中部为大青山—乌拉山山区，该地区植被主要类型为森林、灌草和草原，植被覆盖度较大，是阻挡西北风沙和寒流侵入市区的生态屏障，对气候调节、水源涵养、生物多样性保护等起着不可替代的作用。范围包括九原区、昆都仑区、青山区、石拐区北部区域，土右旗北部以及固阳县南部区域。

南部沿黄河湿地保护带，黄河流经包头市南缘，是包头市可利用的重要地表水资源，包括中心城区南部以及土右旗南部黄河过境区域。

7.2.3 生态保护红线管控对策

（1）落实党政责任主体

落实领导干部生态文明建设责任制，严格实行党政同责、一岗双责。地方各级党委和政府必须坚决扛起生态文明建设和生态环境保护的政治责任，对本行政区域的生态保护红线的落地、保护和监督负总责，主要负责人是本行政区域第一责任人，其他有关领导成员在职责范围内承担相应责任，履行好对生态保护红线内森林、草原、河流、湖泊、湿地等自然生态系统的保护责任。把保护目标、任务和要求等层层分解，落到实处，建立目标责任制。依法强化自然保护区、风景名胜区等禁止开发区管理机构的主体责任，严格落实管理职能，切实做到权责对等。在各类生态保护红线区域内，禁止建设破坏生态功能和生态环境的工程项目，确保自然生态用地保护性质不转换、生态功能不降低、空间面积不减少、保护责任不改变。

（2）加强组织领导

成立包头市生态保护红线办公室，综合协调负责生态保护红线划定后管理的相关事宜；研究制定生态保护红线的生态补偿政策、生态补偿资金筹措、使用管理与监督；组织制定生态保护红线的产业准入正面清单；指导、协调生态保护红线的公众参与和宣教工作；组织建立生态保护红线统一监管平台，对生态保护红线进行监管。

各旗县区成立相关的管理机构，负责技术培训、常规管理、红线调整与变更的意见接收与反馈、符合正面清单的项目准入管理等。组织相关基层人员、技术与管理人员，针对生态保护红线斑块进行定期巡查、监测与记录汇总。

（3）制定环境准入清单

根据有关法律法规、政策，包头市人民政府根据主导功能保护需要，制定生态保护红线允许开展的活动管理目录，明确允许目录、条件和管控要求，确保生态保护红线生态功能不降低、面积不减少、性质不改变。对红线内已有的、不符合管理要求的开发建设活动以及居民点，应建立逐步退出机制，引导生态保护红线内的人口和建设活动有序转移，并依法依规给予合理补偿。红线区内现有的民生项目、旅游基础设施等，相关部门要依规依法进行管理。商品林地由相关部门按现有法律法规、部门规章进行管理，地方政府可逐步通过赎买、租赁、置换等方式，将商品林调整为生态公益林，将所有权和使用权收归国有。

（4）加强生态保护与修复

把山水林草湖生态保护和修复工程作为重要内容，以旗县区级行政区为基本单元建立生态保护红线台账系统，制定实施生态系统保护与修复方案。在对生态保护红线内实行严格管控基础上，引导各地有序开展生态建设。对于生境遭受严重破坏的地区，采用生物措施和工程措施相结合的方式，积极恢复自然生境。加强对自然保护区、森林公园、湿地公园、地质公园等保护区的保护力度，严格控制人为因素干扰自然生态的系统性、完整性。实施生态移民、水土保持、天然林保护等工程，逐步增强生态保护红线内的生态产品生产能力。全面加快生态廊道、森林抚育改造、生态水系建设等重点生态工程建设，深入推进水土流失治理、矿山生态保护与恢复治理，不断提高生态保护红线内的生态系统服务功能。

（5）建立生态补偿机制

通过建立纵向和横向的生态补偿机制，弥补地方在划定生态保护红线后的机会损失，由自治区财政厅会同有关部门建立生态保护红线生态补偿制度，落实资金投入。以旗县区级人民政府为基本单元，在重点生态功能区转移支付的基础上，将生态保护红线内面积和生态系统服务功能重要性作为转移支付因素，明确补偿主体、补偿范围、补偿标准、补偿方式和保护责任，建立生态保护红线内生态补偿政策，保证生态保护红线划定后地区间的公平，并通过定期评估进行调整与补充。加大对生态保护红线的支持力度，完善重点生态功能区转移支付政策，严格按照要求把财政转移支付资金主要用于保护生态环境和提高基本公共服务水平等。

（6）建立监管和绩效考核制度

建立生态保护红线统一监管平台，制定监管规范，综合运用遥感技术、地理信息系统和地面调查相结合的办法，对生态保护红线划定的面积、范围、主导生态功能、保护成效等进行监管，严密监控生态保护红线内人类干扰活动。包头市有关部门制定生态保护红线绩效考核办法，量化生态保护红线保护成效考核指标，对各旗县区人民政府管辖范围内的生态保护红线开展绩效考核，并向社会发布。考核重点包括考核期内生态保护红线内面积变化、生态保护红线内生态系统结构与生态环境质量变化、生态功能保护成效、人为活动干扰和破坏情况以及管理政策落实情况等。根据评估考核结果，调整生态保护红线生态补偿资金，对保护成效突出的个人、单位予以表彰奖励，对领导干部实行生态保护红线责任离任审计。

（7）做好勘界落地基础工作

根据生态保护红线划定成果，做好生态保护红线边界勘查、核准和落地工作。在重要地段（部位）、重要拐点等关键控制点设立界桩，在人类活动密集区域设立标识牌，加大生态保护红线的警示作用。开展生态保护红线区域基本信息调查和监测工作，为实施长效监管奠定工作基础。

7.3 资源利用上线方案

7.3.1 总体思路

贯彻绿色发展理念，坚持集约、节约、循环、再生的资源可持续利用方针，强化供需双向调节，实施能源、水资源、土地资源利用总量和消耗强度双控制，以资源消耗总量控制为手段，倒逼资源开发利用方式的转变。加强资源利用全过程节约管理，减少资源能源消耗量，提高资源能源利用效率。

7.3.2 能源红线

根据评价期内能源供给能力和消费需求量预测结果，确定包头市能源消费总量和能源效率指标，以及各行政区能源消费增量和能源效率控制指标（表 7-1）。

表 7-1 包头市能源消费总量和结构控制指标

红线指标	2020 年	2035 年
约束性指标		
能源消费总量/万 tce	4 700	5 500
能耗强度降低/%	15	50
引导性指标		
煤炭消费量占比/%	＜80	50
非化石能源消费量占比/%	15	20
其他能源消费量占比/%	5	30

（1）近期能源红线控制指标

①约束性指标

到 2020 年，全市能源消费总量控制在 4 700 万 tce 以内，万元 GDP 能耗累计降低约 15%。

各行政区能耗总量控制、能耗强度降低率目标见表 7-2。各行政区能耗总量控制指标按 2015 年各行政区 GDP 占全市 GDP 比例折算。

表 7-2 2020 年包头市各行政区能源总量控制指标

旗县区	能耗强度降低率/%	能耗总量*/万 tce
稀土高新区	15.0	453
昆都仑区	15.5	1 275
青山区	15.0	598
东河区	15.0	1 023
九原区	15.5	395
石拐区	15.0	121
土右旗	15.5	406
达茂旗	15.5	138
固阳县	15.5	244
白云矿区	15.5	47
合计	—	4 700

注：*全市能源消费总量指标按调整情景方案预测结果确定。

②引导性指标

到2020年，煤炭消费量占能源消费总量的比重控制在80%，非化石能源消费量占比达到15%，其他种类能源消费量占比达到5%。

（2）远期能源红线控制指标

①约束性指标

到2035年，全市能源消费总量控制在5 500万tce左右。全市及各行政区万元GDP能耗达到0.7 tce及以下，累计降低约50%。

②引导性指标

到2035年，煤炭消费量占能源消费总量的比重控制在50%，非化石能源消费量占比达到20%，其他种类能源消费量占比达到30%。

（3）能源清洁高效利用对策

深入开展节能降耗，严格控制能源消费总量。把握国家级节能减排、低碳、循环经济等示范试点建设机遇，加强节能低碳技术集中示范应用。选择包头铝业产业园区、九原工业园区等具有示范作用、辐射效应的园区，围绕钢铁、能源电力、冶金等高耗能行业企业，推动余热余压高效回收利用，完善系统节能改造，鼓励先进节能技术的集成优化运用。统筹整合高耗能企业的余热余能资源和区域用能需求，大力推进工业企业余热余压发电上网，积极支持钢铁、有色、煤化工等行业企业建设余热余压发电上网设施，推动钢铁、化工行业低品位余热向城市居民供热，促进区域能源梯级利用，降低能源消费总量。

推进清洁能源利用，优化能源消费结构。紧密结合包头实际，以太阳能光伏利用、风力发电为重点，以可再生能源供热供冷、生物质能利用为特色，构建能源自给能力明显提高的可再生能源与新能源综合利用规模化发展模式。利用包头及周边地区丰富的生物质资源，适度发展生物质能源。加大地质勘测力度，加强地热资源综合开发利用。加大新能源、可再生能源在能源消费结构中的比重，进一步促进包头市能源消费结构优化。到2020年，非化石能源消费比重达到15%，煤炭消费量在能源总量中占比低于80%。

推广能效领跑者等制度，提高重点行业节能提效。制订年度重点用能行业能效对标和“领跑者”行动计划，对全市钢铁（含铁合金）、电解铝、铜镁冶炼、火力发电、煤化工等重点用能企业，组织开展能源计量综合平衡测试服务以及设备及产品能效计量检测，分行业开展能效对标分析服务，查找能源损失和潜力，提出节能改造建议。实施重点工艺环节的节能技术改造，提高企业能源利用效率，有效降低单位产品能耗，在钢铁、冶金、能源电力等重点行业中树立一批能效领跑、技术先进的示范领军企业。到2020年，冶金、能源电力、煤化工、钢铁等五大支柱行业单位工业增加值能耗累计下降幅度达到18%以上，不断促进主导行业能效水平的提升。

推广先进适用技术，提高支柱行业能源效率。在煤炭行业，建设煤炭高效清洁利用工程，推进工业窑炉、供热锅炉煤改气、煤改电，支持高效窑炉、现代煤化工、焦化等先进煤炭高效清洁利用技术装备产业化工程建设；在有色行业，加快实施低温低电压铝电解新技术、电机能效提升技术；在电力行业，实施低品位冷凝余热利用、煤粉高效分离、换热站无人值守改造等技术；在煤化工行业，大力推广能源管理中心、关键设备信息化改造等。

7.3.3　水资源红线

按不大于全市及各行政区可供水资源量为条件，并结合全市需水总量及各行政区需水量，核定全市、各行政区用水总量、地下水控制指标和水资源效率等指标（表 7-3）。

表 7-3　评价期内水资源红线指标　　单位：万 m^3

地区	中心城区	石拐区	土右旗	固阳县	达茂旗	合计
2020 年	48 000	2 400	45 000	6 800	7 800	110 000
2035 年	55 000	2 700	42 200	6 900	8 200	115 000

注：以调整情景方案下的预测值为基准进行分配。

（1）全市水资源红线控制指标

①近期（2020 年）

到 2020 年，全市用水总量控制在 11.0 亿 m^3 之内，其中，黄河取水量控制在自治区分配指标之内，地下水控制在 4.0 亿 m^3 之内；再生水等非常规水资源量达到 1.5 亿 m^3。

万元工业增加值取水量控制在 14.0 m^3，农田亩均灌溉用水量控制在 150～280 m^3。

②远期（2035 年）

到 2020 年，全市用水总量控制在 11.5 亿 m^3 之内，其中，黄河取水量控制在自治区分配指标之内，地下水控制在 4.0 亿 m^3 之内，再生水等水资源量达到 2.0 亿 m^3。

万元工业增加值取水量控制在 10.0 m^3 左右，农田亩均灌溉用水量控制在 130～240 m^3。

（2）分地区水资源红线

根据各行政区可供水量和需水量关系，以不大于可供水量为基本要求，根据需水量状况进行调整。

①近期（2020 年）

以调整情景方案下的各行政区需水量预测值为基准进行分配。

到 2020 年，中心城区用水总量控制在 48 000 万 m^3 内，石拐区用水总量控制在 2 400 万 m^3 内，土右旗用水总量控制在 45 000 万 m^3 内，固阳县用水总量控制在 6 800 万 m^3 内，达茂旗用水总量控制在 7 800 万 m^3 内。

②远期（2035 年）

到 2035 年，中心城区用水总量控制在 55 000 万 m^3 内，石拐区用水总量控制在 2 700 万 m^3 内，土右旗用水总量控制在 42 200 万 m^3 内，固阳县用水总量控制在 6 900 万 m^3 内，达茂旗用水总量控制在 8 200 万 m^3 内。

（3）水资源可持续利用对策

以生态文明建设为指导，以建设节水型社会为目标，树立节约集约循环的水资源开发利用观，遵循“总量控制—开源节流—结构优化—效率提升”的水资源利用总体思路，严格执行水资源红线制度，加强水资源统一调度和优化配置，协调生活、生产和生态用水结构，以水定产、以水定城，走量水而行、以供定需、节约优先、效率至上的发展道路，以促进经济社会发展与水资源承载能力相适应，实现人口、资源、生态环境和经济社会协调发展。

①以开源和节流并重为手段，有效化解水资源短缺矛盾

加大非常规水源开发利用力度，提高水资源供给能力。把防污减排和开发利用再生水相结合，作为化解水资源紧缺最经济、最有效的措施。把再生水作为水资源供给总量的重要组成部分纳入城镇用水供需平衡中，实行综合管理。实施雨污分流，充分利用雨洪水资源。重点加快建设大青山生态应急水源各项配套工程、再生水回用工程和区域间调水等一批骨干水源工程，着力缓解工程性缺水问题，构建“南北贯通、东西互济”的城乡供水新格局。完善再生水利用设施，工业生产、城市绿化、道路清扫、车辆冲洗、建筑施工以及生态景观等用水优先使用再生水。到 2020 年，力争使再生水利用率达到 65%。

加强工业行业节水管理，开展节水示范工程建设，鼓励企业研发和引进先进节水和污水处理回用技术，进一步提高工业用水重复利用率。重点推进火电、钢铁、煤化工等工业企业水循环利用，减少新鲜水用量。推进矿井水综合利用，煤炭矿区的补充用水、周边地区生产和生态用水优先使用矿井水。到 2020 年，工业行业用水量占全社会用水总量的比例达到 30%。

围绕发展高效农业，加大节水灌溉工程建设力度，加快黄河水权转让工作进程，提高农田灌溉水利用效率。在土右旗、九原区等山前黄灌区全面发展渠道衬砌节水灌溉，固阳县、达茂旗等后山地区及山前井灌区鼓励发展滴灌、喷灌采取工程措施和农业技术措施相结合的高效节水技术，不断提高灌溉水效率。到 2020 年，全市农业用水量占全社会用水总量的比例降到 53%。

加大城镇供水管网改造力度，降低管网漏失率，推广普及高效实用的节水器具，推行节水型社区建设。

②以用水总量管理为重点，推进水资源优化配置

完善水资源规划体系，强化水资源统一调度管理。建立取用水总量控制指标体系。

实行取用水总量控制与定额管理相结合制度，结合地区水资源实际，综合考虑水资源开发利用及保护现状、用水效率、产业结构和未来发展需求，确定全市用水总量控制指标和水量分配指标及其制度框架。

严格落实水资源论证制度。按照《包头市人民政府关于进一步加强水资源管理的意见》和《〈包头市委、政府关于加快水利改革发展的实施意见〉重要政策措施分工实施方案》的要求，取用水建设项目必须开展水资源论证，对未进行水资源论证或水资源论证未经水行政主管部门审查通过的建设项目，市发展改革委不予批准立项；对于未经水资源论证审批，擅自开工建设或投产的建设项目一律责令停止。

严格取水许可审批。控制不合理取用水量的增长，对取用水总量已经达到或超过控制指标的区域，暂停审批新增取水项目；接近控制指标的区域，限制审批新增用水；对尚有开发潜力的区域，在有效保护、厉行节约的基础上，制定促进产业良性发展的水资源政策，优先保障低消耗、低排放和高效益的产业发展。鼓励和支持节水高效项目，淘汰高耗水、低效益的企业，逐步实现区域水资源平衡。

③以用水效率管理为重点，推进节水型社会建设

建立用水效率指标体系。根据用水现状、节水潜力、经济社会发展状况等确定用水效率控制指标，实行用水效率控制指标与年度用水计划管理相结合的制度，加强用水计划和用水效率管理。

严格计划用水与定额管理。执行超计划用水累进加价制度和《内蒙古自治区行业用水定额》标准，对取用水单位实行定期水平衡测试，严格计划用水、节约用水等环节的管理，对高耗水产业、行业进行排查并限期整改。加强水资源监控体系和信息化建设，对水资源开发利用进行有效监控和及时评价。

落实节水“三同时”制度。新建、改扩建的建设项目，实行节水设施与主体工程同时设计、同时施工、同时投产使用。未落实“三同时”制度和配套建设节水设施，擅自投入使用的，不予验收供水。

④严格控制地下水开采强度，持续加大地下水人工补给力度

制定包头市地下水资源管理条例，完善配套政策措施，依法依规管理地下水资源。

实施地下水资源分区管理，划定超采区、禁采区和限采区，根据各地下水管理区域地下水资源分布特征指定和实施相应的预防和管理措施。山北地区水资源严重匮乏旗县区，严禁过度开采地下水资源，坚决遏止过度开采破坏生态环境的行为。

实施地下水资源分类管控。地下水资源优先用于保障城镇居民生活用水和农牧民安全饮水，确保优质优用；对影响和威胁城镇安全供水和农牧民安全饮水的工业和建设项目，坚决依法查处，限制其取用水行为，切实保障人民群众的切身利益；限制工农业生产使用承压地下水。

建立明确的地下水使用退出机制。城市公共供水管网覆盖范围内除生活饮用水和有特殊生产工艺要求外，工业、经营服务业、绿化等用水一律退出使用地下水，符合水源置换条件的地下水源井坚决予以关闭、封停；对公共供水不能满足用水工艺和技术规范需求的自备井，按调整后的征收标准征收地下水水费，实行总量控制，计划用水，限量开采，强化监控，并随公共供水条件的改善适时关停。

加强地下水补给，确保地下水可持续利用。推广和采用“城市暴雨径流补给”“梯级拦蓄促渗模式”“修建地下水库”“人工湿地”等多种形式，通过将地表水、暴雨径流水或再生水通过地表滤渗或回灌井注水，或者通过人工系统人为改变天然滤渗条件，将地表水从地面上输送到地下含水层中，增加地下水的补给量，稳定地下水位或对水资源进行季节和年度间的调节。

A. 针对降水量集中、径流时间短、补给入渗量小的特点，在承压水补给带构建人工补给区，以有效利用雨水，增大降水入渗量。

B. 围绕“四纵两横”水利工程规划，利用北部山前的截洪沟构成生态景观用水带，在截洪沟和四道沙河上游拦坝蓄水，在河床底部兴建穿入承压含水层的引渗井，实施井灌补给承压含水层。

C. 在土右旗等农业灌渠密集区，在现有灌渠系统的基础上兴建分洪闸、人造滩地、滚水坝、多渠道并串联工程等，增加水源补给面积和滞留时间，以提高渗漏补给效率。

D. 在城区，通过建设人工湿地对中水进一步净化，继而回补地下。

⑤加强组织领导和部门协作，落实最严格水资源管理制度

加强组织领导，明确责任分工，形成各司其职、各负其责、上下联动、齐抓共管的水资源管理工作格局。

完善节约用水管理、水资源保护、水功能区管理和水资源调度等水资源管理制度体系，建立健全水资源长效管理机制；完善投入机制，拓宽融资渠道；建立考核制度，实行严格问责；做好宣传工作，强化舆论监督。

7.3.4 土地资源红线

（1）土地资源红线控制指标

到2020年，全市建设用地总面积控制在781.2 km^2内，其中，中心城区（含石拐区）建设用地总面积为359.78 km^2，占全市建设用地总面积的46.1%；土右旗为186.92 km^2，占全市建设用地总面积的23.9%；山北地区控制在234.5 km^2内，占全市建设用地总面积的30%。

城镇人均建设用地面积应控制在150～318 m^2内，农区乡村的人均建设用地面积应控制在150 m^2内，牧区乡村的人均建设用地面积应控制在200 m^2内（表7-4）。

表 7-4　包头市土地资源红线控制指标

<table>
<tr><th colspan="2" rowspan="2">地区</th><th rowspan="2">国土面积/km^2</th><th rowspan="2">基本农田集中区/km^2</th><th colspan="2">建设用地</th><th rowspan="2">发展定位</th></tr>
<tr><th>建设用地面积/km^2</th><th>城镇人均建设用地/(m^2/人)</th></tr>
<tr><td rowspan="6">市五区</td><td>稀土高新区</td><td>116</td><td>0</td><td rowspan="6">322</td><td rowspan="6">119</td><td rowspan="6">我国重要的工业基地，京津呼包银经济带重要的中心城市，内蒙古自治区的经济中心</td></tr>
<tr><td>昆都仑区</td><td>301</td><td>0</td></tr>
<tr><td>青山区</td><td>280</td><td>0</td></tr>
<tr><td>东河区</td><td>470</td><td>28</td></tr>
<tr><td>九原区</td><td>734</td><td>79.32</td></tr>
<tr><td>小计</td><td>1 901</td><td>107.32</td></tr>
<tr><td colspan="2">石拐区</td><td>761</td><td>0</td><td>37.78</td><td>280</td><td>以煤炭开采为主的矿区，是包头市地质灾害重点治理区和新型产业基地</td></tr>
<tr><td colspan="2">土右旗</td><td>2 368</td><td>619.79</td><td>186.92</td><td>157</td><td>萨拉齐镇是包头市工业发展的接续地，以煤电产业、旅游业和农副产品加工业为主</td></tr>
<tr><td colspan="2">固阳县</td><td>5 025</td><td>1 770.16</td><td>130.86</td><td>284</td><td>金山镇以农畜产品、绿色产品加工、矿业开发和商贸业为主，是包头市域中北部地区的服务中心</td></tr>
<tr><td colspan="2" rowspan="2">达茂旗</td><td rowspan="2">17 410</td><td rowspan="2">1 178.01</td><td rowspan="2">99.14</td><td rowspan="2">318</td><td>百灵庙镇是包头市农副产品和畜产品的加工基地，旅游服务基地，达茂旗的商品集散地</td></tr>
<tr><td>满都拉镇是包头市北部重要的口岸城镇，重点发展边境贸易、商贸服务业和旅游业</td></tr>
<tr><td colspan="2">白云矿区</td><td>303</td><td>0</td><td>4.5</td><td>150</td><td>白云鄂博矿区是以铁、稀土等矿业生产为主的矿区</td></tr>
</table>

（2）土地资源集约化利用对策

①划定土地利用空间管制分区

依据土地适宜性评价结果，将包头市国土空间划分为禁止建设区、限制建设区、适宜建设区，制定分区管控对策，实施分区管控。

禁止建设区主要包括水域、自然保护区、黄河湿地、历史遗址保护区、基本农田保护区等区域。

限制建设区主要包括耕地集中分布区、城市北部防护林带、黄河生态保护带、城市河流生态保护带、山前浅丘地下水一级保护区、工程地质条件较差的不适宜建设用地以及机场 60 m 端净空线和 45 m 侧净空线范围内的区域。

适宜建设区主要分布在京新高速（京藏高速）以南，黄河生态控制带以北的区域。

②加强耕地资源保护和利用

加强耕地保护，严格限制新增建设用地占用耕地，禁止占用基本农田；推进生态退耕的工作，加强水土流失、土地沙化防治。提倡和鼓励中低产田的改造，提高耕地的综合生产能力；针对引黄灌区，加强渠系配套系统建设，遏制土地盐碱化趋势，对灌区重度盐渍化土壤，结合工程措施与生物措施，将其改造为农田或人工草场，提高土地的利用率。

③集约节约利用土地资源

合理开发城市地下空间，完善城市功能，提高城市运营效率，规划建设地下交通设施、地下商业设施、地下市政设施、人防工程等地下工程，拓展城市空间。

积极推进城镇化进程，重点发展交通干线上的城镇，加强农村闲置土地整治，提高农村土地利用效率；优化用地结构，注重城市功能的完善与提升，积极盘整城市存量土地，严格控制建设用地过快增长；进行旧区改建，优化用地结构，发挥土地区位效益。

④加强废弃土地生态修复和复垦

积极推进废弃工矿用地的土地复垦治理，严格控制矿石开采区的建设用地标准，鼓励利用存量用地，提高土地集约利用水平；加强对煤炭行业的管理，煤炭开采企业必须对破坏的土地进行生态修复，减少对生态环境的影响。

7.4 环境质量底线方案

7.4.1 总体思路

以改善和提高全域环境质量为核心，以大气环境、水环境容量为基本约束条件，结合主要大气、水污染物排放量预测结果，确定市域、市辖行政区及污染源（工业源、城镇生活源）的主要大气污染物、水污染物允许排放量控制限值，并制定主要大气和水污染物排放总量削减与分配方案。

7.4.2 大气环境质量底线

（1）环境空气质量目标

基于本书环境评价结果，并参照《包头市“十三五”城乡环境保护规划》和《内蒙古自治区打赢蓝天保卫战三年行动计划实施方案》，最终确定包头市环境空气质量目标（表 7-5）。

表 7-5 包头市环境空气质量底线指标

指标	单位	2015 年	2017 年	2020 年	2035 年
全年优良天数	d	250	277	292（80%）	328（90%）
重污染天数		13	5	≤9	≤5
SO_2 年日均值	mg/m^3	0.038	0.028	稳定达到国家二级标准	
NO_2 年日均值		0.041	0.042	下降 11%	稳定达到国家二级标准
CO 24 h 平均值		2.9	2.7	稳定达到国家二级标准	
O_3 日最大 8 h 平均		149	159		
$PM_{2.5}$ 年日均值	$\mu g/m^3$	0.050	0.044	下降 20%	下降 30%
PM_{10} 年日均值		0.110	0.099	下降 20%	下降 38%

（2）大气污染物允许排放量控制指标

①允许排放量确定思路

大气污染物排放浓度达标与否，与大气污染物排放的空间分布密切相关。本书以整个控制区大气环境质量达标（二级）为目标，以大气环境容量为约束条件，基于污染物排放总量控制理论，依据大气污染物扩散条件建立大气污染物排放优化方程，计算区域单位面积大气污染物最大允许排放量，根据不同区域产业分布、面积大小等因子确定各区域大气污染物允许排放量。

采用线性规划方法进行处理，即在确定的受体网格体系及一定的约束条件下，通过传输矩阵建立方程组，使各网格单元的大气污染物排放量之和最大。以大气环境质量目标为约束条件，在满足区域大气环境容量条件下，确定大气污染物允许排放总量，即考虑产业布局的空气质量达标的最大允许排放量。模型如下：

$$\max: T\cdot X$$

$$\text{s.t.}: T\cdot X \leqslant S - C,\ 0 \leqslant X \leqslant V$$

式中：X——大气污染物排放量；

V——区域大气环境容量；

S——环境空气质量标准；

C——区域环境背景浓度。

排放优化模型输入以下数据：大气污染物日平均浓度数据，城镇以及工业园区布局地理位置、面积，等格点污染源虚拟排放源数据。

②经模型排放优化的大气污染物允许排放量控制指标

全市二氧化硫、氮氧化物、PM_{10} 和 $PM_{2.5}$ 允许排放量控制指标分别为 6.163 万 t、4.733 万 t、3.438 万 t、2.766 万 t。

中心城区二氧化硫、氮氧化物、PM_{10}和$PM_{2.5}$允许排放量控制指标分别为 3.847 万 t、2.969 万 t、2.142 万 t、1.726 万 t。

山北地区二氧化硫、氮氧化物、PM_{10}和$PM_{2.5}$允许排放量控制指标分别为 0.766 万 t、0.612 万 t、0.421 万 t、0.342 万 t。

土右旗二氧化硫、氮氧化物、PM_{10}和$PM_{2.5}$允许排放量控制指标分别为 1.550 万 t、1.152 万 t、0.875 万 t、0.698 万 t（表 7-6）。

表 7-6 经模型优化的大气污染物允许排放量 单位：万 t

区域	二氧化硫	氮氧化物	PM_{10}	$PM_{2.5}$
中心城区	3.847	2.969	2.142	1.726
山北地区	0.766	0.612	0.421	0.342
土右旗	1.550	1.152	0.875	0.698
合计	6.163	4.733	3.438	2.766

（3）大气污染物排放量削减方案

基于大气污染物允许排放量控制指标，结合评价期内各地区大气污染物排放量预测结果，确定大气污染物排放量削减方案（表 7-7）。

表 7-7 评价期内包头市大气污染物排放量削减方案 单位：万 t

时间	污染物因子	中心城区	山北地区	土右旗	合计
近期（2020 年）	二氧化硫	2.34	0.16	0	2.50
	氮氧化物	2.59	0	0	2.59
	PM_{10}	0.35	2.43	0	2.79
	$PM_{2.5}$	0.23	1.37	0	1.60
远期（2035 年）	二氧化硫	7.96	0.61	0	8.57
	氮氧化物	8.76	0.28	0	9.03
	PM_{10}	2.57	5.46	0.33	8.36
	$PM_{2.5}$	1.10	3.19	0.2	4.31

到 2020 年，全市二氧化物、氮氧化物、PM_{10}和$PM_{2.5}$排放量应分别削减 2.50 万 t、2.59 万 t、2.79 万 t、1.60 万 t。其中，中心城区是实施二氧化硫和氮氧化物排放削减的重点地区，削减比例在 90%以上；氮氧化物是实施削减控制的主要大气污染物因子。山北地区是实施颗粒物排放削减的重点地区，占削减比例的 70%～90%。土右旗大气污染物排放量削减量为 0。

到 2035 年，全市二氧化物、氮氧化物、PM_{10} 和 $PM_{2.5}$ 排放量应分别削减 8.57 万 t、9.03 万 t、8.36 万 t、4.31 万 t。中心城区仍然是实施二氧化硫和氮氧化物排放削减的重点地区，其削减量占比为 90%以上。山北地区是实施颗粒物排放削减的重点地区，占比为 65%～75%。土右旗大气污染物排放削减占比最小，其中，二氧化硫和氮氧化物排放削减量为 0，PM_{10} 排放削减量占比为 3.9%。

7.4.3 水环境质量底线

（1）水环境质量目标

基于本书评价结果，并参照《包头市“十三五”城乡环境保护规划》，确定评价期内包头市水环境质量目标（表 7-8）。

表 7-8 包头市水环境质量底线指标

指标名称	2017 年	2020 年	2035 年
城镇集中式饮用水水源地水质达标率/%	100	100	100
黑臭水体	城市建成区未完全消除黑臭水体	城市建成区黑臭水体比例控制在 10%内	城市建成区黑臭水体总体得到消除
地表水环境质量	昆都仑河入黄断面满足劣Ⅴ类，四道沙满足Ⅳ类	昆都仑河三艮才入黄口断面氨氮≤8 mg/L，其他指标达到Ⅴ类	四道沙河入黄口断面达到Ⅴ类
	黄河干流断面水质达到Ⅲ类		

（2）水污染物允许排放量控制指标

以区域水环境质量目标为约束，基于调整情景方案下水污染物排放量预测结果确定不同时段全市、市辖行政区、污染源的主要水污染物允许排放量控制指标。

1）近期（2020 年）

①全市

到 2020 年，全市化学需氧量允许排放量控制指标为 51 524 t，氨氮允许排放量控制指标为 7 596 t。

②市辖行政区

根据包头市各旗县区工业增加值占比以及人口数量占比，将全市化学需氧量和氨氮允许排放量按比例分配到各地区，见表 7-9。

③污染源

全市工业源化学需氧量、氨氮允许排放量控制指标分别为 1 150 t、87 t；城镇生活源化学需氧量、氨氮允许排放量控制指标分别为 50 374 t、7 509 t。

表 7-9 2020 年包头市各行政区化学需氧量和氨氮允许排放量分配方案

行政区	中心城区（市五区+石拐区）						土右旗	山北地区			合计
	稀土高新区	昆都仑区	东河区	青山区	九原区	石拐区		白云矿区	固阳县	达茂旗	
工业源											
化学需氧量/t	144	276	85	214	112	56	121	20	49	75	1 150
氨氮/t	11	21	7	16	8	4	9	1	4	5	87
城镇生活源											
化学需氧量/t	2 620	13 803	9 722	9 117	4 080	706	5 087	504	3 022	1 713	50 374
氨氮/t	390	2 057	1 449	1 359	608	105	758	75	450	255	7 509
合计											
化学需氧量/t	2 764	14 079	9 807	9 331	4 192	762	5 208	524	3 071	1 788	51 524
氨氮/t	401	2 078	1 456	1 375	616	109	767	76	454	260	7 596

2）远期（2035 年）

①全市

到 2035 年，全市化学需氧量允许排放量控制指标为 63 663 t，氨氮允许排放量控制指标为 9 318 t。

②市辖行政区

根据包头市各旗县区工业增加值占比以及人口数量占比，将全市化学需氧量、氨氮允许排放量按比例分配到各地区。见表 7-10。

表 7-10 2035 年包头市各行政区化学需氧量和氨氮允许排放量分配方案

行政区	中心城区（市五区+石拐区）						土右旗	山北地区			合计
	稀土高新区	昆都仑区	东河区	青山区	九原区	石拐区		白云矿区	固阳县	达茂旗	
工业源											
化学需氧量/t	340	653	201	507	265	133	286	48	116	177	2 726
氨氮/t	29	58	18	43	22	11	25	4	11	14	235
城镇生活源											
化学需氧量/t	3 169	16 696	11 761	11 029	4 936	853	6 155	609	3 656	2 072	60 936
氨氮/t	472	2 489	1 753	1 644	736	127	917	91	545	309	9 083
合计											
化学需氧量/t	3 509	17 349	11 962	11 536	5 201	986	6 441	657	3 772	2 249	63 663
氨氮/t	501	2 547	1 771	1 687	758	138	942	95	556	323	9 318

③污染源

全市工业源化学需氧量、氨氮允许排放量控制指标分别为 2 726 t、235 t；城镇生活源化学需氧量、氨氮允许排放量控制指标分别为 60 936 t、9 083 t。

7.5 生态环境准入清单方案

7.5.1 总体思路

生态环境准入清单（以下简称准入清单）是以满足国家和地方产业发展政策、生态环境保护法律法规、行业准入条件等要求为前提，以区域资源、生态和环境承载力为约束条件，对区域开发建设活动作出的一系列控制性准则和规定。

（1）背景和意义

2013 年 1 月 22 日，环境保护部、国家发展改革委、财政部联合颁布了《关于加强国家重点生态功能区环境保护和管理的意见》，明确要求要加强产业发展引导，制定实施更加严格的产业准入和环境要求，制定实施限制和禁止发展产业名录，提高生态环境准入门槛，严禁不符合主体功能定位的项目进入。

2015 年 4 月 25 日，中共中央、国务院印发了《关于加快推进生态文明建设的意见》，明确提出对不同主体功能区的产业项目实行差别化市场准入政策，明确禁止开发区域、限制开发区域准入事项，明确优化开发区域、重点开发区域禁止和限制发展的产业。

2016 年 2 月，环境保护部出台了《关于规划环境影响评价加强空间管制、总量管控和环境准入的指导意见（试行）》的文件，提出规划环境影响评价中要明确环境准入，推动产业转型升级，要求根据区域资源禀赋和生态环境保护要求，选取单位面积（单位产值）的水耗、能耗、污染物排放量、环境风险等一项或多项指标，作为制定规划区域行业环境准入清单的否定性指标并确定其限值。

2016 年 3 月发布的《中华人民共和国国民经济和社会发展第十三个五年规划纲要》提出要加快建设主体功能区，健全主体功能区配套政策体系，重点生态功能区实行产业准入负面清单。

综上所述，编制生态环境准入清单，按照国家和地方产业政策、生态环境保护法律法规标准、行业准入条件，以行政区为单元，以国民经济行业为对象，以“三线”（资源利用上线、环境质量底线、生态保护红线）为约束，把对资源、生态和环境有重大影响的产业活动纳入禁止准入和限制准入的产业名录之中，并从项目规模、布局和选址、资源开发效率、污染物排放控制等方面提出环境管控要求，对于加快推进生态文明建设，推动区域产业转型升级，加快形成与区域资源环境承载力相适宜的产业格局、生产方式，减少产业发展对自然生态系统的干预和破坏，促进经济绿色高质量发展，具有重要实践指导意义。

（2）基本原则

①环境优先，绿色发展

坚持保护环境优先原则，围绕区域环境保护目标，切实加强各类产业的环境管控，把建设和生产过程中可能对生态环境造成影响的产业全部纳入准入清单管控范围，针对地区主体功能定位及生态环境保护要求提出禁止、限制发展的环境管控要求和指标，倒逼区域产业绿色转型升级，从源头减轻或消除资源和环境承载压力和影响，实现减负增容，推动绿色发展。

②红线引导，协调发展

以主体功能区和生态功能区为基础，以生态保护红线为约束，强化对产业发展布局的空间管控，遵循集约、节约、协调、有序开发原则，对新建项目和现有项目提出入驻合规生态型产业园区或产业集中发展区的要求，促进产业布局的优化和调整。

③基线控制，持续发展

科学评估区域水资源、土地资源、能源和环境综合承载能力，明确水土能资源利用上线和水环境、大气环境质量底线，以资源和环境承载力为控制基线，对新建项目提出资源能源消耗、污染排放控制和环境风险防控要求，对现有项目提出清洁生产技术改造要求，提升产业生态化、清洁化水平，促进产业持续发展。

④支撑管理，服务决策

以服务决策、支撑管理为目标，既要符合国家和地方相关的产业政策、环境保护标准要求，又要统筹考虑当地资源禀赋条件和产业发展现状基础，以资源、环境和生态承载力为约束具体，从资源开发方式、开发范围、开发强度等方面对产业发展提出更加严格的环境管制措施，形成可操作、可督查的环境管理工具。

（3）技术路线

按照全域统筹、分区管控、分类施策的总体要求，系统梳理和综合评估包头市及各旗县区产业发展现状、趋势及其与资源、生态、环境协调性，基于资源、生态和环境承载力分析诊断，根据“三区三线”主体功能定位和环境空间管控要求提出禁止和限制发展产业目录，识别应纳入生态环境准入清单的重点管控产业，依据国家和地方产业政策、环境保护政策法律法规、行业准入标准，从项目规模、空间布局与选址、资源开发效率、污染排放控制等方面提出管控要求（图7-1）。

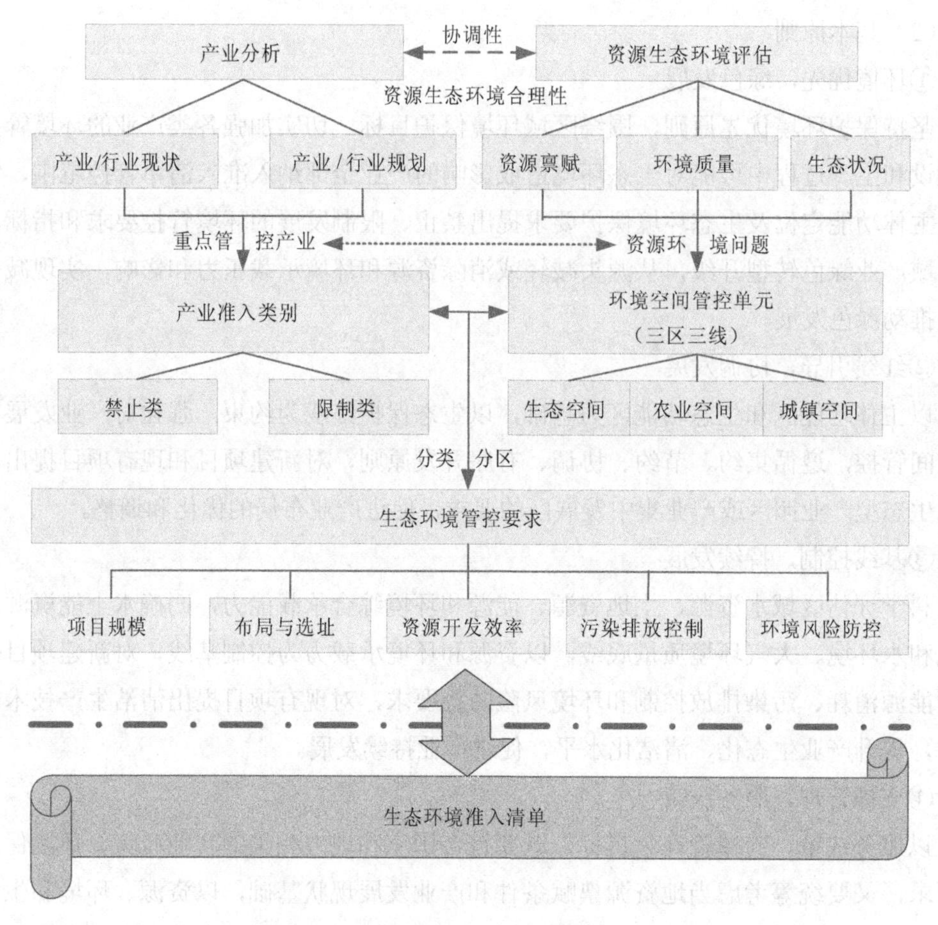

图 7-1 生态环境准入清单编制技术路线

7.5.2 相关准入制度概述

（1）产业结构调整指导目录

《产业结构调整指导目录》（以下简称《指导目录》）是由鼓励类、限制类和淘汰类等 3 个目录组成的产业准入名录。不属于以上 3 类且符合国家有关法律法规和政策规定的，为允许类，不列入《指导目录》。

其中，鼓励类是指对区域经济社会发展有重要促进作用，有利于提高资源利用效率、提高环境保护水平、提高企业安全生产水平、提高产业集中度、促进产业结构优化升级，需要采取政策措施予以鼓励和支持的关键技术、装备及产品。对鼓励类投资项目，按国家有关法律法规和投资管理规定审批、核准或备案，金融机构按照信贷原则提供信贷支持。

限制类是指工艺技术落后，不符合国家行业准入条件和规定，不利于产业结构优化升级，需要督促加快改造和禁止新建的生产能力、工艺技术、装备及产品。凡列入限制类的，禁止投资新建项目，投资主管部门不予审批、核准或备案；各金融机构不得发放贷款；土地管理、城市规划和建设、环境保护、质监、消防、海关、工商等部门不得办理有关手续。对属于限制类的现有生产能力，允许企业在一定期限内进行改造升级，严禁以改造为名扩大生产能力。

淘汰类指不符合有关国家和地方法律法规，严重浪费资源、污染环境、不具备安全生产条件，需要淘汰的落后工艺技术、装备及产品。对淘汰类项目，禁止投资；各金融机构停止各种授信支持，并收回已经发放的贷款。各地区、各部门和有关企业要采取有力措施，按规定限期淘汰。对不按期淘汰的企业，各级政府及各有关部门要依法依规责令其停产或予以关闭。对明令淘汰的生产工艺技术、装备及产品，一律不得进口、转移、生产、销售、使用和采用。

（2）市场准入负面清单草案

《市场准入负面清单草案（试点版）》（以下简称《清单草案》）列明了在我国境内禁止和限制投资经营的行业、领域、业务等，共328项，包括禁止准入类96项，限制准入类232项。其中，禁止准入即为无条件地禁止一切投资经营行为，限制准入即投资经营为有条件允许，未取得许可或未取得资质条件不得从事纳入限制类的投资经营活动。

该草案先行在天津市、上海市、福建省、广东省进行试点。

（3）国家重点生态功能区产业准入负面清单

国家重点生态功能区产业准入负面清单是根据党的十八届五中全会有关要求，以列入国家重点生态功能区范围的区、县、市等为单元而编制的负面清单。

在资源和环境承载能力综合评价基础上，遵循“县市制定、省级统筹、国家衔接、对外公布”的工作机制，因地制宜制定的包含限制和禁止发展的产业目录。其中，负面清单中的限制类产业一般包括《指导目录》和《清单草案》的限制类产业，以及与所属重点生态功能区发展方向和开发管制原则不相符合的允许类、鼓励类产业。

禁止类产业包括《指导目录》《清单草案》及地方相关产业准入规定的淘汰类、禁止类产业，以及不具备区域资源禀赋条件、不符合所属重点生态功能区开发管制原则的限制类、允许类、鼓励类产业。

7.5.3 准入类别划分

以《指导目录》《清单草案》《内蒙古自治区限制开发区域限制类和禁止类产业指导目录（2016年本）》为基础，将需要重点管控的产业划分为禁止类和限制类。

基于产业发展的资源、生态和环境合理性评估，依据《国民经济行业分类》（GB/T 4754—2011）对纳入生态环境准入清单的产业类型及名称进行规范，细化至小类并注明分类代码。准入清单涵盖第一产业中的农、林、牧、渔业，第二产业中的采矿、制造以及电力、热力、燃气、水的生产和供应业，第三产业中的房地产业等。依据各类国土空间主体功能定位、环境管理要求对纳入准入清单的各类产业分别提出相应的环境管控要求。

列入准入清单的产业类别包括所在地区所有现有产业（分为一般产业、主导产业）和规划发展产业，其中，规划发展产业主要指产业规划所涉及的新的产业类别。

（1）禁止类

禁止类产业是指无条件禁止发展的产业类别。列入生态环境准入清单中的禁止类产业包括两大类：

第一类是《指导目录》《清单草案》《内蒙古自治区限制开发区域限制类和禁止类产业指导目录（2016年本）》中以及地方政府批准公开发布的淘汰类、禁止类的产业（包括装备、工艺、技术、产品等）。

第二类是《指导目录》和《清单草案》中属于鼓励类、限制类，但不宜在本地区发展的现有和规划产业，即不具备资源禀赋条件及不符合当地产业发展定位、不符合当地资源环境承载力和生态环境功能要求的产业。

（2）限制类

限制类产业是指有条件发展的产业类别。列入生态环境准入清单中的限制类产业包括两大类：

第一类是《指导目录》《清单草案》《内蒙古自治区限制开发区域限制类和禁止类产业指导目录（2016年本）》中所有限制类的产业项目。

第二类是《指导目录》和《清单草案》中属于鼓励类，但与当地产业发展定位、资源环境承载能力、生态环境功能要求存在冲突的现有和规划发展产业项目。

准入清单产业类别划分见图7-2。

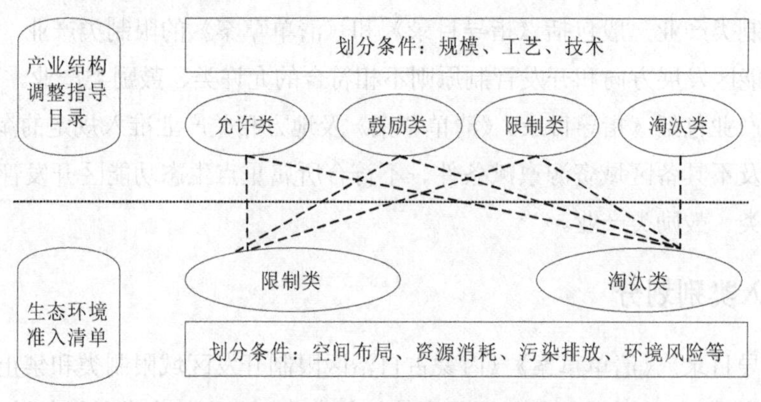

图7-2 准入清单产业类别划分

7.5.4 准入管控要求

（1）环境管控依据

一是贯彻执行国家、地方产业政策，具体而言就是要遵循《指导目录》《清单草案》《内蒙古自治区限制开发区域限制类和禁止类产业指导目录（2016年本）》以及各行业规范条件、产业准入条件等。

二是严格执行国家、地方生态环境保护法律法规，满足生态环境管理要求。现有或新建项目布局涉及自然保护区、风景名胜区、饮用水水源保护区等，应依法执行相关法律法规。

三是满足“三线”控制要求。资源利用上线是开发活动的顶板，环境质量底线是底板，而生态保护红线是确保生态安全的强制性保护区域，“三线”共同构成了国土空间管控的基本控制线，是制定产业准入环境管控要求的重要依据。

（2）限制类产业准入管控要求

①布局或选址

布局或选址体现空间准入要求，即要求所有项目必须符合项目所在区域主体功能、生态环境功能及产业发展定位和要求，严格限定在生态保护红线范围之外。

新建项目原则上应入驻环境基础设施完备的工业园区，或经当地政府部门批准建设的产业集中发展区，并与工业园区产业发展定位相符。

对于分布在工业园区外且符合工业园区产业发展定位的现有项目，或与所在区域的生态环境保护目标相冲突，应入园或入驻经当地政府部门批准建设的产业集中发展区。

②项目规模

项目规模体现总量准入要求，即限定在区域资源和环境承载力范围内。

新建项目的规模应满足相关产业政策和行业准入要求。已超载地区，新建项目应实施倍量替代；临近超载地区，新建项目应实施等量替代；未超载地区，新建项目应实施严格的节能节水减排措施。

③产业技术水平

新建项目产业技术水平应达到国内清洁生产二级及以上水平，现有项目应实施清洁生产技术改造，并逐步达到清洁生产二级水平。

属于资源、能源消耗和污染排放密集型行业，新建项目应执行更严格的准入要求。

（3）禁止类产业准入管控要求

全域禁止新、扩、改建活动。

列入禁止类的现有产业/企业，应立即关闭或限期淘汰。

其中，在《指导目录》《清单草案》《内蒙古自治区限制开发区域限制类和禁止类产业指导目录（2016 年本）》中属于淘汰类的现有项目，应立即关闭；列入禁止类的其他项目，依据国家和地方有关产业政策和生态环境保护要求，限期淘汰。

7.5.5 准入清单概览

按照生态环境准入清单编制技术路线，编制形成了市辖 10 个旗县区的生态环境准入清单。

全市共包括 27 个大类、61 个中类、96 个小类行业；其中列入禁止类的小类行业 5 个，限制类的小类行业 96 个（表 7-11）。详见《包头市旗县区生态环境准入清单研究报告》。

表 7-11 包头市各行政区限制、禁止类行业个数 单位：个

序号	行政区	限制类			禁止类		
		大类	中类	小类	大类	中类	小类
1	昆都仑区	17	26	32	1	1	2
2	青山区	11	19	24	—	—	—
3	九原区	13	21	27	—	—	—
4	东河区	10	19	26	1	1	1
5	稀土高新区	10	15	21	—	—	—
6	土右旗	13	23	31	1	2	2
7	石拐区	11	20	26	1	2	2
8	固阳县	10	17	26	1	1	1
9	达茂旗	22	39	61	1	1	1

第8章　产业生态转型发展战略与对策

牢固树立绿色和可持续发展理念，充分对接《全国老工业基地调整改造规划（2013—2022年）》《全国资源型城市可持续发展规划》定位要求，以生态保护红线为管控手段推进产业布局优化，以“三线一单”为约束条件倒逼和促进传统产业转型升级，加快工业园区循环化改造，延伸和巩固主导产业生态链网，加强承接产业转移环境管控，建立和形成非资源型、集约型、可持续的产业体系和发展方式。

8.1　着力优化生产力布局

坚持“产业集聚、土地集约、产城融合、区域协同”的生产力布局原则，打破行政区划界限，优化配置资源要素，进一步明确园区主导产业定位、产业准入门槛，合理引导园区和企业跨区域重组，严格执行生态环境准入清单，加快形成优势互补、特色鲜明、错位发展、内外互动的区域发展新格局。

8.1.1　加快推进产业布局再调整

充分挖掘和发挥山北地区大气环境容量充裕、土右旗水资源承载力相对较大的环境资源优势，加快实施“北上、东进”的产业布局再调整战略。依托现有产业基础，将承接新产业与淘汰落后产能相结合，通过市场手段压减过剩产能，采取生态环境准入途径“倒逼”淘汰落后产能，为优质产业、优势企业腾出资源、环境承载空间。统筹市域工业园区发展规划和定位。

（1）实施北上战略，打造山北区域大循环产业基地

金山工业园区在地理位置、交通运输、能源资源供给、环境基础设施等方面具备较好基础，大气扩散条件较好，与中心城区之间有阴山山脉相隔，未来应以发展大气污染物排放强度大、水耗小的钢铁、有色、电力等产业为主，重点承接昆都仑区金属深加工园区、希望铝业园区、铝业产业园区等钢铁、有色等行业前段生产工序的转移或符合主体功能和产业定位的新建项目，打造冶金工业循环经济示范基地。

达茂巴润工业园区、白云鄂博矿区依托白云鄂博西、东主矿及其多种矿物的前端开

采洗选加工开发建设，重点承接稀土材料前端焙烧、萃取生产工序转移，铁矿采选及初级加工、褐煤综合利用、萤石采选及氟化工等产业。

石拐工业园重点发展低热值煤发电、页岩气及煤层气开发，加快传统工业循环化改造升级，加强矿区生态环境整治，打造资源枯竭矿区转型示范区。

（2）实施东进战略，打造新型能源化工产业基地

以包头土右旗新型工业园区为依托，充分发挥水资源相对丰富的优势，按照煤—电—化一体化模式，重点承接多晶硅、现代煤化工等重化工产业，努力打造呼包鄂区域新型能源化工产业基地。

加强火电、水泥制造、轻质建筑材料制造、铁合金冶炼等涉及颗粒物［烟（粉）尘］排放监管，严格控制造纸、食品加工、煤化工等用水、排水，注重防范突发环境事故可能对黄河带来的环境风险。

8.1.2 积极疏解中心城区生产功能

淘汰落后过剩产能，限制发展高能耗、高污染项目，推动中心城区产业向高端化、清洁化、服务化方向发展，形成产城融合发展新格局。

按照老工业区整体搬迁改造及包头市大气污染综合整治的阶段工作要求，全面排查不符合国家法律法规和产业政策要求的企业，制定分类治理方案。严格禁止在中心城区周边和城区范围内新建高能耗、高污染企业，加快淘汰落后和过剩产能。

着力打通中心城区南北生态通道，加快推进中心城区及周边能源原材料工业及钢铁、稀土焙烧、矿热炉冶炼、电炉冶炼、燃煤窑炉的前端工序向外转移，重点实施东河区巴彦塔拉老工业区整体搬迁改造项目、包头钢铁老工业区周边地区环境综合整治和产业升级改造项目。

8.1.3 统筹工业园区发展定位和产业布局

按照限制引进、清理整顿、政府推动、市场主导、统筹协调、分类引导、进退有序、稳步推进、立足当前、着眼长远的原则，充分发挥各园区产业发展基础优势和未来发展潜力，依据市域资源环境承载力空间分异特点和生态环境保护需求，统筹规划并严格执行中心城区、近远郊旗县区工业园区产业发展定位和方向，制定“包头市重点产业空间布局指引目录”（表 8-1）。

表 8-1　包头市重点产业空间布局指引

序号	级别	园区	重点鼓励产业		限制禁止类产业
			近中期发展重点（2014—2020 年）	远期转型方向（2020—2030 年）	
1	国家级	包头稀土高新技术产业开发区	①稀土催化材料及应用：稀土催化材料、稀土助燃剂、分子筛稀土炼油催化剂、稀土尾气净化器等； ②稀土磁性材料及应用：粘结钕铁硼磁体、高性能烧结钕铁硼永磁体、纳米晶稀土合金磁粉、永磁电机、直驱永磁风力发电机、稀土永磁开关柜、钕铁硼废料回收、稀土电子元件和 VCM 组件、大容量硬盘、蓝光 DVD、汽车 EPS 转向机等； ③稀土储氢材料及应用：稀土储氢合金粉、镍氢电池、储氢电池回收、新能源汽车等； ④稀土抛光材料及应用：抛光粉、高性能稀土抛光材料、抛光液、眼镜镜片、光学镜头、特种玻璃等； ⑤稀土发光材料及应用：稀土荧光粉、三基色荧光粉、稀土节能灯、高显色荧光灯、长余辉发光材料、发光二极管、稀土纳米发光材料、PDP 等离子显示屏、安全标示等； ⑥云计算及信息服务：企业管理和行业应用软件、互联网信息服务、数据库管理系统、基础软件服务、工具软件等； ⑦高端装备制造：储能设备、数控金属成形机床、数控主电轴、航空航天零配件、智能仪器仪表、常规工业机器人等； ⑧新型显示及移动终端设备：发光二极管、OLED 显示屏、电子封装材料、光电传感器、移动互联终端、平板电脑、电子书、数字电视、移动电视等； ⑨现代服务业：科技金融、商务商贸服务、教育培训； ⑩生物医药：中药饮片配方颗粒研究与生产、新型中成药研发、中药保健食品开发与生产、蒙药新制剂、新型疫苗、单克隆抗体系列产品、新兴给药技术及药物新剂型生产、生物诊断试剂的研发与生产、新型畜禽用疫苗、兽用药物、生物 CRO 等； ⑪医疗器械：数字化 X 射线机、彩色超声成像仪、免疫分析仪、血液分析仪、生化分析仪、心电图机、多参数监护仪、除颤仪、呼吸机、麻醉机、血液净化设备、高端医学影像设备、核磁共振成像仪、介入支架、人工关节、人工血管、骨修复材料、口腔材料等	①高新材料：稀土超磁收缩材料设备、稀土颜料、稀土转光膜、稀土闪烁材料、红外光变可见光材料、光学测光材料、二硫化钼半导体材料、光电子功能材料、石墨烯、海绵碳等； ②稀土终端应用：高端变频空调、节能电梯、移动蓄热供热设备、液晶面板、X 射线增感屏、激光器、光纤放大器、导弹整流罩等； ③新一代信息技术：数字娱乐互动、金融信息数据平台、航运信息数据平台、专业数据库、工业控制系统、先进制造系统、信息安全软件、流媒体相关软件、地理信息系统及开发平台、信息软件业服务外包等； ④集成电路及终端设备：移动通信芯片、高清数字电视芯片、神经网络芯片和生物芯片、系统集成芯片（SOC）技术、专用集成电路（ASIC）设计技术、微电子机械（MEM）技术、新兴封装测试、专用微处理器的二次开发和应用技术、PFID 芯片技术； ⑤新型显示技术及设备：数字光处理（DLP）、激光显示（LD）、厚膜电子发光（TDEL）、电子纸、三维立体显示、可折叠卷曲显示屏等； ⑥高端装备制造：新型储能设备、智能工业机器人、民用私人小飞机、3D 打印机、数控精密铣床、复合数控金属切削机床； ⑦科技服务业：技术开发、产品开发、试验检测、技术咨询、知识产权交易、成果转移转化交易、专利代理、信息咨询、会计、法律、管理服务、人力资源服务、广告、资产管理、财富管理、担保、保险、信托、证券、电子商务等； ⑧生活服务业：数字文化、数字医疗与健康、数字生活、数字学习、移动生活服务、虚拟会展、在线体验、空间位置综合信息服务等	• 限制类产业：电解铝、铝合金及下游加工、铜下游应用产品加工 • 禁止类产业：稀土原材料、煤炭高效清洁转化、炼钢原料、钢铁冶炼加工、镁冶炼及配套、铜冶炼及初级铜加工、煤化工、建材、轻工制造、现代轻纺

序号	级别	园区	重点鼓励产业		限制禁止类产业
			近中期发展重点（2014—2020年）	远期转型方向（2020—2030年）	
2	自治区级	包头装备制造产业园区	①交通运输装备：汽车整车生产制造、通用零部件、轨道交通配件、品牌汽车培育、汽车发动机、汽车智能控制系统、关键零部件、轨道交通整车制造、轨道交通核心零部件、轨道交通检测维护装备； ②工程机械及零配件：挖掘机、装线机、叉车、推土机、起重机、平整机、翻斗机、搅拌机、中高端智能阀门、混凝土输送泵、混凝土泵车、大型塔机、桩工机械； ③矿山专用装备：掘进机、矿用输送带、矿用机电、破碎机、防爆变压器、通风机、转载机、鼓风机、石料机、混料机、浮选机、振动筛、配料机、矿用液压支架、大型采煤机、矿用救生舱等； ④石油装备：抽油机、大型工程石油装备、石油压缩机、石油钻采设备零配件； ⑤化工冶金设备：压滤机、精馏塔、气化炉、合成塔、流化床、气化床、蓝宝石单晶炉、螺旋沉降离心机、煤化工成套设备、冶金机械成套设备等； ⑥新能源装备：风电叶片、风电齿轮箱、风力发电设备、干式变压器、塔筒法兰、充电控制器、支架系统、光伏铝合金边框、多晶硅切割机、重水堆材料、压水堆材料、风电轴承、光电转换器、监视系统、光伏逆变器、核燃料元件、高温气冷堆燃料球、AP1000材料等； ⑦工业设计：产品设计，总集成总承包，环境设计	①精密仪器：光电精密仪器、精密检测仪、精密机械零件、气相色谱仪、微机控制电子试验机、高效液相色谱仪、静态GPS、固体激光器、半自动生化仪、高速冷冻离心机等； ②工业设计：原型设计、结构设计、企业形象设计、环境设计、软件设计、设计管理、产品展示、总集成总承包等； ③3D数字化应用：手板样品快速制造、三维逆向设计、3D扫描检测、3D打印、3D眼镜、3D工业动漫、3D创意文化馆等； ④城市智慧物流：包括城市物流配送、电子商务物流、专业交易市场、远程物流信息控制系统等； ⑤现代装备服务业：产品研发、新技术开发、监测、产品调试，产品体验、产品检测维修、总装建造与集成、废旧资源回收利用； ⑥科技服务业：数据中心服务、移动互联网服务、软件服务平台、科技信息交流、知识产权服务、信息系统运营、信息咨询、法律、会计、保险、人力资源服务、财富管理、电子商务等； ⑦生活服务业：商务服务，售后服务、商贸业、金融服务、餐饮住宿、家政服务、旅游服务、医疗服务、教育培训等	• 限制类产业：铝合金生产，铜下游应用产品加工、钢材加工 • 禁止类产业：稀土原材料、煤炭高效清洁转化、炼钢原料、钢铁冶炼加工、镁冶炼及配套、铜冶炼及初级铜加工、煤化工、建材、轻工制造、现代轻纺

序号	级别	园区	重点鼓励产业		限制禁止类产业
			近中期发展重点（2014—2020年）	远期转型方向（2020—2030年）	
3	自治区级	包头金属深加工园区	①特种钢材：稀土钢、高强度机械用钢、汽车用钢、工模具钢、建筑用钢、桥梁专用钢、抗腐蚀抗大变形管线钢； ②型钢加工：型钢、棒材、钢筋、线材、H型钢、角钢、槽钢； ③钢板带材：中厚板卷、冷热轧薄板带、镀锌板、镀锡板、稀土汽车板、涂镀层钢板、宽厚板、模具及压铸件、液压气动件等； ④钢管材：无缝钢管、焊管、钢结构件、电镀锌管、热镀锌管等； ⑤钢铁循环经济：矿渣综合微粉、钢渣制水泥、余热发电、烟气制酸； ⑥节能装备：垃圾焚烧锅炉、碱回收锅炉、大型高炉煤气炉、余热锅炉、蛇形管、水冷壁等节能锅炉及核心部件； ⑦环保装备：烟气换热器、烟气挡板门、脱硫吸收塔、脱硫搅拌器、袋式除尘器、电除尘器、拉圾处理通用设备、卫生和安全处理设备、堆肥设备、焚烧设备、拦污机械设备、排泥设备、机械曝气设备； ⑧钢铁物流：大宗货品交易、钢铁仓储、钢铁采购	①文化创意：文化会展、文艺演出、动漫创意、数字文化产品开发、影视后期制作、广告设计、空内设计等； ②工业旅游：钢铁工业生产观光游、工业遗迹旅游、矿山/尾矿库生态修复、旅游工艺品纪念品等； ③节能环保装备：中/高压变频器、高效节能电机、低氮燃烧设备、SCR 脱硝设备、电袋复合除尘器、研发国产除砂设备、水下推进器、污泥浓缩、污水处理仪表、环境在线监测仪器仪表、节能环保技术服务； ④钢精深加工：石油套管和油管、高速重轨、异型钢丝、高速线材、压力容器； ⑤现代钢铁物流：钢铁专业交易市场、新型电子商务交易； ⑥现代服务业：总部经济、工业技术研发、生活性服务业	• 限制类产业：稀土冶炼分离、普通钢冶炼、铝合金生产 • 禁止类产业：铜冶炼及配套、镁冶炼及配套、煤化工、火电
4	自治区级	包头铝业产业园区	①电解铝及配套：电解铝、碳素、粉煤灰提取氧化铝； ②铝合金产品：铝镁合金、锌铝合金、铝锂合金、硅铝钛合金、高强高韧铝合金、高性能稀土铝合金等； ③铝箔：电子铝箔、化成箔、医药食品包装箔、餐具铝箔等； ④铝板带：高档印刷铝版基、易拉罐铝带材、铝合金装饰板、铝制集装箱等； ⑤铝合金型材：铝合金车身型材、太阳能用铝型材、建筑型材等； ⑥铝合金深加工产品：汽车轮毂、铝合金3C产品外壳、铝合金电缆、铝合金散热器等； ⑦煤电铝循环经济：中低温烟气余热发电、阳极泥回收综合利用等； ⑧轻工制造：日用五金、小型家用电器、日用塑料制品、轻工模具产品	①新型铝合金材料及深加工：铝钼合金、高端轻质新型稀土铝合金、铝系微纳米新材料、航空航天铝材、特种花纹板、塑复铝板、汽车精密压铸件、铝合金半挂车、硬质合金模具、汽车精密压铸件、大型管母线、钻探管等； ②现代物流：包括保税物流、工业物流、专业交易市场； ③现代轻纺：精纺羊绒面料、羊绒民族用品、羊绒服装、箱包皮具、智能电动玩具、成人玩具、老人玩具等； ④城市矿产开发利用：废旧机电设备拆解、废旧电线电缆回收、报废汽车拆解、废旧轮胎回收利用、废旧家电及电子产品拆解、废旧金属回收、废旧塑料回收等	• 限制类产业：火电、钢铁深加工 • 禁止类产业：稀土原材料、钢铁冶炼、铜冶炼及配套、镁冶炼及配套、煤化工

序号	级别	园区	重点鼓励产业		限制禁止类产业
			近中期发展重点（2014—2020年）	远期转型方向（2020—2030年）	
5	自治区级	包头九原工业园区	①稀土合金材料：包括稀土镁合金、稀土铝合金、稀土铜合金； ②不锈钢加工：不锈钢中厚板、精密超薄不锈钢带、工业不锈钢压力密闭容器、不锈钢管、不锈钢冷轧薄板卷、不锈钢棒线材、不锈钢五金制品、不锈钢家用电器等； ③铜材深加工：铜管、铜棒、铜板、铜合金接触线、水箱铜带、变压器铜带等； ④铜基新材料：新型铜基焊料、新型铜基复合材料、电解铜箔、高纯无氧铜杆； ⑤煤制烯烃及化工新材料：煤制烯烃、聚乙烯/聚丙烯、丁辛醇、丙烯酸及酯、1,4-丁二醇（BDO）、聚四氢呋喃（PTMEG）、环氧丙烷等； ⑥煤焦油精深加工：粗苯精制、煤焦油加氢制油、石脑油、航空煤油、煤集油精细化提取、工业萘，酚油、洗油、蒽油、炭黑油、沥青	①稀土材料及应用：包括农用稀土复合剂、PVC 无毒稳定剂、PVC 用新型稀土发泡稳定综合剂、聚丙烯成核剂、稀土复合阻燃剂、稀土表面处理剂、稀土光敏剂、稀土柔性陶瓷材料、稀土陶瓷合金活塞环等； ②高端铜材及下游应用产品：电子铜带、铜基印刷电路板、铜引线框架、轨道交通接触网导线、航空导线、特种电线电缆、超频及超高频发射管等； ③镁基新型材料：镁基纳米储氢材料、镁基泡沫复合材料、镁基纳米材料； ④化工新材料：改性橡胶、高吸水性树脂（SAP）、氨纶、降解塑料、聚醚多元醇、尼龙 66 树脂等； ⑤新型特种碳材料：超高功率石墨电极、沥青基碳纤维、特种碳纤维、纳米碳材料、石墨烯、海绵碳	• 限制类产业：稀土原材料、铝合金生产、氯碱化工 • 禁止类产业：煤炭高效清洁转化、炼钢原料、电解铝、镁冶炼及配套、铜冶炼及配套、褐煤热解分级综合利用多联产、褐煤气化利用、煤焦化、煤制甲醇及精细化工、建材
6	自治区级	包头石拐工业园区	①煤炭高效清洁转化：煤炭开采、煤层气、火电、煤矸石发电、页岩气勘探； ②钢铁原料及冶炼：硅铁合金、锰铁合金、粗钢、余热发电； ③镁冶炼及循环经济：金属镁冶炼、配套焦炭、焦炉煤气利用、硅铁、还原罐、镁粉、镁粒、镁合金、高温烟气余热发电、冶炼渣余热发电、冶炼渣制建材、镁渣制肥料； ④固体废物综合利用：烧结空心砖、轻骨料、煤矸石建筑陶瓷	①煤层气综合开发利用； ②工业遗迹旅游、矿山/尾矿库生态修复； ③冶炼固体废物节能环保材料：绿色建筑材料、隔热及隔音材料、玻璃保温容器、特种及耐火陶瓷制品等； ④页岩气综合开发利用	

序号	级别	园区	重点鼓励产业		限制禁止类产业
			近中期发展重点（2014—2020 年）	远期转型方向（2020—2030 年）	
7	自治区级	包头金山工业园区	①低热值煤园区自备电厂及新能源：火电、风力发电、光伏发电、光热发电等； ②钢铁冶炼及循环经济：铁矿石、铁精粉、氧化球团、硅铁合金、锰铁合金、粗钢、锰钢、不锈钢、锰硅钢、矿渣综合微粉、钢渣制水泥、余热发电； ③镁冶炼及循环经济：金属镁、焦炭、焦炉煤气、硅铁、还原罐、镁粉、镁粒、高温烟气余热发电、冶炼渣余热发电、冶炼渣制建材、镁渣制肥料； ④有色冶金：铜、铝、钼、钽、铌、铍等有色冶金和稀有金属冶炼； ⑤冶金工业配套产业：新型建材、保温材料、耐火材料、焦化多联产等	①新型钢铁合金及材料：钨钢、钨铬钢、模具钢、轴承钢、电工钢板（带）、桥梁专用钢板等； ②镁合金及深加工：镁合金挤压型材、汽车压铸件、镁合金焊接材料、镁合金轨道交通配件、镁合金电动工具、镁合金电动车、镁合金汽车轮毂、镁合金、航空航天制品等； ③有色金属合金材料及深加工：特种合金材料深加工； ④冶炼固体废物综合利用：粉煤灰、脱硫石膏、硫酸、冶金渣综合利用等	
8	自治区级	达茂巴润工业园区	①稀土原材料：稀土精矿、稀土氧化物； ②煤炭高效清洁转化：煤炭开采、火电装机； ③新能源：风力发电、光伏发电； ④钢铁冶炼及循环经济：铁矿石、铁精粉、氧化球团、钢渣制水泥、余热发电； ⑤褐煤热解多联产：火电机组，煤气/半焦/煤焦油联产； ⑥非金属矿产开发：石墨矿采选、萤石采选、石灰石、碳酸钙、纳米碳酸钙	①矿山/尾矿库修复治理； ②褐煤气化及精细化工：甲醇、醋酸、醋酸乙烯、PVA/乙烯、醋酸乙烯聚合物、乙二醇、聚乙二醇等； ③石墨深加工：石墨密封件、石墨乳、石墨坩埚、高纯（超细）石墨、氯化石墨、石墨烯、石墨新材料等； ④氟化工：多元混合环保型制冷剂、氟集合物单体、高端氟材料； ⑤磷化工：磷肥、电子级磷酸盐、复配磷酸盐、有机磷酸盐等； ⑥碳酸钙复合材料：碳酸钙—树脂复合材料、碳酸钙-聚丙/乙烯复合材料等； ⑦新能源：光热发电、微电网	

序号	级别	园区	重点鼓励产业		限制禁止类产业
			近中期发展重点（2014—2020年）	远期转型方向（2020—2030年）	
9	包头市级	土右新型工业园区	①煤炭高效清洁转化：火电、天然气； ②光电产业：多晶硅、光伏组件、封装玻璃、切割丝网、铝合金边框、光伏支架、光伏背板、逆变器、控制器、跟踪器、聚光器、LED灯具等； ③煤化工：煤制甲醇、煤制烯烃、液化天然气、LNG运输； ④粉煤灰综合利用：粉煤灰砖、水泥，绿色高性能高掺量粉煤灰混凝土、粉煤灰混凝土路面砖、粉煤灰岩棉保温材料等； ⑤脱硫石膏综合利用：水泥缓凝剂、纸面石膏板项目、高强石膏粉、石膏砌块、腻子石膏、粉刷石膏等； ⑥绿色农产品加工：蔬菜加工、马铃薯加工、肉羊屠宰加工、特色乳制品加工和特色食品	①能源电力：火电、光电能源局域网； ②光电产业：LED级蓝宝石单晶、有机发光二极管、蓝宝石智能手机触摸屏、光电传感器、液晶显示器及模组等； ③煤制烯烃下游精细化工：改性橡胶、聚丙烯、甘油、丙烯醇、聚醚多元醇、聚对苯二甲酸丁二醇酯、聚碳酸酯、高吸水性树脂、聚乙烯醇等； ④煤制甲醇下游精细化工：甲醇制芳烃、对二苯甲酸、聚酯（PET）、醋酸、聚醋酸乙烯（PVAc）、酚醛树脂、聚乙烯醇（PVA）、EVA树脂等； ⑤绿色农畜产品加工：蔬菜加工、马铃薯加工、冷鲜牛羊肉、低温调味牛羊肉制品、牛羊肉休闲食品、乳蛋白、乳糖产品、蒙元特色食品	

（1）明晰工业园区发展定位

中心城区：园区产业选择以低能耗、低污染，智力密集型、创新密集型，高价值、高增长型为方向，充分体现低碳产业、智慧产业、活力产业特点。

旗县区：园区产业选择以原材料、能源化工等重工业为方向，体现地广人稀、资源能源富集、环境承载大特点，与主城区共同构建起健康的产业生态系统，推动全市园区特色化、差异化、协同化发展，有效把控各园区发展。

（2）优化工业园区产业布局

在进行招商引资和项目建设时，各工业园区应严格遵循“重点产业空间布局指引目录”的规定，应积极发展目录中的重点鼓励类产业，停止限制类产业规模的扩大，拒绝发展禁止类产业，同时加快现有禁止类项目的淘汰和搬迁。

对未按指导目录的规定而引入和建设的非重点鼓励类项目，将不得享受全市各项产业发展优惠扶持政策。对不适合引进本园区的产业项目，鼓励流转到其他的园区。各园区主动流转的产业项目，按实际投资到位资金，在招商信息首报地和项目承载地之间按“四六”开比例分享招商成果；由市统筹流转的，按“三七”开分享；对隐瞒不报或拒绝参与流转的，年终考核扣减得分，且项目流转与园区领导年终工作目标考核挂钩。

主城区及周边地区严格执行产业政策和环保要求，禁止新建、扩建钢铁冶炼、有色金属冶炼、火电等“两高”项目，并加快落后产能和“两高”企业的关闭淘汰。其中，南部高新技术产业新城、北部现代装备制造产业新城除高端装备制造等战略性新兴产业和高新技术产业项目外，原则上不再安排建设其他工业项目。希望工业园区不再安排电解铝、火电项目；金属深加工园区钢铁工业前端生产工序有序向山北地区转移，稀土冶炼分离企业向达茂、白云地区搬迁；铝业产业园区进一步推进铝电一体化发展模式，适度发展先进电解铝产业，着力建设铝深加工项目；九原工业园区除神华煤制烯烃二期外，今后不再建设煤化工项目，重点发展煤化工下游加工项目。

各旗县区要充分发挥地域广、环境容量大的优势，在满足产业发展定位，符合产业、环保政策前提下积极承接主城区产业转移项目。

8.1.4 积极探索“飞地经济”发展模式

打破行政区划，创新规划、建设、管理和税收分成等合作机制，以产业园区为主要载体，基于生态保护红线约束异地共建或托管建设工业项目，实现优势互补、互利共赢、可持续发展。

（1）加强顶层设计

按照政府引导、科学规划，优势互补、合作共赢，平等协商、权责一致，改革创新、先行先试的原则，由包头市发展改革委牵头组织制定《包头市关于统筹发展“飞地经济”

促进项目建设的实施意见》，明确发展“飞地经济”的“四梁八柱”，统筹规划建设主体、运营管理、利益分配、数据统计、保障体系；由组织部门牵头修订市年度考核管理办法，充分考虑发展“飞地经济”给各旗县区在经济增长、环境保护、土地利用等方面带来的影响，建立与发展“飞地经济”相适应的考核机制；由经济主管部门牵头，提出全市各工业园区产业发展调整指导意见，进一步明确旗县区工业园区产业发展主导方向，引导园区特色化、专业化、差异化发展。由环保局牵头，在充分研究分析国家产业政策、地方产业技术水平、环境保护要求的基础上，结合旗县区实际，制定包头市生态环境准入清单，从旗县区行政区划和工业园区 2 个层面明确项目准入门槛，避免低水平重复建设。

（2）构建合作机制

“飞地经济”合作方应建立常态化的议事协调机制，在共建共管、招商引资、投融资模式、规划管理等方面加强机制创新，及时研究解决园区建设、项目引进和运营管理中的问题。合作方可选派干部到对方园区挂职。将发展“飞地经济”与脱贫攻坚统筹进行考虑，主城区工业园区要与固阳金山园区建立对口帮扶机制，引导企业参与，促进产业转移，积极吸纳贫困地区劳动力就业，通过产业发展带动地区脱贫。

（3）强化用地保障

对“飞地经济”项目，在符合“飞入地”园区总体规划布局前提下，原则上由“飞入地”按土地评估结果和产业政策综合确定地价以保障用地；涉及占用耕地的耕地占补平衡，由“飞出地”政府负责；项目规划、征地拆迁安置、土地整理、基础设施配套建设等相关工作原则上由“飞入地”政府负责。国土部门应优先保障“飞地经济”项目建设用地指标。

（4）健全分享机制

按适度倾斜“飞出地”的原则，由合作方协商确定飞地经济项目的税收分享税种和比例，建议增值税、营业税、企业所得税、个人所得税、资源税等 5 项税收纳入共享分成范围，5 项税收之外的其他税收、非税收入和政府性基金等归项目“飞入地”旗县区享受，“飞出地”和“飞入地”的分成比例可以参照 7∶3 设计。“飞地”项目形成的地方级税收（企业享受完地方税收返还优惠政策后的税收），市财政不参与分享。全部税收收入，包括项目建设、土地使用等缴纳的税款，按属地原则由项目“飞入地”税务机关征管，与“飞出地”税务机关实时共享税收征收入库信息，财政部门按体制进行财力结算划转。

（5）完善统计体系

按现行《中华人民共和国统计法》规定的统计报表制度和口径规定进行统计，依照属地管理原则，由“飞入地”政府统计部门负责统计。统计结果包括“飞地”项目个数、固定资产投资、产值、增加值、营业收入、进出口总额和其他经营性收入等经济指标。考核时相关统计指标按税费分成比例分别计入“飞出地”和“飞入地”。

（6）明确管理责任

“飞出地”和“飞入地”应明确职责分工，“飞出地”负责项目前期考察、洽谈等工作，对引进项目真实性负责，做好项目投资方与项目“飞入地”引荐、协调工作，协助投资方办理相关手续；“飞地”项目纳入“飞入地”园区统一管理范围，由“飞入地”政府负责组织领导和统筹管理，“飞入地”具体负责“飞入地”园区土地“七通一平”和征地拆迁工作，为投资方创造良好建设和生产经营环境，帮助办理环评、安评、震评、节能、土地、规划、立项等相关手续，协助做好项目融资、企业用工等工作，落实投资方应享受的有关优惠政策，负责企业质量标准、安全生产、节能减排等方面的监管工作和园区范围内的统计工作。其中，按照属地管理的原则，“飞地”项目的污染治理与区域环境质量改善须由“飞入地”政府负责，污染物减排指标全部纳入“飞入地”考核，不按税收分成比例由“飞出地”和“飞入地”拆解分担，建议环保税全部由“飞入地”分享，作为“飞入地”生态环境修复补偿。

（7）明确实施步骤

采取试点先行、分步实施的办法，按照优先推进大气污染布局调整、统筹脱贫攻坚的原则，到2020年前，选择包头金山工业园区、包头金属深加工园区、包头铝业工业园区、土右新型工业园区为试点，探索建立“飞地经济”发展机制，重点推进钢铁、有色、配套火电、稀土、多晶硅上游产品等项目的布局转移，并对试点情况进行全面评估，对可复制、可借鉴的经验进行总结。2020年后开始全面推广，建立覆盖全市域、涵盖跨市、跨旗县区的“飞地经济”共享发展模式，形成符合市情旗县区实际、带动能力强的增长极。

8.2 加快推进产业生态化发展

8.2.1 全面推行企业清洁生产

制定并实施工业行业清洁生产推进行动计划方案，针对不同行业清洁生产水平差异性实行差别化管理，实施“一业一策”、“一企一策”（表8-2）。到2020年，规模以上企业清洁生产审核比例达到100%；重点行业新建项目达到清洁生产一级水平，现有行业重点企业通过技术改造达到清洁生产二级及以上水平。

表 8-2 主导行业清洁生产改造方案指引

行业	现状清洁生产水平	清洁生产改造重点任务
钢铁行业	基本达到清洁生产Ⅱ级水平。 单位产值及单位产品的能耗较高，单位产品的氮氧化物排放量较高	组织编制和实施钢铁行业清洁生产推行方案，加强非高炉冶炼—炼钢、精炼—直接轧制全新流程清洁工艺技术研发和试验，推广应用烧结烟气循环富集技术、高炉喷吹废塑料技术等典型清洁生产工艺技术。积极支持钢铁企业编制清洁生产规划，组织钢铁企业对照钢铁行业清洁生产评价指标体系开展清洁生产审核，支持钢铁企业清洁生产中高费方案的实施。 组织实施节能减排技术改造重点工程。重点实施高温高压干熄焦、高炉干式压差发电（TRT）、炼焦煤调湿、烧结余热发电、大型热电联产等节能技术改造专项。全面关停并拆除 400 m^3 以下炼铁高炉、30 t 及以下炼钢转炉、30 t 及以下炼钢电炉等落后生产设备，对达不到《粗钢生产主要工序单位产品能源消耗限额》等强制性标准的产能，需限期整改，逾期未整改或整改不达标的，依法关停退出
有色行业	基本达到清洁生产Ⅱ级水平。 单位产品能耗较高，单位产品的全氟产生量较高	积极推行清洁生产技术升级改造。实施铜冶炼、铅锌冶炼清洁生产技术推行方案，积极支持和鼓励有色金属大中型企业编制清洁生产规划，组织开展清洁生产审核，到 2020 年年底，有色金属大中型企业均达到清洁生产Ⅱ级及以上水平。 控制铝、铅、锌、钛、镁冶炼产能增长，严格环保和能耗准入门槛，促进低效产能退出。加快推动重点工序的升级改造，推动节能减排先进适用技术应用示范。加快行业重点节能减排技术包括连续炼铜清洁生产技术、镁冶炼还原新工艺及节能减排技术等的产学研应用进程
电力行业	基本达到清洁生产Ⅲ级水平。 单位发电量主要大气污染物包括烟（粉）尘、二氧化硫、氮氧化物较高	加快新技术研发和推广应用，提高煤电发电效率及节能环保水平。采用先进高效脱硫、脱硝、除尘技术，全面实施燃煤电厂超低排放和节能改造“提速扩围”工程，加大能耗高、污染重煤电机组改造和淘汰力度。“十三五”期间，全市燃煤发电机组和工业锅炉实施煤电超低排放改造比例 90%以上，具备条件的 30 万 kW 级以上机组全部实现超低排放，实施节能改造机组占比 100%，力争淘汰落后煤电机组约 100 万 kW。到 2020 年，现役煤电机组平均供电煤耗降至 300 gce/（kW·h）。 加快电力行业能效提升。推动现役机组实施节能减排综合改造。推广实施汽轮机通流部分现代化改造技术、汽轮机汽封技术、火电厂烟气综合优化系统余热深度回收技术、火电厂凝汽器真空保持节能系统技术、超临界及超超临界发电机组引风机小汽轮机驱动技术、自然通风逆流湿式冷却塔风水匹配强化换热技术等技术的应用
稀土行业	行业整体已达到清洁生产Ⅱ级水平。 单位产品能耗、水污染排放及工业固体废物产生较高	加快行业清洁生产技术升级改造。建立稀土绿色开发机制，落实行业规范条件，全面推行稀土行业强制性清洁生产审核。加快企业生产技术和工艺装备优化升级，进一步提高生产、环保等技术水平，降低能耗物耗，实现废水零排放和废物资源化利用。大力研发稀土资源绿色高效采选和冶炼分离新技术和重点装备，加大低碳低盐无氨氮分离提纯等稀土采选、冶炼分离清洁生产新工艺的推广力度。改造完善现行生产工艺，降低原辅材料消耗，加快稀土精矿焙烧、冶炼分离过程清洁生产工艺和新设备的研发，减少废物排放。 严格行业准入门槛，加强稀土原料管控，严格行业环境排放标准。根据要求，在国土开发密度较高、环境承载能力开始减弱，或大气环境容量较小、生态环境脆弱，容易发生严重大气环境污染问题而需要采取特别保护措施的地区，严格控制稀土企业的污染物排放行为，在昆都仑区等人口密集的中心城区以及生态敏感区周边的稀土行业企业执行规定的大气污染物特别排放限值

行业	现状清洁生产水平	清洁生产改造重点任务
煤化工行业	煤制烯烃企业的单位产品综合能耗和水耗高于《煤制烯烃行业规范条件》的准入值	新建和改扩建的煤制烯烃项目鼓励采用国内自有知识产权的先进可靠的洁净煤气化、空分、净化、硫回收、甲醇合成、甲醇制烯烃、烯烃分离等系列工艺技术。 单位产品综合能耗≤2.5 tce，单位产品综合水耗≤12 m^3。 鼓励采用多联产技术和余热余压利用等实用节能技术、空冷和闭路循环技术等，降低综合能耗及水耗，减少污染物排放。 应当对生产和服务过程中的资源消耗以及废物的产生情况进行监测，依法开展清洁生产审核，并通过清洁生产实施效果评估验收。 各种废催化剂等固体废物中，含有贵金属的催化剂应回收利用，不能回收利用的交于有资质的单位进行无害化处置；一般工业固体废物应优先进行综合利用，不能综合利用的应送符合要求的一般工业固体废物贮存、处置的设施或场所进行处理处置。 加强环境风险防控工作，制定突发环境事件应急预案并备案，及时报告并有效应对废气、废水非正常排放或装置物料泄漏等引发的突发环境事件

按照自治区和包头市大气污染综合治理、重点行业水污染整治和土壤污染综合整治方案等相关工作要求，制订年度企业生产过程清洁化改造行动计划，实施清洁化改造工程，不断提升重点行业企业清洁化生产水平。重点开展高耗能、高污染企业的清洁生产审核，突出抓好钢铁、电解铝、稀土、煤化工、电力等重点行业的清洁生产审核，大力推进循环经济示范试点单位和享受国家、自治区节能减排优惠政策支持企业的清洁生产审核工作。

建立工业企业清洁发展机制和模式，加强对重点企业的清洁生产审核工作，开展企业清洁生产技术改造，推广绿色基础制造工艺，降低污染物排放强度。实施高风险污染物削减行动计划，引导企业在生产过程中使用无毒无害或低毒低害原料，推进有毒有害物质替代。实施挥发性有机物削减计划，在涂料、家具、印刷、汽车制造涂装、橡胶制品等重点行业推广替代或减量化技术。开展工业节水专项行动，围绕钢铁、电力、煤化工等高耗水行业，开展全行业节水型企业创建，严格执行取水定额国家标准，开展水平衡测试及水效对标达标，强化高耗水行业企业生产过程和工序用水管理。推进水资源循环利用和工业废水处理回用，降低废水排放总量及污染物排放强度，重点实施包头钢铁集团焦油深加工改扩建项目和蒽油加氢项目。

积极推广应用国内外先进适用的清洁生产工艺、技术和设备，支持企业以节能、降耗、减污、增效为目的的清洁生产技术改造。鼓励和支持有色、焦化、化工等行业优先采用《水污染防治重点行业清洁生产技术推行方案》的先进适用清洁生产技术，实施清洁生产技术改造，大幅减少水污染物产排量。

8.2.2 加快推进工业园区循环化改造

积极争取国家、内蒙古自治区工业园区循环化改造专项资金、试点示范建设支持，组织实施工业园区循环化改造、资源循环利用产业基地和工农复合型循环经济示范区建设等专项行动，推动循环经济深入发展。到2020年，力争实现全市产业园区循环化改造全覆盖，构建和完善产业园区内部、产业园区之间产业耦合共生网络体系，大幅提高资源能源产出率，降低污染排放强度。

以创新驱动、标准引领、政策引导，市场推动、产业发展、保护环境为原则，以提高产业技术水平和竞争力为主线，以能源资源高效利用为核心，以科技、管理、体制和机制创新为动力，重点围绕资源利用节约化、产业链接循环化、园区污染治理公共化、园区管理现代化等方面开展循环化改造工作。

坚持全面推进、重点突破、分类管理原则，明确各园区循环化改造方向、目标和重点任务。参照《园区循环化改造实施方案编制指南》要求，制定并实施全市产业园区循环化改造工作方案，推动各产业园区编制循环化改造实施方案。

继续深化包头钢铁、包头铝业国家生态工业园区建设，重点推进青山装备园区争取列为国家循环经济实验区，加快包头铝业园区城市矿产基地建设。此外，以市域9大工业园区为平台，结合蒙西经济圈的鄂尔多斯市、呼和浩特市以及乌海市等地区资源禀赋和产业特点，形成跨地区协作、多产业共生的区域循环经济发展新模式，为促进自治区经济高质量发展提供有力支撑。

①资源利用节约化。围绕钢铁、有色金属、稀土、能源电力、煤化工、装备制造等6大支柱产业，延伸主导产业产品链，提高产品附加值，积极利用余热余压废热资源，实现园区能源梯级利用；针对粉煤灰、冶炼渣等主要工业固体废物类型和产生量，结合工业固体废物产品制造技术及市场需求，完善大宗工业固体废物再生建材产业链。

②产业链接循环化。促进各园区内企业之间资源的交换利用，按产业链、价值链“两链”集聚项目，在企业、园区之间通过链接共生、原料互供和资源共享，实现生产过程耦合和多联产，提高园区资源产出率和综合竞争力。

③园区污染治理公共化。促进各园区污染集中治理，创新环境服务模式，培育专业化第三方改造和治理公司，实现污染治理的专业化、集中化和产业化。强化园区的环境综合管理，开展企业环境管理体系认证，构建园区、企业和产品等不同层次的环境治理和管理体系，最大限度降低污染物排放水平，有条件的园区争取做到“零排放”。

④园区管理现代化。深入实施“互联网+”发展战略，加快建立“互联网+”公共服务体系，统筹协调建设环保、安全、能耗、用水等在线监测平台及公共服务平台共建共享、集成优化。建立园区循环经济统计指标体系，制定并实施循环经济相关技术研发和

应用的激励政策，开展园区循环经济宣传、教育和培训。

⑤加强组织领导。成立包头市产业园区循环化改造领导小组，组织各园区开展实施方案编制工作。包头市发展改革委要加强对园区循环化改造工作的组织领导，会同有关部门完善支持政策措施，积极有序推进园区循环化改造工作。各园区管委会是循环化改造的第一责任主体，要结合园区自身实际，按照园区循环化改造的主要任务，切实采取有效措施，推动实施循环化改造。

⑥完善支持政策。列入各类园区循环化改造实施方案的关键补链项目和公共服务设施项目，优先推荐争取中央预算内资金支持，充分利用自治区、市级各类现有专项资金渠道。园区可通过设立政府性担保基金，探索政府、银行和融资担保机构共同参与、共担风险机制和可持续合作模式以及 PPP 项目融资模式等。

⑦加强监督考核管理。市发展改革委、经信、环保等部门要按职责分工加强对园区循环化改造监督管理，确保园区循环化改造严格执行国家产业政策，环保法规和标准，职业安全法规和标准。实施期（一般为 3 年，不超过 5 年）内园区循环化改造配套基础设施和关键补链项目建设进度完成实施方案设定的目标的，由园区管理机构提出考核验收申请，由牵头审批部门会同有关部门组织考核验收。

包头市工业园区循环化改造方向导引见表 8-3。

表 8-3　包头市工业园区循环化改造方向导引

序号	园区名称	主导产业	主要资源环境问题	循环化改造重点方向
1	稀土高新技术产业开发区	稀土新材料及其应用产业、铝镁高端装备制造业铜深加工产业	滨河新区 PM_{10} 和 $PM_{2.5}$ 出现超标现象，黄河位于滨河新区南边缘，水环境风险防控压力大。希望园区 PM_{10}、$PM_{2.5}$ 和 SO_2 超标，昆都仑河下游的水质为劣Ⅴ类水质，希望园区无专门的工业固体废物处置场或贮存场	加强滨河新区 PM_{10} 和 $PM_{2.5}$ 的排放管控，加快电力、冶金等大气污染物排放密集型行业的改造升级，严格水环境污染物排放管控，防范水环境风险。 严格希望园区 PM_{10}、$PM_{2.5}$ 和 SO_2 排放管控，规范园区危险废物管理，并尽快规划建设固体废物渣场，规范一般工业固体废物的处置和贮存
2	装备制造产业园区	重型汽车装备、新能源装备、铁路装备、综采装备产业、机电装备、工程机械装备 6 个装备制造细分产业	园区现状无集中供热热源，大部分企业主要采用燃气锅炉供热；距离园区最近的环境空气自动监测点（市委党校）PM_{10}、$PM_{2.5}$ 年均浓度超标；园区工业用水水源采用自来水，与园区规划采用大青山应急水源作为工业用水水源不符	加快实施园区集中供热，加强 PM_{10}、$PM_{2.5}$ 的排放管控，控制园区煤炭消费量，推进清洁能源使用，重点提高园区水资源利用效率，加大工业废水回用力度，节约水资源

序号	园区名称	主导产业	主要资源环境问题	循环化改造重点方向
3	金属深加工园区	钢铁深加工产业、稀土原材料及深加工产业、不锈钢产业	2016年昆都仑区自动监测站PM_{10}、$PM_{2.5}$、NO_x年均浓度超标；园区部分工业用水水源仍使用地下水，不符合当前水资源管理的要求；园区现状未建设供热管网，园区内昆仑电厂主要向包头市主城区供热，供热范围不包括包头金属深加工园区；区外包头钢铁尾矿坝对园区存在一定的环境与安全风险隐患	严格园区PM_{10}、$PM_{2.5}$、NO_x排放管控，加快钢铁、电力行业的改造升级。严禁开采地下水作为水源，完善园区集中供热系统，统一规划渣场，拓展固体废物综合利用途径
4	铝业产业园区	铝业、电力	西边界距离城区距离较近，对大气环境产生一定影响；工业供水压力大，园区内涉及饮用水水源地保护区，黄河距离园区南边缘外100 m，水环境风险防控压力大	加快园区铝业、电力等主导行业节水改造，促进节约用水，加大主导行业废水及废水主要污染物排放管控力度，防范水环境风险，优化园区产业布局，严格饮用水水源地保护措施
5	九原工业园区	煤化工、铝镁深加工、钢铁精深加工	园区周边$PM_{2.5}$有超标现象；昆都仑河、西河入黄口水质不满足地表水V类标准	控制化工废水排放量，严格管控冶金行业废水COD、氨氮排放量，促进工业用水循环利用，逐步促进园区实现废水零排放。加强$PM_{2.5}$排放管控
6	土右新型工业园区	电力、光伏、煤制天然气、煤化工、金属加工产业、食品加工等产业	PM_{10}、$PM_{2.5}$存在超标现象。废水处理压力大	提高园区水循环利用水平，要求园区实现废水零排放，加强电力、化工行业PM_{10}、$PM_{2.5}$等主要大气污染物排放管控
7	石拐工业园区	硅铁、镁冶炼、钢铁、煤化工	水资源匮乏，供水压力大，能源强度高，节能减排压力大。北部为自然保护区，生态环境保护压力大	推进主导行业节水改造，提高水资源利用效率。降低电石、铁合金等主要工业产品能耗，提高用能效率。严格园区发展边界，加强北部自然保护区的保护力度
8	达茂巴润工业园区	钢铁、水泥、化工	园区工业用水水源仍使用地下水，不符合当前水资源管理的要求；园区范围内无专门的垃圾填埋场；园区内尾矿库对园区的存在一定的环境与安全风险隐患	加快园区供水基础设施建设，禁止使用地下水，规范尾矿库管理，防范环境风险
9	金山工业园区	有色金属生产加工、钢铁初级产品生产加工和煤炭深加工为主	水资源匮乏，供水压力大，能源强度高，节能减排压力大	提高园区冶金、煤炭行业的水资源效率，提高水资源循环利用水平，提高主导行业技术工艺水平，促进清洁能源使用，降低能耗强度，加快环境基础设施建设

8.2.3 打造工农复合循环经济产业体系

围绕绿色农副食品加工业基地建设，推进种植业、畜牧养殖业、农副食品加工业、生物质能产业、农林废弃物循环利用产业、高效有机肥产业、休闲农业、旅游餐饮等产业循环链接，促进各环节有效衔接，形成无废高效的跨企业、跨农户循环经济联合体，构建种养加及其废弃物综合利用、物流、旅游一体化的现代工农复合型循环经济产业体系。

发挥农牧业优势，培育发展食品加工龙头企业，构建形成绿色食品产业链：牛羊肉屠宰—肉类初加工产品—低温肉制品—休闲食品，蔬菜—脱水蔬菜—果蔬营养品，玉米、马铃薯—土豆泥、玉米片—薯片。

大力推动农作物秸秆、林业“三剩物”、规模化养殖场畜禽粪便资源化利用，完善废物再生链：小麦加工—麦胚、麸皮—麦胚油、膳食纤维，畜禽肉类加工—皮毛、内脏、血液—医药、生化产品等，发酵/酿酒—酒糟残渣—有机肥、饲料，发酵/酿酒—废液—沼气。

充分发挥农业种植和畜牧养殖业基础优势，推广农牧业循环经济典型模式，培育畜（禽）—沼—果（菜、林、果）复合型模式、农林牧渔复合型模式、上农下渔模式，加快发展绿色农产品加工业，形成工农业复合型模式。

发挥马铃薯、蔬菜种植业优势，力争打造国家马铃薯产业化示范基地、西北地区蔬菜集散地。大力发展奶牛、肉牛、肉羊等畜牧养殖业，加快发展绿色乳制品加工业。利用养殖废物生产有机肥料，促进有机种植业发展。

加强饲草料基地建设，实施牧草良种补贴、牧草种籽基地、苜蓿高产示范田建设项目，提高优质饲草生产能力，强化为养而种理念，扩大退耕地优质牧草种植规模。加快发展草原现代畜牧业，探索以家庭牧场为单元的草原畜牧业发展模式，继续推进舍饲圈养，提高规模化、标准化水平和养殖效益，积极稳妥地引导草牧场流转，加快畜牧养殖废弃物还田，促进农作物的有机种植。

以绿色、有机、健康为导向，以品牌安全标准引领为主线，推动食品工业向安全、健康、营养、便利方向发展，加快民族特色食品工业化生产，推广食品加工新技术、新装备，加快食品质量安全信息追溯体系建设，着力培育壮大粮油加工、乳制品加工、肉类加工、方便食品制造、酒和饮料制造等 5 大产业为主的绿色农畜产品精深加工产业，建设自治区农畜产品精深加工基地。

加快现代农牧业示范园区和食品加工园区建设，大力培育壮大龙头企业、合作组织，推进经营方式向规模化、集约化经营转变。实施优质、高产、高效农牧业建设，推进提升方式向数量、质量、效益并重和品牌型农牧业转变。着力补齐农牧业基础设施短板，提高绿色农畜产品有效供给，增强产业园区和龙头企业辐射带动能力。

8.3 构建完善支柱行业循环经济产业链

贯彻落实《国务院关于印发〈中国制造 2025〉的通知》，坚持存量优化、增量控制、集聚耦合、提标升级的绿色发展策略，以创建“中国制造”试点示范城市为契机，努力建设国家和自治区重要的稀土新材料基地、清洁能源输出基地、新型冶金基地、现代装备制造业基地和新型煤化工基地。

8.3.1 钢铁行业

依托包头钢铁（集团）及昆都仑区金属深加工园区，大力发展精品钢材、特种钢材、车船、军工用钢、轴承钢、超纯铁素体不锈钢，加快优化生产体系，打造精品钢产业集群。大力推进冶金废渣资源化利用，探索钢渣磁选后尾渣等固体废物综合利用技术和途径，推进钢铁渣微粉加工、氧化铁皮生产粉末冶金利用；加强矿山企业尾矿综合利用，做好废弃尾矿有价组分复选回收工作，提高铁尾矿综合利用水平。

主导产业链为：铁矿石—铁精矿—烧结矿—铁—钢—高强度机械用钢、汽车用钢、稀土汽车板、高强度建筑用钢、高速重轨；矿石—铁精矿—烧结矿—铁—高碳铬铁、镍铁—不锈钢、特种钢等。

高端钢铁产品有：高强度汽车用钢、高端不锈钢、模具钢和冷轧板、大口径无缝钢管、高端特种钢等。

循环经济链条重点产品有：煤焦油、尾矿建材、焦炉煤气。

8.3.2 有色行业

（1）铝产业

坚持煤电铝一体化发展思路，按照产能等量减量置换和异地置换的原则，承接产业转移，适度扩大先进电解铝产能，巩固提升铝产业竞争力，构建煤电铝循环经济产业体系。重点加快铝产品深加工，着力完善板、带、箔、型材等铝产业链，发展航空航天铝材、新型列车车体和轻量化铝型材。

①煤—电—铝—铝合金—铝板带、箔—型材、压铸件；

②铝—精铝—光箔—化成箔—高纯高压电子铝箔—高压铝电解电容器、空调用铝箔材；

③铝—合金铝—汽车轮毂—汽车摇臂等压铸件—6016、6022、6111 类铝合金、5083—O 态合金板材—汽车、液化天然气船（LNG）；

④铝—合金铝—铝型材—轻量化铝型材、高抗损伤容限合金—航空、汽车、船舶、

火车等用材；

⑤铝—铝棒材、线材—涡轮发动机压叶轮材料、可焊铝合金薄板—发动机、轨道交通、国防科技等用材；

⑥铝及铝合金—铝板带、箔—型材、压铸件—建筑装饰材料；

⑦铝—铝合金板带—电子铝箔—铝合金电子信息产品；

⑧铝—铝合金板带—食品包装箔/铝制金属包装。

（2）铜和镁产业

优化发展镁、铜等有色金属冶炼加工产业，重点开发脱硫镁、铝镁、硅镁、铍镁合金、石化行业用镁业新材料以及电子信息产品结构件、航空航天、镁合金汽车零部件、交通运输用镁合金铸件及型材、高档铜合金、金属结构材料等深加工产品，加快推进产业链向高端环节转移，提高产品附加值。

8.3.3　稀土产业

加快稀土功能材料开发及应用，重点发展氧化镨钕—钕铁硼—永磁电机、风力发电机、核磁共振系统、氧化镧铈、混合稀土金属—镍氢电池—电动汽车、稀土金属—稀土钢、稀土铝合金、稀土镁合金等稀土产业链，做精、做细稀土产业。

8.3.4　能源电力工业

推进煤矸石、洗中煤、煤泥发电以及煤矸石制砖和生产水泥，推进煤矸石、煤泥等低热值煤资源综合利用电站建设，多途径实现脱硫石膏、粉煤灰高值化利用，推广电厂余热回收和循环再利用技术。

构建煤—电—建材产业链，发电—粉煤灰—建材、路径材料，发电—高铝粉煤灰—氧化铝，发电—脱硫石膏—建材及装饰材料，发电—余热—高盐水制盐—盐化工，煤矸石、垃圾、污泥—发电—灰渣—建材等产业链。

8.3.5　新型煤化工

推动煤制烯烃、煤制天然气、煤制二甲醇等重点产业链条向高附加值精细化工产品、功能新材料方向延伸，打造包头特色煤化工示范园区。

着力推进神华煤制烯烃二期等项目建设，实施煤焦油深加工、煤制乙二醇、氯丁橡胶等项目，形成煤化工多联产产业体系，促进煤化工规模化、集约化、高端化发展。

8.4 加强承接产业转移的环境监管

8.4.1 强化产业准入管理

严格执行生态环境准入清单制度，强化产业准入管理，限制引入高消耗、高污染、低效益的低端产业项目，坚决杜绝承接国家和地方政府明令淘汰的落后产能，以及不符合主体功能和产业定位的产业，从源头减缓或消除产业转移可能带来的资源环境负面影响。

①对于准入清单中的限制类产业，依据承接地的资源环境承载力状况，从项目规模、布局选址、清洁生产水平等方面实施严格管控。

②对于准入清单中的禁止类产业，在全域范围内禁止承接。按照相关政策要求，加快淘汰列入准入清单中禁止类产业项目。

③鼓励引进市场前景好、投入产出高、带动能力强的高新技术产业、战略性新兴产业和非资源型项目。

新建、扩建项目的投资强度、单位产出、土地税收产出、工业产值能耗和水耗等关键指标，原则上必须达到约束性指标要求（表 8-4）。

表 8-4 包头市工业园区新建工业项目准入约束性指标要求

行业分类	投资强度/（万元/公顷）	单位用地产出/（万元/公顷）	土地税收产出率/（单元/公顷）	产值能耗/（tce/万元）	产值水耗/（m^3/万元）
稀土金属冶炼	≥2 800	≥5 600	≥1 800	≤0.02	≤1.0
稀土新材料制造与应用	≥4 000	≥9 000	≥450	≤1.5	≤1.0
火力发电	≥5 700	≥5 500	≥700	≤0.45	≤2.0
风力发电	≥1 500	≥390	≥210	≤0.01	≤0.1
太阳能发电	≥1 000	≥120	≥90	≤0.01	≤0.1
炼焦及核燃料加工	≥3 000	≥4 800	≥400	≤3.50	≤8.0
钢铁冶炼及压延加工	≥3 600	≥5 400	≥500	≤0.70	≤2.5
铝冶炼	≥2 800	≥2 900	≥300	≤1.80	≤1.5
镁冶炼	≥2 800	≥2 900	≥300	≤0.20	≤6.0
铜冶炼	≥2 800	≥5 400	≥580	≤0.20	≤5.0
常用有色金属压延加工	≥3 200	≥7 200	≥600	≤0.70	≤3.8
钢铁铸件制造	≥1 500	≥5 400	≥500	≤1.00	≤0.8
锻件及粉末冶金制品制造	≥2 800	≥6 500	≥400	≤0.20	≤1.8
金属制品业	≥1 900	≥3 600	≥500	≤0.20	≤2.8
交通运输设备制造业	≥4 300	≥9 800	≥1 500	≤0.05	≤1.2

行业分类	投资强度/（万元/公顷）	单位用地产出/（万元/公顷）	土地税收产出率/（单元/公顷）	产值能耗/（tce/万元）	产值水耗/（m^3/万元）
电气机械及器材制造业	≥2 700	≥7 800	≥800	≤0.05	≤0.7
通信设备、计算机及其他电子设备制造业	≥4 500	≥10 300	≥1 500	≤0.05	≤0.9
仪器仪表及文化、办公用机械制造业	≥3 600	≥9 000	≥1 200	≤0.05	≤2.0
通用设备制造业	≥3 000	≥7 200	≥800	≤0.07	≤2.5
专用设备制造业	≥2 600	≥4 800	≥600	≤0.09	≤3.5
塑料制品业	≥2 700	≥4 800	≥600	≤0.35	≤2.2
煤制烯烃及精细化工	≥3 600	≥7 800	≥1 200	≤1.20	≤18.0
褐煤热解分级综合利用多联产	≥900	≥3 200	≥780	≤1.20	≤18.0
褐煤气化利用	≥3 200	≥2 700	≥750	≤1.20	≤18.0
粉煤灰及脱硫石膏综合利用	≥1 500	≥2 000	≥650	≤0.20	≤2.5
苯精细化工	≥3 000	≥5 200	≥960	≤0.40	≤5.0
煤基碳素材料	≥3 600	≥8 400	≥1 200	≤0.40	≤5.0
煤制甲醇及精细化工	≥4 200	≥8 200	≥1 300	≤1.20	≤18.0
石墨及其他非金属矿物制品制造	≥2 600	≥6 000	≥9 600	≤0.10	≤1.5

8.4.2 实施产业转移环境分级管控

加强产业承接地和承接项目的环境影响评估和管制，确保转移产业符合国家和地方节能环保要求、主体功能和产业定位，满足资源环境承载力限定要求，有利于促进产业结构调整和提档升级。

把资源环境承载力作为产业转移的约束和前置条件，实施分级管控措施，形成与资源环境承载力相适应的产业空间格局。

①水资源管控。对水资源超载地区，暂停审批建设项目新增取水许可，制定并严格实施用水总量削减方案，对主要用水行业领域实施更严格的节水标准，退减不合理灌溉面积，落实水资源费差别化征收政策，积极推进水资源税改革试点；对临界超载地区，暂停审批高耗水项目，严格管控用水总量，加大节水和非常规水源利用力度，优化调整产业结构；对不超载地区，严格控制水资源消耗总量和强度，强化水资源保护和入河排污监管。

②土地资源管控。对土地资源超载地区，原则上不新增建设用地指标，实行城镇建设用地零增长，严格控制各类新城新区和开发区设立，对耕地、草原资源超载地区，实施轮作休耕、禁牧休牧制度，禁止耕地、草原非农非牧使用，大幅降低耕地施药施肥强度和畜禽粪污排放强度；对临界超载地区，严格管控建设用地总量，逐步提高存量土地供应比例，用地指标向基础设施和公益项目倾斜，严格限制耕地、草原非农非牧使用；

对不超载地区，鼓励存量建设用地供应，巩固和提升耕地质量，实施草畜平衡制度。

③环境管控。对环境超载地区，率先执行排放标准的特别排放限值，规定更加严格的排污许可要求，实行新、改、扩建项目重点污染物排放加大减量置换，暂缓实施区域性排污权交易；对临界超载地区，加密监测敏感污染源，实施严格的排污许可管理，实行新、改、扩建项目重点污染物排放减量置换，严格防范突发区域性、系统性重大环境事件；对不超载地区，实行新、改、扩建项目重点污染物排放等量置换。

④生态管控。对生态超载地区，制定限期生态修复方案，实行更严格的定期精准巡查制度，必要时实施生态移民搬迁，对生态系统严重退化地区实行封禁管理，促进生态系统自然修复；对临界超载地区，加密监测生态功能退化风险区域，科学实施山水林田湖系统修复治理，合理疏解人口，遏制生态系统退化趋势；对不超载地区，建立生态产品价值实现机制，综合运用投资、财政、金融等政策工具，支持绿色生态经济发展。

中心城区应严控新建大气污染密集型产业项目，山北地区要严控承接水资源密集型产业项目，土右旗应严控承接颗粒物排放量大的产业项目。

8.4.3 推行绿色链式招商模式

按照技术进链、企业进群、产业进园的发展思路，依托价值链、物流链、功能链、信息链共建产业链。在承接产业转移过程中对产业链上的资源、技术、知识、资本等生产要素进行整合，鼓励开展多层次、多形式、多领域招商活动和合作共建，支持有条件的园区、开发区与沿海地区、京津冀等地共建产业转移园区，主动承接北京、天津等地区资源深加工产业、高端装备制造业、高技术产业等转移，吸引企业设立区域总部、加工基地、研发和营销中心，打造由点到面、由面到网的全方位区域产业链网。

围绕主导产业链延伸升级开展招商引资，推动稀土、冶金、煤化工等重点领域和优势行业向产业链下游延伸。

①依托铝业园区，向下延伸产业链，发展铝深加工产业集群、铝下游关联产业集群。

②依托金属深加工园区，构建和完善钢材生产—深加工—钢材应用产业链。

③依托稀土高新区，发展稀土新材料和开发新技术应用产品。

④依托装备制造园区，引进一批主导产品优势突出、品牌效益明显的龙头企业和大型企业集团。

⑤依托九原工业园区、土右工业园区，推动烯烃产品向下游延伸，构建烯烃后加工产业链，形成循环产业体系。

第 9 章　生态环境保护总体战略与对策

以改善和提高生态环境质量为核心，实施质量总量双控、分区分类精管、山水林田湖草湿系统施治的总体策略。全面推进多源污染综合治理，以生态环保大工程、大投入带动环境大治理、生态大修复，持续改善生态环境质量，加强生态保护、建设与修复，严防生态环境风险，持续提升城市品质，努力打造环境质量良好、生态良性循环、城市优美宜居的生态文明包头。

到 2020 年，全市水资源和能源消耗、主要污染物排放总量得到有效控制，大气、水、土壤环境质量得到明显改善，生态系统稳定性和服务功能逐步增强，环境风险得到有效管控，生态环境治理能力现代化取得进展，生态文明建设水平与全面建成小康社会目标相适应。

到 2035 年，生态文明建设向纵深推进，生态环境质量得到根本好转，北方生态安全屏障基本形成，现代生态环境治理能力和水平跻身国内同类城市先进行列。

9.1　建立健全环境空间管控体系

以贯彻落实主体功能区战略为主线，建立市域国土空间综合管控体系，优化国土空间开发布局和时序，强化国土空间开发边界管控，提升区域经济社会可持续发展能力。

9.1.1　落实主体功能区战略

加快主体功能区建设。开展以县和乡镇为单元的市级主体功能区规划，推进旗县区落实主体功能定位，推动经济社会发展、城乡、土地利用、生态环境保护等规划“多规合一”，实现生态保护红线、环境功能区划与主体功能区划、土地利用规划、城市总体规划空间管制要求的统一，形成全市一本规划、一张蓝图。

优化生产要素配置。推进生产力布局调整和优化，加强区域分工协作与合作，逐步完善区域协调发展的工作机制与制度保障。重点加强各级各类工业园区与所在行政单元主体功能定位的相互协调，推进企业向园区集中，形成与主体功能区相适应的产业集聚、资源集约、竞合有序、错位发展的格局。加快供水、供电、道路交通及环境保护基础设施建设，充分利用山北地区充盈的环境容量资源条件，提高山北地区承接产业转移能力，从根本上破解工业围城困局，有效缓解中心城区大气环境压力。

按照国家和自治区对包头市主体功能定位要求，落实主体功能区划各项政策，建立健全财政、投资、产业、土地、人口、环境等配套政策和差别化的绩效考核评价体系，确保发展目标、主要经济指标、保护性空间、开发边界、建设用地等空间管控内容的一致性。严格执行生态环境准入清单制度，对不同主体功能区的产业项目实行差别化市场准入政策，实施分区分类管控措施，形成高效、协调、可持续的空间开发格局。

9.1.2 强化市域国土空间综合管控

基于自然、经济和社会复合系统结构和功能评价，结合自治区主体功能区规划、包头市相关规划，将包头市全域划分为生态空间、农业空间和城镇空间，明确国土空间开发和保护边界，强化国土空间管控。

（1）生态空间及其管控要求

生态空间是指具有自然属性、以提供生态服务或生态产品为主体功能的国土空间，其中生态保护红线划定为一级生态空间，其他生态空间划定为二级生态空间。总面积为 22 312.37 km^2，占全市土地面积的 80.35%。

生态保护红线。全市生态保护红线总面积为 6 958.80 km^2，占全市土地总面积的 25.06%。

实行最严格的保护政策，严禁一切与保护无关的开发活动，禁止有损于生态系统的一切开发活动包括设立企业、侵占和开山取石采土等，已被破坏的应限期恢复。建立基本生态控制线基础信息数据库，完善共同管理机制，确保生态保护红线功能不降低、面积不减少、性质不改变。

其他生态空间。市内未规划进行开发利用的其他空间划为其他生态空间，总面积为 15 353.57 km^2，占全市土地面积的 55.29%。以生态保护为主，可适度发展经济，注意开发利用的方式和规模，选择对生态系统影响较小的发展方向。限制工业特别是污染性工业的发展，禁止新的污染型工业入区，限制城镇发展规模，减轻对生态环境系统的不利影响。区内资源以保护为主，可以适度开发利用，严格执行“先规划、后开发”的建设方针，严格控制开发用地。

（2）农业空间及其管控要求

农业空间指以农业生产和农村居民生活为主体功能，承担农产品生产和农村生活功能的国土空间，包括永久基本农田、一般农田等农业生产用地，以及村庄等农村生活用地。包头市农业空间总面积为 3 675.28 km^2，占全市土地面积的 13.24%。

严格控制基本农田的建设占用和规划调整，将基本农田落实到地块和农户，标注到土地承包经营权登记证书上，禁止改变基本农田用途，禁止改变基本农田位置。凡涉及基本农田的规划修改或调整均需报国务院批准，确保基本农田总量不减少、用途不改变、质量有提高，并通过增加投入力度，逐步改善基本农田的基础设施条件，逐步提高基本农田的产出率。

加强农田土壤修复和污染控制，全面实施农药、化肥减量化，逐步实现零增长。

加大畜禽养殖粪尿、农作物秸秆等废物综合利用力度。

（3）城镇空间及其管控要求

城镇空间是指以城镇居民生产生活为主体功能的国土空间，包括城镇建设空间、工矿建设空间以及乡级政府驻地开发建设空间等。包头市城镇空间总面积为 1 780.35 km^2，占全市土地面积的 6.4%。

城镇集中生活区总面积为 815.98 km^2，占全市土地面积的 2.9%。充分挖潜利用现有建设用地、闲置地和废弃地，坚持节约集约用地，尽量少占或不占耕地，保护和改善城市（镇）生态环境，城镇区域要严格执行国家环境保护有关规定，控制水、气、声、渣等污染物排放。建设必须严格控制在城镇建设区范围之内，允许在建设用地总规模不变的前提下，在城市（镇）扩展边界以内，可适当调整用地空间布局形态。

严格执行高污染燃料禁燃区、非道路移动机械低排放控制区、高污染车辆限行区、建筑工地“六个百分百”等相关制度要求。

工业园区总面积为 964.37 km^2，占全市土地面积的 3.5%。严格调控工业园区用地增长规模和时序，防止工业园区用地过度扩张。严格执行国家工业项目建设用地控制指标，防止工业用地低效扩张；从严从紧控制独立选址项目的数量和用地规模，新增工矿用地纳入城镇建设用地规划范围。依据国家产业发展政策和包头市土地资源环境条件，坚持向园区集中化、集约化发展原则，严格落实工业园区产业发展定位和布局要求，加快清理整治“僵尸”企业，现有不符合园区产业发展定位的企业限期退出或关停，对现有污染严重、破产重组的企业用地进行挖潜、调整，合理利用土地，提高土地利用效率。

禁止新建和扩建炼铁（含烧结、球团）、炼钢、火电、焦化、有色金属冶炼、多晶硅上游产业、水泥（含粉磨站）等项目。

包头市国土空间分区方案如表 9-1 所示。

表 9-1 包头市国土空间分区方案 单位：km^2

行政区域		土地面积	生态空间			农业空间	城镇空间		
			生态保护红线	其他生态空间	小计	基本农田集中区	城镇集中生活区	工业园区	小计
中心城区	稀土高新区	116		6.42	6.42		82.04	27.54	109.58
	昆都仑区	301	77.88	58.24	136.12		105.45	59.43	164.88
	东河区	470	6.26	278.91	285.17	28	97.41	59.42	156.83
	青山区	280	127.74	12.47	140.21		105.56	34.23	139.79
	九原区	734	186.17	211.54	397.71	79.32	133.01	123.96	256.97
	石拐区	761	337.83	319.38	657.21		36.76	67.03	103.79
	小计	2 662	735.88	886.96	1 622.84	107.32	560.23	371.61	931.84
土右旗		2 368	558.54	558.54	960.15	1 518.69	619.79	114.34	115.18
山北地区	固阳县	5 025	394.13	2 642.78	3 036.91	1 770.16	48.33	169.6	217.93
	达茂旗	17 410	5 270.25	10 668.32	15 938.57	1 178.01	76.9	216.52	293.42
	白云矿区	303		195.36	195.36		16.18	91.46	107.64
	小计	22 738	5 664.38	13 506.46	19 170.84	2 948.17	141.41	477.58	618.99
总计		27 768	6 958.8	15 353.57	22 312.37	3 675.28	815.98	964.37	1 780.35

9.1.3 实施旗县区国土空间分区管控

包头市辖 6 区、2 旗、1 县和 1 个国家级高新技术开发区。按照相关技术规范和要求，本书对包头市各旗县区分别划定“三区三线”，作为国土空间开发布局的管控依据。

（1）昆都仑区

昆都仑区位于呼包银榆经济区和呼包鄂金三角腹地，是包头市经济、文化和科教中心。区域总面积为 301 km^2。

①生态空间

生态空间面积约为 136.12 km^2，占全市土地面积的 0.49%。其中生态红线保护面积为 77.88 km^2，其他生态空间面积为 58.24 km^2。

②城镇空间

城镇空间面积约为 164.88 km^2，占全市土地面积的 0.59%。其中城镇集中生活区面积为 105.45 km^2，工业园区面积为 59.43 km^2。

农业空间面积为 0。

（2）青山区

青山区依工而建，依工而兴。经过几十年的积淀和发展，青山区形成了较为完备的工业体系，以装备制造业为主。区域总面积为 280 km^2。

①生态空间

生态空间面积为 130.21 km^2，占全市土地面积的 0.47%。其中生态保护红线面积为 127.74 km^2，其他生态空间面积为 12.47 km^2。

②城镇空间

城镇空间面积约为 139.79 km^2，占全市土地面积的 0.54%。其中城镇集中生活区面积为 105.56 km^2，工业园区面积为 34.23 km^2。

农业空间面积为 0。

（3）东河区

东河区东与土默特右旗接壤，南与鄂尔多斯市达拉特旗隔黄河相望，西毗邻九原区，北邻石拐区，属于温带大陆性气候。东河区是包头市铝产品、羊绒产品生产基地，初步形成了以铝及铝的深加工、羊绒制品、酒业生产销售等为主体的工业体系。区域总面积为 470 km^2。

①生态空间

生态空间面积为 285.17 km^2，占全市土地面积的 1.03%。其中生态保护红线面积为 6.26 km^2，其他生态空间面积为 278.91 km^2。

②农业空间

农业空间面积为 28.0 km^2，占全市土地面积的 0.10%。

③城镇空间

城镇空间面积为 156.83 km^2，占全市土地面积的 0.56%。其中城镇集中生活区面积为 97.41 km^2，工业园区面积为 59.42 km^2。

（4）九原区

东邻东河区、石拐区，北靠青山区、昆都仑区，西连巴彦淖尔的乌拉特前旗，北依大青山乌拉山，南隔黄河与鄂尔多斯市的达拉特旗相望。区域总面积为 734 km^2。

①生态空间

生态空间面积为 397.71 km^2，占全市土地面积的 1.43%。其中生态保护红线面积为 186.17 km^2，其他生态空间面积为 211.54 km^2。

②农业空间

农业空间面积为 79.32 km^2，占全市土地面积的 0.29%。

③城镇空间

城镇空间面积为 256.97 km^2，占全市土地面积的 0.93%。其中城镇集中生活区面积为 133.01 km^2，工业园区面积为 123.96 km^2。

（5）稀土高新区

稀土高新区是国家级高新区中唯一以稀土资源命名的高新区。先后被国家有关部委认定为国家新型工业化产业示范稀土新材料基地、国家稀土新材料高新技术产业化基地、全国稀土新材料产业知名品牌创建示范区、国家海外高层次人才创新创业基地、国家创新型特色园区等 18 个国家级基地（中心）。区域总面积为 116 km^2。

①生态空间

生态空间面积为 6.42 km^2，占全市土地面积的 0.02%。其中，生态保护红线面积为 0，全部为其他生态空间。

②城镇空间

城镇空间面积为 109.58 km^2，占全市土地面积的 0.39%。其中城镇集中生活区面积为 82.04 km^2，工业园区面积为 27.54 km^2。

农业空间面积为 0。

（6）石拐区

石拐区是国家“一五”期间 156 个重点建设项目之一，也是包头钢铁配套建设的重要能源和原材料供应基地。随着煤炭资源枯竭，经历了“依煤而建”，到“缘煤而兴”“因煤而衰”和资源枯竭转型发展的历程。2011 年 11 月，石拐区被列入国家第三批资源枯竭型城市名单。区域总面积为 761 km^2。

①生态空间

生态空间面积为 657.21 km^2，占全市土地面积的 2.37%。其中生态保护红线面积为 337.83 km^2，其他生态空间面积为 319.38 km^2。

②城镇空间

城镇空间面积为 103.79 km^2，占全市土地面积的 0.37%。其中城镇集中生活区面积为 36.76 km^2，工业园区面积为 67.03 km^2。

农业空间面积为 0。

（7）土右旗

土右旗南临黄河，北倚大青山，110 国道、丹拉高速公路、京包铁路横贯东西。区域总面积为 2 368 km^2。

①生态空间

生态空间面积为 1 518.69 km^2，占全市土地面积的 5.47%。其中生态保护红线面积为 558.54 km^2，其他生态空间面积为 960.15 km^2。

②农业空间

农业空间面积为 619.79 km^2，占全市土地面积的 2.23%。

③城镇空间

城镇空间面积为 229.52 km^2，占全市土地面积的 0.83%。其中城镇集中生活区面积为 114.34 km^2，工业园区面积为 115.18 km^2。

（8）固阳县

固阳县位于大青山北麓，东与武川县交界，南与九原区、土右旗毗邻，西与乌拉特中旗、乌拉特前旗接壤，北与达茂旗相连。境内土地和矿产资源比较丰富，风光资源较好。区域总面积为 5 025 km^2。

①生态空间

生态空间面积为 3 036.91 km^2，占全市土地面积的 9.94%。其中生态保护红线面积为 394.13 km^2，其他生态空间面积为 2 642.78 km^2。

②农业空间

农业空间面积为 1 770.16 km^2，占全市土地面积的 6.37%。

③城镇空间

城镇空间面积为 217.93 km^2，占全市土地面积的 0.78%。其中城镇集中生活区面积为 48.33 km^2，工业园区面积为 169.60 km^2。

（9）达茂旗

达茂旗东邻四子王旗，西接乌拉特中旗，南连武川县、固阳县，北与蒙古国接壤，国境线长 88.6 km。境内矿产资源、风能和太阳能、农牧业资源丰富。区域总面积为 17 410 km^2。

①生态空间

生态空间总面积为 15 938.57 km^2，占全市土地面积的 57.40%，其中，生态保护红线面积为 5 270.25 km^2，其他生态空间面积为 10 668.32 km^2。

②农业空间

基本农田集中区面积为 1 178.01 km^2，占全市土地面积的 4.24%。

③城镇空间

城镇空间总面积为 293.42 km^2，占全市土地面积的 1.06%，其中城镇生活集中区面积为 76.9 km^2，工业园区面积为 216.52 km^2。

（10）白云矿区

白云矿区地处阴山之北，境内矿产资源富集，现已发现 71 种元素，175 种矿产资源，已探明稀土储量约 1 亿 t，占世界总储量的 38%，白云矿区被誉为世界稀土之乡。风能和太阳能丰富。区域总面积为 303 km^2。

①生态空间

生态空间面积为 195.36 km^2，占全市土地面积的 0.70%，其中生态保护红线面积为 0，其他生态空间面积为 195.36 km^2。

②城镇空间

城镇空间面积为 107.64 km^2，占全市土地面积的 0.39%，其中城镇生活集中区面积为

16.18 km^2，工业园区面积为 91.46 km^2。

农业空间面积为 0。

9.2 强化环境污染综合治理

以生态环境质量改善为目标，全面实施总量与质量双控制度，大力推进所有污染物统一监管和协同治理，建立现代环境治理新体系。编制实施《包头市大气环境质量达标规划》，积极推进城市黑臭水体综合整治，加强土壤环境保护和治理，确保人居环境质量底线，为人民群众提供清新空气、清洁饮水、干净土壤。

9.2.1 打好打赢蓝天保卫战

加快编制和实施《包头市大气环境质量达标规划方案》，确保环境空气质量全面改善。

（1）实施大气环境分区保护

①中心城区

工业企业、居民人口相对集中，大气污染物排放强度大、密度高，各项大气污染物排放均超载，尤以颗粒物和氮氧化物超载最为严重。

加强产业结构和布局调整，禁止新增大气污染物排放强度大的企业，适度控制钢铁、电力行业新增产能和增长规模。严格执行生态环境准入清单，推进工业企业搬迁改造，引导主城区现有和新建污染企业向外围工业园区转移。

严格控制生活源污染物排放，逐步淘汰燃煤取暖，大幅减少居民生活散煤用量，到 2020 年前实现城区居民冬季集中供暖全覆盖。

加大机动车尾气排放控制，适度控制机动车增量，加快淘汰老旧车辆；市区内居民集中区划定禁止柴油型尾气高排放车辆通行线路。

②山北地区

大气环境容量相对充裕，大气环境承载压力较小。但是，山北区域生态红线控制区面积较大，生态环境脆弱。

在执行总量控制基础上，采取措施降低单位面积大气污染物排放强度。严格执行“准入清单”，控制发展二氧化硫和氮氧化物排放量大的企业。在满足生态环境保护要求的前提下，鼓励发展轻污染企业以及生态环境友好型的旅游业。

③土右旗

大气环境容量充裕，近期减排压力小，远期重点控制颗粒物排放量。

严格控制产业园区开发边界，推进“多规合一”，形成有利于大气污染物扩散的区域空间格局。

严格落实环境影响评价措施，严把产业准入门槛。新建项目实行区域内现役源等量削减替代。加强工业集中区等重点企业大气污染物减排工程建设。适度控制煤化工、火电行业发展。

（2）实施大气污染源综合管控

①工业点源达标管理

落实《全面实施燃煤电厂超低排放和节能改造工作方案》，新建燃煤机组满足超低排放要求。强化钢铁行业无组织排放管理。到2020年，全部自治区级园区实施循环化改造。

有色、焦化、化工等重点行业及65蒸吨/h及以上燃煤锅炉的现役企业和新建项目逐步执行大气污染物特别排放限值。加大包头钢铁、包头铝业、希望铝业周边区域氟化物污染防治力度。

严格落实减排措施，实施脱硫、脱硝和除尘设施升级改造。禁止使用环境保护行政主管部门规定的高污染燃料，积极发展天然气、可再生能源、新能源等清洁能源。

②城市面源污染治理

结合旧城改造，加强城市中心区、老城区等薄弱地区的园林绿化建设。禁止在城区周边地区违规露天焚烧农作物秸秆等生物质及其他废弃物。

全面实施城市建成区棚户区改造，优先改造位于城市中心区、城市上风向、空气环境监控点周围的集中连片平房区、棚户区以及小型企业集中分布区。

城市建成区各类工地要做到工地周边围挡、材料堆放覆盖、土方开挖湿法作业、路面硬化、出入车辆清洗、渣土车辆密闭运输“六个百分之百”。市辖区禁止现场搅拌混凝土、砂浆；积极推进绿色施工。

露天矿山、煤堆、固体废物料堆场要实施减尘、抑尘措施。强化裸地绿化、硬化建设，抑制和减少自然尘排放量。

③移动源污染减排

实施公交优先战略，提高居民公共交通出行比例。鼓励绿色出行，降低机动车使用强度。加强步行、自行车交通系统建设。加速淘汰老旧车辆。

新注册的轻型汽油车和气体燃料点燃式汽车全面实施国家第六阶段大气污染物排放标准。研究拟订高排放车和特殊车辆的交通限行、特殊时期一般车辆限行、拥堵收费、中心区停车差别收费等政策措施。切实加大交通设施建设力度，优化交通运输资源配置。推行“公转铁”联运模式，强化货源组织和集散功能，提高集装化率，实现公铁联运无缝衔接。充分发挥综合运输的整体优势和组合效率，推进城市公交、出租车的清洁能源更新改造，减缓机动车保有量的过快增长。进一步加强油气污染治理，大力推动电动汽车发展。

提升机动车燃油品质，全面供应符合国家第六阶段机动车污染物排放标准（以下简称国Ⅵ标准）的汽柴油。推进城市公交、出租车的清洁能源更新改造。

（3）加强挥发性有机污染物协同治理

开展挥发性有机物（VOCs）、工业烟（粉）尘和氟化物排放现状调查研究，确定污染源排放清单，加快推进化工、印刷行业的 VOCs 及钢铁、电力、水泥行业烟（粉）尘和电解铝行业氟化物污染防治工作。

开展 VOCs 摸底调查，建立挥发性有机物重点企业名录，加强挥发性有机物监测和治理，推广使用环境标志产品，基本建立挥发性有机物污染防治体系；对纳入重点名录的企业开展强制性清洁生产审核；实施重点行业挥发性有机物治理工程。到 2020 年年底，VOCs 排放总量较 2015 年下降 10%以上。

（4）强化采暖季大气污染防治

开展供暖季燃煤综合整治工作，加大燃煤小锅炉淘汰力度，2020 年年底基本完成城市建成区 35 蒸吨/h 及以下燃煤锅炉淘汰工作；大力推进城中村集中供暖、清洁取暖工程，实施清洁取暖改造工程补贴政策。

鼓励风电、光伏发电企业同火电企业开展直接交易，健全输配电价体系。降低清洁供暖用电成本，通过完善峰谷分时制度和阶梯价格制度，释放富余风电低价优势，推动电采暖发展。

以城市综合管廊建设为契机，提高电厂余热利用率，构建电厂余热供暖的综合利用主干网络，削减农村和棚户区的燃煤供暖量。推动“以热电联供为主、工业余热利用为辅”供热体系建设，构建电厂余热供暖的综合利用主干网络，由市政供热管网统一调配企业供暖设施供热量。重点实施青山区东北热源厂、石拐风电场配套风电热源厂、昆都仑北部区供热干线、110 国道供热主干线等工程建设。

依托全市供热、供气能力和管网建设完成燃煤锅炉改造。对供热供气管网覆盖的区域，以“纳入集中供热为主，清洁能源替代为辅”的方式实施改造；对无供热供气管网覆盖的区域，采用移动热源、高效环保燃煤锅炉等替代方式。推动“热电联供为主、工业余热利用为辅”供热体系建设，充分利用包头市主城区周边金属冶炼、电力生产、煤化工生产等工业余热余压用于城市集中供热，同时推进工业园区集中供气设施建设。重点实施昆都仑区、青山区、九原区工业燃煤窑炉清洁能源替代项目。

（5）完善重污染天气监测与应急体系

建立监测预警体系，及时发布监测预警信息。公开重污染天气应急预案及应急措施清单，及时发布重污染天气预警提示信息。通过电视、网站、报纸等媒体，以及微博、微信、声讯电话、预警显示屏、手机短信等社会公共发布资源全方位向公众播发预警信息、防御措施和相关科普知识。

制定重污染天气应急减排项目清单，落实预案中的减排措施。逐步建立全市大气污染源排放清单并实现动态更新。建立科学分析、预警及时、分工明确、责任清晰、行动迅速的协调联动机制。加大公众的广泛监督力度。

建设环境空气质量监测超级站，逐步开展工业园区环境监测站点建设试点，提升环境空气质量监测分析与预报预警能力。实施采暖期大气污染防控特别行动，将采暖期前 30 d 至供暖结束后 15 d 作为特别行动期，加大宣传力度，实施更为严格的污染排放管理，确保冬季颗粒物排放处于可控水平内。

9.2.2 深入推进清洁水行动

（1）实施水环境保护分区管控

中心城区加强工业园区污水集中处理设施的规范化建设，强化工业园区工业废水预处理，提高污水收集和集中处理率。近期，实现城市生活污水集中处理率达到 95%，污水集中处理设施执行《城镇污水处理厂污染物排放标准》（GB 18918—2002）一级 A 排放标准（包括特别限值）；远期，城市生活污水集中处理率达到 98%，逐步达到地表水Ⅳ类排放标准。

山北地区和土右旗应以提高收集与处理能力、提升深度处理与回用水平、优化排放标准与产业布局为主要目标，全面掌握重点企业排污状况（水质、水量、主要污染物、生物毒性等）、排污点（批复）以及处理能力（设计、实际、规划等），基于提标回用要求，加强重污染企业废水深度处理与回用；倡导绿色、低碳、循环、生态理念，科学规划和配套建设高标准的污水处理设施，形成专业化建设和运营新模式。加强农业面源污染防治，鼓励集中养殖，加快推进舍饲圈养和养殖小区建设，配套建设粪便污水贮存、处理、利用设施；强化农用化学品的环境管理，实现化肥、农药施用量零增长。

（2）加大城镇生活污水治理力度

城镇生活污染是入黄污染物的主要贡献者。要加大城镇生活污水的治理力度。加快城镇污水处理设施建设与改造。现有污水处理厂要全面达到一级 A 排放标准，新建城镇污水处理设施要执行《城镇污水处理厂污染物排放标准》（GB 18918—2002）一级 A 排放标准，必要时执行更严格的排放标准和总量要求。近期，市本级重点实施万水泉污水处理厂二期扩建工程、百灵庙镇污水处理厂扩能及中水回用工程等治理项目。推进土右旗新型工业园区和山格架化工园区污水集中处理与回用配套设施建设，中水回用率达到 80%以上。

强化城市污水配套管网的建设，完善城市污水收集系统，新建城区、园区、项目应同步建设污水配套管网并接入污水处理厂，老旧城区、城中村和城乡接合部加快完善污水配套管网建设，接入污水处理厂，建成区污水基本实现全收集、全处理。严格实行雨污分流，有条件的地区推进初期雨水收集、处理和资源化利用。市级重点实施包头市排水管网及再生水管网工程、市区排水泵站改造工程、二道沙河沿包伊公路至万水泉污水处理厂污水收集管网建设工程、西河污水收集总干管建设工程、土右城区雨污分流管网铺设工程等治理工程。针对尾闾工程入黄段氨氮污染突出的特点，新建污水处理厂必须配套脱氮措施；已建成的城市污水处理厂实施改造，增加脱氮处理措施。

（3）全面实施工业污水深度治理

分类制定稀土、钢铁、有色金属、电力、化工、电镀、焦化、农副食品加工等行业专项治理方案，实施清洁化改造，上述行业新建、改建、扩建项目按要求实行主要污染物排放等量或减量置换。以资源化利用和污水零排放为目标，全市稀土企业全面完成废水资源化改造，电力企业完成废水治理工程。通过河道排放废水的企业，在污染物达标排放的同时，须满足《城镇污水处理厂污染物排放标准》（GB 18918—2002）一级 A 排放标准限值（包括特别限值），且须满足河道整治与生态修复的设计指标要求，确保入黄水质达到流域水质考核目标。

强化各工业园区及稀土高新区工业集聚区水污染治理，各工业园区排放废水必须经污水集中处理设施处理，污水集中处理设施执行《城镇污水处理厂污染物排放标准》（GB 18918—2002）一级 A 排放标准（包括特别限值），必要时执行更严格的排放标准和总量要求。

（4）制订城市中水利用规划

制订和实施城市中水回用规划，加快建设城镇污水处理厂中水回用工程，完善中心城区中水回用管网，全面提升中水回用能力和回用率。重点建设南郊污水处理及再生水厂扩建工程、北郊污水处理及再生水厂扩建工程、西郊污水处理及中水回用工程、万水泉污水处理及再生水厂工程、东河东污水处理及中水回用工程至 2020 年再生水处理规模达 59 万 t/d，城市再生水利用率到 2020 年达到 50%以上。

合理利用环境经济和技术政策，促进企业采用清洁生产技术，从源头上减少用水量和废水产生量，提高工业用水重复利用率。完善再生水价格机制，优先回用于工业。试行建立在再生水利用激励制度，提高工业企业再生水利用积极性，提高污水再生利用率。加快再生水产业化发展，通过 PPP 模式鼓励民营企业和社会资本参与，实现多元化的投资主体建设再生水设施。

（5）加强入河排污口监督管理

严格入河排污口审查审批制度，开展入河排污口整治和规范化管理。新建、改建和扩大入河排污口须进行科学论证，对排污量已超出水功能区限制排污总量的，限制审批新增取水和入河排污口，并适度核减排污量。

强化城市集中式饮用水水源规范化建设，依法清理饮用水水源保护区内违法建筑和排污口，通过治理昆都仑河、西河、东河等泄洪河道，重点解决黄河包头段饮用水水源地饮水安全隐患。加快谋划疏浚土右旗入黄通道，实现水环境容量的合理配置和有效利用。

根据水利部黄河水利委员会的行政许可文件要求，为确保包头市尾闾工程入黄水量和污染物排放量的总量以及浓度的控制要求，尾闾工程的纳管企业、污水处理厂的出水进尾闾工程后，在尾闾工程出水口二道沙河实施人工湿地净化工程，降低经尾闾工程进入黄河的污染物的总量，确保尾闾工程入黄水量和污染物排放量的总量及浓度达到黄河水利委员会许可要求。

（6）实施河道整治与生态修复

对二道沙河、四道沙河、西河等河道进行黑臭水体全面整治。通过控源截污、综合治理等措施，实现建成区河段全部水体水质达到不黑不臭指标，河面无大面积漂浮物，河岸无垃圾，无违法排污口，丰水满足排涝要求，枯水季生态环境优美。确保河畅水清。通过生态修复、河道整治等措施，基本实现河道岸线生态化、固化、靓化，河涌岸线明晰整洁、绿树成荫，居民满意度不低于 90%。

实施黄河湿地生态修复工程，加快实施百灵庙镇艾不盖生态改造工程；构建潜流人工湿地和表流人工湿地，减少沟流和短流，有效提升湿地净化能力，保障各河道入黄水质达到目标要求。依托湿地生态资源，提升湿地周边基础配套设施，大力改善环境质量，践行生态优先、绿色发展。

（7）贯彻“三水统筹”治理思想，完善区域联防联控和生态补偿机制

坚持山水林田湖草是一个生命共同体的科学理念，整体考虑河流和水库，统筹水资源、水生态、水环境，系统推进工业、农业、生活污染治理，河湖生态流量保障，生态系统保护修复和风险防控等工作。在包头市水生态环境质量状况、生态环境保护和经济社会发展现状的基础上，结合黄河河流域包头段资源禀赋特点，系统设计水环境治理河生态保护的工程措施。

鉴于黄河上游来水对包头段水质影响较大，以包头市城市饮用水水源等敏感受体和环境风险较高区域为重点，建设在线监测设施，提升黄河流域包头段的应急处置能力。加强应急物资储备建设、应急队伍建设、风险防范制度建设，并建立健全联防联控应急机制。

完善生态补偿机制。结合区域联防联控开展跨流域生态补偿工作。探索建立适合包头市的生态补偿标准体系，以及生态补偿的资金来源、补偿渠道、补偿方式和保障体系。

9.2.3　加强土壤环境治理与修复

以改善土壤环境质量，保障农产品质量和人居环境安全为目标，严格落实《土壤污染防治行动计划》与《包头市生态环境保护“十三五”规划》确定的重点任务，重点开展进行土壤环境安全性评估，评定和划分土壤环境安全等级，建立土壤环境质量数据库及信息管理系统，建立全市污染场地清单，开展场地危害评估，建立优先监管的污染场地名录，实施典型污染场地治理修复工作。

到 2020 年，全市土壤环境质量总体保持稳定，农用地和建设用地土壤环境安全得到

基本保障，受污染耕地安全利用率和污染地块安全利用率均达到 90%以上。饮用水水源地周边土壤环境质量 98%以上达到清洁水平。

到 2035 年，全市土壤环境质量稳中向好，农用地和建设用地土壤环境安全得到有效保障，土壤环境风险得到全面管控，受污染耕地安全利用率达到 95%以上，污染地块安全利用率达到 95%。

（1）推进土壤环境监测网络建设

按照国家和自治区要求，制订土壤环境监测工作计划，组织完成土壤环境质量国控监测点位设置，根据需要补充设置监测点位，增加特征污染物监测项目，提高监测频次。组织完成年度土壤环境监测任务。收集并整理环保、国土资源、农牧业等部门现有数据，稳步推进土壤环境基础数据库建设，完成土壤环境信息化管理平台的初建工作。

发挥土壤环境大数据在污染防治、城乡规划、土地利用、农牧业生产中的作用。

（2）加强土壤环境保护管理

实施农用地分类管理。划定农用地土壤环境质量类别，以耕地为重点，分别采取相应管理措施，保障农产品质量安全。2020 年年底前，开展耕地土壤和农产品协同监测与评价，完成耕地土壤环境质量类别划定，建立分类清单，定期对各类别耕地面积、分布等信息进行更新。按要求开展林地、草地、园地等其他农用地土壤环境质量类别划定等工作。切实加大保护力度，严格保护基本农田，确保其面积不减少、土壤环境质量不下降，除法律规定的重点建设项目选址确实无法避让外，其他任何建设不得占用。高标准农田建设项目向优先保护类耕地集中的地区倾斜，推行秸秆还田、增施有机肥、少耕免耕、粮豆轮作、农膜减量与回收利用等措施，避免因过度施肥、滥用农药等掠夺式农业生产方式造成土壤环境质量下降。

严格控制建设用地准入。全面实施节地评价制度和调查评估制度。建立污染地块联动监管机制，将污染建设用地土壤环境管理要求纳入用地规划和供地管理，逐步建立污染地块名录及其开发利用的准入清单，合理确定土地用途。将暂不开发利用或现阶段不具备治理修复条件的污染地块划成管控区域，设立标识，发布公告，开展环境监测。发现污染扩散的，有关责任主体要及时采取污染物隔离、阻断等环境风险管控措施。

（3）加强土壤污染防治监管执法力度

全面强化监管执法。将土壤污染防治作为环境执法的重要内容，充分利用环境监管网格，加强土壤环境日常监管执法。严厉打击非法排放有毒有害污染物、违法违规存放危险化学品和非法处置危险废物等环境违法行为。对严重污染土壤环境、群众反映强烈的企业和重点行业企业开展专项环境执法。改善基层环境执法条件，配备必要的土壤污染快速检测等执法装备。定期参加国家和自治区组织的土壤污染防治专业技术培训。加大对有色金属矿采选、有色金属冶炼、石油加工、化工、焦化、电镀、制革等重点行业，以及产粮集中区、城市建成区等重点区域的土壤污染防治监管执法力度。

加强污染源监管，防控重点企业污染。确定土壤环境重点监管企业名单，进行动态更新并向社会公布。定期对重点监管企业和工业园区周边开展监测，数据及时上传全国土壤环境信息化管理平台。全面整治历史遗留土壤污染，对重点监管尾矿库实施环境风险评估。加强涉重金属行业总量控制，继续淘汰涉重金属重点行业落后产能，实施涉重金属重点工业行业清洁生产审核。加强对矿产资源开发利用活动的辐射安全监管，严防矿产资源开发污染土壤环境。

（4）严格控制新增土壤污染面积

强化未利用地土壤保护。按照科学有序原则开发利用未利用地，防止造成土壤污染。拟开发为农用地的，相关地区要组织开展土壤环境质量状况评估；不符合相应标准的，不得种植食用农产品。各地区要加强纳入耕地后备资源的未利用地保护，定期开展巡查。依法严查向草地、沼泽地、盐碱地等非法排污、倾倒有毒有害物质的环境违法行为。加强对矿产资源开采活动影响区域内未利用地的环境监管，发现土壤污染问题的，要及时督促有关企业采取防治措施。

防范建设用地新增污染。明确全市对土壤环境质量影响较大的企业清单，定期对排放重金属、有机污染物的工矿企业以及污水、垃圾、危险废物等处理设施周边土壤进行监测，造成污染的要限期予以治理。对拟开发利用的关停搬迁的工业企业场地，未按有关规定开展场地环境调查及风险评估的、未明确治理修复责任主体的，禁止进行土地流转；污染场地未经治理修复的，禁止开工建设与治理修复无关的任何项目。对暂不开发利用的关停搬迁的工业企业场地，责任主体应组织开展场地环境调查评估，基于场地环境调查评估情况及现实情况，暂不治理修复的，应采取必要的隔离等风险防控措施，防止污染扩散，控制环境风险。

控制农业污染。科学施用化肥，严禁使用重金属等有毒有害物质超标的肥料，禁止在农业生产中使用含重金属、难降解有机污染物的污水以及未经检验和安全处理的污水处理厂污泥、清淤底泥、尾矿等。调整农药产品结构，降低杀虫剂在化学农药总量中的比重，淘汰高浓农药的生产，开发研制高效、低毒、低残留、高选择性的农药新品种，从根本上降低农药对土壤的环境的影响。加强农田残留地膜综合处置力度，构建废弃地膜填埋场，开展“以旧换新”政策，建立废旧农膜回收利用体系，扶持废旧农膜回收加工企业。

（5）开展土壤污染治理与修复

根据农用地土壤环境调查结果，结合当地实际，因地制宜采取农艺措施调控、种植结构调整、土地污染治理与修复等措施，修复耕地。土壤污染严重且难以修复的，依法确定为农产品“禁种区”。

按照“谁产生、谁负责”的基本原则推进污染场地土壤修复治理工作。以不具备利用价值的尾矿、冶炼渣、粉煤灰等堆场为重点，对在役堆场，提出防扬尘等日常管理措施；对退役堆场，提出所有者封场、恢复生态环境责任等具体要求；对无主堆场，纳入限期治理清单。对主城区小型堆场，以清理和异地处置利用为主，对其他堆场，以消除环境风险、恢复景观为主。

到2020年，完成国家和自治区下达的受污染耕地治理与修复面积指标。重点完成市四区、稀土高新区、大青山保护区、梅力更保护区内、地下水补给区内各类固体废物堆场治理，其中，主城区内堆场修复后应达到城市绿地（不含公园绿地）功能，自然保护区、主要河道内堆场清理修复后应达到本地土地功能。开展“三片两线”关停搬迁重点企业场地评估工作，完成“三片两线”关停搬迁企业污染场地治理。

9.3 大力推进“无废城市”建设

坚持减量化、资源化、无害化原则，以“无废城市”试点建设为抓手，以大宗工业固体废物综合利用处置为重点，严格控制增量，大力削减存量。严把危险废物管理的源头关、加强危险废物综合利用、加大集中处置力度，实现危险废物安全处置，降低危险废物环境风险。加强生活垃圾分类、收集、转运、处置能力，提高生活垃圾资源化和无害化处置能力和水平。

到2020年，以政府主导、企业主体、部门协同、两级联创为一体的综合管理制度和技术体系基本建成，资源化产品标准体系、生态修复政策进一步健全完善，初步建成工业固体废物智慧化监管系统。一般工业固体废物（除尾矿外）综合利用率达到82%，贮存总量零增长；工业危险废物综合利用率达到15%，其他危险废物（含医疗废物）实现100%安全处置；生活垃圾无害化处置率≥99%。

9.3.1 建立健全固体废物管理长效机制

（1）明确责任主体

严格落实《中华人民共和国固体废物污染环境防治法》《中华人民共和国清洁生产促进法》《中华人民共和国循环经济促进法》等相关法律法规，结合包头市自身特点，按照“谁污染谁负责”的原则，明确工业固体废物产生、利用、处置过程污染控制和风险防控责任主体。

（2）加大政策引导力度

制定推进工业固体废物资源综合利用项目鼓励政策实施细则。新科技研发形成成果转化，并已投资建成的项目，给予技术研发方最高不超过50万元的财政奖励，资金从科技专项中列支；对新建、改建、扩建工业固体废物资源综合利用项目，在项目建成投产后按项目实际投资额给予5%（最高不超过100万元）的财政补贴，资金从环境污染治理专项中列支。同时落实国家资源综合利用相关税收优惠政策。编制《包头市推广、限制和禁止使用建筑材料目录》、完善《包头市政府采购目录》。设立公共建筑、园林景观、交通水利、老旧小区改造等城市建设项目中固体废物综合利用产品最低使用比例，优先使用符合质量标准的尾矿、粉煤灰、冶炼渣等工业固体废物作为基材，减少砂石使用量。鼓励在建筑工程、公路、铁路建设等领域实施基材替代工程。制定固体废物污染防治的税收、信贷、补贴、补偿等政策，对投资规模较大，符合工业固体废物无害化处置、特色示范基地等建设条件的项目，给予12个月的贷款贴息，贴息额最高不超过100万元。

（3）加强能力建设

强化市级、旗县区和工业园区固体废物环境监管人员配备、机构标准化建设，提升对固体废物产生、收集、利用、贮存和处置的监督管理水平、监察执法能力和工作效率。建立危险废物应急处置队伍，强化危险废物应急处置能力。在危险废物突发事件、事故产生时，可有效、及时处理并控制险情。

（4）强化全程监管

对工业固体废物从产生、利用、处置、贮存实行全过程跟踪管理，重点加强固体废物转运过程的监管，强化运输车辆管理，落实转运过程污染防治措施。利用固体废物网上申报、视频监控、车载卫星定位等手段应用，严格执行固体废物转移交接记录制度，切实加大固体废物转运环节管控力度，防止发生非法倾倒及遗弃行为。

加强工业固体废物利用企业行业管理，提升工业固体废物利用企业的生产技术水平和产品质量，促进包头市建材行业健康发展。对生产工艺、技术装备及产品不符合国家产业政策指导目录要求的综合利用企业实施限期整改，整改达不到要求的企业按照相关要求强制退出。

（5）开展定期巡查

守土有责，落实园区、乡镇、村委（嘎查）属地环境保护责任，督促市、旗县区、乡镇、村（嘎查）四级社会化网格人员加强环境巡查，对发生在当地的固体废物乱堆乱放、违法倾倒行为要及时发现、及时报告，严厉打击内外勾结行为，积极协助查处环境违法案件，对固体废物台账要实行一月一核对制度，确保固体废物数据的可靠性、准确性和统一性。

（6）营造共治氛围

充分利用电视、电台、报纸、网络等新闻媒体，切实加强固体废物环境信息公开和固体废物法律、法规方面的宣传教育，鼓励全社会共同参与固体废物污染防治。强化社会监督，充分发挥公众监督力量，完善固体废物信访举报渠道，及时公开报道典型固体废物领域违法犯罪案例，形成对固体废物违法行为“零容忍”的社会氛围。

9.3.2 加大工业固体废物综合利用

编制一般工业固体废物利用处置规划，出台《包头市一般工业固体废物利用处置专项规划》，对全市一般工业固体废物的产生情况、消纳能力、利用去向、利用处置设施布局和建设等进行全面梳理和规划，做好一般工业固体废物利用处置的顶层设计，大幅提高推进一般工业固体废物综合利用处置率。

（1）推进绿色矿山建设

编制包头市绿色矿山建设规划，建立包头市矿山环境保护与恢复治理考核指标体系，采选企业按照“边生产、边治理”“多还旧账、不欠新账”的原则，实行尾矿库、排土场生态修复与矿产资源采选同步规划、同步实施。优化白云鄂博主东矿、西矿开采规模，加快炼铁过程脱硫技术研发改进，促进利用蒙古铁矿石，提高废钢铁替代比例。清理规范白云矿区、固阳县、达茂旗等地各类小型矿山、小选厂、小煤田，关闭整顿生态环保不达标的采选企业，淘汰工艺、装备落后产能。推动将白云鄂博含稀土资源的尾矿纳入国家战略资源储备管理，促进钍纳入国家战略资源管理。

鼓励使用“无尾矿山”“采选一体化”等绿色开采技术，探索露天矿山生产作业向“露天—井下协同开采”模式转化。对符合《固体废物鉴别标准　通则》（GB 34330—2017）要求的采矿废石、尾矿、煤矸石直接留在产生区或返回采空区，逐步实现煤矸石不出井。重点实施“包头钢铁绿色矿山”建设，露天采矿回采率达到 98%以上，磁铁矿达到 90%以上，赤铁矿达到 70%以上；同步实施生态修复工程，对矿井工业场地、炸药库等种植绿化隔离带，对尾矿库尾矿坝恢复植被，老尾矿库使用完后复垦，水土流失治理率达到 80%以上。

实行尾矿库、排土场生态修复与矿产资源采选同步规划、同步实施。到“十三五”末，包头钢铁（集团）有限责任公司、包头钢铁集团巴润矿业有限责任公司、包头市石宝铁矿集团有限责任公司、包头市沃尔特矿业有限公司、内蒙古包头鑫达黄金矿业有限责任公司、达茂联合旗荣泰矿业有限责任公司、达茂旗乾通矿业有限责任公司、达茂旗鑫宝孙氏铁矿有限责任公司、达茂旗北盛康矿业有限公司、达茂旗秋冬矿业有限责任公司等重点采选企业达到国家级生态建设验收标准，全部矿山采选企业达到铁精矿回收率不小于 85%、尾矿综合利用率不小于 10%、排土场已复垦面积占可复垦面积比例不小于 25%。

优先利用主城区内堆存的老旧固体废物，或就近利用矿山清理过程产生的无利用价值的废石、粉煤灰、炉渣、渣土等，在废弃的尾矿库、采石场、矿坑等的生态治理恢复过程中进行垫层、填充。重点对白云矿区、达茂旗、固阳县、石拐区、土右旗等地遗留的、无利用价值的无主和不规范尾矿、废石堆场，按照“距离主城区由近及远、规模先小后大”的顺序，开展清理，初步恢复土地功能。以包头钢铁集团为主体，继续实施包头钢铁冶金渣山的封场、绿化工程，对高炉渣、钢渣中可利用物质进行回收利用，到 2020 年完成生态治理工程，真正实现包头钢铁尾矿安全处置。全市其他尾矿渣实施当年产生、当年覆盖、当年绿化。

（2）打造城市矿产基地

建设包头市城市矿产综合交易平台，形成“立足本地、服务周边”的再生资源交易服务能力，引进国内资源回收龙头企业，整合优化全市现有的再生资源回收、加工利用类企业，并向园区聚集，形成再生资源回收、加工、利用的规模优势，建成面向钢铁、铝业、稀土、装备制造等优势产业的工业源再生资源信息化回收体系，支持利用物联网技术跟踪电子废物流向；同时，建设电子垃圾处理厂，实现电子垃圾安全处置。优化和完善“铁矿采选（废钢回收）—钢铁冶炼—压延—特种钢、板带管、轨”“电解铝—合金铝—铝制零部件—铝型材—铝产品”“稀土采选—冶炼分离—新材料及应用产品”中废钢、废铝等金属资源预处理环节，为包头市钢铁、铝业、装备制造等特色优势产业提供相对稳定的资源保障，同时，建成废塑料、废纸、报废汽车、电子废弃物、工程轮胎等类再生资源回收体系，对包头市废钢、废铝、再制造等资源形成有效补充。

（3）构建大宗工业固体废物建材产业链

推进利用矿渣、煤矸石、粉煤灰、尾矿、工业副产石膏、建筑废弃物和废旧路面材料等大宗固体废物综合利用。加强共伴生矿产资源及尾矿综合利用。推进水泥窑协同处置城市生活垃圾，推广纯低温余热发电等窑炉余热梯级利用技术，加强粉尘回收利用，进一步扩大禁止生产和使用实心黏土砖范围。开发新型绿色混凝土产品，通过科学合理地设计配比，用优质矿物掺合料及再生骨料，减少水泥用量，建设完善的绿色混凝土原材料供应链，打造绿色混凝土产业化基地。

推进特色固体废物协同利用产品体系建设，引进大型建材生产集团和固体废物综合利用技术研发团队，整合包头市生态环保产业公司等地方环保产业资源，采取产学研一体化、环境污染第三方治理等模式，打造具有包头特色的西部地区节能环保建材生产示范基地，配套建设节能环保建材产品交易市场，形成集研发、展示、交易、仓储、物流、信息等于一体的固体废物综合利用产品市场载体，实现固体废物资源化产业规模化发展。

构建和完善“工业生产—废渣—建材”“建筑废弃物、路面材料—建材”“水泥生产—余热—发电”“水泥—粉尘—水泥”“陶瓷生产—废陶瓷—陶瓷”“石材生产—废碎石、石粉—人造石、砖”“复合材料生产—废复合材料—复合材料”等建材产业链。大力提升尾矿、粉煤灰、冶炼渣、脱硫石膏的多类别协同利用、高值化利用能力。引进大型建材生产集团，建设矿渣硅酸泥水泥、粉煤灰蒸压砌块、新型防火保温材料、微晶玻璃、泡沫多孔陶瓷、粉煤灰提取氧化铝、石膏板等建筑材料。

（4）推进重点工业固体废物综合利用

加快冶炼渣资源化利用技术研发和实践应用。加快钢渣用于道路工程地方标准建设工作。加快冶金钢渣用于道路基层、面层等的大规模推广使用。加大颗粒钢渣用于生产水泥熟料的技术研究与应用规模。增加热泼钢渣的资源化利用量，2020 年累计达到 30 万 t，鼓励利用电石渣、钢渣等工业固体废物作为脱硫剂替代石灰粉，加快环保型复合矿物脱硫剂的大规模市场推广。以钢渣粉为主要原料制备渣罐喷涂料。开展利用高炉重矿渣生产稀土钢实验。扩大碳化法钢渣综合利用项目，到 2020 年碳化法钢渣综合利用项目达到年利用 50 万 t 钢渣粉的规模。

加大水淬渣综合利用产品的市场推广工作，在立式炉水渣烘干、研磨、分选制备水泥原料产业化应用的基础上，针对产品生产和应用季节性错差带来的时间不均衡和运输成本地域性空间不均衡问题，结合其他固体废物资源化利用制度建设和营销平台工作，通过整体固体废物规划降低运输成本等手段，加大水淬渣产品的市场推广工作，到 2020 年完成水淬渣的资源化利用率达到 90%。

加强粉煤灰全过程管理和利用。各电厂加强煤质管控，减少粉煤灰的产生，对服役期满或达到库容的粉煤灰堆场实施封场管理，在未利用完当年新粉煤灰时，严禁开发利用已封场的老粉煤灰。加强粉煤灰在产生点就地利用项目的扶持工作，着力解决困扰项目落地的用地等问题，加强粉煤灰结合煤矸石、尾矿、污泥及建筑垃圾等固体废物为原料，经过高温烧结生产陶粒等系列环保产品，探索其于污水处理、改良土地盐碱化、造路造桥等方面的应用。

（5）探索工业固体废物利用新途径

开展工业固体废物用于生态修复的政策和制度创新，解决存量固体废物无害化处置难题。

一是创新生态修复政策制度。结合包头市正在进行砂坑治理方案，出台一批试点地方性生态修复政策（包括土地政策、环境影响评价等），为利用一般工业固体废物进行生态修复打通制度通道，探索形成常态处置大宗工业固体废物的作为生态修复材料等应用的工作机制，利用一般工业固体废物修复矿坑开展示范工程。

二是出台生态修复标准规范。编制出台《利用一般工业固体废物及其综合利用产品用于沙坑、矿坑修复的操作规范》《包头市利用废弃沙坑、矿坑作为固体废物贮存、处置场建设的技术规范》《包头市一般工业固体废物作为生态修复材料的污染控制技术标准》等标准文件，为一般工业固体废物作为防渗阻隔材料、填充料、种植土的成体系废弃矿坑和沙坑生态修复提供技术依据。

三是探索工业固体废物利用新模式。研究大青山废弃矿坑、砂坑生态恢复和资源储备联合模式，建立以工业固体废物为防渗阻隔材料、填充料、种植土的成体系废弃矿坑、砂坑生态修复标准规范和环境风险评估、探伤堵漏、污染监测及治理规范，进行富铁、富铝、富稀土、富硅、建材原料（粉煤灰、脱硫石膏、炉渣等）一般工业固体废物资源分类储备。

四是利用矿坑石场治理复绿消纳弃土。结合包头市矿坑石场治理复绿工作，进一步研究优化治理复绿方案，对于现场具备条件的项目应因地制宜地提升场地标高，充分发挥治理复绿项目消纳一般工业固体废物的能力，逐步开展矿坑和沙坑的生态修复工作，到 2020 年前，完成 20 个矿坑和沙坑的生态修复，消纳 4 500 万 t 的尾矿和粉煤灰等一般工业固体废物；到 2030 年前，完成 147 个矿坑和沙坑的生态修复，消纳 2.5 亿 t 的尾矿和粉煤灰等一般工业固体废物。

（6）加强固体废物贮存场管理工作

编制《包头市工业固体废物堆场（库）建设规划》，强化工业固体废物贮存的有效管治。鼓励将符合一般工业固体废物填埋标准的废弃砂坑、废弃矿井、采空区等按照环保规范要求开展有序治理和分类回填，实现一般工业固体废物的资源储备。各电厂加强煤质管控，减少粉煤灰的产生，对服役期满或达到库容的粉煤灰堆场实施封场管理，在未利用完当年新粉煤灰时，严禁开发利用已封场的老粉煤灰。加强工业渣场、灰场及周边环境的环境监测、监管工作，强化统筹协调，建立市城市执法局、生态环境局、市公安局交管部门等多部门联合监管机制，防止工业固体废物扬散、渗漏、遗失。

（7）建立健全固体废物综合利用产品标准体系

建立完善固体废物综合利用产品的标准和技术规范。推动再生产品应用和验证技术规范配套体系建设，鼓励工业固体废物利用企业制定产品的企业标准，制定一般工业固体废物用于道路建设、建筑行业、生态修复的产品质量标准和建筑施工的相关技术标准。

具体从以下三方面开展工作：①加强大宗工业固体废物（尾矿、粉煤灰、冶炼渣、脱硫石膏）资源化利用产品的标准制定和市场化应用的技术规范，对于已经有相关标准的矿渣、微晶玻璃系列产品对其应用领域包括化工行业、电力行业、建材行业、冶金行业等具体技术规范进行细化。②推广资源化利用产品在外墙外保温结构替代水泥预制板、混凝土条板等以及装配式预制结构的多孔微晶玻璃系列产品的标准制定工作。③制定资源利用产品在生态环保渗水砖的产品技术标准，推广在环保、建材市场应用等方面工作。争取自治区指导呼、包、鄂、巴四市建材企业合作，统一固体废物资源利用政策、标准及技术的步调。

鼓励开发新型高附加值工业固体废物深度资源产品。鼓励固体废物产生量较大企业积极利用其固体废物，开发新型高附加值工业固体废物深度资源产品和项目，如利用钢渣生产高纯碳酸钙、氧化铁粉、二氧化硅等产品，为包头的工业注入新的活力。

建立综合利用产品价格信息。开展各类资源化利用产品市场调查研究工作，通过调研包头及周边地区一般工业固体废物资源化利用产品主要生产厂商、产品产能、年供货量、生产成本组成、市场成交价格水平、成交价格的主要影响因素以及产品适用标准等情况，对条件成熟的资源化利用产品，逐步发布资源化利用产品价格信息。

（8）建立工业固体废物全过程监管、交易和运销体系

创建物联网平台，智能化管理工业固体废物。完善一般工业固体废物智慧化监管系统，充分利用大数据和互联网技术，落实受纳场动态监控和自动预警，通过信息化手段实现一般工业固体废物处置“两点一线”全过程实时监控和管理。结合全市环境监管网格划分工作，落实固体废物属地网格化监管要求，将大宗工业固体废物产生单位纳入相应网格，推进属地环境监管的制度化、规范化、长效化。

推动大宗固体废物交易平台建设。将大宗工业固体废物市场化，通过供需信息匹配，达成大宗工业固体废物网络销售的新模式，并结合工业废物的物联网平台的监管，实现产生有台账、运输有管理、消纳有追诉的体系建设。

建立一般工业固体废物综合利用产品的运销体系。扩展运销体系建设，扩大工业固体废物的销售半径。鼓励企业将大宗工业固体废物作为产品运输外销到外阜，出台关于汽车、火车运输大宗工业固体废物的优惠政策，在运费和装车费用的价格上进行一定的优惠或减免。

9.3.3 强化危险废物资源化和安全处置

（1）加强危险废物规范化管理

落实危险废物全过程管理制度，建立危险废物全过程监管可追溯监管体系。对所有危险废物产生环节、运输环节、处置环节安装 RFID 电子标签设备，实时全过程掌握危险废物产生、利用、转移、贮存、处置等信息，确保可追溯可管控。结合全市环境监管网格划分工作，将危险废物重点监控单位纳入相应网格，推进属地环境监管的制度化、规范化、长效化。确定重点监管的危险废物产生单位清单，督促产生危险废物单位建立台账制度，严格执行危险废物管理计划和申报登记制度，加强危险废物产生单位和经营单位规范化管理，危险废物收集、贮存、运输过程应遵守相关标准和规范要求，杜绝危险废物非法转移。稀土高新区、装备制造园区内产生源分散、单位产生量小的危险废物实行分类收集、贮存、建立区内预处理设施及收运体系，坚决把好危险废物管理的源头关。

协调督促危险废物集中处理处置设施规范化运行。包头市危险废物处置中心项目按照相关法律法规完成环境保护和安全生产等相关手续的工作，达到稳定安全运营（包头钢铁集团），建成覆盖远郊区县的危险废物应急移动处置系统。

（2）加强危险废物综合利用

重点推进东方希望包头稀土铝业有限责任公司大修渣无害化处理及利用项目，原料大修渣经破碎球磨，除氰、除氟使其无害化后外售综合利用。实施神华煤化工固体废物综合处置示范工程，实现细渣脱水配煤掺烧，工业余热用于对粗渣、污泥、废黄油的脱水干化。利用包头海平面金属科技有限公司水泥窑协同处置危险废物，实现新增危险废物当年收集处置。

（3）完善医疗废物收集处置体系

将中心城区范围内的医疗废物全部纳入包头危险废物处置中心集中收集处置，在达茂旗、土右旗、白云矿区、固阳县分别至少设立 1 个医疗废物周转场（点），提升处置能力，确保医疗废物集中处置单位至少每 2 d 到医疗废物周转场（点）收集、运送一次医疗废物。对外五区医疗废物采用小型焚烧设施、移动式焚烧处理系统进行处置，针对不具备集中处置能力地区，建设医疗废物临时集中贮存、区域小型集中处置设施，逐步淘汰远郊区县医疗机构自建焚烧炉，形成“分级集中处置—协同处置—移动处置”三位一体的全市医疗废物综合处置能力。

（4）建立社会源危险废物回收体系

建立完善固体废物资源化利用和无害化处理规划体系。制订符合包头市领城的废矿物油和废铅蓄电池回收利用规划，引导废矿物油和废铅蓄电池回收利用企业间良性竞争、高质量发展，降低对外转运环境风险。探索发展生产者责任延伸制度，加强废矿物油管理工作，建立生产商、销售商以废定销的成品油销售模式，规范经销商、汽修行业对废矿物油回收行为，建立社会流通领域废矿物油产生、收集、运输、利用体系，建设废矿物油储存利用回收基地。查清全市汽车维修（拆解）行业危险废物企业底数，督促未纳入固体废物管理平台的企业按要求规范管理。督促汽车维修企业按有关规定规范贮存废机油，并委托有合法资质的单位回收处置。开展废铅酸蓄电池等新型危险废物收集经营许可证制度试点，定期开展对企业的定期排查和评估，引导新型废物产生、收集和处理企业规范化管理。

9.3.4　实现生活垃圾资源化无害化处置

提倡绿色消费，低碳生活。从日常生活中少使用或不使用一次性生活生产物品，鼓励多次重复利用，减少垃圾产生量，从源头上实现节能减废。

（1）强化生活方式绿色化理念

发布《包头市加快推动绿色生产和生活方式实施方案》，引导公众在衣食住行等方面践行简约适度、绿色低碳的生活方式，到 2020 年，生活方式绿色化的理念明显加强，公众践行绿色生活的内在动力不断增强，公众绿色生活方式的习惯基本养成，实现生活方式和消费模式向勤俭节约、绿色低碳、文明健康的方向转变。

（2）全面推进包头市生活垃圾强制分类

制定并发布《包头市生活拉圾分类管理办法》。通过建立集中的垃圾分类投放点，安排志愿者定时定点督导等措施，小区居民的参与率和投放准确率持续提升。鼓励垃圾回收特许经营企业在小区、学校、商场设立回收点，推行“有害垃圾、易腐垃圾、可回收物、其他垃圾”四种生活垃圾分类通过有偿回收引导公众实施垃圾分类。2020 年年底前，主城区生活垃圾分类投放、收集、运输、处理系统基本完善，生活垃圾分类设施覆盖率达到 100%。

（3）完善村镇生活垃圾收运处置体系

根据农村牧区实际，建立方式多样的生活垃圾收运处置体系。距离城镇垃圾处理场 20 km 内的苏木（乡镇），可采取“户集、村收、镇运、县处理”的城乡一体化治理模式；距离城镇较远、人口相对集中的村镇，采取“户集、村收、镇处理”的集中治理模式；偏远及人口分散的嘎查（村），采取“户集、村收、村处理”的分散治理模式；不具备条件的应妥善储存、定期外运处理。以九原区、土右旗、达茂旗为重点打造示范典型，深入推进农村牧区生活垃圾治理。到 2020 年，90%以上的行政嘎查（村）基本建成生活垃圾收运体系，生活垃圾定点存放清运率达到 100%，生活垃圾无害化处理率达到 70%，基本完成非正规垃圾堆放点整治工作。昆都仑区、青山区、稀土高新区为重点打造示范典型，按照就近接入管网、集中处理、分散处理等生活污水处理模式，开展专项治理行动，重点治理 33 个环境敏感地带建制村的生活污水。到 2020 年，生活污水处理率达到 60%。

（4）推进绿色包装应用和普及

制定《包头市快递业绿色包装标准》，并发布《包头市绿色包装管理条例》，以快递、外卖为重点，推动包装减量化、无害化，鼓励采用可降解、无污染、可循环利用的包装材料。到 2020 年，基本实现同城快递环境友好型包装材料全面应用。

（5）加快“两网融合”建设

制定《包头市再生资源回收管理办法》，编制《包头市两网融合设施空间布局规划》，出台《包头市推进垃圾分类回收与再生资源回收“两网融合”指导意见》。通过建设具有垃圾分类与再生资源回收功能的交投点和相互衔接的物流体系，推动垃圾收运系统与再生资源回收系统有效衔接，实现生活垃圾分类清运体系和社会源再生资源回收体系融合发展。探索源头排放登记管理制度，搭建相关称重计量信息平台系统，促进再生资源分拣中心建设，构造生活垃圾源头减量分类回收利用产业链条；对于低值可回收物，加紧研究制定低值可回收资源的补助政策。

（6）大力发展城市垃圾回收利用技术

尽快淘汰敞开式收集和运输方式，以及简单落后的垃圾处理方式，鼓励开展对废纸、废金属、废玻璃、废塑料等的回收利用，逐步建立和完善废旧物资回收网络，提倡垃圾发电、生物堆肥等综合利用方式，逐步减少生活垃圾无害化填埋量，鼓励餐厨垃圾、有机垃圾、城市生活污水处理厂污泥的高温堆肥和厌氧消化制沼气利用等，提高生活垃圾资源化水平。重点推进包头市城市污水处理厂污泥综合利用工程和内蒙古普拉特交通能源有限公司餐厨、污泥建设项目，提高污泥和餐厨垃圾资源化和无害化处理处置水平。实施土右旗垃圾填埋场建设工程和固阳县金山镇生活垃圾卫生填埋场渗滤液处理厂建设工程，加大生活垃圾和渗滤液无害化处置。建设建筑垃圾处理厂，实现建筑垃圾安全处置。

（7）加快提高与前端分类相匹配的处理能力

要加快建立与生活垃圾分类投放、分类收集、分类运输相匹配的分类处理系统，加强生活垃圾处理设施的规划建设，满足生活垃圾分类处理需求。鼓励生活垃圾处理产业园区建设，优化技术工艺，统筹各类生活垃圾处理。新建1～2个生活垃圾焚烧发电项目。

9.4　构筑区域生态安全屏障

坚持保护优先、自然恢复为主，大力实施生态保护和修复工程，提升生态系统服务功能，努力实现生态环境质量整体好转，全面构筑北方重要生态安全屏障。

9.4.1　构建区域生态安全格局

坚持山水林田草湿生命共同体理念，根据包头市生态环境现状调查、生态环境问题识别和区域生态服务功能、生态环境承载力评价结果，结合“三区三线”管控要求，构建形成以“三带、三片、九廊、多节点”为主体，“山水环抱、林田草湿相依、人工与自然生态系统相互交融”的生态安全格局，打造北方生态屏障。

（1）三带

三带指沿黄湿地保护带、大青山—乌拉山生态保护带和北部生态草原保护带。

沿黄河湿地保护带。黄河流经包头市南缘，长约220 km，是包头市可利用的重要地表水资源，多年平均径流量259.56亿m^3，在涵养水源、蓄洪抗旱、调节气候等生态功能方面具有重要作用。

中部大青山—乌拉山生态保护带。该地区植被主要类型为森林、灌草和草原，植被覆盖度较大，是包头市水源涵养地、水土保持区以及气候调节区，阻挡西北风沙和寒流侵入市区的生态屏障，也是重要的动植物天然种群生存繁殖场所，对气候调节、水源涵养、空气净化、洪峰削减、生物多样性保护等起着不可替代的作用。

北部生态草原保护带。地貌类型主要为波状高平原和中蒙边境的剥蚀残丘，主要植被类型为草原化荒漠，是包头市生态环境最为脆弱的区域，植被覆盖度较低，是华北地区沙尘暴主要沙源之一，在沙漠化控制、生物多样性维持等方面发挥着极其重要的作用。

（2）三片

三片指中心城区、土右旗、山北地区（部分区域）。

中心城区是整个市域生态空间的核心区域，也是城市人口和产业发展的主要载体。

土右旗作为包头市中心城区的辅城区，是全市现代农业发展带、新型产业承载地和城市功能拓展区。

山北地区是包头市重要生态源地和生态屏障区，以生态保护和建设为主，应全面推进封山育林育草，恢复植被，控制水土流失、涵养水源，建设生态屏障。

（3）九廊

九廊指具有重要生态功能的河流、道路等线状生态组分，包括昆都仑河、四道沙河、二道沙河、东河、S11 省道、S311 省道、S104 省道、X088 县道、X091 县道等线状区域。

“九廊”是包头市生态安全格局的重要组成部分，将空间分布上孤立和分散的生态景观单元沟通连接，有利于形成纵横交错的生态网络体系，在生物多样性保护、构筑绿色生态网络、降低市区热岛效应、减少噪声污染、改善空气质量、提高居民生活品质等方面具有重要作用。

（4）多节点

多节点指自然保护区、风景旅游区、大型城市公园与集中式饮用水水源地等，包括九峰山自然保护区、巴音杭盖自然保护区、南海子湿地自然保护区、梅力更自然保护区、腾格淖尔湿地自然保护区、春坤山自然保护区等保护区与南海公园、赛汗塔拉公园等城市绿心。

“多节点”囊括了包头市森林生态系统、湿地生态系统和荒漠草原生态系统的主要生态节点，在气候调节、水源涵养、生物多样性保护等起着重要的作用，加强生态节点建设，对促进生态流良好运行，改善全域生态环境质量，提升生态承载力具有重要意义。

9.4.2 实施生态分区保护和建设

（1）中心城区

中心城区是包头市资源环境承载能力较强、经济和人口条件较好的区域，具有一定的城镇化和工业化基础，是今后本市工业化和城镇化的重点区域，也是承接限制开发和禁止开发区域的人口转移，支撑全市经济发展和人口集聚的重要空间载体。但目前钢铁、有色冶金、电力、装备制造等基础能源原材料行业发展主要集中在人口集中的中心城区，经过多年发展已形成较为完备的产业链，大量的能源资源消耗导致环境容量已经饱和。

而作为产业承接区域的其他区域产业发展基础薄弱、基础设施建设滞后、水资源匮乏，这一现状制约着中心城区高耗能产业向环境容量较大的区域转移。在未来包头市经济进一步发展的情况下，中心城区面临的环境压力仍将持续加大。

因此，对于中心城区要进一步合理引导产业布局、人口分布和城镇空间格局，加快传统产业转型升级，全面推进清洁生产，积极淘汰落后、过剩产能，严格限制高消耗、高污染产业项目准入；大力推动现有资源和污染密集型产业有序转移，大幅降低资源能源消耗强度，减少“三废”产排量。在工业化、城镇化过程中，要坚持发展与保护并重。加快建设包头生态宜居城市步伐，营造依山傍水、绿网相连、公园棋布、森林围城的城市景观和人居生态环境。加强生态屏障建设，巩固现有绿化成果，继续推进生态修复工程建设，实施绿化改造，构建环城绿色生态圈。建设“三横五纵”的生态防护林带体系，以大青山以北植被恢复、大青山南坡绿化、沿黄河湿地保护三大生态区域；依托昆都仑河、四道沙河、西河、东河、五当沟等黄河支流建设纵向生态廊道。提高中心区绿化水平，在保护好赛罕塔拉、植物园等城中绿地和林带景观的同时，加快工业园区防护林隔离带等建设，提高城市园林绿化水平，增加绿地景观面积。

（2）土右旗

土右旗是包头市市区的辅城区，主导方向是保障包头市向东发展的城镇建设和工业发展用地，承接包头市城市功能和产业转移，依托铁矿、煤矿以及非金属矿等矿产资源，形成包头市矿产资源重点开发和支撑区域。同时，作为包头市重要生态功能区，生态环境保护任务十分艰巨。同时又是包头市重要的粮食生产基地，但由于人为对土地不合理利用，在一部分地区土壤给水与盐渍化严重，形成碱性土壤甚至盐土。

土右旗应开展以水利为中心的农田基本建设，利用现有自然社会条件，发展农产品的深加工；采取综合措施，以引黄灌区为重点，加强渠系配套系统建设，遏制土地盐碱化趋势。对灌区重度盐渍化土壤，结合工程措施与生物措施，将其改造为农田或人工草场，提高土地的利用率，增施有机肥、复种绿肥，逐步提高土地生产力。发展农田防护林，开展节水工程，改善区域生态环境状况，生产方式由传统农业向生态农业和节约化农业发展。对土石山丘陵区实施水土保持综合治理工程，实施封山育林等措施，加强小流域综合治理，恢复植被，涵养水源。从资源环境的特点出发，发展特色经济和特色产业，严格限制不符合生态保护的各种经济活动，逐步提高生态承载能力，增强承接包头市内产业转移的资源环境支撑能力；严格产业准入门槛，限制发展高消耗、高污染产业。

（3）山北地区

山北地区包括固阳县、白云矿区、达茂旗，位于包头市北部区域，是经济发展相对滞后的区域，也是生态生态环境相对脆弱的区域，同时还是划定生态保护红线的主要区域。山北地区植被覆盖度较高位于大青山区域，但乱砍滥伐以及过度放牧和践踏，对森林和草原造成了严重的破坏，植被稀疏、草场退化，该区域土壤侵蚀、生物多样性、土地沙漠化的生境敏感性呈中度和高度敏感。同时北部草原因为过度放牧导致草原生态防护功能削弱，退化草场占比达到42.9%，风蚀、沙化、水土流失严重。

山北地区要坚持生态保护优先的原则，实施点上开发、面上保护的总体策略，严格控制开发规模和强度。大力推进围封禁牧、舍饲圈养工程，加强草原生态保护与建设，促进草原生态自然恢复。严格执行生态保护红线管控要求，严禁不符合主体功能定位的各类开发活动，严禁任意改变用途。生态保护红线划定后，只能增加、不能减少。停止山北地区一切产生严重环境污染的工程项目建设活动和其他人为破坏活动，通过调整经济结构、改变生产经营方式降低对生态环境的压力；加大政策支持和资金投入，以点带面，巩固扩大生态建设成果，提高生态建设水平。按照建设祖国北疆重要生态安全屏障的要求，贯彻落实西部开发，生态先行方针，以国家重点工程为依托，提升以达茂旗为中心的北部草原生态系统、大青山为核心的森林生态系统的服务功能，优化包头市生态建设总体布局，使全市的生态状况实现整体遏制，局部好转，全面实现构筑北方重要生态安全屏障。

9.4.3 优先保护重要生态功能区

（1）优先保护草原生态系统

扩大生态资源保护实施范围，加大草原生态建设和保护，积极开展草原沙化的防治和综合治理工程。设立天然草地保护区，划定永久禁牧区，对退化、沙化、荒漠化严重的草场，实行封育禁牧，其他草场实施划区轮牧、休轮制度。禁止一切乱挖、滥采和开矿等活动，恢复草地生态；根据不同草场的生产能力，研究和制定合理的载畜量，保证牧草资源得到永续利用，发挥防风固沙和天然牧用的功能。针对水土流失严重区域深入开展生态综合治理，加快大青山南坡绿化，把大青山南坡建成涵养水源、山川秀美的景观生态区。

稳定和完善草原承包经营制度，实现草原承包地块、面积、合同、证书“四到户”，规范草原经营权流转。实行基本草原保护制度，确保基本草原面积不减少、质量不下降、用途不改变。健全草原生态保护补奖机制，实施禁牧休牧、划区轮牧和草畜平衡等制度。加强对草原征用使用审核审批的监管，严格控制草原非牧使用。

（2）加强基本农田保护

持续开展耕地和基本农田建设。建立耕地和基本农田建设集中投入制度，加大政府财政对中心城区哈业胡同镇、沙尔沁镇，土右旗海子乡、将军尧镇，固阳县金山镇、下湿壕镇、西斗铺镇、怀朔镇、兴顺西镇，达茂旗乌克镇、石宝镇基本农田集中区建设的扶持力度，推进基本农田保护示范区建设。大力开展耕地和基本农田整理，积极开展农田水利建设，增加有效灌溉面积，加大中低产田改造力度，推广节水抗旱技术，提高耕地生产能力。大力实施农业综合开发等重大工程，加强耕地质量建设，全面提升耕地等级。

建立稳定的基本农田保护和建设资金投入制度，落实基本农田保护工作经费，用好各类农业和水利建设资金，与农业综合开发、中低产田改造、土地开发整理、耕地质量建设相结合，切实保护和提高基本农田生产能力；强化政策、市场、投入和科技 4 大支撑，改进生产条件，建设高标准基本农田；发展特色农业，大力发展蔬菜种植，打造西北地区重要的蔬菜集散地。

加强土地整理与复垦。在土地整理复垦开发潜力较大，分布相对集中，基础条件较好，有利于保护和改善区域生态环境的基础上，全市划定黄河流域土地整理开发综合区域、老煤炭基地土地整理复垦综合区域。确定沿黄中低产田整理工程、石拐区土地整理复垦工程、沿黄耕地后备资源开发工程、后山重点中低产田整理工程。

（3）加大湿地保护力度

大力推进湿地保护、修复和建设，通过采取生物工程措施对退化湿地进行全面修复治理，重点对黄河流域湿地、达茂旗腾格淖尔湿地进行生态修复，全面恢复湿地生态系统的生态特征和基本功能。严格保护湿地，禁止任何破坏湿地生态的开发建设活动。

加强包头黄河国家级湿地公园建设，最大限度保留和恢复黄河原生湿地和自然特征，保护生物多样性、城市水源地及水系等，努力保护和恢复湿地生态系统，增强水岸生态绿带，完善城市功能布局，提升生态城市环境品质。完成黄河国家湿地公园基础设施建设，新建腾格淖尔自治区级湿地自然保护区 1 处、新建湿地保护小区 3 处。

9.4.4 加强水土流失综合防治

（1）划定水土流失治理分区

结合包头市生态敏感性评价结果，综合分析水土流失防治现状和趋势、水土保持功能的维护和提高，划定水土流失重点预防保护区、重点治理区和重点监督区，实施分区分类管理。

①水土流失重点预防保护区

水土流失相对轻微，现状植被覆盖较好，是国家、省（自治区、直辖市）或区域重要的生态屏障区；存在水土流失风险，一旦破坏难以恢复和治理。人为扰动和破坏植被、沙结壳等地表覆盖物后，造成水土流失危害较大。国家或区域重要的大江大河源区、饮用水水源区等特定的生态功能区。

集中分布于包头市中部及北部地区，包括达茂旗南部大部分地区、固阳县北部大部分地区、土右旗南部、石拐区、青山区北部、东河区北部等地区，占全市土地面积的 69.55%。

②水土流失重点治理区

水土流失严重，对大江大河干流和重要支流、重要湖库淤积影响较大。严重威胁土地资源，急需开展抢救性、保护性治理的区域。涉及革命老区、边疆地区、贫困人口集中地区、少数民族聚居区等特定区域。

位于达茂旗北部、中部部分地区，固阳县南部、东河区东北部、石拐区北部、土右旗西北部，占地面积为 5 456.40 km^2。

③水土流失重点监督区

开发建设过程中或项目建成后的运行过程中，可能对周边和下游地区带来水土流失。位于土右旗中南部、东河区南部、九原区中部及南部、昆都仑区南部、青山区南部，以及达茂旗东部地区，占地面积为 3 594.71 km^2。

（2）强化水土流失综合防治

以保护为前提合理规划布局，以生态公益林、水土保持林建设为重点，封山育林，提高保土蓄水能力，积极营造水土保持林和水源涵养林，较大幅度地提高林草覆盖率。在治理过程中要以山坡地为重点，按“封、造、管”治理原则，对中度、轻度流失的山坡地实施封山育林，对低丘台地及土层深厚的无林地按园地标准整治，在强度流失的山坡地，以营造林地等生物措施为主，并结合工程建造挡土墙、反坡梯田、鱼鳞坑等。

加强生态环境保护和防护林的绿化建设，有计划地对 25°以上的陡坡地退耕还林还草，加强流域的综合治理，积极营造水土保持林和水源涵养林，较大幅度地提高林草覆盖率，确保水库和饮用水水源保护区的环境安全。在重要水源保护区内禁止开垦坡地，加快建设和恢复水源保护区的植被缓冲带，减少土壤侵蚀及其营养盐流失。

加强水土流失综合治理，在开发的同时改善生态环境。主要涉及的区域有昆都仑河流域、四道沙河流域、五当沟水土保持区、黄河流域水土保持区等，其中昆都仑河流域、四道沙河流域以及五当沟为重点治理区。

9.4.5 加快绿色矿山建设和治理

（1）加强绿色矿山建设分区管治

综合考虑矿山开发对人居环境、工农业生产、区域经济社会发展造成的影响，实施分区管制措施。

①绿色矿山环境重点建设区

开展大比例尺矿山地质环境调查，制订恢复治理规划；为后续治理工作提供基础依据；组织编制矿山地质环境恢复治理项目可行性研究报告，积极申请中央财政支持以开展矿山地质环境治理工作；制定优惠政策，鼓励社会资金投入区内矿山环境恢复治理；加强区内生产矿山的环境督查，及时足额收取矿山地质环境恢复治理保证金。

积极创建绿色矿业示范工程，优化开发布局。在市北部白云鄂博矿区附近，建立以白云鄂博稀土为核心，尾矿综合利用相辅相成的节约、集约型深加工绿色矿业发展示范区；在市南部青山区、石拐区和土右旗附近，全力打造以黄金为核心的采、选、冶产业链绿色矿业发展示范区。

多措并举整治闭坑矿山。对于矿区内闭坑矿山、历史遗留矿山产生的地质问题，详细区分问题矿山的实际情况，多措筹资治理。对于矿山负责人尚在的闭坑矿山企业，追究其治理责任。对于责任主体灭失的，由政府出资或鼓励社会资金参与遗留矿山地质环境恢复治理。根据需要从本级矿山资源收益及其财政资金中安排相应资金，明确年度治理目标，做到专款专用。将矿山地质环境治理与工矿废弃地复垦整治有机结合，按照“谁投资、谁受益”的原则，充分发挥财政资金的引导带动作用，构建政府主导、政策扶持、社会参与、开发式治理、市场化运作的矿山地质环境治理新模式。

②绿色矿山环境重点保护与预防区

严格监管在期勘查项目和生产矿山的地质环境影响，对环境破坏严重的勘探和采矿行为予以取缔。新设立矿权应当论证其环境影响，并经过相关主管部门审批。

促进矿山产业结构升级。新建矿山按照绿色矿山建设要求和相关标准进行规划设计建设和运营管理；生产矿山按照绿色建设要求和相关标准升级改造，限期完成绿色矿山建设；对不符合相关标准要求的通过取缔关闭、淘汰退出、整合优化等系列措施。调整矿业规模结构，逐步淘汰未达标的小型采选企业，引导矿山企业进行绿色矿山建设、规范化管理、规模化开采、集约节约化经营。提高大中型矿山比例、绿色矿山比例，形成以大中型现代化矿山企业为主的资源开发产业格局。

鼓励引导技术创新与应用。因地制宜、选择资源节约型、环境友好型开采方式，根据矿体赋存条件，引导和鼓励矿山企业选择露天与地下联合开采技术、露天矿陡帮开采、大区微差爆破技术、大间距集中化无底柱开采工艺、全尾砂充填采矿技术等合理先进的采矿方法，提高开采回采率。

③绿色矿山环境一般建设区

加强矿山地质环境监测；加强区内生产矿山的矿山地质环境管理，严格控制开采活动对地质环境的扰动，督促生产矿山边开采边治理；严格执行新设置矿权的矿山地质环境准入条件。

新建矿山严格准入，生产矿山升级改造。对于新建矿山，严格落实矿山地质环境影响评价准入制度；强化源头预防，全面实行矿产资源开发利用方案、矿山地质环境保护与治理恢复方案和矿山土地复垦方案同步编制、同步审查、同步实施的“三同时”制度和社会公示制度，把环境保护和恢复治理贯穿矿山开发全过程。建立完善矿业权人“黑名单”制度，对拒不履行企业责任的，进行限期停产整顿，不再批准其新的矿业权和土地使用权申请。

（2）强化绿色矿山建设综合保障

①加强组织领导

各旗县区各有关部门将绿色矿山建设作为改善生态环境、加强生态文明建设和推动经济社会全面发展的重要工作，成立市绿色矿山建设工作领导小组，统筹领导全市绿色矿山建设工作。各旗县区政府成立相应的组织机构，抓紧制订本地区绿色矿山规划和工作方案及行动计划，明确绿色矿山建设任务工作内容、实施步骤、组织保障、配套政策和责任分工等，并抓好落实和监督。积极倡导绿色矿山发展理念，加强矿山企业经营者和职工绿色矿山建设的教育与培训，提高企业绿色矿山建设的积极性。

②统筹推进部署

各部门统一协调工作部署，结合矿区自然环境特点，分区域引导矿山企业建设，分类管理绿色矿山，梯次推进绿色矿山建设。到2020年重点创建22个绿色矿山；到2035年，全市所有矿山达到绿色矿山建设要求。

③制定配套政策

加大绿色矿山扶持力度，在管理与服务达标的同时，深化“放管服”改革机制，以科学有效的监督措施来促进更大力度的简政放权，从而实现“放”“管”有机结合和有效衔接，加强绿色矿山建设中土地资金和财税政策等政策要素的支持力度。引入社会资本，成立政府引导基金，使财政扶持基金与社会资本融合发展，构建政府主导、政府扶持、社会参与、开放式治理、市场化运作的矿山地质环境治理新模式。

④严格监督管理

建立绿色矿山规划实施动态监督评估体系。由市自然资源局牵头，建立各旗县区自然资源管理部门参与的工作领导小组，研究制定绿色矿山建设评估指标体系、综合评价体系以及动态考核体系，建立严格的规划实施监督体制，监督矿山企业开展绿色矿山的自我评估，以政府采购服务方式委托第三方进行核查。贯彻“双随机”“一公开”制度，对实施情况进行考核和抽查评估，根据规划实施实际情况对任务安排进行及时调整，保证各项指标有效落实。加快规划信息管理系统建设，建立信息监测和审查平台，以信息化促进规划管理科学化、规范化，充分利用政务网、局域网，及时准确掌握矿产资源利用、生态环境等动态变化，为规划决策提供信息支持和监督，保证实现信息共享和高效管理。

⑤加大宣传交流

积极搭建全市矿山建设合作和交流平台，并做好技术咨询和服务工作，定期召开绿色矿山建设现场交流分享会。利用广播电视、报刊、网络、微信等多种媒体舆论引导，广泛开展绿色矿山创建宣传。

9.5　加强生态环境风险全过程防控

采取源头预防—过程监管—善后处置的全过程防控对策和措施，重点加强环境风险源、固体废物堆场监管，确保区域环境风险可防可控，人群健康和环境安全得到有效保障。

9.5.1　完善区域环境风险防控机制

（1）建立健全区域环境风险管控体系

贯彻融入和联动的理念，基于环境风险发生机制，完善市—旗县区—工业园区—重点企业多位一体的环境风险管控机制。将环境风险管控措施纳入日常环境管理工作中，推进多部门协调，实现与公共安全保障体系衔接；建立健全多层级的环境风险评估与管理体系，探索开展规划环境风险评估工作。

由市委、市政府牵头组织安监、公安、消防、卫生、环保、气象和水务等部门，成立环境风险防控联合指挥办公室，建立政府、园区、企业三级环境风险应急响应体系，建立多部门联动防控机制，统一指挥、即时响应、即时行动。

加强工业园区环境风险管理能力建设，编制工业园区环境风险应急预案，组建专业化的工业园区环境风险应急队伍。完善重点企业风险源在线监控系统，执行现场风险日常巡查制度。

（2）实施环境风险清单式管理

开展环境风险评估，建立环境风险优先管理对象清单，包括重点环境风险源清单、重点环境风险受体清单及重点管控区清单。

重点环境风险源清单主要包括潜在高环境风险企业、曾经多次发生突发环境事件的企业、尾矿库及固体废物堆场；重点环境风险受体清单主要包括集中式饮用水水源保护区、受大气污染影响的人口集聚区；重点管控区清单主要包括工业园区、环境风险源与风险受体交错分布区，以及不符合安全、环保距离要求的企民混合区，危险化学品运输路线经过的人口集中区、集中式饮用水水源保护区等区域。

（3）加强环境风险预警和应急能力建设

环境监测预警。加强基础环境监测分析能力，强化重点特征污染物应急监测能力；在饮用水水源保护区取水口和连接水体、涉及有毒有害气体的工业园区，建设监控预警设施及研判预警平台，提高水和大气环境应急监测预警能力。

环境应急防护工程。针对高环境风险区及可能形成的污染物扩散通道，加强污染物拦截、导流、稀释和物理化学处理能力建设；建设取水口应急防护工程；针对道路和桥梁建设导流槽、应急池。

环境应急队伍建设。建立健全环境应急管理机构，提高人员业务能力；加强环境风险应急专家库建设；设立专职或兼职的环境应急救援队伍，提高专业化、社会化水平。

环境应急物资储备。建立健全政府专门储备、企业代储备等多种形式的环境应急物资储备模式，建设环境应急资源信息数据库，提高区域综合保障能力。

环境应急联动机制建设。在跨界影响的相邻区域，签订应急联动协议，制定跨区域环境应急预案，定期会商、联合演练、联合应对。重点建立跨黄河流域突发环境事件应急联动机制，综合调控各区域的应急救援和应急设施，协同处置影响水质安全、生态安全的跨界突发环境事件，预防突发环境风险事件对黄河流域及水源地的影响。

9.5.2 优化环境风险源与受体空间布局

严格禁止在高环境风险受体敏感区布设环境风险源或运输危险物质，已布设的，应有计划地实施搬迁或关闭。严格限制新增化工、重金属等重污染、高风险工业项目，逐步减少环境风险源数量，降低环境风险强度，保障居民身体健康。

推进高环境风险企业入园，实施环境风险源集中管理。已被居住区包围的园外企业，应实施搬迁或转移，并对搬迁后的污染场地进行环境风险评估和生态修复；高环境风险企业短时间内无法搬迁的，应对受影响的人口实施搬迁、转移或有效的隔离措施。

合理确定环境风险源和敏感受体之间的最小安全距离，降低环境风险源群聚而导致的链发效应和群发效应。高环境风险源应与居民住宅和医院、学校等保持安全距离，禁止在商住区、学校、医院等人群密集区内布设环境风险源或运输危险物质。加强集中式饮用水水源保护区环境风险监管，取缔集中式饮用水水源一级保护区内与供水设施和保护水源无关的建设项目。合理调整危险化学品运输路线，避开人口集中区、集中式饮用水水源保护区。

9.5.3 加强固体废物堆场和污染场地环境风险监管

（1）完善多部门联合监管工作机制

落实国家关于污染场地的政策要求，确立包头市污染场地环境管理的主体、流程、环节，以制度形式明确污染场地搬迁、修复、收储、流转、再开发等过程中环境、规划、国土、经信等政府部门的管理责任；建立污染场地多部门联合监管制度、场地退出及进入时的强制调查评估制度、场地治理的环境监理、第三方验收制度、场地全过程管理的备案及专家论证制度、场地修复领域从业单位及人员规范化管理、在产企业日常监管定期监测及信息公开制度等，逐步建立包头市污染场地管理制度框架、控制标准体系，实现场地从搬迁到再开发各个环节的多部门联合监管，确保“净”地开发，加强在产企业及关停搬迁企业退出时环境监管，防范新增场地污染。

（2）开展潜在污染场地环境调查与评估

落实《关于加强工业企业关停、搬迁及原址场地再开发利用过程中污染防治工作的通知》（环发〔2014〕66号）的要求，加快制定包头市潜在污染场地管理条例和实施办法，推进关停搬迁企业遗留场地、非正规垃圾处理场所、固体废物堆场及历史遗留危险废物堆放场所的环境调查评估工作和排查工作，明确已有污染场地的数量、分布、特征污染物、污染程度及扩散途径、环境敏感度等信息，建立全市污染场地清单，确定优先管控场地名录，合理分配资源实行分类管理。经场地环境调查评估认定为污染场地的，确定场地责任主体，落实治理修复责任并编制治理修复方案，将场地环境调查、风险评估和治理修复等所需费用列入搬迁成本。

（3）加大小散乱污固体废物堆场整治力度

按照利用优先、无害化处置、景观恢复的技术路线，以及先主城区、后远郊区县、先新后旧，以及环境敏感度排序情况合理安排治理进度，优先治理山前地区尾矿，以及主城区冶炼渣、粉煤灰等堆场。“十三五”期间，重点完成中心城区、大青山保护区、梅力更保护区内、地下水补给区内各类固体废物堆场治理。其中，中心城区内堆场修复后应达到城市绿地（不含公园绿地）功能；自然保护区、主要河道内堆场清理修复后应达到本地土地功能。

以不具备利用价值的尾矿、冶炼渣、粉煤灰等堆场为重点，对于在役堆场，提出防扬尘等日常管理措施；对于退役堆场，提出所有者封场、恢复生态环境责任等具体要求；对于无主堆场，纳入限期治理清单。对于中心城区小型堆场，以清理和异地处置利用为主；对于其他堆场，以消除环境风险、恢复景观为主。

第 10 章　绿色发展保障措施

10.1　完善环境与发展综合决策体制和机制

贯彻落实节约资源和保护环境的基本国策，坚持生态优先，将环境因素纳入决策链中，把生态文明建设放在更突出的战略位置，加快推进生态文明制度建设和改革。

加强组织领导。按照“党政同责、一岗双责”的要求，实行党政领导环境保护目标责任制，严格执行《自治区党委、政府及有关部门环境保护工作职责》《关于加快推进生态文明建设的实施意见》《关于加快生态文明制度建设和改革的意见及分工方案》，健全和完善相应的工作机制，积极推进各项工作落实。

加强统筹协调。打破行政区划约束，建立以国土空间规划为主导的产业发展协调机制，依据资源环境承载力合理布局产业，着力破解工业围城局面。统筹工业园区发展规划和建设，建立工业园区综合协调管理机构，打破各自为政、同质化竞争的局面。

10.2　制定和落实生态环境保护法律法规

坚决贯彻和落实《中共中央、国务院印发〈生态文明体制改革总体方案〉的通知》和《内蒙古自治区关于加快生态文明制度建设和改革的意见》，严格执行《环境保护法》，修订《包头市环境保护条例》，建立健全包头市生态文明建设制度体系，实行最严格的源头保护制度、过程监管制度、损害赔偿制度、责任追究制度，适应加快推进生态文明建设的要求。

建立生态环境部门联动监管机制。强化部门联动，建立完善环境与公安环境执法联动协作机制，法院、检察院、公安机关和环境部门之间要加强信息沟通，将行政执法与刑事司法相衔接。加强法律监督、行政监察，对各类环境违法违规行为实行“零容忍”，加大查处力度，严厉惩处违法违规行为。强化对浪费能源资源、违法排污、破坏生态环境等行为的执法监察和专项督察。

贯彻实施《关于开展领导干部自然资源资产离任审计的试点方案》和《党政领导干

部生态环境损害责任追究追究实施细则（试行）》，加强领导干部自然资源资产离任审计和生态环境损害责任追究，对因决策失误或失职渎职等造成生态环境损害的，进行终身责任追究。按照主体功能区定位，生态空间重点开展生态保护和建设，生活空间重点保障人居安全，生产空间落实环境保护要求，制定充分反映资源消耗、环境损害和生态效益的生态文明绩效评价考核办法。

10.3 严格执行“三线一单”生态环境管理制度

严守资源消耗上线、环境质量底线、生态保护红线，将各类开发活动限制在资源环境承载能力范围之内。

10.3.1 严保生态红线

制定和实施《包头市生态红线保护条例》，严禁改变用途，防止不合理开发建设活动对生态红线的破坏。配合国家、自治区建设生态保护红线监控点，及时掌握生态保护红线生态功能状况及动态变化，定期组织开展评价。按照职责分工，加强执法监督，及时发现和依法处罚破坏生态保护红线的违法行为。

按照《内蒙古自治区人民政府办公厅关于健全生态保护补偿机制的实施意见》，探索地区间多元化横向生态保护补偿机制。通过资金补助、产业转移、人才培训、共建园区等方式实施补偿，引导生态受益地区与保护地区、流域上下游、重要水源地、重要水生态修复治理区。

10.3.2 严控资源上线

严格实施水、能、地消耗总量和强度双控制度，全面推进资源“效率革命”。构建覆盖全面、科学规范、管理严格的资源总量管理和全面节约制度，着力解决资源浪费和效率低下等问题。

健全用水总量控制制度。建立健全节约集约用水机制。完善规划和建设项目水资源论证制度。逐步建立农业灌溉用水量控制和定额管理、高耗水工业企业计划用水和定额管理制度。建立用水定额准入门槛，严格控制高耗水项目建设。制定水权交易管理办法，明确可交易水权范围和类型、交易主体和期限、交易价格形成机制、交易平台运作规则，推动地区间、行业间、用水单位之间的水权交易。

建立能耗管理和节约制度。强化能耗强度控制，健全节能目标责任制和奖励制。健全重点用能单位节能管理制度，探索实行节能自愿承诺机制。推行用能权交易制度，建立用能权交易系统、测量与核准体系，结合重点用能单位节能行动和新建项目能评审查，开展项目节能量交易，逐步改为基于能源消费总量管理下的用能权交易。推广合同能源管理模式。

完善集约节约利用制度。基于国家和自治区自然资源资产产权制度，制定和实施土地、矿产等自然资源有偿使用制度，严禁无偿或低价出让自然资源产权，推动所有权和使用权相分离，扩大使用权出让、转让、出租、抵押、担保、入股等。实施建设用地总量控制，建立节约集约用地激励和约束机制，调整结构，盘活存量，合理安排土地利用年度计划。对新增建设用地占用耕地实行总量控制，严格实行耕地占一补一、先补后占、占优补优。

10.3.3 严守环境底线

实施基于环境容量的污染物排放总量控制，制定和实施化学需氧量、氨氮、二氧化硫和氮氧化物等主要污染物排放总量控制和削减分配方案，将挥发性有机物、氟化物等污染物纳入总量控制。加强重点行业污染排放控制，推进重点区域环境质量改善。

推进排污许可证制度，实施排污许可"一证制"管理的污染物排放总量控制制度，排污者必须持证排污，禁止无证排污和超标准、超总量排污。加强排污权交易平台建设，完善初始排污权核定，扩大涵盖的污染物覆盖面。制定排污权核定、使用费收取和交易价格核定等规定。根据行业排污的先进水平，强化以行业、企业为单元进行总量控制、通过排污权交易获得减排收益的机制。

10.3.4 严格执行准入清单

出台《关于加快包头市生态环境准入清单实施的意见》，完善相关配套政策，强化生态环境监管。各有关部门按照各司其职、依法监管的原则，建立和完善落实准入清单制度的工作机制。行业主管部门在执行审批、核准市场主体准入申请等法定程序时，须依据准入清单相关要求先予审查。

加强准入清单实施绩效评估，建立问责惩戒机制。包头市人民政府组织有关部门对准入清单执行情况进行监督检查，组织开展准入清单实施绩效第三方评估，形成专项报告，对实施成效不力的进行通报批评并督促整改。建立符合生态文明建设和绿色发展要求并有利于推动准入清单落地实施的激励考核评价体系，提高其占生态环境绩效考核的权重，强化准入清单考评结果运用，严格执行环境损害责任终身追究制度，加大奖励惩戒力度，有效引导和约束各地区按照主体功能定位谋划发展。

实行准入清单信息公开，建立清单违法行为举报奖励制度，保障公众的知情权，强化社会监督。在准入清单实施过程中，各级政府及其有关部门要开展必要的政策解读和预期引导，充分听取市场主体和社会公众的意见建议，及时发现和掌握新情况新问题，依据国家和自治区相关要求适时调整修订完善准入清单。

10.4 加强资源环境承载力监测预警

贯彻落实中共中央办公厅、国务院办公厅印发的《关于建立资源环境承载能力监测预警长效机制的若干意见》和内蒙古自治区水利厅印发的《关于水资源承载能力监测预警长效机制贯彻落实意见》，推进资源环境承载能力监测预警规范化、常态化、制度化。

设置重点关注环境承载力指标和重点关注区域。当前中心城区大气环境超载严重，中心城区需重点关注大气环境承载能力相关指标；石拐区、固阳县、达茂旗水资源承载压力较大，需重点关注水资源承载能力的水量评价指标。此外，山北地区是重点生态功能区，应重点关注生态环境承载能力相关指标，最大限度地保障生态安全。

建立资源环境监测预警数据库和信息技术平台，建立多部门监测站网协同布局机制，重点加强薄弱环节和县级监测网点布设，实现资源环境承载能力监测网络全覆盖。健全资源环境承载能力监测数据采集、存储于共享服务体制机制。

整合集成各有关部门资源环境承载能力监测数据，建设监测预警数据库，运用云计算、大数据处理及数据融合技术，实现数据实时共享和动态更新。基于各有关部门相关单项评价监测预警系统，搭建资源环境承载能力监测预警智能分析与动态可视化平台，实现资源环境承载能力的综合监管、动态评估与决策支持。

建立一体化监测预警评价机制。定期编制资源环境承载能力监测预警报告，对资源消耗和环境容量超过或接近承载能力的地区，实行预警提醒和限制性措施。建立主要领导负总责的协调机制，将资源环境承载能力监测预警评价结论纳入领导干部绩效考核体系，将资源环境承载能力变化状况纳入领导干部自然资源资产离任审计范围。

建立资源环境承载能力监测预警政务互动平台，定期向社会发布监测预警信息。针对不同区域资源环境承载能力状况，施行严格的分级分类环境管控措施。对环境超载地区，应率先执行排放标准的特别排放限值，规定更加严格的排污许可要求，实行新建、改建、扩建项目重点污染物排放加大减量置换，暂缓实施区域性排污权交易；对临界超载地区，加密监测敏感污染源，实施严格的排污许可管理，实行新建、改建、扩建项目重点污染物排放减量置换，采取有效措施严格防范突发区域性、系统性重大环境事件；对不超载地区，实行新建、改建、扩建项目重点污染物排放等量置换。

10.5 加快生态环境管理决策智能化

以智慧环保建设为依托，充分利用物联网技术、云计算技术、3S 技术、多网融合等现代信息技术，集成和整合已有生态环境保护基础信息数据源，进一步完善生态环境保护基础信息数据库，加快环境信息能力建设，不断提升环境管理和决策的智能化、科学化水平。

10.5.1 构建区域生态环境大数据中心

结合生态环保管理体制改革需要，建立包头市环境大数据管理机构。建立健全生态环境质量、环境监管、环境执法、环境应急等环境数据共享机制，按照国家和地方相关管理制度和要求，向社会公布生态环境质量监测数据等信息，为不同用户提供定的信息和功能，推动公众参与和信息公开。

融合分析统计、质量校核预测预警、公众参与等主要功能，对全市域的环境质量、环境统计、自然生态、排污申报、科技标准等生态环境数据进行梳理、整合，实现生态环境数据资源整合集中、动态更新、互联互通。利用物联网、移动互联网等新技术，拓宽数据采集渠道，提高对大气、水、土壤、生态、核与辐射等多种环境要素及各种污染源实时监控能力，确保数据及时上报。

加快包头市生态环境保护基础信息数据库建设，形成包头市环境资源的“云”；纵向实现市局与各旗县数据共享交换，横向实现与各业务系统的数据交换，实现系统内各部门、上下级单位的信息共享交换。

10.5.2 提升生态环境科学管理决策水平

加强生态环境质量、污染源、污染物、环境承载力等数据的关联分析和综合研判，为政策法规、规划计划、标准规范等制定提供环境信息支持。

围绕环境质量考核要求，利用生态保护红线、环境质量底线、资源利用上线和生态环境准入清单（简称“三线一单”）实现建设项目智能审批，并对建设项目进行绿色发展水平评估和总量动态分配，保障全市可持续发展。

利用大数据支撑环境质量校核、形势研判、政策措施制定、环境风险预测预警、重点工作会商评估等，推进战略环评成果落地，提高环境管理决策的预见性、针对性和时效性。

加快建设环境污染防治应用中心，满足各种数据应用的需求，实现可信环保信息的随需获取。对污染物排放数据、环境质量数据进行分析展现，及时掌握污染防治工作成效。

10.5.3　加强环境监测预警和应急能力建设

加快生态环境监测信息传输网络与大数据平台建设，加强生态环境监测数据资源开发与应用，开展大数据关联分析，拓展社会化监测信息采集和融合应用，支撑生态环境质量现状精细化分析和实时可视化表达，提高源解析精度，增强生态环境质量趋势分析和预警能力，为生态环境保护决策、管理和执法提供数据支持。

综合利用环保、交通、水利、安监、气象等部门的环境风险源、危险化学品等数据，开展大数据统计分析，构建大数据分析模型，建设基于空间地理信息系统的环境应急大数据应用，提升应急指挥、处置决策等能力。

10.6　推进生态环境保护区域合作和协作

创新区域环境管理体制，协调不同层级和地区间的矛盾冲突和利益关系，促进区域整体统筹合作保护生态环境。以协同为保障，打破地域限制，加强包头市与呼和浩特市、鄂尔多斯市区域间生态环境保护工作的协调与合作。

实施跨行政区排污权、用水权、用能权、碳排放权交易，建立和完善区域生态环境保护市场机制。

加快地区间环境信息共享。各地区定期沟通协商，推动建立信息共享平台，实现环境管理信息共享。

推动建立呼包鄂污染防治区域联动协作机制，实现统一规划、统一标准、统一环评、统一监测、统一执法，共同解决区域污染问题。完善呼包鄂大气污染区域联动机制，通过会商决定跨界污染防治措施、方式及重大环境问题解决途径。推动建立统一的联动执法监察跨界环境污染纠纷处理及沟通机制、联合调查机制以及跨界流域水污染防治突发事件应急联动机制。